中国清洁发展机制基金资助出版

生态环境系统应对气候变化专题培训教材

《生态环境系统应对气候变化专题培训教材》编委会 编

CLIMATE CHANGE

SHENGTAI HUANJING XITONG
YINGDUI QIHOU BIANHUA
ZHUANTI PEIXUN JIAOCAI

中国环境出版集团 · 北京

图书在版编目（CIP）数据

生态环境系统应对气候变化专题培训教材 /《生态环境系统应对气候变化专题培训教材》编委会编. —北京：中国环境出版集团，2019.12

ISBN 978-7-5111-4029-6

Ⅰ. ①生…　Ⅱ. ①生…　Ⅲ. ①气候变化—环境保护—业务培训—教材　Ⅳ. ①X

中国版本图书馆CIP数据核字（2019）第140051号

出 版 人　武德凯
责任编辑　赵惠芬
责任校对　任　丽
装祯设计　彭　杉

出版发行　中国环境出版集团
（100062　北京市东城区广渠门内大街16号）
网　　址：http://www.cesp.com.cn
电子邮箱：bjgl@cesp.com.cn
联系电话：010-67112765（编辑管理部）
010-67112736（环境技术分社）
发行热线：010-67125803　010-67113405（传真）
印　　刷　北京中科印刷有限公司
经　　销　各地新华书店
版　　次　2019年12月第1版
印　　次　2019年12月第1次印刷
开　　本　787×1092　1/16
印　　张　30.5
字　　数　650千字
定　　价　198.00元

中国环境出版集团郑重承诺：

中国环境出版集团合作的印刷单位、材料单位均具有中国环境标志产品认证；
中国环境出版集团所有图书“禁塑”。

编委会

前言

近百年来，受人类活动和自然因素的共同影响，全球气候逐渐变暖。气候变化对全球自然生态系统和经济社会都产生了广泛影响。暴雨、风暴潮、高温热浪、大范围干旱等极端天气和气候事件的频次和强度增加，积雪、冰川和冻土融化加速，水资源分布失衡，全球海平面持续上升，生物多样性受到威胁。

2017 年，全球平均表面温度比 1981—2010 年平均值高出 0.46℃，比工业化前平均水平高出约 1.1℃，海洋热含量创新高，北极地区异常偏暖、海冰急剧消融，台风、洪涝、干旱、寒潮等灾害带来的损失占自然灾害经济损失总量的 93%，是自 1980 年以来全球气象灾害损失最严重的一年。目前如何多角度应对气候变化带来的不利影响已经成为亟待解决的问题，适应和减缓是人类应对气候变化的两个重要途径，缺一不可。适应是通过调整自然和人类系统以应对实际发生或预估的气候变化或影响，是针对气候变化影响趋利避害的基本对策；减缓是指通过人为干预减少 CO_2 等温室气体的排放量或者增加碳汇，是解决气候变化问题的根本出路。由于温室气体在大气中存留时间很长，导致全球气候变化的影响将延续一两百年，因此人类必须积极采取适应和减缓措施，在气候变化的条件下保持社会经济的可持续发展。

气候变化关系到各国发展乃至全人类生存，唯有全球各个国家通过国际谈判、合作协商等方式通力合作，才能有效应对。作为气候变化问题的主要“责任方”，欧美等发达国家理应承担起解决问题的主要责任，然而长期以来，发达国家并未真正履行其国际义务，反而长期热衷于向发展中国家转嫁责任。发达国家和发展中国家围绕责任和义务的攻防战成为国际气候变化谈判的主线，也成为谈判的难点和焦点。尽管各国在国际气候谈判中的分歧比较大，但受气候变化谈判的影响和推动，气候变化问题已经成了当前国际社会最受关注的热点问题之一，积极应对气候变化已经成为全球共识。即便是在气候谈判进展缓慢、国际经济复苏乏力的大背景下，各国对气候变化的重视程度不但没有减弱，反而更加大了对绿色低碳发展的重视和投入。

我国作为发展中国家，人口众多、气候条件复杂、生态环境整体脆弱，是全球气候变化的敏感区和影响显著区。自 20 世纪中叶以来，中国平均升温率明显高于同期全球平均水平。气候变化已对我国粮食安全、水安全、生态安全、能源安全、城镇运行安全以及人民生命财产安全构成严重威胁，因此减缓和适应气候变化工作迫在眉睫。2017 年 10 月，中国共产党第十九次全国代表大会会议上，习近平总书记强调了我国要坚持人与自然和谐共生，树立和践行“绿水青山就是金山银山”的理念，坚持节约资源和保护环境的基本国策，形成绿色发展方式和生活方式，引导应对气候变化国际合作，成为全球生态文明建设的重要参与者、贡献者、引领者。目前我国已基本建立应对气候变化的战略政策框架，在减缓与适应气候变化、基础能力建设、公众参与、国际合作等方面积累了一系列经验。

2018 年全国人大审议通过的国务院机构改革方案，赋予了新组建的生态环境部有关应对气候变化和减排工作的相关职责，统一了 CO 污染物和 CO_2 温室气体管理归口。生态环境保护与应对气候变化工作本身密不可分，将二者统一管理也是很多国家的通行做法。国际经验表明，将两者职能进行整合和统一监管有利于提高管理效率、节约执行成本和治理成本，有利于加强气候与环境的协同减排效益。生态环境各级政府职能部门和支撑机构亟须加强应对气候变化相关基础能力建设工作，尽快做好新职能的知识储备。为提高生态环境系统应对气候变化能力培训的针对性和实用性，确保培训质量和效果，推动培训内容的标准化与模块化，在2014年度中国清洁发展机制基金的资助下，生态环境部科技与财务司和应对气候变化司指导下，生态环境部宣传教育中心组织编写了本书，北京中创碳投教育咨询有限公司参与了本书编写。

本书适用于负责地方生态环境保护、气候变化的各级主管部门官员及相关支撑机构工作人员，全书共分五章。第一章从全球气候变化的基础知识入手，把温室效应原理作为认识全球气候变化的重要内容，从科学的角度解释了造成全球气候变化的原因。全球气候变化对人类社会产生的影响是复杂而深远的，本书在第二章着重描述了全球气候变化对自然生态系统和人类社会经济系统的影响，同时重点介绍了农业、水资源、生态系统与生物多样性、人类健康、基础设施、城市以及海岸带等不同领域适应气候变化的技术措施。第三章详细讨论了减少温室气体排放的各种技术措施，并分析了各种减排措施的应用状况，考虑到温室气体和大气污染物的同源性，同时介绍和讨论了两者的协同机理及协同控制的政策与措施。由于全球气候变化问题是一个典型的跨区域、全球性问题，只有世界各国通力合作，才有可能从根本上减缓全球气候变暖。因此，国际谈判和国际合作将在解决气候变化问题的过程中扮演重要的角色，本书将全球气候变化谈判单独成章，即第四章，重点围绕全球气候谈判进程、气候变化国际合作机构和机制，以及典型国家在应对气候变化所做的工作进行介绍，以使读者对国际气候谈判及合作的复杂过程有一个比较清晰的了解。第五章在综合前面各章的基础上，进一步联系我国的具体国情，结合我国温室气体排放现状，重点介绍了我国应对气候变化的战略与目标，并分析了我国在应对气候变化方面所采取的减缓和适应政策、措施、所开展的基础工作、国际合作及相应工作成效。本书通过宣贯和普及气候变化科学原理、国际及国内应对气候变化、低碳减排方面的政策背景以及开展的各项工作和实践，梳理地方主管部门的主要工作职责与工作内容，帮助地方官员理解国家应对气候变化和低碳减排工作的目标及关键步骤，明确如何开展本地区应对气候变化和温室气体控排考核的相关工作，为最终打好污染防治攻坚战，实现生态环境保护和应对气候变化工作协同推进，开启我国生态环境保护与应对气候变化事业新篇章奠定坚实的能力基础。

参与本书撰写的作者如下：

前言：王菁菁、张斌亮、酆婧轩

第一章：范雪丽、张斌亮、杨晋、唐进、杨玲燕

第二章：胡天蓉、李路路、郑喜鹏、董琳琳、王乐

第三章：惠婕、刘焰真、王文强、周洁婷、李魏宏

第四章：王菁菁、胡晓明、钱国强、朱庆荣、邹翔、刘凯

第五章：张琳、刘汝琪、王媛、郭伟、王文强、陈芳、冯艳、谷钰、刘颖、田喆、赵强

本书由李路路、刘焰真统稿，曾红鹰、刘之杰、牛玲娟、张斌亮、宋静怡参与了对全书的修改和审定，鲍自然参与了前期项目管理。

本书在编写过程中得到了朱松丽、田春秀、冯相昭、刘强、高庆先、巢清尘、胡建信、李春喜、陈敏鹏等专家、学者的鼎力支持，在此向他们表示衷心的感谢。同时，也希望本书能搭建起专家学者与广大基层工作人员关于应对气候变化问题沟通的桥梁，为我国应对气候变化知识的普及、传播和发展贡献绵薄之力。

由于气候变化科学问题尚处在不断深化认知中，很多问题尚待解决，如随着科学技术的发展，适应和减缓气候变化的技术在不断创新，国际应对气候谈判问题复杂多变，我国也正在面临应对气候变化和减排管理职责的调整，加之编写组水平有限，书中难免有错误和不妥之处，恳请各位读者批评指正。

编委会

2019 年 7 月

目　录

第一章

气候变化的科学认知

近百年来，特别是20世纪50年代以来，地球气候变暖更为明显，引起了世界各国政治界和科学界的广泛关注。政府间气候变化专门委员会（IPCC）第五次评估报告研究指出，自1850年以来，尤其自20世纪70年代之后，全球近地面气温一直处于上升趋势，通过全球气候模式的预估研究表明，未来50～100年全球气候将继续向变暖的方向发展。全球变暖对世界和中国的生态系统及社会经济产生了并将继续产生重大影响。地球是人类唯一的家园，维持环境友好且宜居的气候与生态环境是人类生存和社会经济发展的必要条件，也是维持整个社会可持续发展的重要前提。正如习近平总书记指出的“人与自然是生命共同体，人类必须尊重自然、顺应自然、保护自然”。人类是与地球、与大自然相互依存、相互维系的整体，防治气候向对人类社会不利的方向发展，阻止其恶化是全人类共同的责任和使命。

气候变化是由于地球气候系统受到了不同程度的扰动。引起扰动的因素除自然因素（如地球轨道和自转变化以及太阳辐射、火山喷发等）之外，另一个重要的驱动力是人类活动导致的大气温室气体浓度增加，其中最重要的温室气体是二氧化碳（CO_2）。为了从科学角度帮助读者深入了解气候变化问题，本章将对气候变化的主要科学背景做简明的梳理和介绍，尤其是温室气体、温室效应等的基本原理和概念，以及自工业革命以来的全球及中国气候变化现状和趋势等。有了这些基本的科学背景知识，将帮助大家更好地学习和理解后面几章关于气候政策、国际谈判等深入讨论的问题。

第一节　气候变化的基本概念与原理

一、基本概念

（一）天气、气候

天气是指某一个地区距离地表较近的大气层在短时间内的具体状态。天气现象是指发生在大气中的各种自然现象，即某瞬时内大气中各种气象要素（如气温、气压、湿度、风、云、雾、雨、闪、雪、霜、雷、雹、霾等）空间分布的综合表现。气候不同于天气，气候是指某一长时期内（月、季、年、数年到数百年及以上）气象要素（如温度、降水、风等）和天气过程的平均或统计状况，主要反映的是某一地区冷暖干湿等基本特征，通常由某一时期的平均值和距此平均值的离差值（气象上称距平值）表示。公众日常关心的是每天的天气如何，但不少经济活动的决策者和经济计划的制订者，为趋利避害，更关心气候状况，特别是未来的气候。

（二）气候变化

气候变化是指气候平均状态随时间的变化，气候变化是由气候系统的变化引起的，气候系统包括大气圈、冰雪圈、生物圈、水圈、岩石圈（陆地）。[①] 引起气候变化的原因有多种，可分为自然的气候波动与人类活动的影响两大类，前者包括太阳辐射的变化、火山爆发、地球运转轨道的变化和固体地球的变化等；后者包括人类燃烧化石燃料、毁林以及其他工农业活动引起的大气中温室气体浓度的增加、硫化物气溶胶浓度的变化、陆面覆盖和土地利用的变化等。

（三）温室气体和温室效应

温室气体是指由自然或人为原因产生的，能够吸收和释放地球表面、大气和云所射出的红外线辐射，并存在于大气中的气体。水蒸气（H_2O）、二氧化碳（CO_2）、一氧化二氮（N_2O）、甲烷（CH_4）和臭氧（O_3）是地球大气中最主要的温室气体，这些温室气体有些是由于自然过程产生的，还有许多完全是由人为因素产生的，如《蒙特利尔议定书》所涉及的卤烃及其他含氯和含溴物。除 CO_2、N_2O 和 CH_4 外，《京都议定书》也将六氟化硫（SF_6）、氢氟烃（HFCs）和全氟化合物（PFCs）定为温室气体（表 1-1）。对气候变化影响最大的温室气体是 CO_2，CO_2 的生命期很长，一旦排放到大气中，其寿命可达 200 年，因而最受人类关注。

表 1-1　部分温室气体的增温效应与生命期

种类	增温效应 / %	生命期 / 年
CO_2	76	—
CH_4	16	12.4
N_2O	6.2	121
SF_6	0.3	3 200
含 F 气体	0.7	—

资料来源：《IPCC 第五次评估报告》。

① 资料来自《IPCC 第五次评估报告》。

不同温室气体对气候变暖的影响不同，全球变暖潜力（GWP）是一个基于充分混合的温室气体辐射特征的指数，用来衡量相对于 CO_2 来说，当前大气中某种温室气体单位质量的辐射强迫程度。全球变暖潜力表示这些温室气体不同时间内在大气中保持综合影响及其吸收外逸热红外辐射的相对效应。

辐射强迫是指由于气候系统内部变化，如 CO_2 浓度或太阳辐射的变化等外部强迫引起的对流层顶垂直方向上的净辐射变化，辐射强迫的单位为 W/m^2。

如果没有温室气体，全球地表平均温度应为 −18℃，而工业化前很长一段时间全球地面的平均温度实际上是 15℃左右。因此，如果大气中的温室气体浓度继续增加，进一步阻挡地球向宇宙空间发射的长波辐射，为维持辐射平衡，地面必将增温以增大长波辐射量。

地面温度增加后，水蒸气随之增加（增加大气对地面长波辐射的吸收），冰雪将融化（减少地面对太阳短波的反射），又使地表进一步增温，即形成正反馈使全球变暖更显著。另外，水蒸气增加有可能使天空云量增加，从而使地表降温，形成负反馈。

表 1-2　不同温室气体对环境问题的影响

化合物	WS	SS	RT（D）	RT（I）	AR	Tox（D）	Tox（I）	O_3^-	OC
CO_2	—	—	[+]	—	—	—	—	—	—
N_2O	—	—	[+]	—	—	—	—	[+]	—
SO_2	[+]	—	—	[+]	[+]	[+]	[+]	—	—
CO	[+]	[+]	—	[+]	—	[+]	—	[+]	[+]
NMVOC	[+]	[+]	—	[+]	—	[+]	[+]	[+]	[+]
CH_4	—	[+]	[+]	[+]	—	—	[+]	[+]	[+]
NO_x	[+]	[+]	—	[+]	[+]	[+]	[+]	[+]	[+]
CFCs	—	—	[+]	[+]	—	—	—	[+]	—
Aerosols	[+]	[+]	[+]	—	[+]	[+]	—	[+]	—

注：WS= 冬季雾，SS= 夏季雾，RT= 辐射传输（D 代表直接影响，I 代表间接影响），AR= 酸雨，Tox= 毒性[I 代表其反应产品，如乙醛，它是 NMVOC（非 CH_4 挥发性有机化合物）氧化反应的产品]，OC= 大气的氧化能力，这是自身清除能力的一种变量，[+] 代表有影响，—代表无影响。
资料来源：《IPCC 第五次评估报告》。

由表 1-2 可见，CO_2 虽然是最重要的温室气体，但它对人类与环境几乎是完全无害的，对于植物的生长甚至有益，它也几乎不影响大气化学过程；虽然它的含量在所有温室气体中是最多的，但其全球变暖潜力（GWP）是最低的。而 NO_x 在所有环境问题中都起作用，因而如果 NO_x 含量得以减少，则环境问题也将获益。

（四）典型浓度路径（RCPs）

典型浓度路径（RCPs）是世界气候研究计划（WCRP）中耦合模式比较计划第五阶段（CMIP5）框架下的一套新情景，用来进行新的气候模式模拟。排放情景包括 4 种不同的人为强迫情景，即低强迫水平情景（RCP 2.6）、中低强迫水平情景（RCP 4.5）、中高强迫水平情景（RCP 6.0）和高强迫水平情景（RCP 8.5）。高强迫水平情景是人们惯常的用法，是指与 1750 年相比，2100 年时的总辐射强迫为 8.5 W/m^2，在这一场景下 2100 年空气中的 CO_2 浓度要比工业革命前的 CO_2 浓度高 3～4 倍。中高强迫水平情景和中低强迫水平情景是指与 1750 年相比，2100 年的总辐射强迫分别为 6.0 W/m^2、4.5 W/m^2，在中高、中低强迫水平情景下，2080 年以后人类的碳排放就会降低，但依然会超过允许数值。低强迫水平情景则是 4 个场景中最理想的，指与 1750 年相比，到 2100 年时的总辐射强迫为 2.6 W/m^2，它假设人类在应对气候变化之后，采用更加积极的方式使未来 10 年温室气体排放开始下降，到 21 世纪末，温室气体排放就成为负值。以上 4 个场景的假设场景，唯有低强迫水平情景下到 2100 年气温上升不会超过 2℃。若全球温度上升太快，人类难以适应，会对自然系统和社会系统造成极大的不利影响。

（五）极端气候事件

当某地天气的状态严重偏离其平均态时，就可以认为是不易发生的事件，或者异常事件。从统计意义上来讲，不容易发生的事件就可以称为极端事件，像干旱、洪涝、高温热浪和低温冷害等都可以看成极端气候事件，但值得注意的是某个地区的极端气候事件（如热浪）在另一地区可能是正常的。常见的极端气候事件包括高温热浪、低温冷害、强降水或暴雨、干旱、热带风暴或台风、沙尘暴等，可以对人类社会和经济活动造成严重负面影响。

（六）适应气候变化

适应气候变化指为应对实际或预期的气候影响而对自然和人类系统进行的调整，这种调整可以减缓危害或促进 / 利用有利影响。适应气候变化包含 3 个层面，即气候变化影响与风险、适应技术研发、适应技术应用与保障，与之对应的包含3个主要步骤：一是明晰适应起点，即开展气候变化对不同领域的影响与风险评估，明确不同区域、不同领域面临的气候变化关键问题，为有针对性地确定适应技术奠定基础；二是适应技术研发，即结合脆弱性与风险评估结果，梳理农业、水资源、生态系统、海岸带等不同领域适应气候变化技术清单，对适应气候变化技术的适用性进行分析，并对未来需求开展评估，构建不同领域适应气候变化的综合技术体系；三是技术应用示范与保障体系，即针对不同领域、不同区域的气候变化的影响与风险，提出具体而明确的适应气候变化的技术应用示范方案，建立应对气候变化的试点示范基地，并从法制、机制、体制等方面加强适应气候变化的制度建设。

（七）减缓气候变化

地球上的碳库包括岩石圈、化石燃料、大气圈库、水圈库和生物库等，其中岩石圈和化石燃料是最大的2个碳库，含碳量约占地球上碳总量的99.9%。CO_2是大气中含碳的主要气体，也是碳参与物质循环的主要形式。在生物库中，森林是碳的主要吸收者，也是碳的主要贮存者，其固定的碳量相当于其他植被类型的2倍，其贮存的碳量相当于目前大气含碳量的2/3。由于植物、微生物通过光合作用从大气中吸收碳的速率，与其呼吸作用向大气中释放碳的速率大体相等，因此在受到人类活动干扰以前，大气中CO_2的含量是相当稳定的。描述地球大气、海洋、陆地生物圈和岩石圈中碳流动（以各种形式，如CO_2）或交换的术语叫作全球碳循环。

减缓是指通过减少排放和增加碳汇，降低大气中温室气体的浓度，从而降低气候的变化速度和频率。按政府间气候变化专门委员会（IPCC）减缓气候变化工作组的定义，减缓气候变化指人类通过削减温室气体的排放源或增加温室气体的吸收汇而对气候系统实施的干预。碳汇指能使大气中CO_2浓度降低的过程或者活动，自然界中只要具有吸收和固定CO_2的作用的物质，如海洋、森林、土壤、岩石、生物体等都可以产生碳汇。其中通过实施造林再造林和森林管理、减少毁林等活动，吸收大气中的CO_2并与碳汇交易结合的过程、活动或机制叫作林业碳汇。

减缓气候变化有两个基本点，即公平和成本有效，与任何制度安排一样，减缓气候变化一直以来都为公平和效率之争所困扰。发展中国家认为工业化国家对于气候变化的历史贡献远远大于其他国家，应该率先大幅减排，而发展中国家也应在可持续发展框架下应对气候变化，这也是《联合国气候变化框架公约》（UNFCCC）所确定的“共同但有区别的责任”基本原则。成本有效是衡量和实施减缓气候变化政策与减缓技术的重要准则，目前全球经济社会的发展现状还不能接受超出承受范围的激进减排安排，因此减缓相关的研究都会包括对经济和社会影响的分析，而如何以最小成本或损失来避免气候变化则不可避免地成为减缓气候变化政策与技术分析的基本挑战。

（八）协同效应与协同控制

减缓气候变化和控制大气污染间存在协同效应，包括正协同效应和负协同效应。正协同效应指污染物减排促使减缓温室气体排放，或者减缓温室气体排放的同时又能减少污染物排放（环保又低碳）；负协同效应指某些污染物减排措施会增加温室气体排放，或者减少温室气体排放的措施会增加污染物的排放（环保不低碳、低碳不环保）。

温室气体与大气污染物协同控制方面的协同效应包括两个方面：一方面是在控制温室气体排放的过程中减少常规局地污染物的排放（如 SO_2、NO_x、CO、VOC 及 PM 等），另一方面是在控制常规局地污染物排放的同时减少或者吸收 CO_2 及其他温室气体的排放，而且这两方面都既可能有正协同效应也可能有负协同效应。

协同控制是指为了获得协同效应，而采取的相应控制措施。

二、温室气体的源与汇

温室气体的“源 / 汇”是气候变化问题的一个重要问题，它不仅是温室气体收支的重要组成部分，而且也是 IPCC 评估报告和《联合国气候变化框架公约》中的重要内容。“源”指向大气排放温室气体、气溶胶或温室气体前体的任何过程或活动。“汇”指能从大气中清除温室气体、气溶胶或温室气体前体的任何过程、活动或机制，海洋、森林、土壤、岩石、生物体等都可以产生碳汇。

《京都议定书》框架下规定了 7 种主要的温室气体，即 CO_2、CH_4、N_2O、HFCs、PFCs、SF_6、NF。这些温室气体来自自然产生和人类活动排放，且主要来自人类活动。所有温室气体中对气候变化影响最大的是 CO_2，它产生的增温效应占所有温室气体总增温效应的 76%，因而最受关注。大气中 CO_2 的天然来源包括海洋和土壤的自然释放，人类活动排放源主要来自能源活动、土地利用变化和工业生产过程。其中，能源活动的排放主要是燃料燃烧排放，包括交通运输部门排放、发电和供热部门排放、各用能行业排放等，此外能源开采过程也可能产生 CO_2 的排放；土地利用变化产生的 CO_2 排放则是与为了粮食、饲料和木材生产而将自然生态系统转变为管理的生态系统有关，其 CO_2 排放来自植物材料的焚烧或死亡植物和土壤有机碳的分解；工业生产过程排放包括水泥、石灰、钢铁、电石、己二酸、硝酸、半导体、二氟甲烷、铝、镁等工业产品生产过程；此外还包括其他行业中各类温室气体的排放，如臭氧消耗物质替代生产和使用、电力设备制造和运行、石灰石和白云石的使用等造成的排放。

大气中由人类活动产生的大量 CO_2 可通过陆地生态系统和海洋中各种碳汇从大气中清除一部分。自然碳汇之所以能清除部分 CO_2 是由于在不同时间尺度上起作用的物理、生物和化学过程。大量的大气 CO_2 支撑着由各种植物通过光合作用完成的 CO_2 固化，而 CO_2 作为植物生物质留存或储存在土壤中。在陆地上存储的碳的驻留时间取决于有机碳的分室（植物 / 土壤）和成分，时间尺度从几天到几个世纪不等。在未受到土地利用变化影响的陆地生态系统中，碳储量的增加可能是由于在较高 CO_2 水平上光合作用增强、氮沉积和气候变化有利于形成碳汇，如中高纬度地区植物生长季节延长。海洋对人为 CO_2 的吸收主要是对大气中不断增加的 CO_2 做出的响应。海洋表面吸收的或通过各类水系（如江河、地下水系）输送到海洋的大量大气 CO_2 被埋入沿海泥沙中或输送到海洋深处并在那里储存几十年至几百年。海洋深处的碳可分解海洋碳酸盐沉积物，使大量 CO_2 储存几百年乃至几千年。在 1 000 年内，存留大气中的 CO_2 排放量将在 15%～40%；在 1 万年或更长地质时间尺度上，通过岩石风化作用可非常缓慢地从大气中清除更多 CO_2，1 万年后存留大气中的 CO_2 比例将降至 10%～25%。

CH_4 的主要天然源是湿地，而其他产生 CH_4 的过程排放如畜牧业、水稻种植、生物质燃烧、化石燃料开采、垃圾填埋等都直接、间接地来自人类活动。比如水稻田、牛羊等反刍动物消化过程会排放 CH_4；化石能源开采过程中煤炭瓦斯、天然气泄漏会产生 CH_4；废弃物处理也会排放 CH_4。CH_4 的消除（汇）主要是通过化学破坏过程，它与对流层羟基（OH）反应（$OH+CH_4 \longrightarrow CH_3+H_2O$）而从大气中消失。

N_2O 的自然源来自海洋、大气和土壤，人类源来自农业土壤（施肥）、生物质燃烧、工业（尼龙生产等）和畜牧业等。主要的汇在平流层通过光化分解及氧原子反应而损失。

HFCs 和 PFCs 是 CFC 的替代物，虽然它对臭氧层损耗大为减轻，但对气候变化的增温效应是明显的，大气中的 HFCs 主要来自冰箱与空调机组的常规泄漏，PFCs 主要来自精炼铝、半导体制造等；SF_6 排放源主要是由于输配电、生产与处理镁、磁性物生产、半导体制造等。

当年温室气体排放源和汇的差值即为各温室气体在大气中的含量。依据世界气象组织的资料，2016 年 CO_2、CH_4 和 N_2O 的大气浓度分别为 403.3 ppm①、1 853 ppb②、328.9 ppb，分别是工业化前水平的 145%、257% 和 122%③。

三、温室效应与气候变化

由于人类活动大量增加温室气体的排放，大气中温室气体的浓度在近 200 年中得到了迅速增加。大气中温室气体的增加是通过温室效应来影响全球气候或使气候变暖的。对于这个问题的认识大致经历了 3 个阶段。1827 年法国科学家（也是著名数学家）J.B. 傅立叶最早从理论上认识到温室气体的增温效应。他指出大气和温室玻璃一样会产生相似的增温结果。这就是温室效应这一名称的由来。后来英国科学家 J. 丁德尔测量了 CO_2 和水汽对红外辐射的吸收，进一步阐明了大气中微量的温室气体对温度变化的特殊作用。第二阶段主要是对温室气体增暖效应的定量计算和预测。在 19 世纪后期及以后的 50 年中，不少人进行了这种计算，其中一位瑞典化学家 S. 阿尔赫尼斯在 1896 年通过计算指出，由于燃烧煤使 CO_2 浓度加倍时全球平均气温将增加 5～6℃。这个结果已十分接近我们现在由复杂气候模式计算的结果。S. 兰利与 R. 伍德也指出了暖室与大气中温室效应的差别。在这些工作的基础上，1957 年，R. 瑞威拉和 H. 瑞斯第一次明确指出由人类活动产生的温室气体的增加可能导致气候变化。同年在夏威夷的 Mauna Loa 和南极建立了 CO_2 测量站，从而进入了温室气体的实际测量阶段，并以精确的测量结果表明，大气中的 CO_2 浓度确实在不断增加。由此，揭开了第三阶段即近代全球气候变化研究的序幕。

① ppm，体积分数，表示百万分之几。
② ppb，体积分数，表示 10 亿分之几。
③ 数据来自世界气象组织《2017 年 10 月 30 日温室气体公报》。

为什么由温室气体造成的温室效应可以引起全球气候变化呢？这是了解全球气候变化原因的物理基础，对此我们将作简要的说明。在了解这种温室效应之前，首先我们说明一下形成地球温度场的最基本的原理——辐射平衡问题。

大气中除含有占 99% 的 N_2 和 O_2 以外还有其他少量的微量气体（如 CO_2 等）以及云、水汽和尘埃等。后者虽然所占体积和数量很少，但它是造成地球上具有较高温度的主要原因。如果不考虑上述微量气体以及云和水汽、尘埃的作用，地球表面的平均温度完全取决于辐射平衡过程。有两种辐射过程影响地球的温度，一种是使地球表面加热的来自太阳的短波辐射，另一种是由地球和大气向外空射出的长波辐射。平均而言，净射入的太阳短波辐射与射出的太阳长波辐射必须维持平衡，这样才能保持地球温度稳定在某一数值上。根据辐射平衡的计算，大约 288 W/m^2 的净入射太阳辐射可用来加热地球系统。为了维持热量平衡，地球本身也必须以热辐射的形式向外空平均射出同样数量的辐射能。由于作为一个辐射体的地球温度（约 15℃）远比太阳的温度（约 6 000℃）低，其波长位于红外辐射或长波波段。根据斯蒂芬－玻尔兹曼定律：$E=\sigma T_g^4$（σ 是斯蒂芬 - 玻尔兹曼常数，T_g 是地表温度），地表越热，发射的辐射能越多；地表吸收越多，辐射也越多。一般情况下把地表看作是一个黑体，即吸收了所有到达其上的辐射而不反射，因而它的放射也是最大的。由上面的原理进行的计算表明，为了平衡入射的太阳辐射，地球有效放射温度必须达到 −19℃才能达到辐射平衡。这个温度值要比现在观测到的实际地球温度值 14～15℃低约 33℃。是什么原因使地球的温度从 −19℃升到了 14～15℃的高值？这是由水汽、CO_2 和其他一些微量气体造成的自然温室效应的结果。

水汽、CO_2 和其他一些微量气体在大气中的含量虽少，但它们可以吸收地表放射的一部分热辐射，从而引起地球大气增温，使温度由 -19℃上升到 14～15℃，造成约 33℃的温度差。上述气体的这种对地表长波辐射的吸收或遮挡作用被称为自然的温室效应，因为这种作用的产生与人类活动造成的大气中温室气体的增加无关。它远在人类出现之前就已经存在了。温室效应之所以得名是由于上述辐射过程十分类似于玻璃温室或暖房的辐射过程。在温室中，太阳辐射可透过温室玻璃到达房内并被植物和土壤所吸收，同时后者又以长波辐射形式向外发射。它们被玻璃吸收并将部分辐射再发射向温室中，从而使温室的温度增高。由于温室的玻璃吸收或阻挡了长波辐射，温室才增温，因而起到了与大气中水汽、CO_2 及其他温室气体相同的作用。

但是仅从辐射热输送过程来理解温室效应还不够，还不能对温室效应有一个正确的认识，必须再进一步从大气中的对流输送过程对大气温度分布的影响来理解温室效应。由于太阳辐射主要被地表面所吸收并被加热，以后热空气上升，同时周围较冷的冷空气会下沉，从而引起空气的上下运动，即对流。最后上下运动互相平衡，达到对流平衡状态。上升的空气在上升过程中，由于周围气压减小而膨胀对外做功，结果消耗自身的内能（热能）而导致温度下降变冷，而下沉的空气则相反，温度会上升，因而最后达到对流平衡的温度垂直分布是随高度而下降的，其下降率约 6℃ /km。前面已经指出，大气中的水汽和温室气体吸收了地表发射的长波热辐射，并同时以自身的温度向外空放射出热辐射。在大气高层的这些气体，由于温度比地表低得多，发射的热辐射量比较小。因此这些高层的温室气体吸收了大量或全部（看作黑体）由地表发射的长波辐射，但向外发射了比其吸收小得多的长波辐射。这比没有这些水汽与温室气体情况下的大气损失于外空的热辐射要小得多。这些温室气体的作用犹如覆盖在地表上的一层棉被，棉被的外表比里面要冷，使地表热辐射不至于无阻挡地射向外空，从而使地表比没有这些温室气体时更为温暖。由此可见，地球上如果没有随高度减小的温度垂直分布，就不会有温室效应。

使温室效应再度复杂化的因素是云的存在。云有两种作用。一方面是云顶表面可以将太阳辐射再反射回到太空，因而使地球收入的太阳短波辐射减少，这可使前面无云和水汽及温室气体的入射量由 288 W/m^2 减少为 235 W/m^2。这样为平衡此太阳辐射而射出的长波辐射也要相应减少。另一方面是云也吸收与发射热辐射，具有类似温室气体的增温效应。这两种作用相反，前者使地表冷却，后者使地表变暖。但云对辐射总的效应是使地表温度略有降低。

无论地表和大气内部的物理过程如何复杂，正如前文所指出的那样，进入与离开大气顶的辐射能量之间必须保持平衡，前面已经指出在有云的大气中，进入大气的净太阳辐射为 235 W/m^2，则射出的长波辐射也必须与之相当。如果这种平衡被破坏，则可以通过地球表面温度的升高来恢复平衡。造成这种辐射平衡被破坏的主要因子是人类活动引起的大气中温室气体的增加。由此而造成的地表温度的进一步增加被称为增强的温室效应。这种增强的温室效应实际上是由于人类活动引起的附加在自然温室效应之上的一种温室效应。虽然其量值比自然温室效应小得多，但其增温作用的意义则是非常重要的。

由于大气中水汽和温室气体的存在，地球的温度由 −19℃上升到 15℃。如果大气中 CO_2 浓度增加一倍，这时大气顶的辐射平衡将受到破坏，由于增加的 CO_2 拦截了地球和大气放射的长波辐射，使离开大气的长波辐射量只有 236 W/m^2。因而气候系统内部将进行调整，以恢复原有的平衡。根据前述的理由，地表必须升温 1.2℃。温度升高之后，大气中的水汽将增加，这将使温室效应进一步加强。通过这种正反馈作用，地表的增温将不是 1.2℃，而是 2.5℃，所以反馈作用是非常明显的。

由人类活动造成的温室气体增加而产生的温室效应可以影响大气中的水汽、温度垂直结构、冰雪、云的分布，而后者又通过反馈过程反过来影响温室效应。对于正反馈过程，温室效应会增强，气候变化更明显；反之，对于负反馈过程，则使温室效应减弱，气候变暖减弱。在气候变化过程中，主要考虑下列几种反馈过程。

- 大气的水汽反馈。温度增加使蒸发加强，导致大气中水汽量增加，增加的水汽将产生更强的温室效应。计算表明，它将使由于 CO_2 加倍引起的全球平均温度升高增加 60%。
- 大气温度结构（温度递减率）反馈。尤其是大气中水汽含量改变后，大气温度结构将发生变化，从而影响大气长波向外空的长波辐射量和温室效应。这种情况对地表温度的反馈是负的。
- 冰雪反照率反馈。冰和雪的表面是太阳辐射的强烈反射体。反照率即为这种反射能力的度量。如果具有低反照率的海面（反照率为 0.1）或陆面（反照率为 0.3）被高反照率的冰（反照率≥ 0.6）所覆盖，地表所吸收的太阳辐射将不到原先的一半，因而地表进一步降温，反之亦然。这是冰反照率的正反馈过程，它会使 CO_2 加倍产生的增温再增加 20%。
- 云的分布。云对辐射有强烈的吸收、反射或放射作用，称作云的反馈作用。云的反馈作用十分复杂，其反馈强度和符号取决于云的具体种类、云的高度、光学性质等，但基本上可以分为两类作用。一方面，云对太阳可以产生反射作用，将其中入射到云面的一部分太阳辐射反射回太空，减少气候系统获得的总入射能量，因而具有降温作用；另一方面，云能吸收云下地表和大气放射的长波辐射，同时其自身也放射热辐射，与温室气体的作用一样，能减少地面向空间的热量损失，从而使云下层温度增加。一般来说低云以反射作用为主，常使地面降温；高云则以被毯效应为主，常使地面增温，所以云的总反馈作用是正或负取决于以上两种作用哪一个占优势。气候变化对云（云量、云的面积和结构）的变化十分敏感。这也明显地影响着气候模式的敏感性。当云量有百分之几（如 3%）的变化时就会对气候产生一定的影响，它所造成的净增温或净降温相当甚至超过温室气体造成的增温值，因而云的反馈作用的计算明显地影响着全球气候变化数值的计算与预测。

第二节　全球气候变化观测事实

全球气候正经历以变暖为主要特征的变化，研究表明近 50 年来气候变化很可能主要由人类活动造成的。关于人类活动增加大气中温室气体浓度进而导致气候变化的研究可以追溯到 19 世纪末，如 1896 年瑞典科学家斯万特·阿尔赫尼斯对燃煤可能改变地球气候做出了预测，他指出当大气中 CO_2 浓度加倍时，全球平均气温将增加 5～6℃。之后有许多科学家陆续对此问题进行了研究，1957 年瑞威拉等在美国发表了一篇关于增加大气中温室气体浓度可能产生气候变化的论文，同年美国夏威夷观象台开始进行 CO_2 浓度观测，从而正式揭开人类研究气候变化的序幕。

《IPCC 第五次评估报告》综合了国际各方面的研究结果，对全球气候变化的基本事实给出了评估意见，其主要内容如下：

> 根据地面气象仪器观测结果，1860 年以来全球平均温度升高了 0.6℃ ±0.2℃，近百年来最暖的年份均出现在 1983 年以后，20 世纪北半球温度的增幅可能是过去 1 000 年中最高的。近百年来降水分布也发生了变化，大陆地区尤其是中高纬地区降水增加，非洲等一些地区降水减少。极端天气气候事件（厄尔尼诺、干旱、洪涝、雷暴、冰雹、风暴、高温天气和沙尘暴等）的出现频率与强度增加。气候变暖导致的海水热膨胀，以及近百年来极冰的大量融化使全球海平面上升了 10～20 cm。大气中温室气体浓度明显增加，大气中 CO_2 的浓度目前已达到 368 ppmv（百万分之一体积），比工业化之前增加了 40%，可能是过去 42 万年中的最高值。对过去 100 多

年（1860—2000 年）的气候模拟表明，若只考虑自然因子作用，则模拟结果与实际气候演变差异较大，若同时考虑自然因子和人类活动的作用，则可以相当好地模拟出过去 100 多年的气候变化。因而，近百年全球气候变化是由自然的气候波动和人类活动的作用共同造成的，尤其是近 50 年的温度变化，很可能主要是人类活动排放的温室气体造成的。综上所述，近百年来地球气候正经历一次以全球气候变暖为主要特征的显著变化，这种变暖是由自然的气候波动和人类活动共同引起的，尤其是最近 50 年的气候变化，很可能主要是人类活动造成的。

一、全球平均温度

在过去的 150 年，全球平均地表温度呈现明显增加趋势，1950 年以来温度增加尤其显著（图 1-1），1906—2005 年全球地表温度的线性趋势为 0.74℃，近 50 年的变暖速率达到每 10 年 0.13℃，几乎是近 100 年增温速率的 2 倍。全球 9 个最暖年份都出现在 2005 年以后，5 个最暖年份出现在 2010 年以后，2013—2017 年的 5 年平均温度比 1981—2010 年平均值高 0.4℃，比工业化前的温度高 1.0℃。北半球变暖比南半球明显，北半球中高纬度 地区冬季增暖比夏季明显，全球大陆变暖比海洋明显（图 1-2），陆地夜间增暖比白天明显。

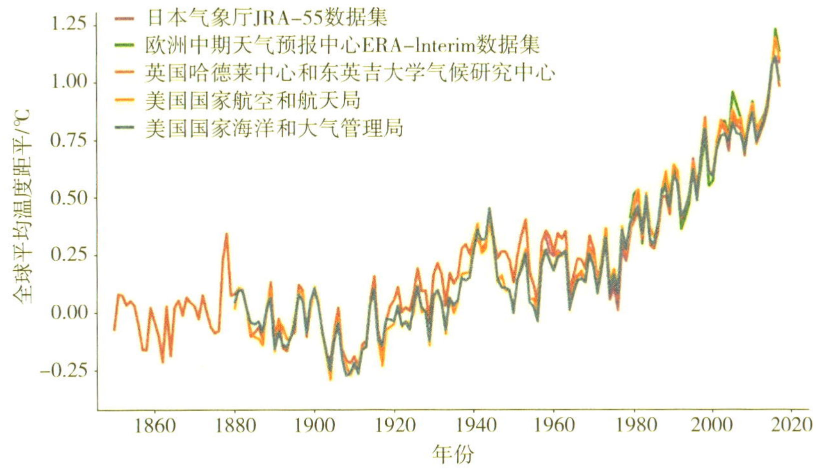

图 1-1 以 1850—1900 年温度为基线的全球平均温度距平变化

资料来源：《世界气象组织 2017 全球气候状况声明》。

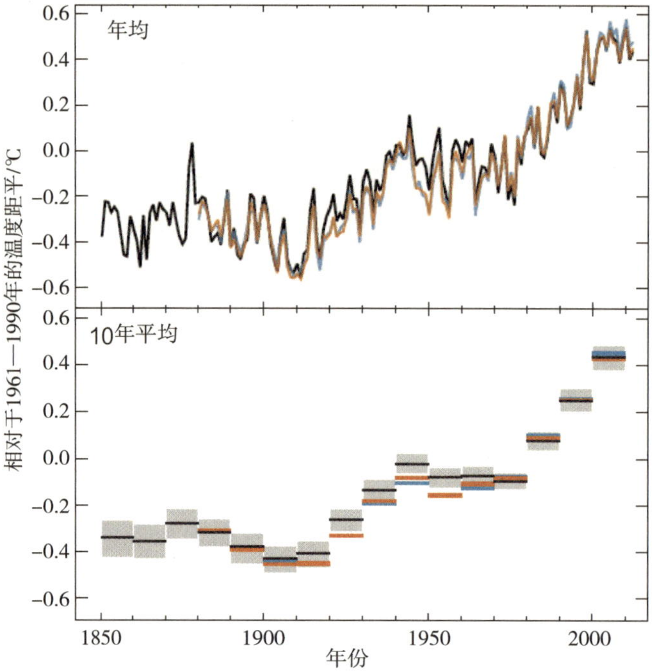

图 1-2　观测到的全球平均陆地和海洋表面温度变化（1850—2012 年）

资料来源：《IPCC 第五次评估报告》。

利用探空和卫星观测资料对大气对流层中、低层温度进行分析，结果表明两者之间的变暖率基本一致。卫星微波探空仪得到的 1979 年以来对流层温度变暖率为每 10 年 0.12～0.19℃，而平流层底层温度明显下降了。但是一些研究表明，高空温度变化趋势仍然存在着很大不确定性。观测结果显示，全球陆地上极端温度变化与大尺度变暖相一致，中纬度区域霜冻日数大范围减少，极端暖日数（最暖 10% 的白昼或黑夜）增加，极端冷日数（最冷 10% 的白昼或黑夜）减少。冷夜日数变化最显著，1951—2003 年，在有观测资料的所有区域（76% 的陆地）冷夜日数均减少。自 20 世纪下半叶以来，热浪一直在持续增长。但目前尚无足够的证据表明一些如龙卷风、冰雹、闪电等中小尺度事件是否存在着变化趋势。

二、全球降水量

在许多地区观测到降水量在 1900—2010 年存在长期趋势变化，如在南北美东部、欧洲北部、亚洲北部和中部，降水量显著增加；在撒哈拉、地中海、非洲南部和亚洲南部部分地区降水量减少。在其他区域尚未观测到长期趋势变化。

在多数陆地区域，观测到强降水事件频率呈增加趋势。自 1950 年以来，许多陆地上的强降水事件（高于 95 个百分位值）发生次数增加，甚至在那些总降水量减少的区域也是如此。据报道，极弱降水事件也在增加（50 年 1 次），但是仅有少数地区有足够的资料来支撑评估这种趋势的可信性。

1970 年以来，受热带海平面温度上升影响，北大西洋的强热带气旋活动增加，在其他一些区域也有迹象表明强热带气旋活动在增加，但在西太平洋地区热带气旋和台风发生频率出现减少趋势。

20 世纪 70 年代以来，在更大范围地区，尤其是在热带和副热带地区，气象干旱的强度和持续时间似乎增加了。但与气象干旱不同，目前没有足够证据表明水文干旱事件频率也有增多趋势。气象干旱是指某时段内，由于蒸发量和降水量的收支不平衡，水分支出大于水分收入而造成的水分短缺现象，最明显的表现是降雨量持续低于某一正常值。水文干旱指某一给定的水资源管理系统下，河川径流在一定时期内满足不了供水需要，其主要特征是在特定面积、特定时段内可利用水量的短缺。

三、全球海平面

观测数据表明，19 世纪中叶以来海平面上升速率比过去 2 000 年来的平均速率还要高。1901—2010 年，全球平均海平面上升了 0.19 m。20 世纪初以来，全球平均海平面上升速率不断加快。全球平均海平面上升速率在 1901—2010 年的平均值为每年 1.7 mm，1971—2010 年为每年 2.0 mm，1993—2010 年为每年 3.2 mm。全球平均海平面在 2016 年年初达到峰值，此时全球平均海平面比 2004—2015 年趋势约高 10 mm，2016 年和 2017 年年初全球平均海平面则相对稳定（图 1-3）。

海平面上升主要是由海水热膨胀和冰川（冰川、冰帽和冰盖）消融造成的，其中前者的贡献约每 10 年 11 mm，后者的贡献约每 10 年 7 mm。图 1-4 为 1993—2004 年以及 2004—2015 年 2 个时期各因素对海平面上升的贡献（以观测的全球平均海平面百分比表示）。可以看出，近年来几乎所有因素的贡献值均有上升，尤其是极地冰盖的融化，而冰盖冰量加速损失主要是由于全球平均气温加速上升。

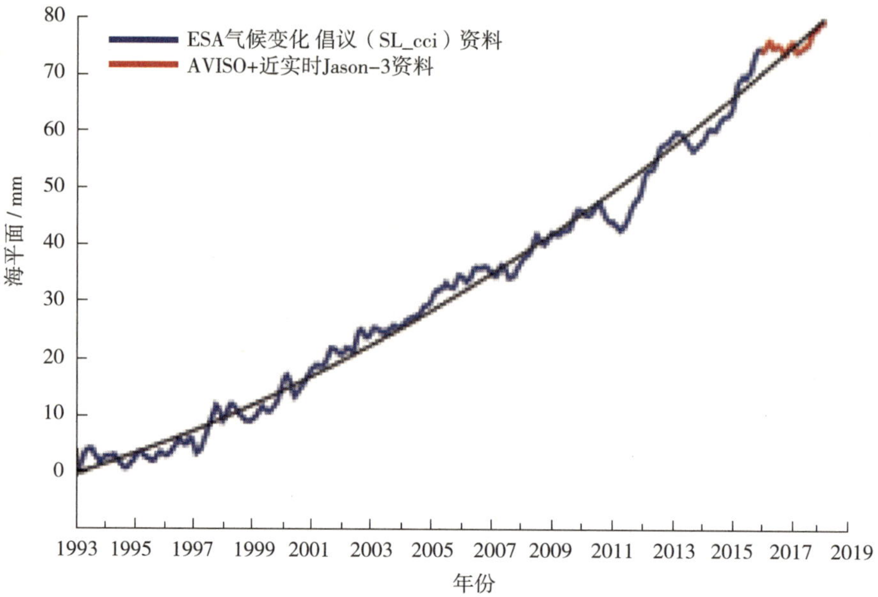

图 1-3　全球海平面变化图

资料来源：《世界气象组织 2017 全球气候状况声明》。

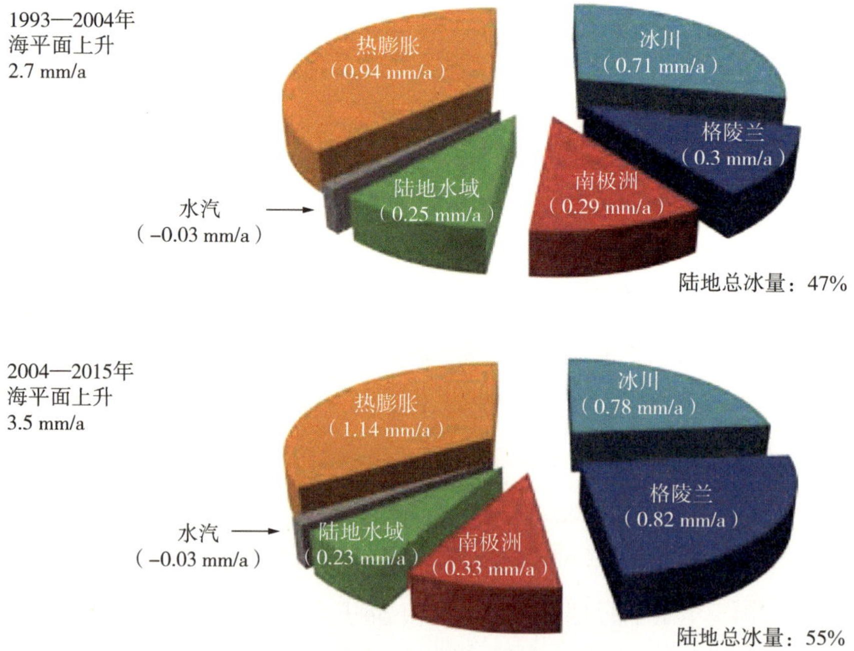

图 1-4　各因素对海平面上升的贡献

资料来源：《世界气象组织 2017 全球气候状况声明》。

四、古气候变化

古气候研究利用钻孔测量过去的地温变化、海洋沉积物孔隙水变化、冰川范围变化、树木年轮宽度和密度变化以及涉及化学、物理和生物参数变化等多种代用资料，这些参数反映了过去环境和气候的变化。在代用资料重建的基础上，对过去1 000年的温度变化进行研究，结果表明公元1000—1300年北半球许多地区比较温暖，一般称为“中世纪暖期”，而从1500—1900年气候偏冷，称为“小冰期”；20世纪下半叶北半球的平均温度很可能比过去500年内的任何其他50年的温度都高，并可能是至少过去1 300年内最温暖的阶段，但对这一点还存在很大的争论。

全新世中期（约6 000年前）和末次冰盛期（约21 000年前）与目前的气候有较大不同。全新世中期北半球夏季比目前暖，亚洲夏季风可能比今天强盛，全球陆地表面年平均气温可能也比目前略高，但目前没有可信的温度重建结果。末次冰盛期气候比如今冷得多，全球平均地表温度估计至少比当前低5℃，北大西洋及其周围区域温度下降更大，北美北部和西北欧地区被深厚的大冰盖所覆盖，北半球陆地植被带向南迁移，降水量下降，气候寒冷干燥，全球海平面比当前低120 m左右。

全新世（最近12 000年）和末次冰盛期的气候异常主要由地球轨道参数改变及其地球气候系统内部强烈的反馈过程引起的，各种地球生物化学和地球生物物理反馈放大了对地球轨道强迫的响应。

第三节　中国气候变化观测事实

中国是全球气候变化的敏感区域，受气候变化影响非常显著。自20世纪以来我国平均升温的幅度要明显高于世界平均水平。气候变化尤其是极端气候事件，对我国粮食安全、水资源安全、生态安全、能源安全、经济安全等诸多方面构成严峻威胁和挑战。正如习近平总书记在党的十九大报告中指出“气候变化等非传统安全威胁持续蔓延，人类面临许多共同挑战”。多年来，中国科学家通过采用约740个气象站长期、连续观测记录，对最近 110 年，特别是近 60 年中国大陆地面和高空气候变化规律进行了系统研究，同时也利用国内外最新的气候系统模型对中国大陆地区未来气候变化可能趋势进行了模拟和预估，这些研究工作为科学把握气候变化规律、有效降低气候风险、合理应对气候变化影响、建立科学的适应气候变化体系奠定了坚实的基础。

一、大气温度变化

（一）高层大气温度变化

除了地表温度的变化，我国上空高层大气的温度也表现出同样的不断上升现象。从图 1-5 可以看出，1961—2017 年，中国上空对流层年平均气温均呈显著上升趋势，低层（850 hPa）和上层（300 hPa）的增温速率分别为 0.017 ℃/a 和 0.019 ℃/a；平流层下层（100 hPa）年平均气温表现为下降趋势，降温速率平均为 0.019 ℃/a，但可以看出，21 世纪初以来下降趋势变缓。对流层升温和平流层下层降温趋势减缓与全球高层大气温度变化总体相一致。2017 年，中国对流层上层平均气温是 1961 年以来最高的，而平流层下层平均气温较常年值偏低 0.6℃。

（二）其他要素

1. 相对湿度

我国大气平均相对湿度在 1961—2017 年无明显变化趋势，但有阶段性波动特征。从图 1-6 来看，20 世纪 60 年代中期至 80 年代中期，相对湿度以偏低为主，1989—2003 年相对偏高，2004—2014 年总体偏低，2015 年以来转为偏高。

2. 云量变化

1961—2017 年，中国平均总云量阶段性变化明显。总体而言，在 20 世纪 90 年代中后期前呈下降趋势，随后出现转折，呈上升趋势（图 1-7）。2017 年，中国平均总云量较常年值偏多 2.5%。

3. 风速变化

总体来看，自 20 世纪 60 年代以来，我国境内平均风速呈不断减小的趋势（图 1-8），平均每年减少 0.013 m/s。尤其是 2017 年，中国平均风速较常年值偏小。

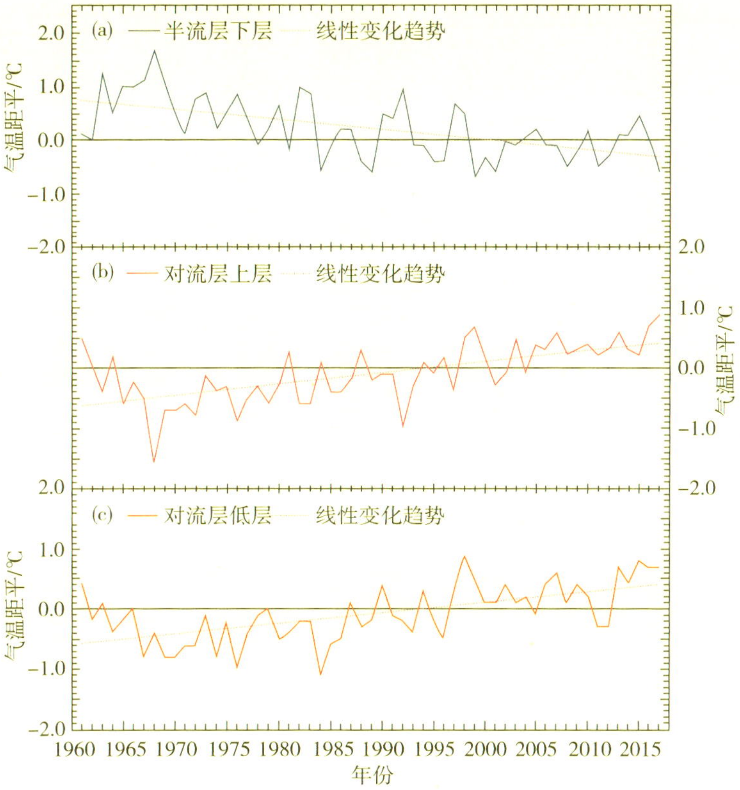

图 1-5　1961—2017 年中国高空年平均气温距平

资料来源：《中国气候变化蓝皮书（2018 年）》。

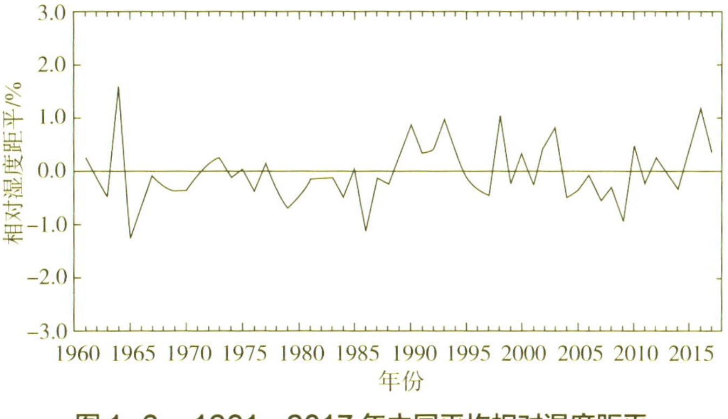

图 1-6　1961—2017 年中国平均相对湿度距平

资料来源：《中国气候变化蓝皮书（2018 年）》。

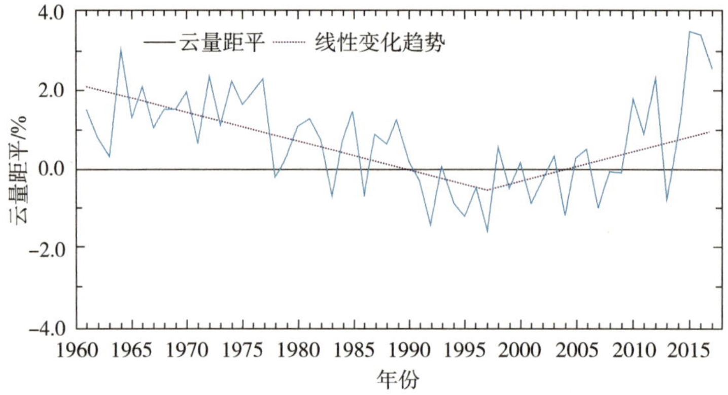

图 1-7　1961—2017 年中国平均总云量距平

资料来源：《中国气候变化蓝皮书（2018 年）》。

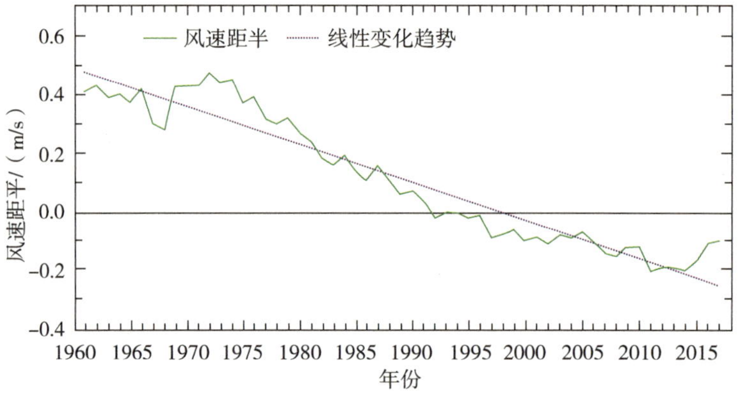

图 1-8　1961—2017 年中国平均风速变化

资料来源：《中国气候变化蓝皮书（2018 年）》。

4. 日照时数变化

中国平均年日照时数在 1961—2017 年呈现减少趋势，减少速度为 3.39 h/a。由图 1-9 可知，2017 年中国平均年日照时数为 2 426 h。

（三）极端事件

20 世纪 60 年代以来，我国境内极端低温事件显著减少，但极端高温事件在 20 世纪 90 年代中期以来明显增多，尤其是极端强降水事件呈增多趋势。

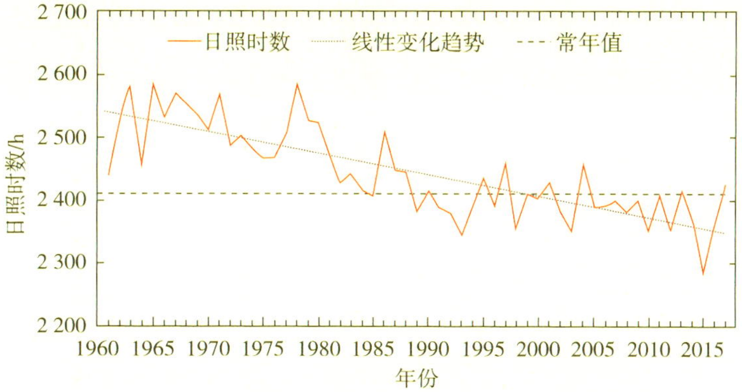

图 1-9　1961—2017 年中国平均年日照时数

资料来源：《中国气候变化蓝皮书（2018 年）》。

1. 极端气温

1961—2017 年，中国平均暖昼日数平均每年增加 0.52 天，20 世纪 90 年代中期以来增加更为明显（图 1-10a）。2017 年，中国平均暖昼日数为 67 天，较常年值多 32 天，是继 2013 年的 73 天、2016 年的 69 天之后的第三名。

1961—2017 年，中国平均冷夜日数平均每年减少 0.84 天（图 1-10 b）。2017 年，中国冷夜日数为 19 天，仅次于 2007 年的 18 天。

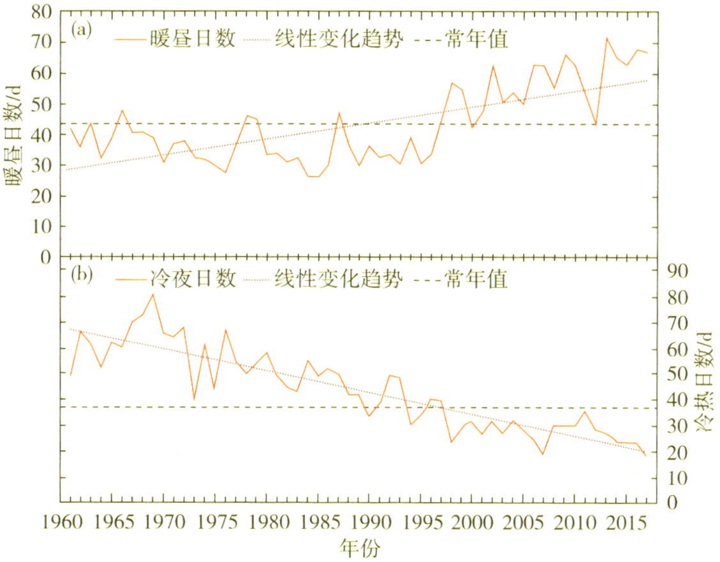

图 1-10　1961—2017 年中国暖昼（a）和冷夜（b）日数变化

资料来源：《中国气候变化蓝皮书（2018 年）》。

中国极端高温事件发生频次在1961—2017年的年代际变化特征明显，20世纪90年代中期以来明显偏多。2017年，中国共发生极端高温事件1 561天，较常年值偏多1 282天（图1-11a）。

中国极端低温事件发生频次在1961—2017年呈显著减少趋势，平均每年减少25.5天。2017年，中国共发生极端低温事件仅7天，较常年值偏少261天，仅次于2007年（图1-11b）。

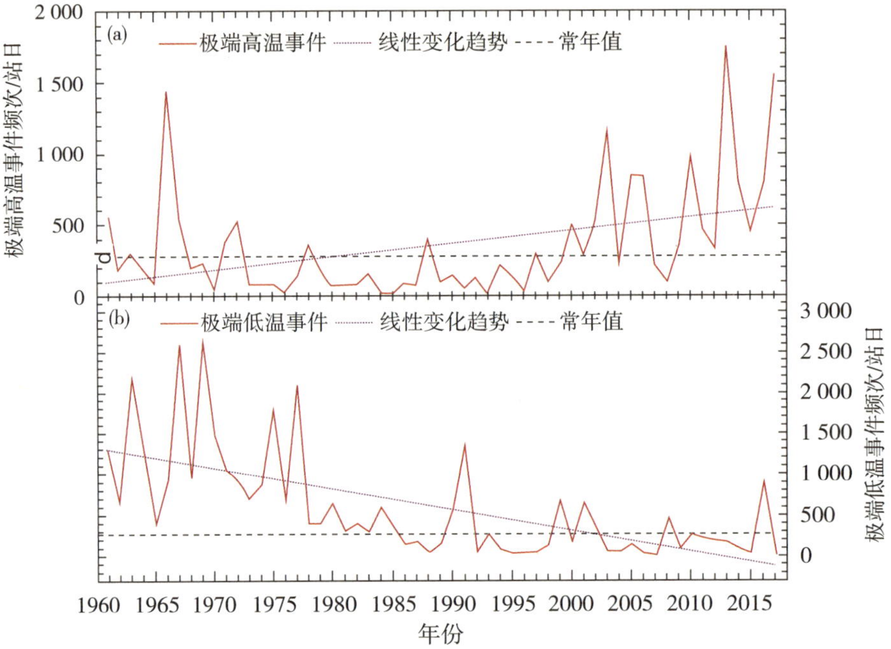

图1-11 1961—2017年中国极端高温（a）和极端低温（b）事件频次

资料来源：《中国气候变化蓝皮书（2018年）》。

2. 极端降水

中国极端日降水量事件的频次在1961—2017年呈增加趋势，平均每年增多1.5天（图1-12）。2017年，中国共发生极端日降水量事件259天，略多于常年值。

3. 区域性气象干旱

1961—2017年，中国区域性气象干旱事件共发生了175次，其中发生极端干旱事件16次、严重干旱事件37次，区域性干旱事件频次则呈现年代际变化特征，在20世纪70年代后期至90年代初区域性气象干旱事件偏多，90年代中期至21世纪初偏少，

2003—2008 年阶段性偏多，2009 年以来总体偏少（图 1-13）。2017 年，中国共发生 2 次区域性气象干旱事件，频次较常年值偏少。

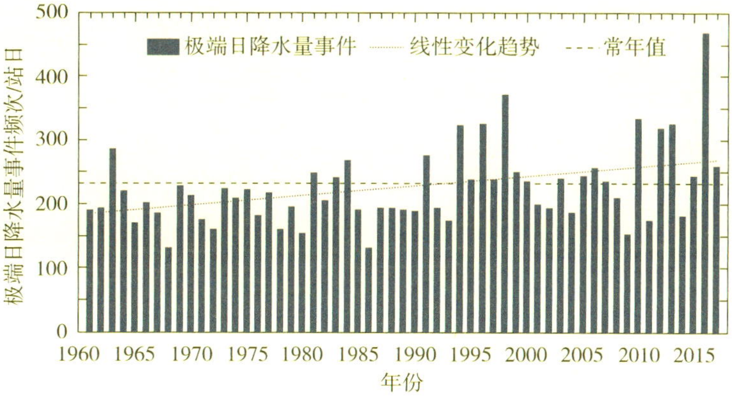

图 1-12　1961—2017 年中国极端日降水量事件频次

资料来源：《中国气候变化蓝皮书（2018 年）》。

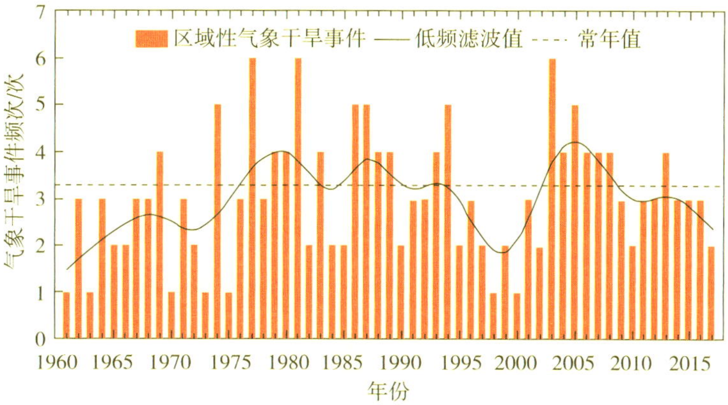

图 1-13　1961—2017 年中国区域性气象干旱事件频次

资料来源：《中国气候变化蓝皮书（2018 年）》。

4. 台风

台风属于热带气旋的一种，是发生在热带或副热带洋面上的低压涡旋，是一种强大而深厚的热带天气系统（图 1-14）。北太平洋西部（赤道以北，国际日期线以西，东经 100° 以东）地区通常称其为台风，而北大西洋及东太平洋地区则普遍称为飓风。每年的夏秋季节，我国毗邻的西北太平洋上会生成不少名为台风的猛烈风暴，有的消散于海上，有的则登上陆地，带来狂风暴雨，是自然灾害的一种。

图 1–14　台风卫星云图

资料来源：中国气象局。

登陆中国的台风（中心风力≥ 8 级）次数在 1949—2017 年呈增多趋势，但线性趋势并不显著，且年际变化大。如图 1-15 所示，登陆中国的台风的比例在 1949—2017 年呈增加趋势，尤其是 2000—2010 年最为明显，2010 年的台风登陆比例约为 50%，是最高值。2017 年登陆中国的台风有 8 个，登陆比例为 30%，较常年值略偏高。

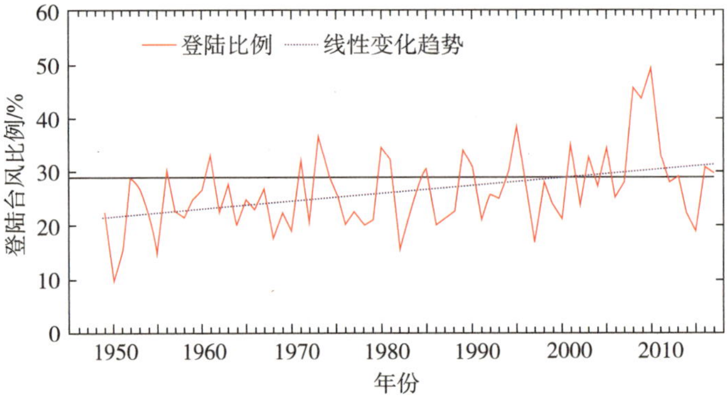

图 1–15　1949—2017 年登陆中国台风比例变化

资料来源：《中国气候变化蓝皮书（2018 年）》。

登陆中国台风的平均强度（以台风中心最大风速来表征）在 1949—2017 年呈增强趋势（图 1-16）。2017 年，登陆台风平均强度为 10 级（平均风速为 28.3 m/s）、较常年值 11 级偏弱。

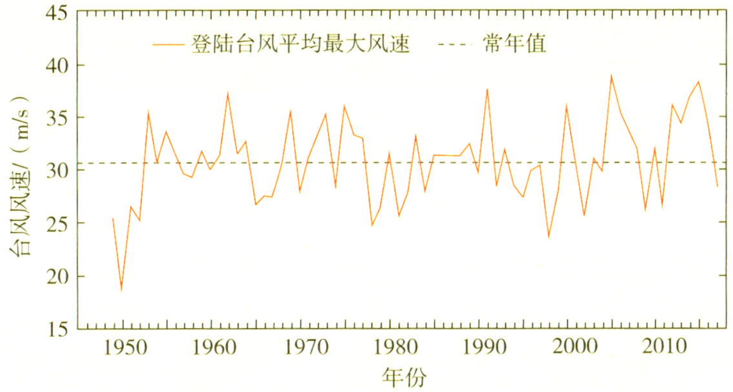

图 1-16　1949—2017 年登陆中国台风平均最大风速变化

资料来源：《中国气候变化蓝皮书（2018 年）》。

二、地表气温变化

中国年平均地表温度自 20 世纪 70 年代后期呈明显上升趋势，尤其是 1998 年以来，中国年平均地表温度持续高于常年值（图 1-17）。1961—2017 年，中国地表温度平均每年上升 0.032℃。2017 年，中国年平均地表温度为 13.8℃，较常年值偏高 0.9℃。

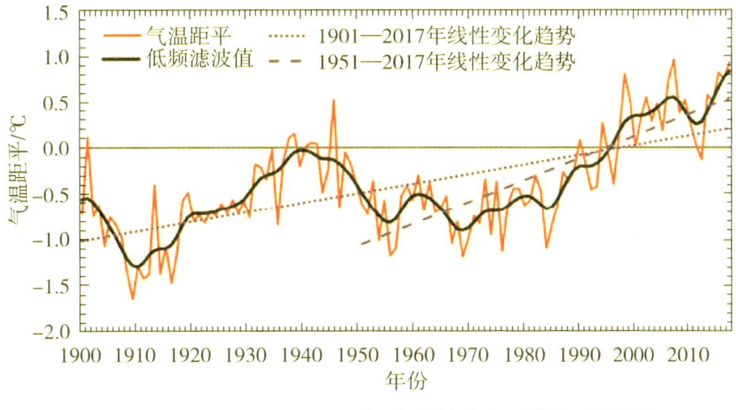

图 1-17　1901—2017 年中国地表年平均气温距平

资料来源：《中国气候变化蓝皮书（2018 年）》。

2017 年，中国大部分地区地表温度较常年值偏高，华北北部、东北、西北地区大部、西藏东北部地区地表温度偏高 1℃以上；新疆中北部、内蒙古中东部部分地区、东北中北部偏高 2～6℃；华南西南部和云南东南部地区地表温度较常年值略偏低。

三、降水变化

1900 年以来，通过北京、哈尔滨、上海、广州和香港等地气象天文台的百年观测记录，可以发现降水北方总体趋少，而南方则呈现增多趋势，同时伴随着明显的年代际波动特征（图 1-18）。

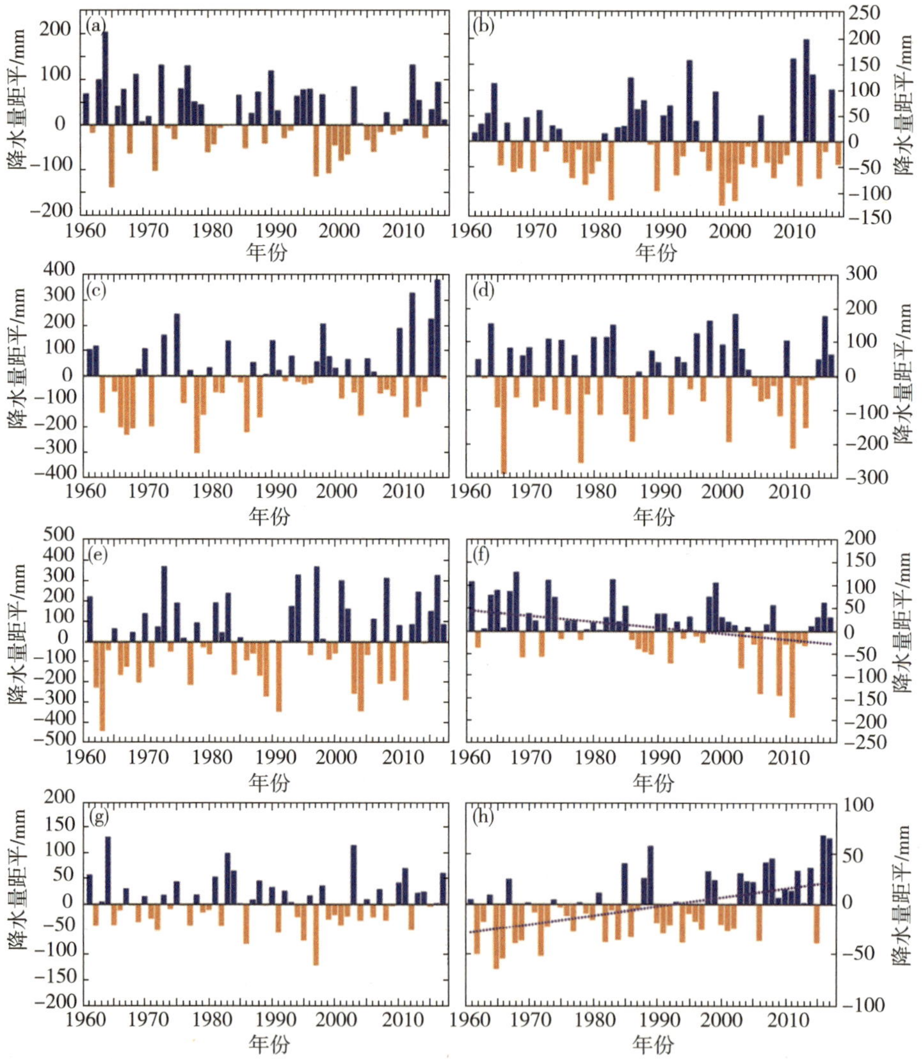

图 1-18　1961—2017 年中国八大区域年降水量距平

（a）华北地区；（b）东北地区；（c）华东地区；（d）华中地区；（e）华南地区；（f）西南地区；（g）西北地区；（h）青藏地区（点线为线性变化趋势线）

资料来源：《中国气候变化蓝皮书（2018 年）》。

最近 50 年以来，中国平均年降水量无明显的增减趋势，但年际变化明显（图 1-19）。其中，1973 年、1998 年和 2016 年是排名前三位的降水高峰年，1986 年、2009 年和 2011 年是降水最少的 3 个年份。2012 年以来降水持续偏多。2017 年，全国平均降水量为 641.3 mm，较常年偏多 1.8%，其中广西、重庆、青海、西藏、甘肃和新疆等地偏多 20%～100%。

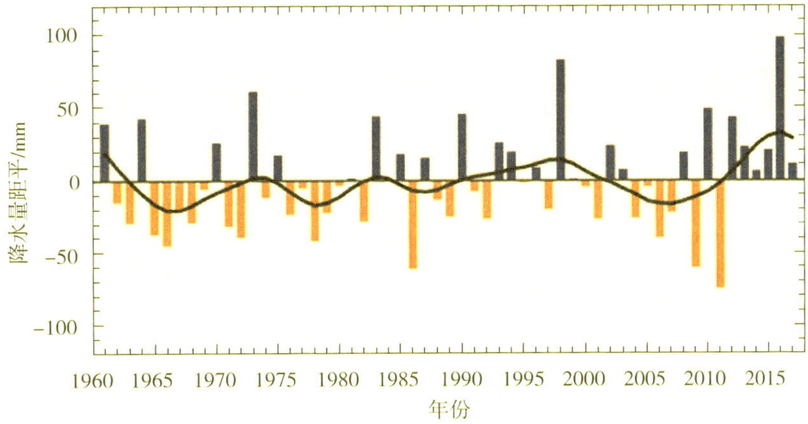

图 1-19　1961—2017 年中国平均年降水量距平

资料来源：《中国气候变化蓝皮书（2018 年）》。

1961—2017 年中国平均年降水日数呈现显著减少趋势（图 1-20），平均每 10 年减少 2 天，2017 年中国平均年降水日为 98 天，比常年少 5 天。同期中国年累计暴雨（日降水量≥ 50 mm）天数呈现增加趋势，平均每 10 年增加 3.9%，2017 年我国年累计暴雨天数为 6 069 天，比往年偏多 1.6%。

四、海平面变化

气候变暖导致的海洋热膨胀、冰川与冰盖融化、陆地水储量变化等，会引起全球平均海平面上升，不同时段的海平面上升速率、各因子对速率变化的贡献率均有变化。依据国家海洋局发布的《2017 年中国海平面公报》，1980—2017 年，中国沿海海平面总体上升速率为 3.3 mm/a，高于同期全球平均水平。如图 1-21 所示，2017 年的中国沿海海平面比 1993—2011 年平均值高出了 58 mm。

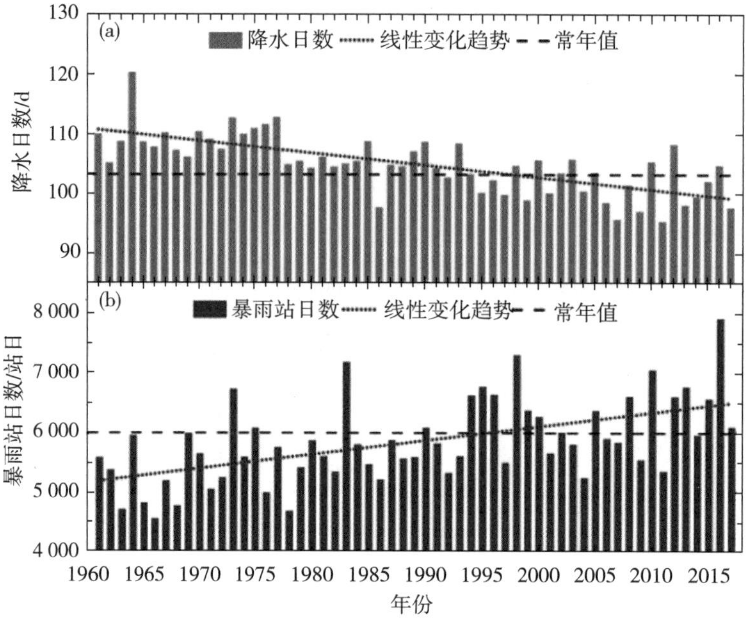

图 1-20　1961—2017 年中国平均年降水日数（a）和年累计暴雨日数（b）

资料来源：《中国气候变化蓝皮书（2018 年）》。

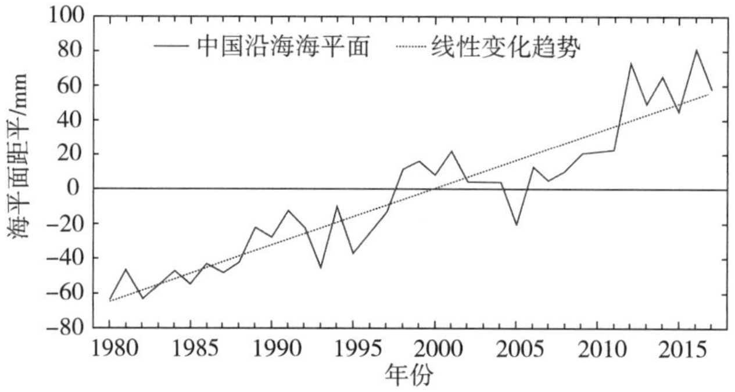

图 1-21　1980—2017 年中国沿海海平面距平（相对于 1993—2011 年平均值）

资料来源：国家海洋信息中心。

2017 年，中国渤海、黄海、东海和南海沿海海平面较 1993—2011 年平均值分别高 42 mm、23 mm、66 mm 和 100 mm。在香港维多利亚港的监测点数据表明，1954—2017 年，维多利亚年平均海平面呈上升趋势，上升速率平均为 3.2 mm/a，至 2017 年维多利亚港海平面高度为 1.50 m，较前 10 年均值高出 60 mm。

五、冰冻圈变化

（一）海冰

渤海是全球纬度最低的结冰海域，也是中国海冰主要出现的地方。依据风云卫星遥感监测结果（图 1-22），2016—2017 年冬季，渤海海冰于 2016 年 12 月中旬生成，2017 年 2 月下旬融退，冰情总体上偏轻。2016—2017 年冬季，渤海全海域海冰面积在 2017 年 1 月下旬最大，为 9 105 km^2（图 1-23），比 2016 年同期下降 67.6%。海冰集中出现于辽东湾，渤海湾和莱州湾没有明显海冰。

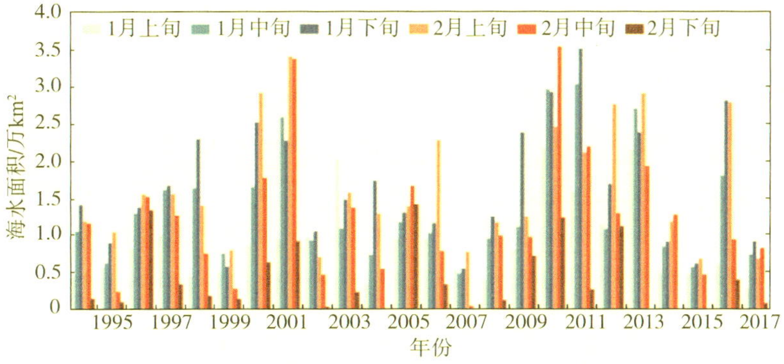

图 1-22　1994—2017 年逐年（1 月上旬至 2 月下旬）渤海最大海冰面积变化

资料来源：《中国气候变化蓝皮书（2018 年）》。

图 1-23　2016—2017 年冬季渤海最大海冰面积监测图

（FY3B/MERS1，2017 年 1 月 24 日）

资料来源：《中国气候变化蓝皮书（2018 年）》。

（二）冰川

冰川物质平衡是表征冰川积累和消融的重要指标。中国天山乌鲁木齐河源 1 号冰川（以下简称 1 号冰川）的变化趋势，与全球冰川的变化基本同步，因此被世界冰川监测服务中心列为全球十大重点观测研究的参照冰川之一。对 1 号冰川的监测结果表明，在 1960—2017 年的平均物质平衡量为 −341 mm/a，与全球冰川总体变化趋势一致， 表现出加速退缩趋势。如图 1-24a 所示，自 1960 年以来，1 号冰川经历了两次加速消融过程，第一次在 1985 年前后，多年平均物质平衡量从 1960—1984 年的 −81 mm/a 降至 1985—1996 年的 −273 mm/a；第二次从 1997 年开始，1997—2017 年的多年平均物质平衡量降至 −690 mm/a，表现出更为强烈的加速消融趋势，其中 2010 年冰川物质平衡跌至 −1 327 mm，是有观测资料以来的最低值，随后冰川物质平衡量出波动性变化，2011—2014 年消融阶段性减缓，随后又进入高物质亏损状态。总体来看，1960—2017 年 1 号冰川累积物质平衡量为 −19.77 m，即在面积不变的条件下，冰川厚度平均减薄 19.77 m。

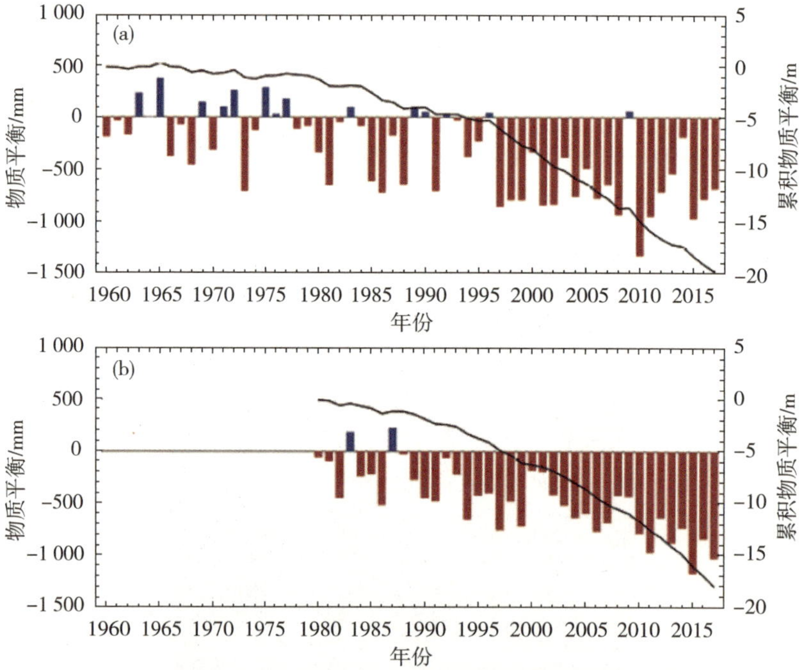

图 1-24　中国天山乌鲁木齐河源 1 号冰川（a）和全球参照冰川平均（b）物质平衡（柱形图）和累积物质平衡（曲线）变化

资料来源：中国科学院天山冰川观测试验站和世界冰川监测服务处

从全球范围来看，近年来全球冰川呈持续剧烈消融状态。2017 年是冰川物质损失最剧烈的年份之一。据世界冰川监测服务处资料显示，2017 年全球 40 条参照冰川物质平衡量平均值为 -1 036 mm 水当量，较 2016 年的 -847 mm 更低，物质亏损程度仅次于 2015 年的 -1 177 mm（图 1-24b）。

冰川末端进退也是反映冰川变化的重要监测指标，是冰川对气候变化的综合及滞后响应。如图 1-25 所示，自 1980 年以来，1 号冰川末端退缩速率呈加快趋势。由于消融强烈，1 号冰川在 1993 年分裂为东、西两支。在冰川分裂前，1980—1993 年的冰川末端平均退缩速率为 3.6 m/a；冰川分裂前后，1994—2017 年，东、西支冰川平均退缩速率分别增加到 4.6 m/a 和 5.7 m/a。2011 年之前，西支退缩速率比东支大，之后两支的退缩速率交替变化。2017 年，东、西支分别退缩了 7.5 m 和 4.5 m。

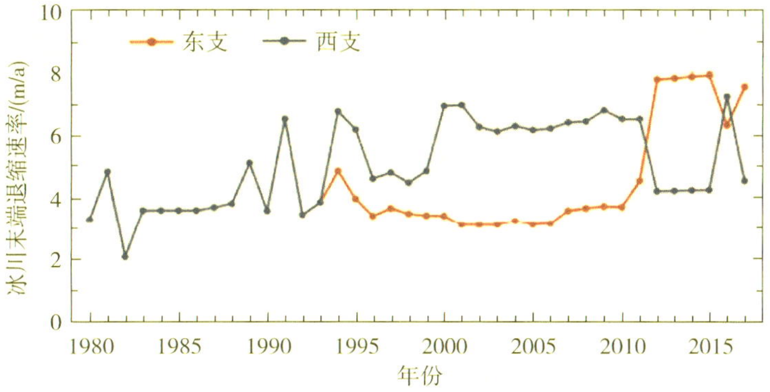

图 1-25　1980—2017 年中国天山乌鲁木齐河源 1 号冰川末端退缩速率

资料来源：中国科学院天山冰川观测试验站。

（三）积雪

2000 年以来，青藏高原、东北和内蒙古以及新疆地区积雪覆盖率总体呈现增多趋势（图 1-26）。2016 年 11 月至 2017 年 2 月，青藏高原地区、东北和内蒙古东部地区，以及新疆地区的积雪覆盖率分别比 1991—2010 年同期平均值偏高 24%、69% 和 47%，其中新疆积雪区积雪覆盖率达到 1990 年以来的最高值。

从积雪日数来看，2016 年 11 月至 2017 年 2 月，东北大部、内蒙古中部和东部大部分地区、新疆北部大部分地区和南疆西部山区等地区积雪日数达 60 天以上，其中部分地区超过 100 天。

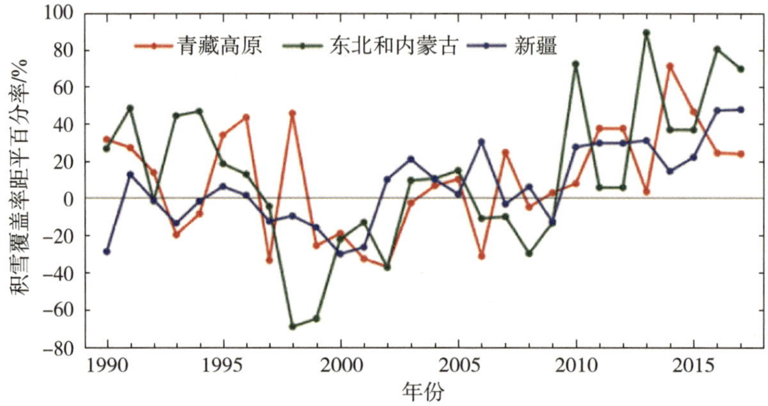

图 1-26　1990—2017 年冬季中国主要积雪区积雪覆盖率距平百分率

（横坐标年份表示上年 11 月至当年 2 月）

资料来源：《中国气候变化蓝皮书（2018 年）》。

与 1991—2010 年同期平均值相比，东北地区大部、内蒙古中部和东部、沿天山地区、南疆西部山区、青藏高原西北部和东南部部分地区 2016 年 11 月至 2017 年 2 月积雪日数偏多 20% 以上，东北地区西部和内蒙古东部局部地区偏多 60% 以上；内蒙古西部、四川西部、青海南部局部地区、西藏中部及喜马拉雅山中西段地区偏少 20%～40%，部分地区偏少 40% 以上。

（四）冻土

青藏高原多年冻土区面积约为 106 万 km^2，平均厚度 39 m，其中高山和丘陵带为 60～130 m，高平原及河谷地带为数米至 60 m。活动层是多年冻土与大气间的“缓冲层”，是多年冻土与大气之间水热交换的过渡层。活动层厚度是下垫面水热综合作用的结果，是多年冻土区气候环境变化最直观的监测指标之一，也是多年冻土区水文、生态研究，乃至工程设计和建设的一个重要指标。

依据青藏公路沿线（昆仑山垭口至两道河段）多年冻土区 10 个活动层观测场监测结果，1981—2017 年活动层厚度显著增加，平均每年增厚 1.92 cm（图 1-27）。2004—2017 年，活动层底部温度明显上升，平均每年升高 0.044℃，受区域增温的影响，活动层近年增厚速率加快，多年冻土退化明显。2017 年，观测区平均活动层厚度达到 240 cm，与 2016 年持平，是自 1981 年以来的最大值。

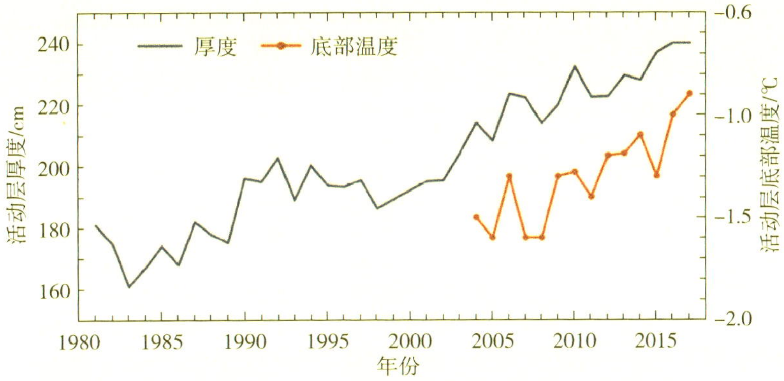

图 1-27　青藏公路沿线多年冻土区活动层厚度和底部温度变化

资料来源：中国科学院青藏高原冰冻圈观测研究站。

依据监测结果，1961—2017 年西藏中东部地区季节冻土最大冻结深度总体呈减小趋势，平均每年减小 0.64 cm；总体来看，20 世纪 60 年代至 80 年代中期，最大冻结深度以较大幅度的年际波动为主，20 世纪 80 年代末后则呈现出显著减小趋势。2017 年，西藏中东部地区季节冻土最大冻结深度创 1961 年以来的新低，较常年值偏小 24.5 cm（图 1-28）。

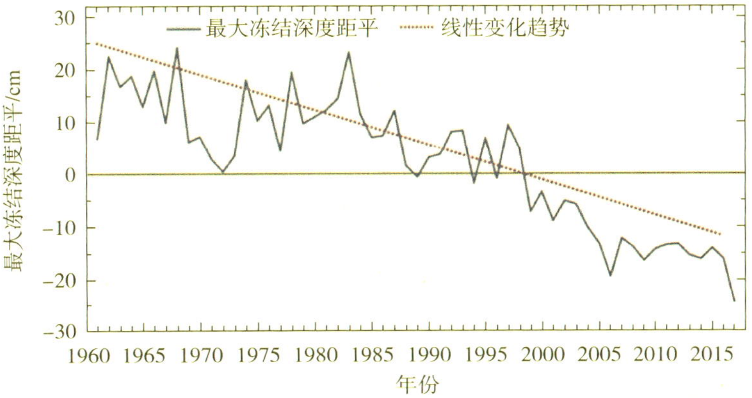

图 1-28　1961—2017 年西藏中东部地区季节冻土最大冻结深度距平

资料来源：《中国气候变化蓝皮书（2018 年）》。

1961—2017 年东北地区季节冻土最大冻结深度有明显减小趋势，平均每年减小 0.59 cm。2017 年，东北地区季节冻土最大冻结深度较常年值偏小 18.5 cm，是 1961 年以来的次低值（图 1-29）。

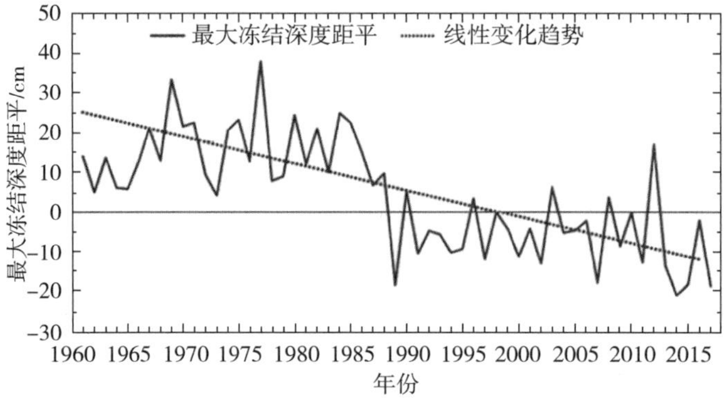

图 1-29　1961—2017 年东北地区季节冻土最大冻结深度距平

资料来源：《中国气候变化蓝皮书（2018 年）》。

六、大气成分变化

气候变化的主要驱动力来自地球气候系统之外的外强迫因子，包括自然驱动因子和人为驱动因子。其中自然驱动因子包括太阳活动、火山活动和地球轨道参数等。工业化时代化石燃料燃烧、气溶胶排放等人类活动改变了自然大气的成分构成，从而影响地球大气辐射收支平衡；另外，大范围土地覆盖和土地利用方式的变化，使下垫面特征被改变，导致地气之间能量、动量和水分传输的变化，进而影响区域尺度气候变化。

（一）温室气体

1990—2017 年，瓦里关站大气 CO_2 浓度逐年稳定上升，月平均浓度变化特征与美国夏威夷冒纳罗亚全球本底站（同处于北半球中纬度高海拔地区）基本一致，可以很好地代表北半球中纬度地区大气 CO_2 的平均状况（图 1-30）。

中国瓦里关全球本底站（36° 17′ N，100° 54′ E；海拔 3 816 m）为世界气象组 / 全球大气观测网（WMO/GAW）的 31 个全球大气本底观测站之一，位于青海省共和县境内，是中国最先开展温室气体监测的大气本底站，也是目前欧亚大陆腹地唯一的大陆型全球本底站。

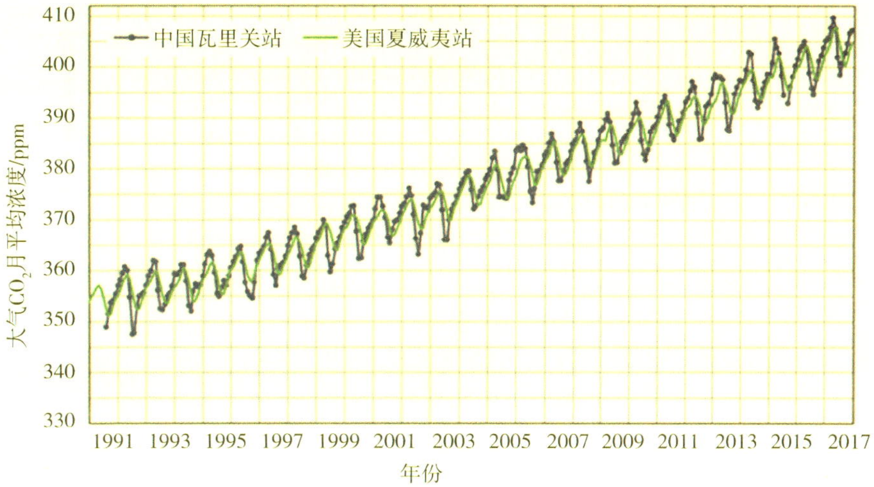

图 1-30　1990—2017 年中国瓦里关和美国夏威夷全球本底站大气 CO_2 月均浓度变化

注：美国夏威夷全球本底站数据源自美国国家海洋与大气管理局。

2016 年，中国瓦里关全球本底站大气 CO_2 年平均本底浓度为 404.4 ppm ± 0.9 ppm（摩尔分数，百万分之一），与北半球平均值和美国夏威夷站同期观测结果大体相当，略高于全球平均值（403.3 ppm ± 0.1 ppm）（图 1-31）。

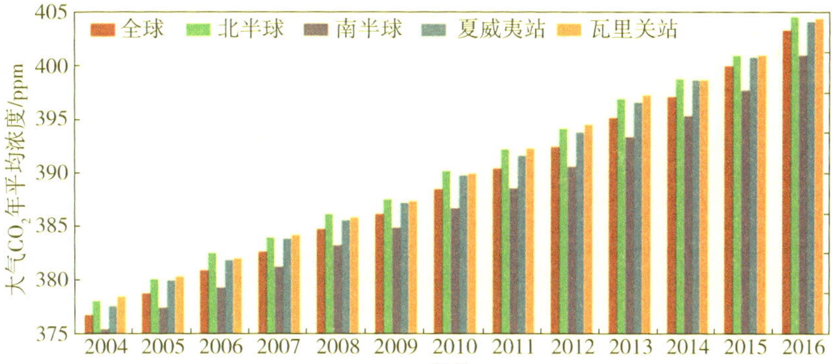

图 1-31　2004—2016 年大气 CO_2 年平均浓度变化

资料来源：《中国气候变化蓝皮书（2018 年）》。

2016 年，中国北京上甸子站、浙江临安站、黑龙江龙凤山站、云南香格里拉站、湖北金沙站和新疆阿克达拉站 6 个区域大气本底观测站 CO_2 的年平均浓度依次为 413.7 ppm ± 1.0 ppm、417.7 ppm ± 1.9 ppm、410.3 ppm ± 4.0 ppm、402.2 ppm ± 3.2 ppm、409.4 ppm ± 2.0 ppm 和 406.7 ppm ± 2.6 ppm（图 1-32）。

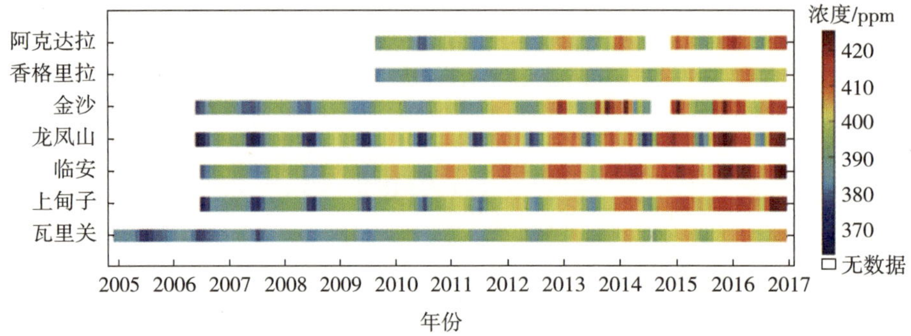

图 1-32　中国气象局 7 个大气本底站近 10 年 CO_2 月平均浓度

资料来源：《中国气候变化蓝皮书（2018 年）》。

2016 年，中国瓦里关全球本底站大气 CH_4 年平均本底浓度为 1 907 ppb ± 3 ppb（摩尔分数，10 亿分之一），高于全球平均值（1 853 ppb ± 2 ppb），与北半球平均值较为接近（图 1-33）。

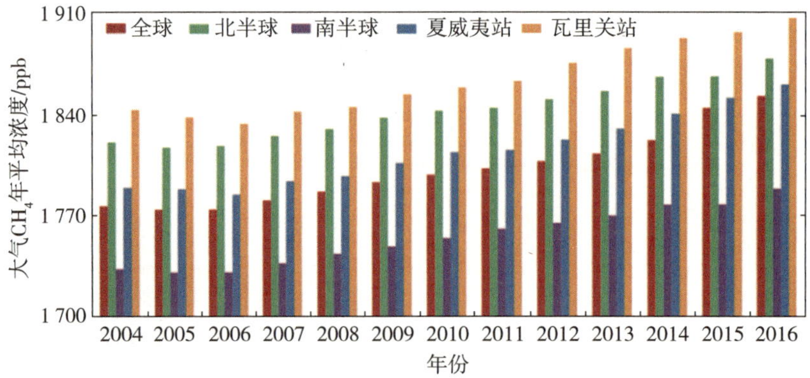

图 1-33　2004—2016 年大气 CH_4 年平均浓度变化

资料来源：《中国气候变化蓝皮书（2018 年）》。

2016 年，全球大气 N_2O 年平均本底浓度为 328.9 ppb ± 0.1 ppb，中国瓦里关全球本底站年平均本底浓度为 329.7 ppb ± 0.1 ppb，与北半球平均值及美国夏威夷站同期观测结果大体相当，略高于全球平均值（图 1-34）。

2016 年，中国瓦里关全球本底站年平均本底浓度为 9.07 ppt（摩尔分数，万亿分之一），与北半球平均值及美国夏威夷站同期观测结果较为接近，高于全球大气 SF_6 年平均本底浓度 8.91 ppt（图 1-35）。

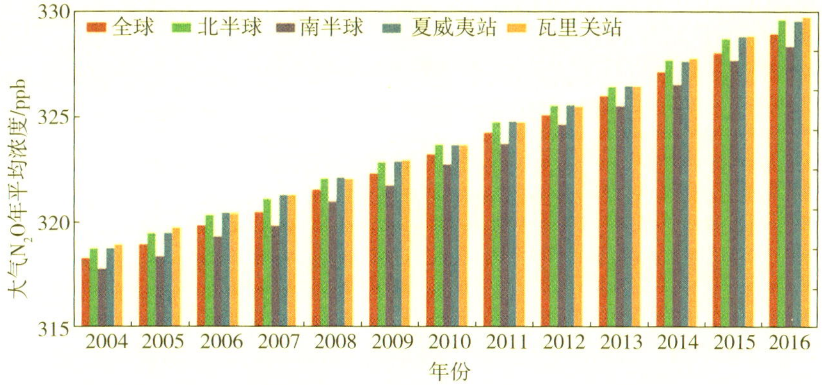

图 1-34　2004—2016 年大气 N_2O 年平均浓度变化

资料来源：《中国气候变化蓝皮书（2018 年）》。

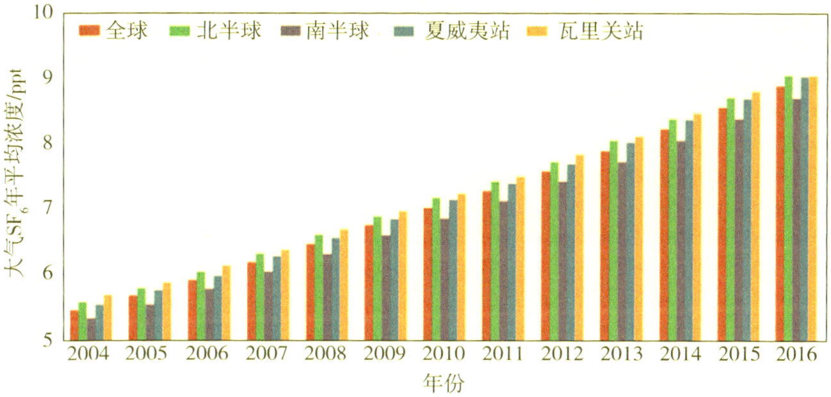

图 1-35　2004—2016 年大气 SF_6 年平均浓度变化

资料来源：《中国气候变化蓝皮书（2018 年）》。

大气 CO_2 碳稳定同位素比值（$\delta^{13}C$）趋势反映了化石燃料燃烧所释放的 CO_2 对当今大气 CO_2 浓度升高的贡献。化石燃料来自远古时期的生物体，其碳稳定同位素 $\delta^{13}C$ 丰度明显低于当今大气，致使化石燃料所释放 CO_2 的 $\delta^{13}C$ 值相对于当今大气明显亏损。中国瓦里关全球本底站 1900—2016 年监测获得的大气 CO_2 碳稳定同位素比值（$\delta^{13}C$）与美国夏威夷站同期观测结果基本一致，呈逐年降低趋势（图 1-36）。2016 年，中国瓦里关全球本底站大气 CO_2 $\delta^{13}C$ 年平均值为 -8.52‰。

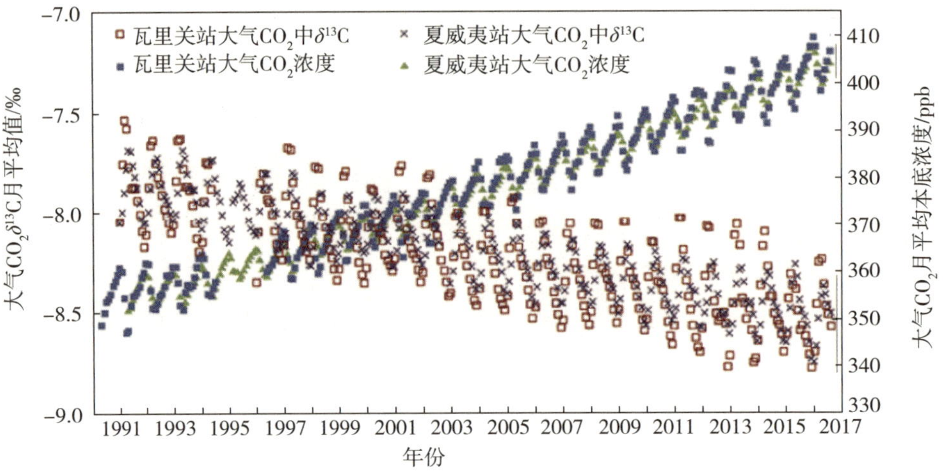

图 1-36　1990—2017 年中国瓦里关全球本底站和美国夏威夷全球本底站大气 CO_2 浓度及其碳稳定同位素比值月平均值变化

资料来源：《中国气候变化蓝皮书（2018 年）》。

（二）O_3 总量

全球 O_3 总量于 20 世纪 70 年代中后期开始降低，1992—1993 年因菲律宾皮纳图博火山爆发而降到最低点。青海瓦里关站和黑龙江龙凤山站观测结果显示（图 1-37），1991 年以来 O_3 总量年平均值无明显增减趋势，但季节波动明显；2017 年，瓦里关站和龙凤山站 O_3 总量平均值分别为 288DU ± 25DU（DU 为陶普生单位）、357DU ± 48DU，与 2016 年两站测值相比均较为接近。O_3 总量值总体回升的态势与全球中纬度地区臭氧层出现恢复相一致，全球禁止排放损耗 O_3 的氟氯烃对保护臭氧层的贡献已逐步体现。

（三）气溶胶

气溶胶通过散射和吸收辐射直接影响气候变化，也可通过在云形成过程中扮演凝结核改变云的光学性质和生存时间而间接影响气候。气溶胶光学厚度，是用来表征气溶胶对光的衰减作用的重要监测指标，光学厚度越大，代表大气中气溶胶含量越高。北京上甸子站、浙江临安站和黑龙江龙凤山站 2004—2014 年气溶胶光学厚度年平均值波动增加；2014—2017 年，均呈明显降低趋势（图 1-38）。上甸子站 2017 年蓝色可见光波段气溶胶光学厚度略高于 2016 年，为 0.43 ± 042 ；临安站和龙凤山站气溶胶光学厚度分别为 0.54 ± 0.32 和 0.31 ± 0.13，较 2016 年均有小幅下降。

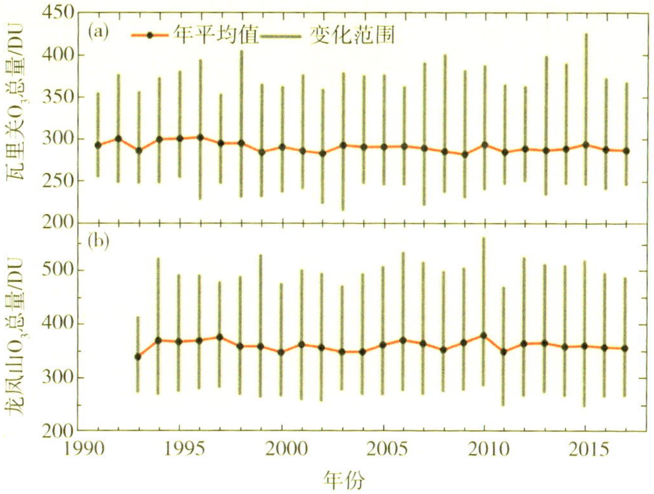

图 1-37　1991—2017 年青海瓦里关站（a）和黑龙江龙凤山站（b）观测到的臭氧总量变化

（圆心实线为年平均值的变化，浅色竖线表示 O_3 总量值的范围）

资料来源：《中国气候变化蓝皮书（2018 年）》。

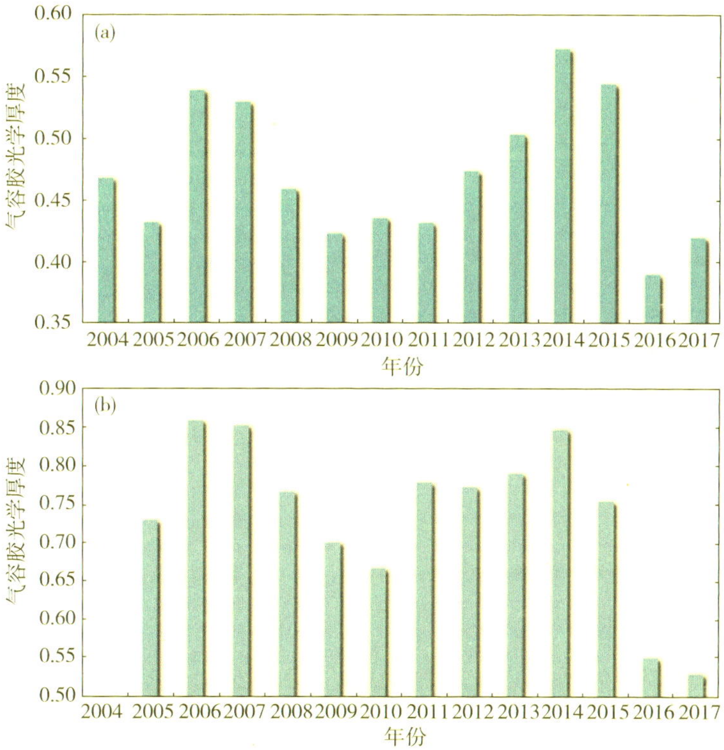

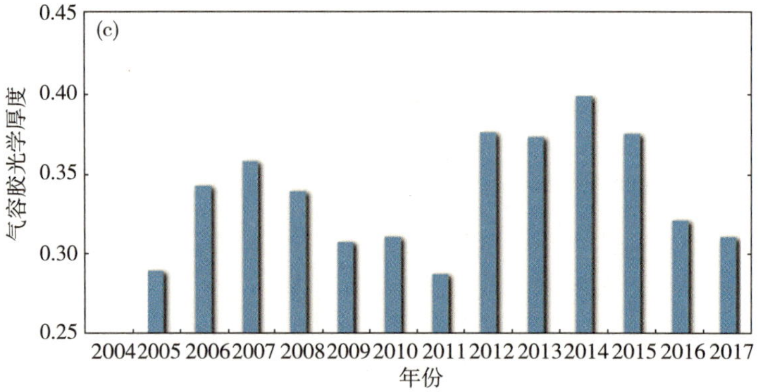

图 1-38　2004—2017 年中国北京上甸子站（a）、浙江临安站（b）和黑龙江龙凤山站（c）观测到的气溶胶光学厚度变化

资料来源：《中国气候变化蓝皮书（2018 年）》。

北京上甸子大气本底站 $PM_{2.5}$ 年平均质量浓度在 2005—2017 年年际波动明显，整体上呈下降趋势，平均值为 40.1μg/m³ ± 8.3 μg/m³（图 1-39）。2006 年年平均 $PM_{2.5}$ 质量浓度最高，为 60.8 μg/m³，2017 年较 2016 年下降 0.4 μg/m³，为 26.4 μg/m³。

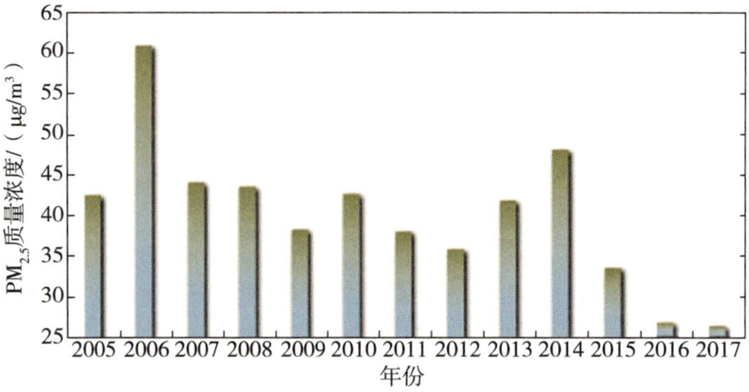

图 1-39　2005—2017 年北京上甸子站 $PM_{2.5}$ 年平均质量浓度变化

资料来源：《中国气候变化蓝皮书（2018 年）》。

上海东滩环境气象站 2010—2017 年 $PM_{2.5}$ 年平均质量浓度呈下降趋势，2016 年和 2017 年较前期有明显下降（图 1-40）。

广东番禺环境气象站 2006—2010 年 $PM_{2.5}$ 年平均质量浓度逐年下降，2011 年以来小幅回升，但 2015—2017 年平均质量浓度较前期平均水平有所下降（图 1-41）。

2017 年，广东番禺站 $PM_{2.5}$ 平均质量浓度较 2016 年略微上升，为 46.8 μg/m³。

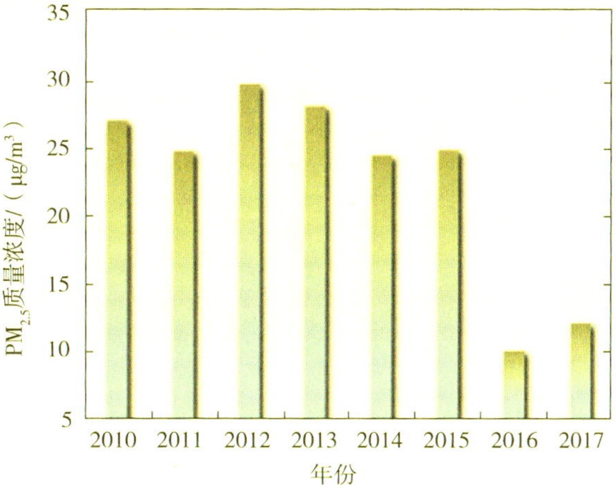

图 1-40　2010—2017 年上海东滩站 $PM_{2.5}$ 年平均质量浓度变化

资料来源：《中国气候变化蓝皮书（2018 年）》。

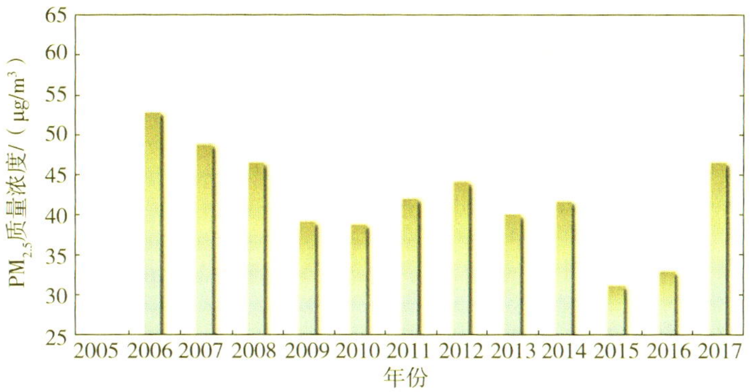

图 1-41　2006—2017 年广东番禺站 $PM_{2.5}$ 年平均质量浓度变化

资料来源：《中国气候变化蓝皮书（2018 年）》。

综上所述，近百年来地球气候正经历一次以全球气候变暖为主要特征的显著变化，无论是全球平均气温还是中国地表和高层大气年平均气温均呈显著上升趋势。通过模型预测，未来 50～100 年全球气候将继续向变暖的方向发展。气候变暖由自然气候波动和人类活动共同引起，其中人类活动大量增加温室气体排放是造成气候变暖的主要原因。而气候变暖正在对全球和中国不同领域产生一系列的影响，这也是我们下一章所要讨论的重点。

第四节　气候变化成因

CO_2、CH_4 和 N_2O 的大气浓度已经上升到过去 80 万年以来前所未有的水平。依据世界气象组织（World Meteorological Organization，WMO）的资料，2016 年 CO_2、CH_4 和 N_2O 的大气浓度分别为 403.3 ppm、1 853 ppb、328.9 ppb，分别是工业化前水平的 145%、257% 和 122%。

自工业化以来，由于化石燃料的排放，以及土地利用变化导致的净排放，CO_2 浓度已增加了 40%（图 1-42）。海洋已经吸收了大约 30% 的人为 CO_2 排放，这是导致海洋酸化的原因之一。

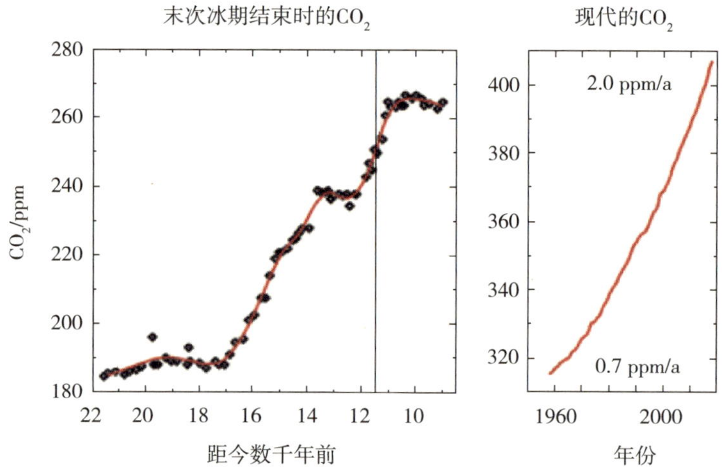

图 1-42　CO_2 浓度变化

资料来源：世界气象组织《2017 年 10 月 30 日温室气体公报》。

在过去 250 年里，由于人类活动的影响，大气中包括 CO_2 在内的主要温室气体浓度显著增加了。大气 CO_2 浓度已从工业化前的约 280 ppm（百万分之一）增加到 2016 年的 403.3 ppm。根据南极冰芯资料，当前地球大气中的 CO_2 和 CH_4 浓度已经远超过过去 65 万年中的任何时期，也远超工业化前的记录。

温室气体在大气中的当前浓度是其过去历史排放及其从大气中清除的净结果。长生命期的温室气体如 CO_2、CH_4 和 N_2O，其化学性质稳定，可在大气中留存十年到数百年甚至更长时间，一旦排放到大气中，可对地球气候产生长期影响。

大气中温室气体 CO_2、CH_4 和 N_2O 浓度增加产生的地球气候的总辐射强迫和增温能力也显著增加（图 1-43）。自工业化时期以来，大气 CO_2 增加所产生的辐射强迫增加值达到 1.66 W/m^2；1995—2005 年，大气 CO_2 增长导致其辐射强迫增加了 20%。温室气体总辐射强迫增加可能是造成全球气候变暖的主要原因。

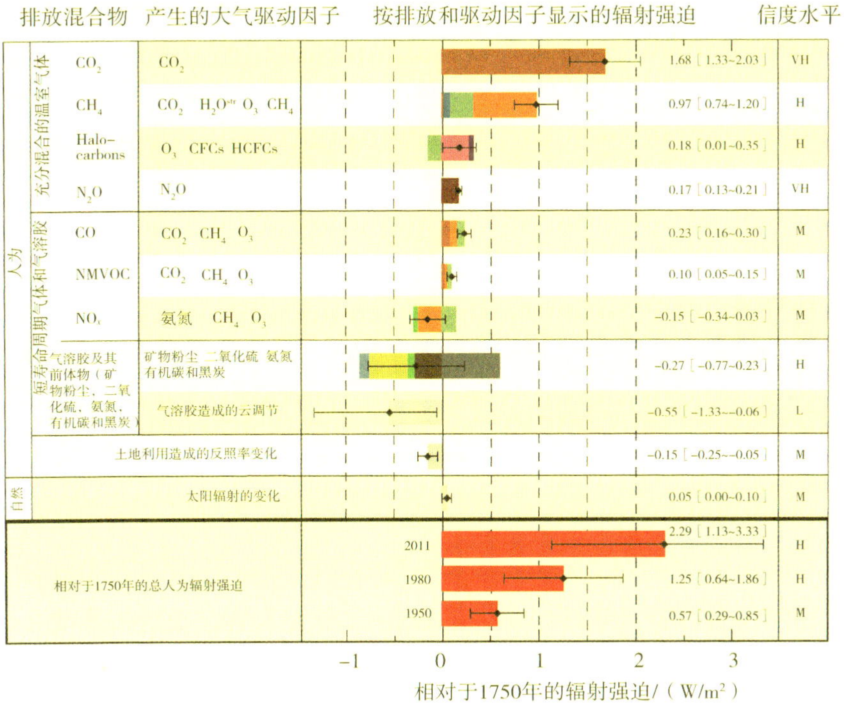

图 1-43 相对于 1750 年，2011 年的 CO_2、CH_4、N_2O 和其他重要成分和机制的全球平均辐射强迫估计值和总不确定性

资料来源：《IPCC 第五次评估报告》。

来自化石燃料使用以及土地利用变化对植物和土壤碳影响所产生的 CO_2 排放是大气 CO_2 增加的主要来源。自 1750 年以来，排放到大气中的 CO_2 大约有 2/3 来自化石燃料燃烧，1/3 来自土地利用变化。这些 CO_2 大约有 45% 留存在大气中，30% 被海洋吸收，其余的被陆地生物圈吸收。排放到大气中的 CO_2，大约一半在 30 年里被清除，30% 在几百年里被清除，其余的 20% 通常将在大气中留存数千年。

在最近几十年里，CO_2 排放持续增加。化石燃料燃烧产生的全球 CO_2 年排放量，从 20 世纪 90 年代的平均每年 64 亿 t ± 4 亿 t 增加到 2000—2005 年的每年 72 亿 t ± 3 亿 t。

与土地利用变化相关的CO_2排放量估算值，在20世纪90年代平均每年可能排放5亿～27亿t。2002—2011年，因化石燃料燃烧和水泥生产造成的CO_2年平均排放量为每年8.3 Gt，2011年是9.5（8.7～10.3）Gt，比1990年水平高出54%。2002—2011年，因人为土地利用变化产生的CO_2年净排放量平均为每年0.9 Gt。

气溶胶是人类向大气中排放的各种微粒物质，一般造成负的辐射强迫，即引起气候变冷。目前估计的所有气溶胶的总直接辐射强迫为$-0.5\ W/m^2 \pm 0.4\ W/m^2$。在北半球许多大陆地区，可以清楚地辨别出主要由硫酸盐、有机碳、黑炭、硝酸盐和工业粉尘组成的工业气溶胶。根据模式估算，硫酸盐的辐射强迫为$-0.4\ W/m^2 \pm 0.2\ W/m^2$，来自化石燃料的有机碳的辐射强迫为$-0.05\ W/m^2 \pm 0.05\ W/m^2$，来自化石燃料的黑炭的辐射强迫为$+0.2\ W/m^2 \pm 0.15\ W/m^2$。

人为引起的土地利用变化已经增加了全球地表反照率，产生的辐射强迫为$-0.2\ W/m^2 \pm 0.2 W/m^2$，但目前科学认识水平比较低。在城市地区，由于下垫面的强烈改变，以及人为能量生产过程的热量释放，可以造成很强的增温，造成“城市热岛效应”加强。

目前，对于太阳活动和火山爆发造成的辐射强迫改变还缺少长期连续的观测。《IPCC第四次评估报告》认为，在近250年或近100年，太阳输出辐射的长期趋势不显著，1750年以来由于太阳输出辐射量的变化，仅造成直接辐射强迫增加$0.12 W/m^2$左右，但是实际上目前科学界对这个问题还存有较大争议。有研究表明，最近150年来太阳输出辐射的变化及其影响可能更大。而《IPCC第五次评估报告》基于对太阳总辐射的直接卫星观测认为，1986—2008年太阳总辐射的变化未对此期间的全球平均地表温度上升做出贡献，太阳变率的11年周期影响了某些地区的年代际气候波动，宇宙射线和云量的变化之间没有确凿的联系。

强烈火山喷发后，地球气候在短期（1～3年）内将显著变冷。如果在一个较长时期内强火山活动比较频繁，则可能引起年代以上尺度气候变冷。由于火山活动的气候效应取决于喷发的类型、强度、密集度、地点和季节等多种因素，认识火山活动对全球和特定地区长期气候变化的影响性质和机理还有很大难度。

一般认为，人类活动对地球气候系统产生的外部影响越来越明显。模式研究表明，如果没有外部强迫，过去半个世纪观测到的全球变暖趋势将无法得到解释；而非人为的外部强迫（主要包括太阳辐射强迫和火山强迫）的变化也无法完全解释观测到的气候变暖趋势，因此，自 20 世纪中叶以来，大气中人为温室气体增加很可能是导致观测到的大部分全球平均温度升高的原因。如果没有大气气溶胶的冷却作用，过去 50 年间全球平均温度升高可能更多。人为强迫还可能影响地表温度的极值和极端温度事件频率。大陆地区每年暖（冷）昼（夜）频率和霜冻天数等具有与气候变暖相一致的变化。

全球海平面的升高与气候变暖有关。由于气候变暖，海洋水体热膨胀对海平面升高有主要贡献；全球陆地冰川和冰帽部分消融也造成了海平面上升。对于降水和其他气候变量变化的原因目前的认识还很不完整。尽管有研究认为全球降水分布改变可能与人类影响有关，但对于降水和极端降水事件变化的原因，目前还没有达成一致认识。

自《IPCC 第四次评估报告》以来，已经在大气和海洋的变暖、全球水循环的变化、积雪和冰的减少、全球平均海平面的上升以及一些极端气候事件的变化中检测到人为影响。《IPCC 第五次评估报告》进一步认为，人为影响极有可能是造成观测到的 20 世纪中叶以来变暖的主要原因。

1951—2010 年，温室气体造成的全球平均地表增温在 0.5～1.3℃，包括气溶胶降温效应在内的其他人为强迫的贡献在 -0.6～0.1℃。自然强迫的贡献在 -0.1～0.1℃，自然内部变率的贡献在 -0.1～0.1℃。综合起来，所评估的这些贡献与这个时期所观测到的 0.6～0.7℃的变暖相一致。

在除南极以外的每个大陆地区，人为强迫可能对 20 世纪中叶以来的地表温度升高做出了重要贡献（图 1-44）。对南极地区，观测的不确定性降低了观测到的人为强迫对变暖具有贡献这一结论的可信度。人类活动可能对 20 世纪中叶以来北极明显的变暖具有贡献。并且，人为强迫很可能对观测到的 20 世纪 70 年代以来全球海洋上层热含量（0～700 m）增加做出了重要贡献。

三个指标分别为：大陆地表气温变化（黄色部分）、北极和南极 9 月海冰范围（白色部分）以及主要洋盆的海洋上层热含量（蓝色部分），同时也给出了全球平均变化。地表温度的距平相对于 1880—1919 年，海洋热含量的距平相对于 1960—1980 年，海冰距平相对于 1979—1999 年。所有时间序列都是在 10 年的中心处绘制的 10 年平均值。在气温图中，如果研究区域的空间覆盖率低于 50%，则观测值用虚线表示。在海洋热含量和海冰图中，实线是指资料覆盖完整且质量较高的部分，虚线是指仅资料覆盖充分而不确定性较大的部分。

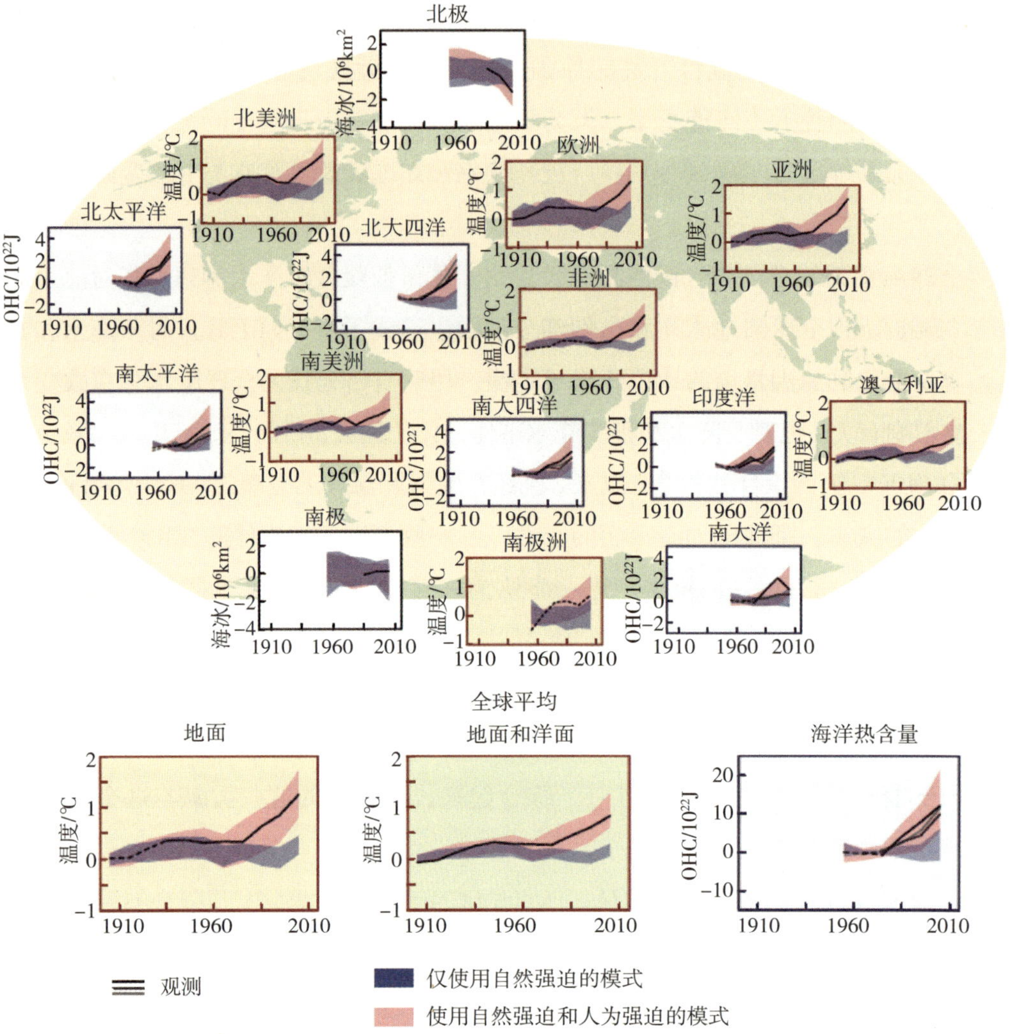

图 1–44　利用大气、冰冻圈和海洋的 3 个大尺度指标比较观测到的和模拟的气候变化

资料来源：《IPCC 第五次评估报告》。

第五节　未来气候变化

气候模式是预估未来可能由人类引起的气候变化的主要工具，各国学者利用各种气候模式对未来不同时期可能的气候变化趋势进行了模拟和预估。这些研究表明，在人类活动影响下，未来全球气候将继续变暖。如上节所述，4 种不同的人为强迫情景中，唯有低强迫水平情景下到 2100 年气温上升不会超过 2℃。

改变地球能量收支的自然和人为物质与过程是气候变化的驱动因子。辐射强迫用于量化驱动因子的强度，是由某一驱动因子造成的对流层顶或大气层顶能量通量变化。辐射强迫量化了与 1750 年相比在某一年由这些驱动因子引起的能量通量变化。

辐射强迫单位 W/m^2，正辐射强迫值导致地表变暖，而负辐射强迫值导致地表变冷。

在所有辐射强迫情景中，由于 21 世纪累计排放到大气中的 CO_2 进一步增加，2100 年大气 CO_2 浓度要比目前高。相对于 1850—1900 年，在所有辐射强迫情景下，2016—2035 年全球平均表面温度变化都可能升高 0.3～0.7℃，到 21 世纪末全球表面温度的变化都可能超过 1.5℃，在中高强迫水平情景和高强迫水平情景下，则很可能超过 2℃，在中低强迫水平情景下多半可能超过 2℃。除了低强迫水平情景，其余三种情景下 2100 年后全球仍将持续变暖。变暖将继续表现为年际到年代变率，并且不具有区域一致性（图 1-47、图 1-48）。几乎可以确定的是，随着全球平均温度上升，在日和季节尺度上，大部分陆地区域的极端暖事件将增多，极端冷事件将减少。热浪发生的频率可能会更高，时间会更长，偶尔仍会发生冷冬极端事件。

与 1986—2005 年相比，2081—2100 年全球平均表面温度可能的上升范围与辐射强迫情景有关：在低强迫水平情景下上升 0.3～1.7℃、中低强迫水平情景下上升 1.1～2.6℃、中高强迫水平情景下上升 1.4～3.1℃、高强迫水平情景下上升 2.6～4.8℃。总体而言，北极地区变暖速度将高于全球平均，陆地平均变暖幅度将大于海洋（图 1-45、表 1-3）。

预估未来几十年水循环的变化在大尺度形态方面与到 21 世纪末的变化相似，但是幅度较小。近期区域尺度的变化将受自然内部变率的强烈影响，并可能受人为气溶胶排放的影响。在高强迫水平情景下，到 21 世纪末，高纬度地区和赤道太平洋年平均降水可能增加，很多中纬度和副热带干旱地区平均降水将可能减少，很多中纬度湿润地区的平均降水可能增加，随着全球平均表面温度的上升，中纬度大部分陆地地区和湿润的热带地区的极端降水事件很可能强度加大、频率增高。

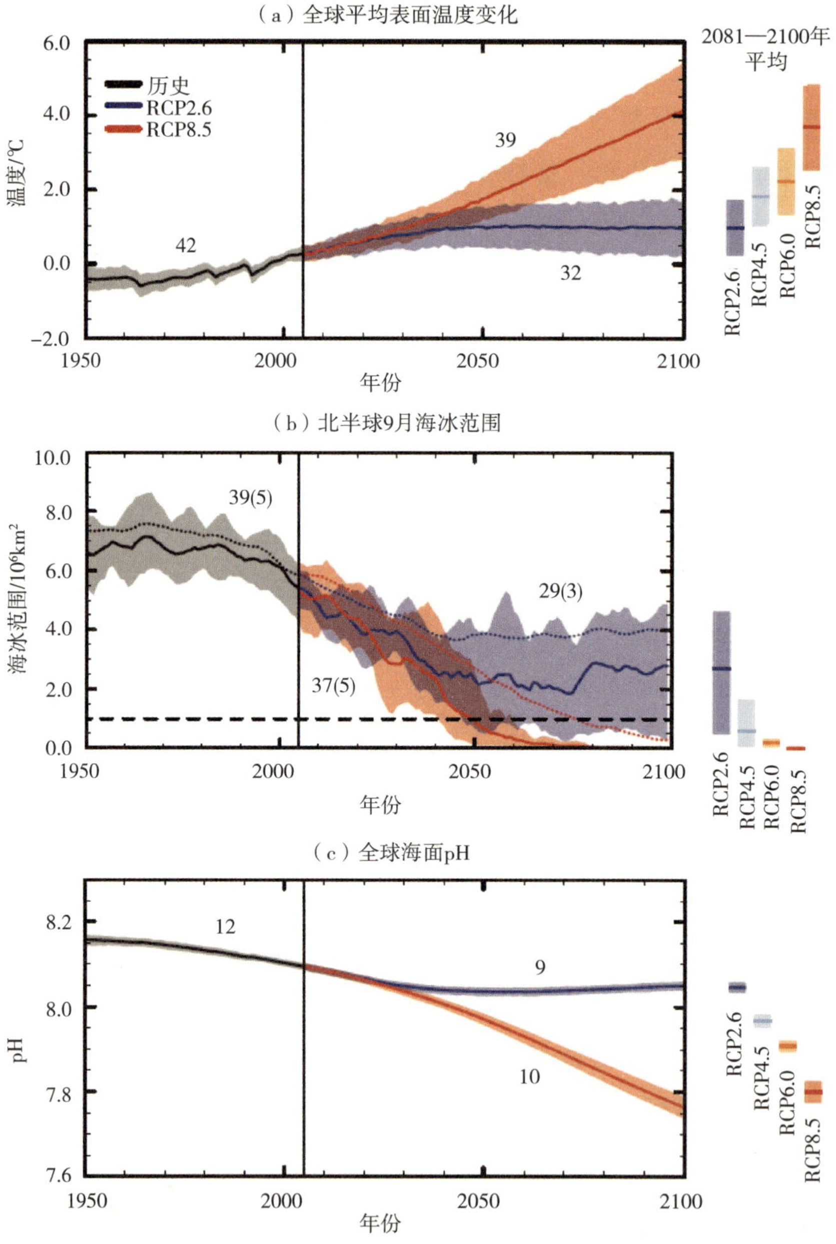

图 1-45　多模式模拟的 1950—2100 年时间序列图

资料来源：《IPCC 第五次评估报告》。

图 1-45 是 RCP2.6（蓝色）和 RCP8.5（红色）情景下预估的时间序列和不确定性（阴影）。黑色（灰色阴影）是利用历史重建强迫模拟的历史演变。垂直色块是所有 RCP 情景下 2081—2100 年的平均值和相关的不确定性。在此也给出了用于计算多模式平均的 CMIP5 模式数量。对于海冰范围（b），给出了最准确重现北极海冰气候平均状况和 1979—2012 年趋势的子模式集（括号中给出模式的数量）预估的平均值和不确定性（最小值到最大值的范围）。为了完整性，也用点线给出了 CMIP5 多模式平均值。虚线代表的是几乎无冰条件（即海冰范围至少连续 5 年小于 10^6 km^2）。

21 世纪全球海洋将持续变暖，热量将从海面输送到深海，并影响海洋环流。由于海洋变暖，海水蒸发将加强，大气水蒸气含量可能增多，全球大气降水量可能增加。模式预估表明，21 世纪末全球降水在空间上有很大差异，但高纬度地区降水一般增加，而副热带地区降水一般减少。多数研究也认为，极端强降水事件频率将来可能增加，厄尔尼诺 - 南方涛动（ENSO）在 21 世纪仍是热带太平洋地区年际变率的主导模态，并且影响全球。

21 世纪全球平均海平面将持续上升。从图 1-46 可以看出，在所有辐射强迫情景下，由于海洋变暖以及冰川和冰盖冰量损失的加速，海平面上升速率很可能会超过 1971—2010 年观测到的速率。与 1986—2005 年相比，2081—2100 年全球平均海平面上升区间可能为 0.26～0.55 m（低强迫水平情景），0.32～0.63 m（中低强迫水平情景），0.33～0.63 m（中高强迫水平情景），0.45～0.82 m（高强迫水平情景）。在高强迫水平情景下，2100 年年底全球平均海平面将上升 0.52～0.98 m，2081—2100 年的上升速度为每年 8～16 mm（表 1-3）。在各辐射强迫情景预估中，热膨胀的贡献占 21 世纪全球平均海平面上升的 30%～55%，冰川融化占 15%～35%。格陵兰冰盖表面的融化量将超过降雪的增加量，从而使格陵兰冰盖表面物质平衡的变化对未来海平面的贡献为正。南极冰盖表面融化仍将很少，且预计降雪量将增加，这将使南极冰盖表面物质平衡的变化对未来海平面的贡献为负。到 2081—2100 年，两个冰盖的总流出量变化可能会导致海平面上升 0.03～0.20 m。

表 1-3　21 世纪中期和后期全球平均表面气温和全球平均海平面上升的预估变化[①]

预估变化平均	情景	2046—2065 年		2081—2100 年	
		平均	可能性区间[c]	平均	可能性区间[c]
全球平均表面温度变化[a]/℃	RCP2.6	1.0	0.4 ~ 1.6	1.0	0.3 ~ 1.7
	RCP4.5	1.4	0.9 ~ 2.0	1.8	1.1 ~ 2.6
	RCP6.0	1.3	0.8 ~ 1.8	2.2	1.4 ~ 3.1
	RCP8.5	2.0	1.4 ~ 2.6	3.7	2.6 ~ 4.8
	情景	平均	可能性区间[d]	平均	可能性区间[d]
全球平均海平面上升[b]/m	RCP2.6	0.24	0.17 ~ 0.32	0.40	0.26 ~ 0.55
	RCP4.5	0.26	0.19 ~ 0.33	0.47	0.32 ~ 0.63
	RCP6.0	0.25	0.18 ~ 0.32	0.48	0.33 ~ 0.63
	RCP8.5	0.30	0.22 ~ 0.38	0.63	0.45 ~ 0.82

a 基于 CMIP5 耦合；距平相对于 1986—2005 年。根据 HadCRUT4 及其不确定性估计 (5%～95% 的置信区间)，参期 1986—2005 年比 1850—1900 年偏暖 0.61 ℃（0.55～0.67 ℃），比 1980—1999 年偏暖 0.11 ℃（0.09～0.13℃）,1890—1999 年是 AR4 的预估参照期。因为文献中的方法总体不能用于结合模式和现测中的不确定性，所以此处没有评估与较早参照期相应的可能性区间。将预估和观测到的变化加入后，不能解释与观测相比的模式偏差的潜在影响，也不能解释观测参照期的内部变率（2.4：11.2）。

b 基于 21 个 CMIP5 模式；距平相对于 1986—2005 年。如果在一个特定的 AOGCM 和情景下 CMIP5 无结果时，距平是估算的，有关解释见《IPCC 第五次评估报告》第 13 章中的表 135。在处理冰盖的快速动态变化和人类陆地水储存的贡献时采用一致的概率分布，并且其贡献大小基本不取决于情景。这种处理方法并不意味着相关的贡献与模式使用的情景无关，而是因为现有知识水平无法量化评估对情景的依赖性。根据目前的理解，只有当南极大冰盖的海上部分崩塌后，才有可能使全球平均海平面在 21 世纪大幅上升至可能性区间以上。在 21 世纪这种额外的贡献不会超过海平面上升几分米，此判断具有中等信度。

c 由模式预估计算得到 5%～95% 的区间。2046—2065 年的可能性区间没有考虑导致近期（2016—2035 年）全球平均地表温度变化区间低于 5%～95% 模式区间的因素的可能影响。

d 由模式预估计算得到 5%～95% 的区间。在考虑更多不确定性或模式信度水平后，这些区间被评估为可能性区间。

数据来源：《IPCC 第五次评估报告》。

① 参照期为 1986—2005 年。

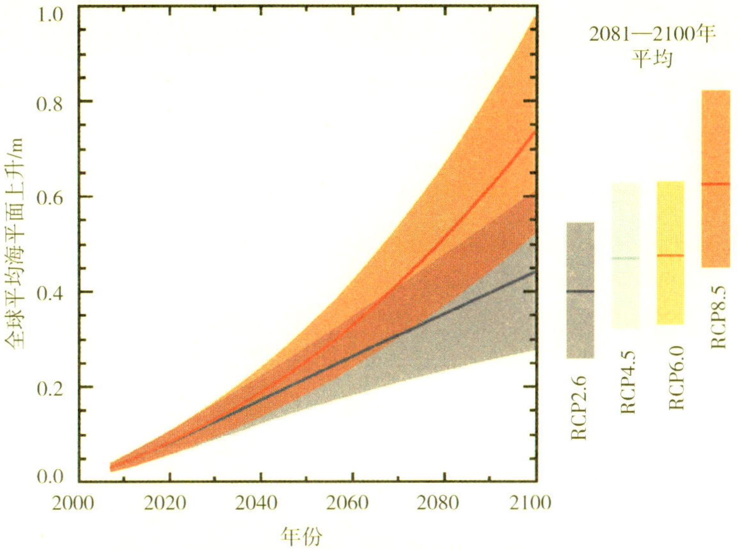

图 1-46　相对于 1986—2005 年，21 世纪全球平均海平面上升趋势

资料来源：《IPCC 第五次评估报告》。

对未来空气质量（近地表空气中的 O_3 和 $PM_{2.5}$ 值）的预估范围主要是以排放（包括 CH_4）为驱动，而不是以自然气候变化为驱动。在全球尺度上，变暖会降低本底地表 O_3。高 CH_4 水平（高强迫水平情景）可以抵消这种下降，相对于 CH_4 变化小的情景（中低强迫水平情景、中高强迫水平情景），到 2100 年本底地表 O_3 将平均上升约 8 ppb（目前水平的 25%）。

观测和模拟的证据表明，当其他条件都相同时，受污染地区的局地较高地表温度将会触发区域化学和局地排放反馈，进一步推高 O_3 和 $PM_{2.5}$ 的峰值水平。对于 $PM_{2.5}$，气候变化可能会改变自然气溶胶的源，并改变可发挥清除作用的降水。

从气候系统稳定性以及气候变化的持续性和不可逆性方面来看，21 世纪末期及以后的全球平均地表变暖主要取决于累积 CO_2 排放（图 1-47）。即使停止 CO_2 排放，气候变化的许多方面将持续若干世纪。这意味着过去、现在和将来的 CO_2 排放会产生显著的、长达多个世纪的持续气候变化影响。就多世纪至千年时间尺度而言，由 CO_2 排放导致的大部分人为气候变化是不可逆转的，除非在持续时期内将大气中的 CO_2 大量净移除。在人为 CO_2 净排放完全停止后，表面温度仍会在多个世纪基本维持在较高水平上。由于从海洋表面到海洋深处的热转移的时间尺度较长，所以海洋变暖将持续若干世纪。在不同的情景下，有 15%～40% 的排放的 CO_2 将在大气中保持 1 000 年以上。

几乎确定的是，全球平均海平面到 2100 年之后仍会持续上升，因热膨胀造成的海平面上升会持续数个世纪。持续的冰盖冰量损失可造成海平面更大的升幅，有些冰量损失是不可逆的。高于某一阈值的持续变暖会导致 1 000 多年或更长时间后格陵兰冰盖几乎完全消失，其导致的全球平均海平面上升幅度可高达 7 m。

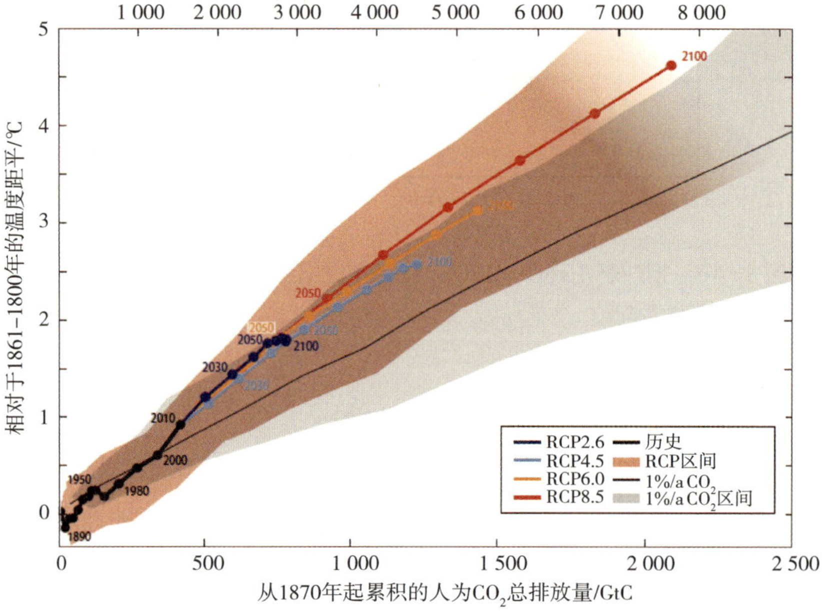

图 1-47　累积总人为 CO_2 排放量与全球平均温度距平关系

资料来源：《IPCC 第五次评估报告》。

思考题

（1）简述全球气候变化的现状与趋势。

（2）中国的气候变化现状与趋势如何？

（3）气候变化的原因是什么？

第二章
气候变化的影响与适应

气候是人类赖以生存的自然环境的重要组成部分，它的任何变化都会对自然生态系统以及社会经济系统产生影响。目前国际社会普遍关注的气候变化影响的领域包括陆地生态系统、淡水资源、农业和粮食安全、海岸带和沿海生态系统、人体健康等。气候变化对这些领域的不利影响已经显现，并将继续危害人类社会未来的生存与发展。气候变化的脆弱性指系统易受气候变化不利影响的倾向性或习性，包括对危害的敏感性或易感性以及缺乏应对和适应气候变化的能力①。脆弱性一方面受外界气候变化的影响，取决于系统对气候变化影响的敏感性或敏感程度；另一方面也受系统自身调节与恢复能力的制约，也就是取决于系统对气候变化的适应能力。本章主要从气候变化影响、对中国的影响以及适应气候变化进行介绍。

第一节　气候变化对全球的影响

一、气候变化对不同领域的影响

（一）农业领域（含林业、畜牧业、渔业）

农业对气候变化非常敏感，是受气候变化影响最大的行业。气候是影响农业生产的首要决定因子，具体而言，气候对农业领域的影响主要表现在以下几个方面。

1. 气候变化对农业生态系统的影响

气候变化对农业生态系统的影响体现在以下几个方面：

- 农作物。一方面，气候变化导致多数地区极端天气发生的频率增加，会对全球范围内农作物的质量和产量产生负面影响；另一方面，气候变暖后，农作物生长期延长，霜冻时间缩短，大气中 CO_2 浓度的升高将会提高作物产量；
- 畜牧业。温度、降水及大气 CO_2 浓度等气候变化通过提高越冬期间病原体的成活率，对动物健康、牧草和饲料作物生产力产生负面影响，最终导致牲畜，尤其是干旱和半干旱地区牲畜应对气候变化的脆弱性增加；
- 森林。气候变暖和降水变化可能会提高森林生态系统的干旱和病虫害发生频率，导致树木的死亡率增加；

① 参见《IPCC 第五次评估报告第二工作组报告决策者摘要》。

- 渔业和水产养殖业。风暴潮、赤潮、厄尔尼诺和热带气旋等极端事件将会严重影响海洋生态系统功能，加剧对捕捞渔业和生产养殖业，尤其是经济欠发达热带地区小型渔业和水产养殖业发展的威胁；
- 遗传资源。频繁的极端天气事件可能对特定区域的农作物品种造成直接威胁，导致其被永久遗弃，损害农业遗传资源。

2. 气候变化对粮食安全的影响

气候变化对粮食安全的影响主要体现在：

- 影响食物的供求平衡。国内生产和进口农产品共同决定了食物供给总量，全球平均气温变化和人口激增，将直接影响全球和地区的食品供求平衡；
- 影响食物可获得性。气候变化能通过影响粮食生产力、居民收入、食品购买力等打破农业生产的稳定性，对国际农产品市场有潜在威胁；
- 影响食物供应的稳定性。居民收入的不稳定性、食品价格的易变性极大地威胁食品经济，而干旱和洪水等极端气候变化将进一步影响食物供应的稳定性；
- 影响国家粮食安全。气候变化在未来将导致粮食产量的变化幅度增大，这将加剧一些国家，尤其是发展中国家的粮食安全威胁。

3. 气候变化对水资源的影响

在农业用水方面，气候变化的影响如下：

- 气候变化将降低地中海及美洲半干旱地区、澳大利亚和非洲南部的河流径流量和蓄水层补给；
- 在亚洲，大面积依赖积雪融化和冰川融水来灌溉土地的地区将会受到影响。同时，人口稠密的河流三角洲地区将面临水流量减少、盐分增加和海平面上升的问题；
- 气候变化还将使世界水文循环速度增加，热带和高纬度地区降雨增加，而半干旱地区和内陆地区降雨量减少；
- 全球大部分地区范围内，气温升高将缩短农作物生长周期，同时导致植物蒸腾作用加剧，进而导致农作物产量和水分生产力下降，危害粮食安全；
- 气候变化在未来几十年内对农业用水将造成严重影响，无论是农村人口生产生活，还是城市人口的正常生活，均会受到威胁。

4. 气候变化的经济和社会的影响

气候变化对经济和社会的影响表现在：气候变化通过影响农业收入、粮食交易、贸易模式和投资模式对经济生产和生活产生影响。例如，在目前的管理模式和技术水平下，到 2050 年，气候变化将导致牛肉和家禽的价格升高 3%～5%，若同时考虑高温和干旱对动物和牧草生产力的影响，预计牛肉和家禽的价格会进一步升高。气候变化通过影响农产品的数量和价格，导致市场竞争局势加剧，减少农民收入。据估计，气候变化将导致全球农业收入减少 35% 以上。气候变化可能改变投资模式，并影响进出口贸易，引起粮食价格波动。

5. 气候变化的区域效应

气候变化对不同地区的影响也不相同。以各种作物为例，大多数地区气候变化将对作物产量产生负面影响，而在少数地区气候变化有利于产量提高。气候变化对雨养农业的负面影响比对灌区农业大，这是由于雨养农业唯一可用的水资源是地表水，而地表水受气候变化的影响波动幅度较大。

（二）水资源管理

水资源是人类生产及生活等社会活动中不可或缺的自然资源，受到气候变化、生态环境演变、人类活动等因素的影响，气候变化及其对水资源管理的影响是国家、社会关注的重要话题。IPCC 认为脆弱的淡水资源受到气候变化潜在的强烈影响，而现有的水资源管理不足以应对气候变化对水资源供给、洪水风险、水生生态系统保障程度的影响。

气候变化对水资源的压力主要体现在洪水泛滥、水资源短缺、水质退化等，也将会引起地表水和地下水资源减少、洪水增加、海水入侵等脆弱性表现。

表 2-1　水资源管理的气候变化脆弱性

气候变化风险	压力	脆弱性表现
降水量减少、蒸发量增加	水资源供应	地表水资源减少
冰川融化改变	水资源供应	地表水资源减少
极端天气事件增加	雨水管理	洪水增加
海平面上升	水质	海水入侵
降水量变化	水质	地表水质退化

基于《IPCC 第五次评估报告》第二组工作报告《气候变化 2014：影响、适应和脆弱性》的分析及总结，气候变化对水资源产生的影响包括：

- 对可利用水量的影响。气候变化影响会造成降水总量、强度、形态、历时的变化，融雪时间的变化，蒸发和散发的变化等，而以上因素均会影响可利用水量的变化。

- 对水资源需求的影响。随着温度升高导致的蒸发与散发增加，农业灌溉用水需求可能增加，但由于CO_2浓度的增加，作物对水资源利用效率会有所提高，因此可能会减少这种影响；同时，在一些地区农作物的生长季节可能延长，相应会增加对水资源的需求。对于火力发电，对水的需求则主要依赖于水资源利用效率的趋势以及火电站的发展趋势等。
- 对水质的影响。气候变化导致的降水和温度变化将会对水质产生影响，具体而言气温升高将导致水温升高，从而影响植物生活环境的适宜性，影响水化学过程；在湖泊和水库中，水温改变将影响藻类的暴发，减少水中的溶解氧水平；可利用水量的减少，可能影响河流和湖泊悬浮物、营养物、化学污染物浓度；降水强度和频率的改变，影响非点源污染；在冰川冰河永久冻土融化的地区，原来固结的土壤可能更易于被侵蚀，因此改变沉积物的运移，同样对水质产生影响。
- 对防洪的影响。气候变化可能导致一些河流和湖泊发生洪水的频率增加、程度加重，加剧防洪形式。
- 对水生生态系统的影响。对水生生态系统的潜在影响包括水温和水质变化、径流和洪水情势的季节变化、由泉水补给流量的大小和时间变化、湿地范围和深度变化等，以上变化会影响河岸和两侧陆地的野生动植物。在融冰融雪为主要补给的河流流域，水生生态系统和临近的动物群落受到气候变化影响的风险非常显著。冰川退缩的加速，将导致短期夏季径流增加，长期径流减少，使高海拔河流变成潜在的季节性河流。
- 对水基础设施的影响。气候变化导致在对城市雨水、污水处理的基础设施进行设计和评估时，要充分考虑气候变化在内的影响因素，以提高其在供水量、需水量、水质等变化情况下的运行效率等。

（三）生态系统与生物多样性

生态系统是生物与所处环境相互作用构成的统一体，生态系统服务是社会经济发展的基础。气温升高、降水变化、气候波动增强、极端气候事件频发等影响着生态系统的生物多样性和生物地球化学循环过程，对生态系统的供给、支撑、调节、文化功能造成重大威胁，从而制约社会经济可持续发展。

1. 陆地和海洋生态系统的气候变化脆弱性

生态系统服务功能包括供给服务、调节服务、文化服务、支持服务 4 个部分。人类已经消耗了相当于地球 1.6 倍生态承载力的生态系统服务功能，并且气候变化已经影响到了整个生态系统（包括陆地生态系统和海洋生态系统），生态系统异常脆弱。

表 2-2 陆地和海洋生态系统受气候变化影响情况[①]

地区	陆地生态系统	海洋生态系统
非洲	• 除由于土地利用变化外，萨赫勒地区西部和摩洛哥半干旱地区树木密度减小（气候变化起重要作用）； • 除由于土地利用变化外，几种南部的植物和动物的范围发生变化（气候变化起主要作用）； • 乞力马扎罗山野火增多（气候起主要作用）	• 除由于人类活动的影响造成的减少外，热带非洲海域的珊瑚礁减少（气候变化起主要作用）
欧洲	• 温带和寒带树木更早变绿、出叶、结果（气候变化起主要作用）； • 除一些基准的入侵之外，更多的外来植物物种移生到欧洲（气候变化起主要作用）； • 自 1970 年起候鸟更早到达欧洲（气候变化起主要作用）； • 除土地利用造成的变化外，欧洲的树线向上移动（气候变化起主要作用）； • 除土地利用变化造成的增加外，最近几十年葡萄牙和希腊被烧毁的森林面积增加（气候变化起主要作用）	• 东北大西洋浮游动物、鱼类、海鸟和底栖无脊椎动物的分布向北转移（气候变化起主要作用）； • 整个欧洲海域许多鱼类物种的分布向北、向更深处移动（气候变化起主要作用）； • 东北大西洋浮游生物气候变化（气候变化起主要作用）； • 除因入侵物种和人类影响造成的变化外，暖水物种的传播进入地中海（气候变化起主要作用）。
亚洲	• 亚洲很多地区，尤其是北部和东部，植物物候和生长状况发生变化（更早变绿）（气候变化起主要作用）； • 许多植物和动物物种的分布海拔变高，或向极低方向移动，特别是在亚洲北部（气候变化起主要作用）； • 近几十年来西伯利亚落叶松森林受到松树和云杉的入侵（气候变化起主要作用）； • 灌木进入西伯利亚苔原（气候变化起主要作用）	• 除人类影响造成的减少外，亚洲热带海域的珊瑚礁减少（气候变化起主要作用）； • 中国东海和西太平洋的珊瑚范围向北扩展，日本海的掠食性鱼类向北扩展（气候变化起主要作用）； • 除了渔业造成的变化外，北太平洋西部的部分沙丁鱼被凤尾鱼替代（气候变化起主要作用）； • 亚洲北极地区的海岸侵蚀加剧（气候变化起主要作用）
中美洲和南美洲	• 亚马孙的树木死亡率提高，森林火灾增多（气候变化起次要作用）； • 除森林砍伐和土地退化的基准趋势外，亚马孙的雨林出现退化和衰退（气候变化起次要作用）	• 除污染和物理干扰造成的影响外，加勒比海西部的珊瑚白化加重（气候变化起主要作用）； • 除污染和土地利用造成的退化外，南美北海岸的红树林退化（气候变化起次要作用）

① 以下影响被归因于气候变化，表中已经列出气候变化过去几十年对各主要地区观测到的自然和人类系统变化的相对贡献（主要或次要）。其他归因于气候变化的影响没有包括在表 2-2 中，但并不说明这些影响没有发生。

地区	陆地生态系统	海洋生态系统
大洋洲	• 除因当地气候，土地利用、污染和入侵物种造成变化外，澳大利亚许多物种，特别是鸟类、蝴蝶和植物的遗传、发育、分布和物候发生变化（气候变化其主要作用）； • 澳大利亚东南部的一些湿地扩展，相邻的林地收缩（气候变化起主要作用）； • 澳大利亚北部的季风雨林扩展，大草原和草地收缩（气候变化起主要作用）； • 新西兰怀卡托河鳗鱼苗的迁徙提前数周（气候变化起主要作用）	• 除短期环境波动、捕鱼和污染造成的变化外，澳大利亚近海物种的分布向南转移（气候变化起主要作用）； • 澳大利亚海鸟迁徙的时间发生变化（气候变化起主要作用）； • 除污染和物理干扰的影响外，大堡礁和澳大利亚西部的珊瑚礁中的珊瑚白化（气候变化起主要作用）； • 除污染造成的影响外，大堡礁的珊瑚疾病模式发生变化（气候变化起主要作用）
北美洲	• 多个类群的物候变化，物种分布的海拔变高、向北移动（气候变化起主要作用）； • 亚北极区针叶林和苔原野火的频率增加（气候变化起主要作用）； • 树木死亡率和森林虫害的区域性增加（气候变化起次要作用）； • 除因土地利用和消防管理造成的变化外，美国西部森林和加拿大北方森林的野火活动、火灾发生频率、持续时间以及燃烧面积增加（气候变化起次要作用）	• 西北大西洋鱼类物种的分布向北移动（气候变化起主要作用）； • 美国西海岸贻贝群发生变化（气候变化起主要作用）； • 太平洋东北部鲑鱼的迁移和生存发生变化（气候变化起主要作用）； • 阿拉斯加和加拿大海岸侵蚀加剧(气候变化起主要作用)
极地地区	• 北美和欧亚大陆苔原的灌木覆盖度增加（气候变化起主要作用）； • 北极树线的维度变高，海拔也变高（气候变化起主要作用）； • 由于雪床减少和 / 或苔原灌木侵入，亚北极鸟类的繁殖区和种群规模发生变化（气候变化起次要作用）； • 雪床生态系统和草丛苔原损失（气候变化起主要作用）； • 降雨落到雪层上后，由于积雪中的冰层变厚，苔原动物受到影响（气候变化起主要作用）； • 过去 50 年间南极半岛西部及附近岛屿的植物种类范围增加（气候变化起主要作用）； •Singy 岛上湖水中浮游植物的繁殖力提高（气候变化起主要作用）	• 整个北极的海岸侵蚀加剧（气候变化起主要作用）； • 非迁徙北极物种受到负面影响（气候变化起主要作用）； • 北极海鸟的繁殖成功率降低（气候变化起主要作用）； • 南大洋海豹和海鸟减少（气候变化起主要作用）； • 斯科舍海磷虾密度降低（气候变化起主要作用）
小岛屿国家	• 毛里求斯的热带鸟类数量变化（气候变化起主要作用）； • 夏威夷的一种特有植物物种减少（气候变化起主要作用）； • 高海拔岛屿树线和相关动物出现海拔上升趋势（气候变化起次要作用）	• 除捕捞和污染造成的退化影响外，许多热带小道附近的珊瑚白化加剧（气候变化起主要作用）； • 除其他干扰造成的退化外，小岛周围的红树林、湿地和海草退化（气候变化起次要作用）； • 除人类活动、自然侵蚀和堆积造成的侵蚀外,洪水增强致使侵蚀加剧(气候变化起次要作用)； • 除污染和地下水抽出造成的退化外，地下水和淡水生态系统由于海水入侵退化（气候变化起次要作用）

2. 生物多样性的气候变化脆弱性

丰富的生物多样性有助于提高生态系统的恢复力，然而受全球变暖等因素的影响，全球生物多样性面临巨大压力，并且预计到2030年生物多样性将持续丧失，尤其是亚非地区。基于对两个数据库生物多样性完整指数的量化分析，2015年全球范围内的生物多样性已经降至84.6%，低于生态学家以往建议的90%的安全阈值[①]。在全球14个陆地生物群系中，包括苔原、北方针叶林、红树林、热带和亚热带阔叶林、温带针叶林、沙漠和旱生灌丛等在内的9个陆地生物群系已经超过了生物多样性的安全限度。

基于世界各地收集的3 706个脊椎动物（包括哺乳类、鸟类、鱼类、两栖类、爬行类）物种的14 152个受监测的种群数据，地球生命力指数[②]的分析结果表示：受气候变化、栖息地丧失和退化等因素影响，1970—2012年脊椎动物物种种群数量少了58%，年平均降幅2%，并且这一降速没有任何放缓的迹象。其中淡水物种情况最严重，数量已经减少81%，陆地和海洋种群数量分别下降38%和36%，预计全球野生物种种群在1970—2020年将减少67%。

气候变化导致物种局地灭绝率高达47%，不同气候带、物种进化枝和栖息地上物种局地灭绝程度有所差异。热带物种的局地灭绝率（55%）明显高于温带物种（39%）；动物的局地灭绝率（50%）大于植物（39%）；生活在淡水栖息地的物种局地灭绝（74%）比率大于生活在陆地和海洋上的物种（分别为46%和51%）。目前全球温度上升幅度还未超过1℃就已经导致如此多的物种出现局地灭绝，而未来数十年内，全球温度预计将继续增加1～5℃，可以推断届时越来越多的物种将难逃局地灭绝的厄运。

（四）人类健康

全球气候变化导致局地气候和天气的剧烈变化，对人类健康产生了巨大影响。气候变化对人类健康的直接影响包括热浪等其他极端事件，同时包含空气污染和过敏等事件，间接影响包括粮食生产和供应、虫媒传播性疾病、水源性疾病和对社会经济的影响等。

1. 热浪和其他极端事件

极端高温会降低工作效率，特别是对体力劳动者和户外工作者，会导致脱水、

---

① 数据来自《适应气候变化的国际实践与中国战略》。
② 地球生命力指数（LPI）旨在通过收集各种脊椎动物种种群数据来衡量生物多样性，并计算一段时间内种群数量的平均值变化，是衡量地球生态状况的重要指标。

中暑、昏迷和死亡。极端高温会导致心血管疾病、脑血管疾病、呼吸道疾病发生率和死亡率增加，特别是老年群体。

风暴、洪水、干旱和飓风等极端事件的增加将通过各种途径危害人体健康。这些自然灾害通过损毁住所、污染水源、降低粮食产量、增加传染性疾病风险和破坏基础设施等直接和间接方式影响人体健康。全球各地的自然灾害每年会导致 14 万人死亡，并影响 1 亿人的日常生活。发展中国家更容易受到灾害的影响。近年来，与气候有关的灾害导致了中国、孟加拉国、委内瑞拉和莫桑比克等国家数百万人的死亡。

2. 空气污染和过敏

高温会使空气中 O_3 和其他污染物浓度增加，加重呼吸系统疾病和心血管疾病的负担。1997 年东南亚和美洲发生的重大火灾与当地呼吸道疾病和眼部炎症发病率的增加有关[①]。气候变暖使空气中的某些有害物质如真菌孢子、花粉和大气颗粒物的浓度增加，导致人群过敏性疾病发病率升高。实验研究表明，CO_2 浓度从 300 ppm 上升至 600 ppm 时，豚草花粉的生产能力提高 4 倍。

3. 粮食生产和供应

气候变化对全球粮食生产会产生混合效应。目前，大部分研究注重于气候变化对粮食总产量的影响。由气候变化导致发展中国家粮食产量减产最大，发展中国家约有 7.9 亿人营养不良。偏远地区的贫困人口将特别容易受到食品供应下降和中断的影响。

4. 虫媒传播性疾病

高温、降水改变和气候变异将改变许多虫媒迁移的地理范围和季节，多数虫媒迁移的地理范围和季节会扩大和延长。目前，全球 40% 的人口居住在疟疾流行的地区。在公共卫生基础设施有限或较差的地区，温度升高或将导致疟疾传播的范围向更高的海拔和维度扩展。气候变化也将影响其他许多虫媒传播疾病感染（如登革热、利什曼病、莱姆病、蜱传脑炎），高温和降水模式的改变，可能会使一些地区疾病的传播季节延长。

5. 水源性疾病

暴雨事件可以将许多微生物运输到饮用水水源中，导致隐孢子虫病、贾第虫病、阿米巴病、伤寒和其他传染病。研究证明，桡足类浮游动物为霍乱病原体提供了海洋

① 数据来自《适应气候变化的国际实践与中国战略》。

聚集地，从而促进其长期存在，并通过海洋食物网向人类传播。全球变暖预计将导致海洋环境的变化，进而改变鱼类和贝类的生物毒素中毒风险。地表水质和水量的变化都可能影响由细菌（霍乱、伤寒）和寄生虫病（阿米巴病、贾第虫病、隐孢子虫病等）导致的腹泻疾病的发病率。据世界卫生组织估计，目前全球有超过 10 亿人无法获得安全的饮用水，导致每年 170 万人过早死亡[①]。

6. 对社会经济的影响

在一些情况下，气候变化的影响可能会导致严重的社会动荡、当地经济衰退和人口迁徙等，进而影响人类健康。特别是海平面上升、自然灾害和环境退化导致的人口迁移会带来显著的生理和心理健康问题。表 2-3、表 2-4 分别列出了气候变化对人类健康脆弱性的部分例子以及一些到 21 世纪中叶气候变化对健康最重要的预期影响。

表 2-3　气候变化对人类健康脆弱性的影响

水平	对脆弱性影响	描述
个体	疾病状况	患有心血管疾病的人可能更容易受到热浪的直接影响
	社会经济因素	贫穷的人更容易受到影响
	人口因素	老年人更容易受到热浪的影响，婴儿更容易患腹泻病
社区	水和卫生设施的完整性对其极端事件的抵御能力	缺乏极端事件的早期预警
	当地的食品供应和分配系统	
	信息获取	
	当地疾病传播分布和控制计划	
区域	对极端事件的暴露	厄尔尼诺现象周期或更频繁导致极端天气事件对一些地区的影响
	海拔高度	地势低洼的沿海人口更容易受到海平面上升的影响
	临近高危疾病区域	媒介传播疾病当前分布区域的周边人口可能特别容易受到影响
	乡村	农村居民往往很难获得足够的健康护理，城市居民更容易受到空气污染和热岛效应的影响
	生态完整性	环境退化和森林砍伐区域更容易受到极端天气事件的影响

① 数据来自《适应气候变化的国际实践与中国战略》。

表 2-4　21 世纪中叶气候变化对健康的主要预期影响

气候变化影响		健康风险	健康影响
直接影响	高温昼夜数增加；热浪频率与强度增加；降雨少的地区发生野火的风险增加	极热相关的死亡率；热疲劳和中暑的发生率增加，尤其是户外劳动者、运动员、老年人循环系统、心血管、呼吸系统和肾脏疾病加重；热浪导致的火灾产生的 O_3、空气污染相关的过早死亡率增加	更强烈的热浪和火灾导致受伤、疾病和死亡的风险更大
	寒冷昼夜数减少	寒冷相关的死亡率降低；寒冷和温带地区的老年人心血管和呼吸系统疾病减少	寒冷相关的死亡率和发病率有适度的改善
通过自然系统产生的影响	更高的温度和湿度，降水的多变性增加，海水表面和淡水温度升高	促进微生物生长、生存、持久性、传播，增强病原体的毒性；霍乱、血吸虫病和有害藻华迁移的地理位置和季节分布改变；清洁卫生水缺乏；洪水损坏水和卫生基础设施，并污染水源	食源性和水源性疾病风险增加
	更高的温度和湿度，降水的多变性增加	寄生虫分裂速度增加，叮咬率增加；传播季节延长；以前流行的疾病重新出现；疾病媒介的分布和数量改变；虫媒控制的干预措施有效性降低	虫媒传播疾病的风险增加
人类系统介导的严重影响	更高的温度和降水改变	热带地区的粮食产量下降；供应量下降和价格上升导致获取的食物下降；营养不足和传染病的联合效应；儿童发育不良和消瘦的长期影响	贫穷地区粮食产量降低导致营养不良的风险增加
	更高的温度和湿度	户外和未受保护的工人不得不在生理不安全的条件下工作	脆弱人群中劳动生产率降低
联合效应	总的气候变化	以上风险的组合和相互作用	负面影响将超过积极影响

（五）基础设施

1. 基础设施领域的气候变化脆弱性

基础设施包括交通、邮电、供水供电、商业服务、科研与技术服务、园林绿湖、环境保护、文化教育、卫生事业等市政公用工程设施和公共生活服务措施等。随着全球变暖，基础设施正在受到海平面上升、暴雨和极端高温的影响。海平面上升，风暴潮和暴雨会损害道路、建筑和工业设施，并会增加港口和沿海军事设施的风险。河流、湖泊洪水和暴雨、长时间的降雨后和积雪快速融化后的城市洪水会超过防洪基础设施，极端高温会破坏公路、铁路和机场跑道等交通基础设施。关键性基础设施系统受到来自能源、交通、电信、水和废物等不断变化着的威胁。由于这些系统是相互依赖的，所以在一个极端事件中，影响其中一个就可能会造成连锁效应，进而影响其他基础设施系统。

表 2-5　主要基础设施面临的气候变化风险及其影响

基础设施行业		气候风险因素	潜在的基础设施影响
能源	生产	温度	增加用户对能源的需求和消费；增加峰值负荷；频繁停电的可能性增加；设备和材料的过度使用；设备损坏
		降水	洪水造成设备损坏
		海平面上升	洪水和海水侵蚀造成设备损坏
	运输与分配	温度	高价电缆下垂的可能性增加；地下火灾和检修孔爆炸的数量增加；停机频率、程度和持续时间增加
		降水	洪水和设备腐蚀导致局地停机次数和长度增加
		海平面上升	洪水和设备腐蚀导致局地停机次数和长度增加
交通运输	公路	温度	道路材料软化程度增加，导致道路维护任务增加
		降水	洪水淹没公路导致服务水平下降；街道洪水期间拥堵造成的时间延误；防洪期间用油泵抽出多余的水会导致泵送能力不足和相关能源使用增加
		海平面上升	洪水淹没公路导致服务水平下降；街道洪水期间拥堵造成的时间延误；防洪期间用油泵抽出多余的水会导致泵送能力不足和相关能源使用增加
	运输线	温度	冷却设备的使用增加；铁路退化和设备退化，导致维护增多；高架下垂造成火车碰撞使通勤铁路的事故增多
		降水	防洪期间用泵抽出多余的水会导致泵送能力不足和相关能源使用增加；平均故障间隔行程减少；突发事件造成的停运增多；紧急疏散增加
		海平面上升	海水泛滥导致铁路退化和设备退化程度升高，导致维护服务增加
通信	电力供应	温度	电力中断、停机频率和严重程度影响通信设备
		降水	设备淹没和存储材料损坏
		海平面上升	受到洪水淹没和盐水侵蚀的设备增加
	光纤电缆、发射塔、互联网等设备	温度	设备破坏、维护服务增多
		降水	极端降水淹没设备，线路堵塞，信号塔破坏和失去功能；通信能力降低、损失或屏蔽；互联网流量增加或可访问性下降
		海平面上升	洪水淹没设备或海水侵蚀设备

2. 主要国家基础设施对气候变化脆弱性具体表现

在全球范围内，东南亚、中美洲、大洋洲和萨赫勒南部是基础设施脆弱性较高的区域，同时这些地区对基础设施的脆弱性评估也非常薄弱。发达国家大多已经针对本国基础设施对气候变化的脆弱性做了系统研究，而发展中国家在这方面进展相当有限。

根据美国全球变化研究计划2014年5月11日发布的《美国气候变化影响》，气候变化对美国基础设施的影响表现在以下两方面。

- 气候变化给美国交通系统带来了严重影响。过去3年内许多内陆州经历了严重的降水、冰雹和洪水事件，严重破坏了公路、桥梁和铁路系统。未来几十年内，所有形式的交通方式和所有区域都会受到不断升温、极端天气增加和降水变化的影响。
- 极端天气事件影响能源生产和运输设施，不同程度地破坏能源供应，并影响依赖于能源供应的其他基础设施。夏季温度升高会增加用电需求，导致夏季高峰负荷升高，而冬季温度升高会降低供暖所需的能源需求量，预计净用电量会增加。此外，水资源可用性会限制不同形式的能源生产。1970—2010年，美国在制冷能源需求方面增加的量大于在取暖能源需求方面降低的量。

2016年6月6日，欧洲委员会联合研究中心发布题为《欧洲大型投资和基础设施对气候变化的适应能力》的报告，全面评估了气候变化影响下欧洲关键设施面临的多灾种、多行业风险，确定了21世纪欧洲受影响最严重的地区。气候变化对基础设施的主要威胁包括极端事件造成的损坏或者破坏，主要有以下几方面：

- 气候灾害对欧洲基础设施的破坏增加。当前气候极端事件对关键基础设施和能源、运输、工业及社会部门中关键投资的破坏影响达到每年34亿欧元，至2020年这一数值会升高3倍，到2050年升高6倍，21世纪末升高10倍；
- 热浪、欧洲南部干旱和沿海地区洪水发生频率大幅上升，内陆洪水、暴风和森林火灾的风险也相应增加，不同区域间增加幅度不一致。在未来几十年，欧洲范围内和严寒有关的影响可能会消失；
- 工业、运输和能源部门遭受巨大的经济损失。极端天气事件发生频率的大幅增加对基础设施业务所有者和运营者提出更高要求，目前的设计、施工、运行和维护标准与实践均应该得到修改；
- 整个欧盟范围内，欧洲南部和东南部的国家受到的影响最严重，而这些区域已经针对抵御气候变化的基础设施做了大量投资。

（六）城市

城市是全球经济的引擎，由于人类社会经济活动的集中，城市地区消耗了全球主要的能源和其他资源。城市人口占全球人口的50%以上，能源消费量占全球能源消耗总量的60%～80%，温室气体排放总量约占全球温室气体排放总量的70%。全球人口城市率从1950年的30%增长到2014年的54%，预计到2050年全球人口城市化率将占到66%[①]。作为人口和基础设施的主要中心，城市特别容易受到气候变化的影响。

由于城市化进程的快速推进，人口老龄化的加剧，以及其他社会经济趋势与气候变化的相互作用，全球城市地区面临的气候变化风险日益增加，包括海平面上升、风暴潮、热胁迫、极端降水、内陆和沿海洪水、滑坡、干旱、水资源短缺、空气污染等，对城市居民健康、生计和资产以及地方与国家经济、生态系统造成广泛的负面影响。如果不采取适应措施，这些社会经济变化将会增加当前气候条件下人口、财产和生态系统的脆弱性。另外，那些缺乏必要基础设施和服务或者居住在低质量住房和暴露地区的人们风险更高。气候变化将对系列基础设施系统（水、能源供应、卫生和排水、运输和电信）、服务（包括卫生保健和紧急服务）、建筑环境和生态系统服务产生深远影响。这些基础设施服务系统与其他社会、经济、环境压力因素相互作用，加剧了个人和家庭所面临的气候变化风险。

气候变化给城市带来许多潜在影响，主要涉及以下几方面：

- 海平面升高对沿海城市的影响，包括风暴潮的影响；
- 极端天气事件对基础设施的影响，如暴风雨和风暴潮、强降雨事件引发的洪水、极端热浪和干旱；
- 平均气温升高和极端天气事件对健康的影响，包括与冷热相关的死亡率和发病率，食源性疾病和水源性疾病、媒介性疾病；
- 对能源利用的影响，包括供热与制冷、用水耗能；
- 对水资源及其可利用性的影响。

气候变化给城市带来了严峻挑战，预计将更频繁地发生极端天气事件，导致诸如热浪、洪水和干旱等灾害。除直接的气候变化影响外，由于热浪产生的健康问题或者由于洪水导致的建筑物和基础设施损害，气候变化对城市的间接影响更加广泛。当

① 数据来自《适应气候变化的国际实践与中国战略》。

今世界的每个城市和地区都以多种方式与其他城市和地区相连接，这一复杂网络中的任何一链条发生故障都将产生连锁效应。洪水可以摧毁家园、商业场所、基础设施等，并间接导致人员失业和社会收入减少。个人和企业无法获得诸如能源、交通和清洁水等重要服务。热浪可以威胁公众健康，降低工作能力、导致较低的生产率，从而削减或者延误向城市与其他地方客户提供产品和服务。他们会减少公共空间的使用，限制社会生活。城市的自然特征与社会经济特征影响城市对气候变化影响的敏感性，从而可以减轻或者加重这些风险。

除了气候变化，影响城市脆弱性的其他驱动因素包括人口发展、变化的消费模式、城市扩张、土地利用变化、全球化对人类健康的副作用。如空气污染和噪声。基础设施系统被誉为城市的“生命线”，负责运输人员和物资、支撑通信、水和能源分配、排水和废弃物处理等。由于较高的人口密度，城市中密集的建筑结构及其对基础设施系统、物质财富积累的依赖，以及大量的贫困、老年居民，城市尤其容易受到气候变化的影响。此外，城市对气候变化的脆弱性也是社会、经济和政治过程的作用。城市对气候变化脆弱性关键因素包括：

- 经济福祉和稳定性，如生活水平、城市化率；
- 人口结构；
- 制度的稳定性；
- 公共基础设施强度，如卫生设施、通信基础设施等；
- 全球互联性，如贸易平衡、旅游等；
- 自然资源的依赖性及生态系统的再生能力；
- 对外部能源、水和金钱等依赖。

由于发展中国家城市的物理基础设施能力通常跟不上城市人口增长的速度，同时由于发展中国家城市对目前气候变化的现有适应赤字以及未来的气候变化影响都将大于发达国家城市，因此，发展中国家城市对气候变化的脆弱性可能会更大。在气候变化的背景下，贫困社区显得尤其脆弱，特别是集中于气候变化高风险地区的社区，因为他们的适应能力相对有限，并且更加依赖于气候变化敏感性资源。

气候变化的许多全球性风险都集中在城市地区，提高恢复能力并促进可持续发展的措施可加速全球成功地适应气候变化。减少基本服务的不足、改善住房、建设具有恢复能力的基础设施系统，可以显著减少城市地区的脆弱性和暴露度。

有效的多层次城市风险管理、将政策与激励措施相结合、加强地方政府和社区适应能力、与私营部门的协同作用以及适当的融资和体制发展，有利于城市适应措施的实施，提高低收入人群和脆弱群体的能力、话语权和影响力及其与地方政府的合作关系。

（七）海岸带

气候变化对沿海地区和小岛屿国家的海岸带资源（包括生物多样性和独特的生态系统）带来风险，并对沿海水域、海岸、湿地以及人类开发活动（土地利用、贸易、海运、旅游、水产、沿海农业等）产生重大影响。全球变暖和冰川融化引起的海平面的上升，造成海水入侵、海洋酸化、洪水泛滥和风暴潮等危害。气候变化和海洋酸度的改变给海岸带生态系统带来显著的负面影响。由于相对海平面的上升、海岸带系统和低洼地区正经历着越来越多的洪水淹没、极端潮位和海岸侵蚀，并承受着由此带来的不利影响。海水温度上升和海水酸化导致珊瑚白化，甚至死亡，珊瑚礁成为最脆弱的海洋生态系统。

自从《IPCC 第一次评估报告》开始以来，气候变化对海岸带的影响已经成为重要的研究领域之一，海岸带作为应对气候变化的重点地区，气候变化对其影响有多方面、不同尺度的问题。这些影响因素包括海平面上升、海水表层温度上升、海水入侵、海洋带侵蚀和风暴潮等。根据最新公开的报告可知，目前全球气候变化对海岸带的影响主要表现在以下几个方面：

- 冰川消融使海平面上升，造成海岸带低地被淹没；
- 海洋气候的改变使风暴潮等气象灾害事件增加；
- 水温升高，影响海岸带动力系统；
- 影响海岸带地区生物多样性以及营养物质通量的变化；
- 对人类社会、经济、文化层面产生影响。

二、气候变化对全球不同地区的影响

表 2-6～表 2-13 中列出了过去几十年气候变化对 8 个世界主要地区自然和人类系统变化的相对贡献（主要或次要）。

表 2-6　气候变化对非洲地区的影响

气候变化	影响
雪、冰、河流、洪水和干旱	• 东非的热带高原冰川后退（气候变化起主要作用）； • 西非河流流量减少（气候变化起主要作用）； • 大湖和卡里巴湖湖面升温和水体分层加强（气候变化起主要作用）； • 自 1970 年以来萨赫勒地区的土壤墒情干旱增加，1990 年以来部分地区变得更加潮湿（气候变化起主要作用）
陆地生态系统	• 除由于土地利用变化外，萨赫勒地区西部和摩洛哥半干旱地区树木密度减小（气候变化起主要作用）； • 除由于土地利用变化外，几种南部的植物和动物的范围发生了变化（气候变化起主要作用）； • 乞力马扎罗山上的野火增多（气候变化起主要作用）
海岸侵蚀和海洋生态系统	• 除由于人类活动的影响造成的减少外，热带非洲海域的珊瑚礁减少（气候变化起主要作用）
粮食生产与生计	• 除经济条件造成的变化外，南非农场主对不断变化的降雨进行了自适应响应（气候变化起主要作用）； • 萨赫勒地区结果实的树木减少（气候变化起主要作用）； • 除接种、耐药性、人口和生计造成的变化外，肯尼亚高原的疟疾增加（气候变化起次要作用）； • 除渔业管理和土地利用造成的变化外，大湖和卡里巴湖的渔业生产力下降（气候变化起次要作用）

表 2-7　气候变化对欧洲地区影响

欧洲	影响
雪、冰、河流、洪水和干旱	• 阿尔卑斯、斯堪的纳维亚和冰岛的冰川后退（气候变化起主要作用）； • 西阿尔卑斯山岩石边坡失稳增加（气候变化起主要作用）； • 极端河流流量和洪水的发生出现变化（气候变化起次要作用）
陆地生态系统	• 温带和寒带树木更早变绿、出叶、结果（气候变化起主要作用）； • 除一些基准的入侵之外，更多的外来植物物种移生到欧洲（气候变化起主要作用）； • 自 1970 年起候鸟更早到达欧洲（气候变化起主要作用）； • 除土地利用造成的变化外，欧洲的树线向上移动（气候变化起主要作用）； • 除土地利用造成的增加外，最近几十年葡萄牙和希腊被烧毁的森林面积增加（气候变化起主要作用）
海岸侵蚀和海洋生态系统	• 东北大西洋浮游动物、鱼类、海鸟和底栖无脊椎动物的分布向北转移（气候变化起主要作用）； • 整个欧洲海域许多鱼类物种的分布向北、向更深处移动（气候变化起主要作用）； • 东北大西洋浮游生物物候变化（气候变化起主要作用）； • 除因入侵物种和人类影响造成的变化外，暖水物种的传播进入地中海（气候变化起主要作用）

欧洲	影响
粮食生产与生计	•除因暴露度和医疗保健造成的变化外，英格兰和威尔士出现了与寒冷相关的死亡率向与炎热相关的死亡率的转变（气候变化起主要作用）； •除经济和社会政治变化的影响，北欧萨米人的生计受到的影响（气候变化起主要作用）； •尽管技术得到了改进，但一些国家近几十年来的小麦产量并没有增长（气候变化起次要作用）； •主要在北欧地区，除技术改进带来的增产外，对某些作物的产量产生积极影响（气候变化起次要作用）； •欧洲部分地区发生羊蓝舌病病毒和蜱的传播（气候变化起次要作用）

表 2-8　气候变化对亚洲地区影响

亚洲	影响
雪、冰、河流、洪水和干旱	•西伯利亚、中亚和青藏高原多年冻土退化（气候变化起主要作用）； •亚洲大陆的山地冰川收缩（气候变化起主要作用）； •除土地利用造成的变化外，中国许多河流水的可用性发生变化（气候变化起次要作用）； •由于冰川退缩，几条河流的流量增加（气候变化起主要作用）； •俄罗斯河流的最强春汛提前（气候变化起主要作用）； •中国华北中部和东北的土壤墒情降低（1950—2006 年）（气候变化起主要作用）； •除因土地使用造成的变化外，亚洲部分地区的地表水退化（气候变化起次要作用）
陆地生态系统	•亚洲许多地区，特别是在北部和东部，植物物候和生长状况发生变化（更早变绿）（气候变化起主要作用）； •许多植物和动物物种的分布海拔变高，或向极地方向移动，特别是在亚洲北部（气候变化起主要作用）； •近几十年来西伯利亚落叶松森林受到松树和云杉的入侵（气候变化起主要作用）； •灌木进入西伯利亚苔原（气候变化起主要作用）
海岸侵蚀和海洋生态系统	•除人类影响造成的减少外，亚洲热带海域的珊瑚礁减少（气候变化起主要作用）； •中国东海和西太平洋的珊瑚范围向北扩展，日本海的掠食性鱼类也向北扩展（气候变化起主要作用）； •除渔业造成的变化外，北太平洋西部的部分沙丁鱼被凤尾鱼替代（气候变化起主要作用）； •亚洲北极地区的海岸侵蚀加剧（气候变化起主要作用）
粮食生产与生计	•除经济和社会政治变化外，俄罗斯北极地区土著群体的生计受到影响（气候变化起主要作用）； •除由于技术改进造成的产量增加外，南亚小麦总产量受到负面影响（气候变化起次要作用）； •除由于技术改进造成的产量增加外，中国的小麦和玉米总产量受到负面影响（气候变化起次要作用）； •以色列的水传播疾病增加（气候变化起次要作用）

表 2-9　气候变化对大洋洲地区影响

大洋洲	影响
雪、冰、河流、洪水和干旱	• 澳大利亚 4 个高山站中有 3 个显示积雪深度显著下降（1957—2002 年）（气候变化起主要作用）； • 新西兰的冰和冰川冰量大幅减少（气候变化起主要作用）； • 澳大利亚东南部因地区变暖造成的水文干旱强度加大（气候变化起次要作用）； • 澳大利亚西南部河流系统的入流量减少（自 20 世纪 70 年代中期起）（气候变化起主要作用）
陆地生态系统	• 除因当地气候、土地利用、污染和入侵物种造成的变化外，澳大利亚许多物种，特别是鸟类、蝴蝶和植物的遗传、发育、分布和物候发生变化（气候变化起主要作用）； • 澳大利亚东南部的一些湿地扩展，相邻的林地收缩（气候变化起主要作用）； • 澳大利亚北部的季风雨林扩展，大草原和草地收缩（气候变化起主要作用）； • 新西兰怀卡托河鳗鱼苗的迁徙提前数周（气候变化起主要作用）
海岸侵蚀和海洋生态系统	• 除短期环境波动、捕鱼和污染造成的变化外，澳大利亚近海物种的分布向南转移（气候变化起主要作用）； • 澳大利亚海鸟迁徙的时间发生变化（气候变化起主要作用）； • 除污染和物理干扰的影响外，大堡礁和澳大利亚西部的珊瑚礁中的珊瑚白化（气候变化起主要作用）； • 除污染造成的影响外，大堡礁的珊瑚疾病模式发生变化（气候变化起主要作用）
粮食生产与生计	• 除管理改进造成的成熟期提前外，近几十年来酿酒葡萄的成熟期提前（气候变化起主要作用）； • 除暴露度和医疗保健造成的变化外，澳大利亚冬季与夏季的人类死亡率发生变化（气候变化起主要作用）； • 除政策、市场和短期气候变率造成的变化外，澳大利亚的农业活动位置发生变化或多样化（气候变化起次要作用）

表 2-10　气候变化对北美洲地区影响

北美洲	影响
雪、冰、河流、洪水和干旱	• 整个北美洲西部和北部冰川收缩（气候变化起主要作用）； • 北美西部春季积雪的水量减少（1960—2002 年）（气候变化起主要作用）； • 北美洲西部以雪水为主的河流的峰值流量提前（气候变化起主要作用）； • 美国中西部和东北部的径流量增加（气候变化起次要作用）
陆地生态系统	• 多个类群的物候变化，物种分布的海拔变高、向北移动（气接变化起主要作用）； • 亚北极区针叶林和苔原野火的频率增加（气候变化起主要作用）； • 树木死亡率和森林虫害的区域性增加（气候变化起次要作用）； • 除因土地利用和消防管理造成的变化外，美国西部森林和加拿大北方森林的野火活动、火灾发生频率、持续时间以及燃烧面积增加（气候变化起次要作用）
海岸侵蚀和海洋生态系统	• 西北大西洋鱼类物种的分布向北移动（气候变化起主要作用）； • 美国西海岸贻贝群发生变化（气候变化起主要作用）； • 太平洋东北部鲑鱼的迁徙和生存发生变化（气候变化起主要作用）； • 阿拉斯加和加拿大海岸侵蚀加剧（气候变化起主要作用）
粮食生产与生计	• 除经济和社会政治变化造成的影响外，加拿大北极地区土著群体的生计受到影响（气候变化起重要作用）

表 2-11 气候变化对中美洲和南美洲地区影响

中美洲和南美洲	影响
雪、冰、河流、洪水和干旱	•安第斯冰川收缩（气候变化起主要作用）； •亚马孙河的流量极值发生变化（气候变化起主要作用）； •安第斯山脉西部河流的流量模式发生变化（气候变化起主要作用）； •除土地利用造成的增加外，拉普拉塔河子流域的径流增加（气候变化起主要作用）
陆地生态系统	•亚马孙的树木死亡率提高，森林火灾增多（气候变化起次要作用）； •除深林砍伐和土地退化的基准趋势外，亚马孙的雨林出现退化和衰退（气候变化起次要作用）
海岸侵蚀和海洋生态系统	•除污染和物理干扰造成的影响外，加勒比海西部的珊瑚白化加重（气候变化起主要作用）； •除污染和土地利用造成的退化外，南美北海岸的红树林退化（气候变化起次要作用）
粮食生产与生计	•除社会和经济压力增加造成的影响，玻利维亚土著艾马拉的农民由于缺水，生计更加脆弱（气候变化起主要作用）； •除技术改进带来的增产外，南美洲东南部农业产量增加，农业范围扩大（气候变化起主要作用）

表 2-12 气候变化对极地地区影响

极地地区	影响
雪、冰、河流、洪水和干旱	•北极海冰冰盖在夏季减少（气候变化起主要作用）； •北极冰川的冰量减少（气候变化起主要作用）； •整个北极的积雪范围下降（气候变化起主要作用）； •大范围冻土退化，尤其是北极地区南部（气候变化起主要作用）； •南极海岸的冰量损失（气候变化起主要作用）； •大型极地河流的流量增加（1997—2007 年）（气候变化起主要作用）； •北极大部分地区冬季最低河流量增加（气候变化起主要作用）； •1985—2009 年湖水温度上升，无冰季节延长（气候变化起主要作用）； •由于冻土退化，北极的热喀斯特湖消失，以前是冻结泥炭的地区形成新的湖泊（气候变化起主要作用）
陆地生态系统	•北美和欧亚大陆苔原上的灌木覆盖度增加（气候变化起主要作用）； •北极树线的纬度变高，海拔也变高（气候变化起主要作用）； •由于雪床减少和/或苔原灌木侵入，亚北极鸟类的繁殖区和种群规模发生改变（气候变化起主要作用）； •雪床生态系统和草丛苔原损失（气候变化起主要作用）； •降雨落到雪层上后，由于积雪中的冰层变厚，苔原动物受到影响（气候变化起主要作用）； •过去 50 年间南极半岛西部及附近岛屿的植物种类范围增加(气候变化起主要作用)； •Signy 岛上湖水中浮游植物的繁殖力提高（气候变化起主要作用）
海岸侵蚀和海洋生态系统	•整个北极的海岸侵蚀加剧（气候变化起主要作用）； •非迁徙北极物种受到负面影响（气候变化起主要作用）； •北极海鸟的繁殖成功率降低（气候变化起主要作用）； •南大洋海豹和海鸟减少（气候变化起主要作用）； •由于海洋酸化，南部海洋有孔虫壳的厚度降低（气候变化起主要作用）； •斯科合海磷虾密度降低（气候变化起主要作用）
粮食生产与生计	•除经济和社会政治变化的影响外，北极土著人的生计受到影响（气候变化起主要作用）； •白令海峡的交通运输量提高（气候变化起主要作用）

表 2-13　气候变化对小岛屿影响

小岛屿	影响
雪、冰、河流、洪水和干旱	•除用水造成的水资源消耗量增加外，在牙买加水更加匮乏（气候变化起次要作用）
陆地生态系统	•在毛里求斯的热带鸟类数量变化（气候变化起主要作用）； •夏威夷的一种特有植物物种减少（气候变化起主要作用）； •高海拔岛屿树线和相关动物出现海拔上升趋势（气候变化起次要作用）
海岸侵蚀和海洋生态系统	•除捕捞和污染造成的退化影响外，许多热带小岛附近的珊瑚白化加剧（气候变化起主要作用）； •除其他干扰造成的退化外，小岛周围的红树林、湿地和海草退化（气候变化起次要作用）； •除人类活动、自然侵蚀和堆积造成的侵蚀外，洪水增强致使侵蚀加剧（气候变化起次要作用）
粮食生产与生计	•除污染和地下水过度抽取造成的退化外，地下水和淡水生态系统由于海水入侵退化（气候变化起次要作用）； •除过度捕捞和污染造成的退化外，沿海渔业由于直接影响和珊瑚礁白化加剧的影响出现退化（气候与生计变化起次要作用）

三、气候变化的风险

（一）气候变化对社会经济的影响

根据 IPCC 发布的《气候变化 2014：影响、适应和脆弱性》，尽管非气候驱动因素（例如，人口、年龄结构、收入、技术、相对价格、生活方式、法规和管理等方面的变化）对大多数经济部门的影响要比气候变化的影响程度大，气候变化依然会对社会经济造成重大影响。气候变化会使住宅及商业部门供暖的能源需求降低，而供冷的能源需求提高。气候变化对能量来源和技术的影响有所不同，这取决于涉及的资源（如水流、风、日照等）、技术过程（如供冷）或者位置（如沿海地区、洪泛平原）。气候变化会造成更严重的和 / 或更频繁的极端天气事件和 / 或灾害，造成损失增加，不同区域的损失差异也会有所加大，还会对保险制度构成挑战，使保险额度高得无法负担，同时尤其是发展中国家的筹资风险会更高。如果全球温度升高约 2℃，全球每年经济损失的不完全估算结果在收入的 0.2%～2%，并且随着气候变暖进一步加剧，损失量也会随着增长。

（二）气候变化造成的移民风险

2018 年 3 月 19 日，世界银行发布题为《风潮：为国内气候迁移做准备》的报告，评估了气候变化对人口迁移产生的影响，并提出了应对气候移民的行动措施。报告指出各国如果不采取强有力的气候行动，到 2050 年，撒哈拉以南的非洲、南亚和拉丁美洲将有超过 1.4 亿人在其本国境内迁移。

在气候变化背景下，各国可能会出现气候引发的移民迁入和迁出“热点”地区，这将对各国未来的发展规划产生重大影响。气候引发的移民迁出“热点”地区将出现在生计系统日益受到气候变化影响的地区，这些“热点”地区包括低洼城市、易受海平面上升影响的海岸线，以及水资源和农业压力较大的地区。气候引发的移民迁入“热点”地区将出现在气候条件更好的农业和城市地区，从而能够提供更好的谋生机会。到 2030 年，这两类“热点”地区都会出现；到 2050 年，其数量和空间范围将大大增加。因此，各国需要采取长期的、预期的方法来进行规划，以将气候移民纳入整体增长和发展战略中。

许多城市和城郊地区需要为涌入的人群做好准备，包括改善住房和交通基础设施、社会服务以及就业机会。决策者可以通过确保灵活的社会保护服务，并在规划和决策中考虑移民来做好准备。即使预计会出现外移，许多气候脆弱地区仍需要支持大量的人口，这需要制定相关策略以支持人们对当地环境的适应。成功的当地适应策略包括：投资气候智能型基础设施、多样化创收活动、建设更多针对弱势群体的响应式金融保护体系、教育和赋予妇女权利等。针对农村地区的减贫和社会保护计划有助于提高气候变化的适应能力，可能会减少人们在困境中迁移的需求。

第二节　气候变化对中国的影响

一、气候变化对中国自然环境的影响

（一）气候变化对陆地生态系统的影响

陆地生态系统指地球表面生物与环境的协同的有机整体，主要包括森林、草原、山区、湖泊等。在一个稳定的陆地生态系统中，其本身具有一定的适应能力和调节能力，并具有稳定的循环能力，当气候发生变化时，这个系统也会随之发生变化，同时在变化中达到新的平衡。但随着近代工业的发展，人类活动改变了物质能量的原有循环过程，造成全球大范围的气候变化，这种气候变化有可能造成物种的灭绝，或者部分地区生态环境出现退化。

1970 年以来对所有大陆和多数海洋的观测结果表明，气候变化特别是温度升高已经对许多自然系统产生了影响，例如春季一些物候现象（如树木发芽，鸟类迁徙和产蛋等）出现时间提前；北半球高纬度地区植物生长季节每 10 年延长 1.2～3.6 天；湖水和河水的温度升高，冰面覆盖时间减少；高山牧草分布上移，热胁迫引起野生物种死亡和分布面积减少等。

1. 气候变化对森林的影响

全球变暖预计会对森林生态系统产生重要的影响。自 20 世纪 60 年代至 20 世纪末，亚热带湿森林及寒温带湿森林对气候变化最为敏感，平均中心移动距离分别超过 1 200 km 和 977 km。

（1）气候变化对森林植物物候的影响

物候指动物和植物在生长、发育过程中对气候的反应。如植物的萌芽、开花、结实等，动物的蛰眠、复苏、始鸣、繁育、迁徙等。物候学主要是研究自然界动植物季节性现象同环境条件（气候、水文、土壤条件）周期性变化之间相互关系的科学。植物物候对气候变化高度敏感，且物候能够控制多项植物应对气候变化的反馈。因此，物候是研究监测生态系统物种对气候变化响应的首选方法之一。随着温度上升，东北、华北以及长江下游地区春季物候期提前，而西南地区东部、长江中游地区及华南地区则得到相反结果，且物候期随纬度的变化幅度逐渐减小。

（2）气候变化对森林结构、组成和分布的影响

森林结构是指森林植被的构成及其状态，其大致分为组成结构、空间结构、年龄结构和营养结构等。气候变化会在一定程度上影响森林结构，气候变暖将导致到 2100 年江西泰和县地区杉木、马尾松、湿地松、木荷的过熟林在当地森林植被中所占的比例逐渐增加。另外，在气候变暖情况下，我国东北地区暖温带和温带范围明显扩大，黑龙江省大兴安岭的兴安落叶松、小兴安岭及东部山地的云杉、冷杉和红杉等树种因气候变化造成的可能分布范围和最适分布范围均发生北移；而在气候变化加剧的情况下，湿润森林界线北移，寒温带湿润森林将会移出我国东北地区，未来兴安落叶松适宜分布区域将不断减少甚至从我国消失。

（3）气候变化对森林生产力的影响

森林和森林生产力是贯穿人类社会发展的不可分割的部分，很多研究均表明，森林生产力对气候变化十分敏感。如李双元等模拟估算结果表明，赣州流域植被净初级生产力对气温、降水十分敏感，CO_2浓度上升将促进植物生长，对植物生产力的增加起积极作用。

（4）气候变化对森林碳库的影响

森林以占全球1/5的陆地面积存储着全球陆地总碳储量的46%，由于大气CO_2浓度持续上升，气温不断升高，导致植物生长期延长，再加上氮沉降和日益合理的森林经营措施的制定等因素，森林年均固碳能力呈稳定增长趋势。我国东北地区森林清查数据和归一化植被指数表明，我国东北地区森林碳贮量不断增长，特别是长白山和小兴安岭北部增长最大，而气候变暖可能是促进森林生物量碳储量增长的主要因子。

（5）气候变化对森林生物多样性的影响

森林生态系统维持着丰富的生物多样性，然而在全球气候条件不断变化的情况下，生态系统的稳定性将会受到很大的威胁，物种的有效生境及其种群数量将会受到严重的影响，甚至可能导致部分物种的灭绝。例如，随着气候变暖，长白山自然保护区红松林破碎化十分明显，优势树种逐步减少，而阔叶林逐步增加。

（6）气候变化对森林生态服务功能的影响

森林生态服务功能体现于生态系统和生态过程所形成的有利于人类生存与发展的生态环境条件与效用，主要包括森林在涵养水源、保育土壤、固碳释氧、积累营养物质、净化大气环境、森林防护、生物多样性保护和森林游憩等方面提供的生态服务功能。气候变化对森林生态系统的影响取决于生态因子之间的相互作用，气候变化（如温度和降水）将影响生态系统过程，而生态系统过程的改变将影响生物多样性和服务功能的发挥。在全球气候变暖的背景下，我国森林面积有一定程度的减少，但其服务价值则呈现不同的趋势，其中土壤形成、废物处理、生物防害、食品生产和文化的价值都有不同程度的减少，而气候调节、干扰调节、水分调节、水分供应、防止侵蚀、养分循环、原材料、基因资源和休闲游乐的价值都增加。

（7）气候变化对森林生态系统的间接影响

气候变化对森林生态系统的间接影响往往要显著大于直接影响，而其中两种最主要的间接影响方式为森林火灾和森林病虫害。长期研究表明，气候是林火动态变化的主导因素，气候变化会通过对森林植被和可燃物类型与载量的影响来改变林火行为。同时，森林燃烧产生的温室气体又对气候变化产生反馈作用。全球气候变化带来的暖干化以及极端气候事件发生的强度和频率的加强已毋庸置疑，在此背景下，森林火灾的发生频率和发生重特大火灾的可能性也相应增加。袁建等对重庆林区气象要素与森林火灾发生历史数据分析发现，温度升高与森林火灾次数有正相关关系。此外，气候条件为病虫害年际间波动的主要控制因子，气候变暖，尤其是冬季气温升高，有利于病虫害越冬、繁殖，使得病虫害为害时间延长，危害程度加重。研究表明，随着气候的变化，1971—2100 年极适宜松树线虫的生活环境分布面积逐渐扩大，原来不适于其分布的地区由于气候环境的变化而成为适宜分布地区。

2. 气候变化对草原的影响

草地生态系统受到气候变化的影响明显，江河源区从 20 世纪 60 年代以来呈现暖干化趋势，草地和湿地呈现区域性衰退，出现草甸演化为荒漠、高寒沼泽化草甸演变为高寒草原和草甸化草场的现象。

（1）影响草原生态系统的初级生产力

草原地区绝大多数植物为不耐高温干旱的草本植物，温度升高对其生长将产生不利影响。观测表明，36 年来祁连山海北州牧草的年净生产量普遍下降；20 世纪 90 年代青藏高原牧草高度与 80 年代末期比较，生长高度普遍下降 30%～50%；天然草地产鲜草量和干草量均呈减少趋势；羊草草原比大针茅草原对气候变化更为敏感。

（2）气候变化对我国草原的影响

气候变化对中国草地生态系统的影响主要表现为草地退化和分布发生变化。过去 50 年，中国草地退化迅速，北方的干旱化趋势是草地退化的重要原因之一。青藏高原江河源区的草地生态系统出现草甸演化为荒漠，高寒沼泽化草甸草场演变为高寒草原和高寒草甸化草场等现象。青南和甘南牧区、内蒙古地区、祁连山海北州等地，由于气温普遍升高、降水减少，导致牧草产量普遍下降。未来中国北方干旱地区的草原类型将会向湿润区推进，各草原类型界线将会东移。青藏高原、天山、祁连山等草原的界线将上移 380～600 m。青藏高原的高山草原面积会明显减少，高山草甸 / 灌丛的面积略有增加，温带草原、灌丛 / 草甸面积增加。

3. 气候变化对生物多样性的影响

气候变化及人类活动已对动植物多样性、栖息地、景观多样性等产生了影响。中国荒漠区的新疆虎、蒙古野马、高鼻羚羊、新疆大头鱼等物种因气候变化和人活动的影响已经灭绝。绿孔雀在历史上分布于湖南、湖北、四川、广东、广西和云南等地，现仅分布在云南西部、中部和南部。普氏原羚曾分布于内蒙古、青海和甘肃等地区，现仅分布于青海湖地区。气候变暖使本土病虫、有害鼠类的活动范围增加、危害加剧，外来物种如凤眼莲、一枝黄花、紫茎泽兰等的入侵范围扩大。气候暖干化也使呼伦贝尔沙地流沙面积增加，植被盖度下降，对栖息物种造成威胁。西南喀斯特地区、贺兰山东西两侧腾格里和毛乌素沙漠南缘景观多样性已发生改变。未来气候变化将改变物种分布范围、降低物种多样性。气候变化将使大熊猫、滇金丝猴和白唇鹿等的分布区破碎化，在已分析过的 3 735 种植物物种中，29 种分布范围将可能减少，另有 4 种分布范围将增加，而兴安落叶松将消失。气候变化将使有害生物分布范围改变、危害增加。

（二）气候变化对海岸带和沿海生态系统的影响

1. 海平面

气候变化造成中国沿海海平面呈明显上升趋势。1980—2017 年，中国沿海海平面上升速率为 3.3 mm/a，2017 年，中国沿海海平面较常年高 58 mm[①]。中国沿海近六年的海平面均处于 30 年来的高位，海平面从高到低排名前六的年份依次是 2016 年、2012 年、2014 年、2017 年、2013 年、2015 年（图 2-1）。2017 年，中国各海区沿海海平面变化区域特征明显，渤海、黄海、东海和南海沿海海平面与常年相比分别高 42 mm、23 mm、66 mm 和 100 mm[②]（图 2-2）。未来 30 年，中国沿海海平面将继续上升，平均升高幅度为 80～130 mm（表 2-14）。

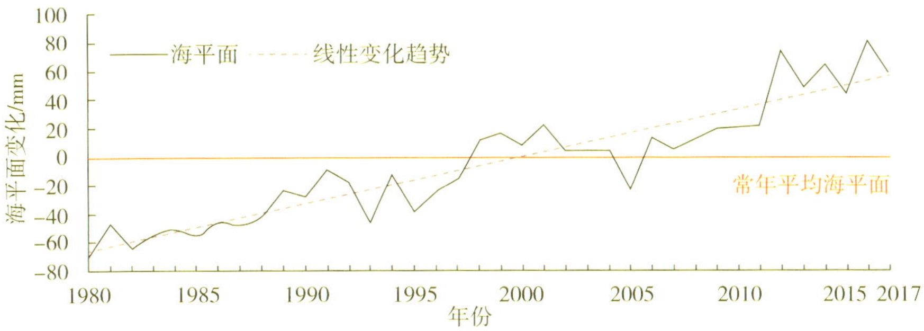

图 2-1　1980—2017 年中国沿海海平面变化

资料来源：《2017 年中国海平面公报》。

① 数据来自《2017 年中国海平面公报》。
② 数据来自《2017 年中国海平面公报》。

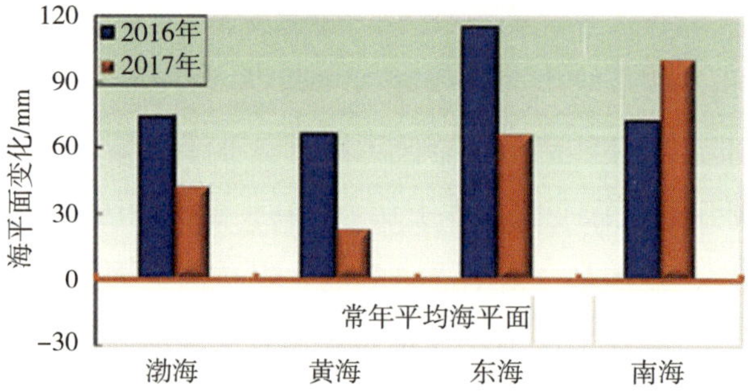

图 2-2　2017 年中国各海区沿海海平面变化

资料来源：《2017 年中国海平面公报》。

表 2-14　中国沿海各海区海平面上升预测[①]

海区	2040 年预测值 /mm
渤海	74 ～ 122
黄海	81 ～ 128
东海	83 ～ 132
南海	78 ～ 130
全海域	80 ～ 130

数据来源：国家海洋局。

2. 气候变化对风暴潮的影响

气候变化导致中国沿海风暴潮次数增加，重现期缩短。近 20 年，中国沿海引起灾害的风暴潮次数平均 8.5 次 /a，发生频率有增加趋势。受风暴潮影响最为严重的是广东、福建和浙江沿海，而受温带气旋影响最为严重的是山东和河北沿海。未来海平面上升，将使极值水位升高，严重潮灾重现期缩短。如果海平面上升 0.3 m，严重潮灾（潮位超过警戒水位 1 m）的重现期将普遍比现状重现期缩短 50%～60%，甚至 70%。防洪墙、堤防等的抗灾能力显著降低，风暴潮威胁将更大。

3. 气候变化对近海生态系统的影响

气候变化导致海洋生物种类变化、红树林北迁、珊瑚白化等。近 20 年来，气候变暖和海温上升等原因造成中国近海的海洋生物物种北移，长江口和东海区的浮游动物暖水种类丰度增加，暖温性种类下降。台湾海峡鱼类生物组成中，暖水性鱼种的比

① 相对于 2010 年的海平面。

例增加，而暖温性鱼种比例下降了10%～20%。气候变暖造成红树林自然分布和人工栽培范围向较高纬度扩展，使原来不适宜红树林生长的地区变为适宜生长区，20世纪80年代人工栽培范围北迁到浙江南部沿岸，现已引种到长江口以南海域。中国南部和东南沿海均发现了不同程度的珊瑚白化和死亡现象，南海北部湾涠洲岛珊瑚礁白化严重。

若未来温度升高2℃，各种红树植物分布区将可能会向北扩展，平均北扩约2.5个纬度，群落物种也会增加。但气温超过35℃，红树林根的结构、苗的发育、光合作用将受到较大的负面影响。此外，水温上升会对中国海洋鱼类的洄游路线、距离和地点产生重要影响，暖水性和冷水性物种分布地带均将发生变化。南沙海域珊瑚礁可能会停止生长，某些造礁生物面临灭绝的危险，从而可能对珊瑚礁海洋生物多样性造成致命的影响。

（三）气候变化对于淡水水文水资源的影响

1. 气候变化对淡水资源的影响

已经发生的气候变化造成由冰川和积雪融水补给的河流径流量增大，春季洪峰提前。未来一些地区将呈现径流量明显增加或者减少的趋势。预计21世纪中叶前，在高纬度和部分热带湿润地区，年平均河流径流量和可用水资源量会增加10%～40%，而在某些中纬度和热带干旱地区（其中某些地区目前正在遭受水资源短缺），其径流量和可用水资源量会减少10%～30%。21世纪冰川和积雪中储藏的水资源量预计会下降，从而减少了靠冰雪融水供给地区的可用水量，而这些地区居住着当今世界1/6以上的人口。

2. 气候变化对水资源分布的影响

气候变化导致中国北方水资源量减少、南方水资源量增加。近30年来，中国北方地区水资源量减少明显，年际变化逐渐加大，南方水多、北方水少的水资源分布特点更加突出。其中南方地区河川径流量和水资源总量增加幅度约为4%，而北方地区水资源量减少明显，黄河、淮河、海河和辽河4区的河川径流量减少17%、水资源总量减少12%。气候变化对黄河中游径流量减少的贡献为30%～40%。未来30年，中国大江大河年径流将继续呈现北方减少、南方略有增加的整体趋势。东北地区大部夏季增温幅度较大而径流深减少；西北地区的新疆西南部（塔河流域）春、夏季径流深增加，其他地区则可能维持暖干现状，径流深变化不大；华东地区北部除山东半岛春季径流深增加外，其他地区可能维持现状；华东地区南部、华中、华南等南方地区夏季径流深增加，特别是华东南部增加明显，夏季洪涝将加重；而南方地区冬季径流深减少，特别是华南地区减少显著。

3. 气候变化对冰川、湖泊的影响

气候变化导致中国冰川普遍退缩、湖泊萎缩。近 60 年来，中国 82% 的冰川处于退缩状态，尤以青藏高原边缘山地退缩冰川所占比例最大，冰川面积平均缩小了 7.4%，最大超过 20%，其中 20 世纪 90 年代以来退缩加速。中国有 142 个大于 10 km^2 的湖泊萎缩，总面积减少 9 574 km^2，占萎缩前湖泊总面积的 12%，蓄水量减少 516 亿 m^3，占湖泊总蓄水量的 6.5%。图 2-3 为天山乌鲁木齐河源一号冰川面积随时间的变化情况。

未来 50 年，中国小于 2 km^2 的冰川将逐渐消失，较大面积的冰川萎缩也将趋于显著。长江源区冰川面积将减少 8% 左右，冰储量将减少 11% 左右，源区径流将增加 25%～30%。

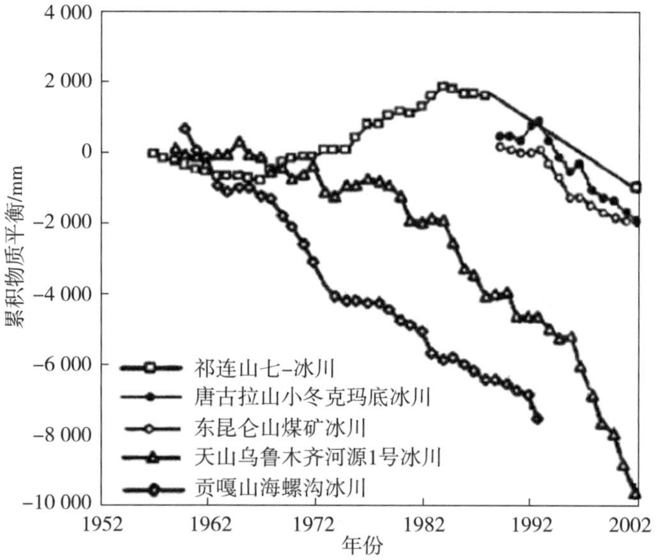

图 2-3　中国典型冰川累积物质平衡变化过程

资料来源：天山乌鲁木齐河源一号冰川。

（四）气候变化对于自然灾害发生的影响

在全球增暖的背景下，我国的气候将随之变化，从变化的区域分布看，中国东北及南方沿海地区有变暖变湿的趋势，而华北、华中、西北大部分地区有可能变干。

其中，冬季东北地区变暖最明显，为4～6℃；华南和西南地区增温较小，为2～4℃。夏季增温最明显的地区是西北，为3～5℃；华中、华南、华东和西南增温较小，1～3℃。东北地区夏季降水可能增加，华北地区冬季降水可能减少。中国北部和中部夏季土壤湿度可能降低。全球变暖，特别是伴随全球变暖条件下出现的气候极值的变化，可能改变我国目前各种自然灾害的发生频率和强度，由此不同程度地加剧或减轻某些自然灾害对国民经济的损失。

1. 干旱与旱灾扩大

有研究表明，尽管我国部分地区降水量有少量增加，但由于气候变暖，蒸发和蒸腾量也应增加，加之灌溉和其他人为用水的扩大，所消耗的水量可能超过降水的增加，使我国大部分地区继续处于水平衡的亏缺状态，而干旱形势难以缓解。

过去50年，中国北方地区干旱受灾面积扩大。特别是近20年，东北西部、华北大部、西北东部等地具有干旱历时增长、强度增大、范围增加的显著干旱化趋势。近10年，中国平均受旱率和平均干旱成灾率分别达到了16.95%和10.05%，分别是1950年的2.3倍和4.3倍。在高温室气体排放情况下，中国东北西部春旱有加重趋势；华北、淮北地区春旱有所缓解，但是夏秋连旱加重；西北地区甘肃、青海等极旱区旱情加重；海南地区秋旱有所加重；西南地区春旱、长江两湖地区夏季伏旱有所缓解。

按照1950—1980年受旱农田面积的增长速度，到2040年受旱面积可能增长至4 000万 hm^2 以上。在西北干旱地区，下游水资源如继续缺乏强有力的协调统一管理，则河下游将有近7万 hm^2 的农田因干旱缺水而弃耕荒芜。黄河的情况亦如此，下游河段一年中会大部分时间断流。

荒漠化范围也将继续扩大，北方干旱、半干旱、半湿润地区沙质土壤荒漠化面积扩大速度在1920—1970年为1 560 km^2/a，1970—1987年增长至1 745km^2/a，目前仍在以1 500 km^2/a 以上的速度扩展。森林火灾与高温持续时间和最高温度有很大关系。全球增暖带来的气候带北移，很可能使我国森林火灾的发生频率增高。

2. 洪涝灾害增加

过去50年，中国南方地区洪涝加重，局地强暴雨、超强台风、雨雪冰冻等极端天气事件呈多发、并发的趋势。特别是近20年，长江、珠江、松花江、淮河、太湖、黄河均连续发生多次流域或区域性大洪水。未来如果全球气温持续变暖，海温升高，那么台风会增加对中国东南部地区的作用，造成南方洪涝灾害的加剧。洪涝灾害带来生命财产损失巨大，1998 年长江流域大洪水造成国家直接经济损失达 1 600 亿元，但洪涝灾害预测预防难度大，必须采取坚决措施，增强洪涝灾害的预防能力。

3. 海平面上升，海岸带灾害加剧发展

全球变暖使海洋热膨胀和冰川融化扩大，导致海平面上升，我国大陆海岸线长达 18 000 km，沿海不少地区和城市海拔高程很低，极易受海平面上升、风暴潮和海侵的影响。1980—2017 年，中国沿海海平面上升速率为 3.3 mm/a[①]。海平面上升会诱发多种海岸带灾害：海平面上升将淹没大量的滩涂资源，若海平面上升 1m，将造成海水倒灌，会淹没或毁坏大部分盐田和海水养殖场，甚至饮水发生困难；海平面上升，潮水顶托作用增加，无疑会妨碍陆地洪水与城镇污水的排泄；在海平面上升所诱发的多种灾害中，以风暴潮频率的增加危害最大，它直接导致风暴潮增加的初始海面与高潮位提高，水深加大，波浪作用增强。如不加强防护，海岸带各种灾害损失每年可高达上千亿元，成为全国最大灾害之一，因此应引起高度的重视。

4. 滑坡、泥石流等地质灾害增多，水土流失和土坡侵蚀加剧

我国的永久冻土约占国土面积的 18%，平均厚度为 0.5～2.0 m。如果未来 10～20 年全球平均温度升高 0.5℃，将会造成 5% 永久的冻土融化；若平均温度上升 2℃，将导致 10%～15% 的永久冻土融化，从而增加滑坡、泥石流等地质灾害的发生频率和强度。

全球变暖可能会导致未来的降水发生变化，暴雨的频率增加，将直接导致水土流失和土壤侵蚀的加剧。对于我国的半干旱地区，若降雨量增加 10%，蒸发量减少 4%，地面径流量将增大 27%；若降雨量增加 10%，蒸发量增加 4%，则地面径流量增加 18%。对于干旱地区，在给定的上述降雨量和蒸发量条件下，地面径流量将增加 30%～ 50%，从而加剧水土流失和土壤侵蚀。

（五）气候变化对农牧业、渔业生产的影响

1. 气候变化改变牧草的分布与高度

气候变化将改变牧草分布的高度，导致植物区的变化，即草地类型在景观上的迁移。若我国温度升高 2℃，降水增加 20%，内蒙古草原总面积将减少近 30%。气候变暖使内蒙古的草地植被由东南向西北压缩，界线北移。

① 数据来自《2017 年中国海平面公报》。

2. 气候变化对农田生态系统的影响

（1）种植制度和作物品种布局及耕作方式的改变

气候变暖将增加各地的热量分布，使作物潜在生长季延长，多熟种植北界北移。在品种和生产水平不变前提下，仅考虑热量条件，气候变化后，各地农作物的种植时节、成熟时节将发生改变，造成一年三熟的地区面积增加，一年一熟的地区北移，面积减少。

（2）作物品质和产量的改变

CO_2浓度倍增还将引起农作物品质的变化。例如，CO_2浓度增加将使玉米蛋白质、赖氨酸和脂肪含量减少，淀粉含量略有增高，品质有所下降；CO_2浓度增加将使小麦籽粒的蛋白质、赖氨酸、脂肪含量增高，淀粉含量下降，品质得到提高。CO_2浓度倍增对不同作物的产量影响不同，C3 作物将因此提高产量 30% 左右，而 C4 作物仅提高 10% 左右。因此，C3 作物，如水稻、小麦、油菜等的产量将有明显提高。气候变暖在加速农作物生长的同时，也使农作物的呼吸作用增强，生育期缩短，从而影响到农作物的产量。同时气候变暖导致土壤有机质的微生物分解加快，将造成土壤肥力下降，农田生产潜力降低。

3. 气候变化对渔业的影响

首先，气候变暖导致海平面上升，影响着海水鱼塘的养殖面积，主要使养殖面积减少，影响渔业规模和产量。其次，气温升高全球变暖，暖水性的养殖种类将有机会由低纬度海区向高纬度海区转移迁徙，改变海区生物群落和生物地理学的结构，如颇具经济价值的大黄鱼由福建沿海扩增至江苏、山东沿海实施人工养殖将成为可能。再次，气温升高，水温也随同升高，海水鱼类胚胎和胚后发育期所需要的温度累加值的日期“积温日期”将缩短，也就是发育加快；由于水温升高，养殖鱼类的新陈代谢将加快，在每年 5 月至 10 月有效的养殖生长时期的生长率将提高，产量随之提高；再由于水温升高，每年的冬季将推后来临，延长了养殖季节，养殖鱼类个体加大而提高了产量。最后，水温上升，会带来病害多发，海水鱼养殖常见的病毒性、细菌性引发的充血病、溃疡病、烂鳃病和寄生虫引发的指环虫病、孢子虫病、锚头蚤、车轮虫病等，都是高温季节暴发和流行的疾病。

（六）气候变化对人体健康的影响

1. 气候变化对人体健康的直接影响

高温是夏季死亡率增加的主要影响因素。热浪对婴幼儿、老年人以及呼吸系统、心脑血管疾病等慢性病患者健康的影响更为明显，造成发病率和死亡率的升高。由于气候变暖等原因，20 世纪 20 年代中国心血管疾病增加的区域将主要集中在现在的北京周围、山东西部、安徽北部和四川东部、重庆等区域。

2. 气候变化对人体健康的间接影响

气候变化对虫媒传染病的影响最为明显。气候变化导致中国疟疾高发地区的疟疾传播季节延长。另外，气候变化也导致血吸虫病的传播程度加剧、传播范围扩大，血吸虫病在中国东部尤其是江苏省和安徽省境内北移明显，长江流域、洞庭湖及鄱阳湖周围的血吸虫病传播指数明显上升，以洞庭湖周围与湖北省长江沿线区域上升更为显著。而洪水将增加血吸虫的传播程度，长江中下游地区洪水年份急性血吸虫感染人数是水位正常年份的 2.6～2.7 倍。

二、气候变化对中国不同区域的影响

由于中国地域辽阔，气候多样，不同区域的地理环境、气候特征、经济发展水平等差异显著，气候变化对各区域影响的程度和领域也有所不同，越是生态环境脆弱的地区影响越是显著。2015 年 11 月 20 日发布的《第三次气候变化国家评估报告》，全面深入地介绍了我国重点区域气候变化对关键领域的利弊影响。

气候变化对不同区域影响概括如下。

（一）华北地区

近 50 年气候暖干化趋势明显，加剧了华北地区水资源紧张态势，引起浅层地下水位不断下降。气候变暖使得热量增加，致使该地区冻害发生的频率和强度减弱，影响该地区的农业产量及布局。未来气候变化对华北地区农业的影响是多方面的，对大田作物而言，由于温度升高，加速了土壤水分的蒸发，加剧了华北区域旱情的发展；作物品种将发生很大的改变，冬性小麦将被半冬性小麦品种替代；高耗水的作物种植面积缩小，节水、高效的种植模式和技术将迅速得到普及；农业灌溉方式将会发生重大变化，传统的大水漫灌将由于水资源的缺乏和成本增加而逐渐被淘汰，取而代之的是喷灌、滴灌等节水灌溉方式。

（二）东北地区

受气候变化的影响，松辽流域降水量和径流量呈减少趋势，但存在周期性的丰枯变化，即丰水期和枯水期呈现周期变化。1961—2012 年松花江流域年降水量以 0.07 mm/a 的速率下降，辽河流域以 0.61 mm/a 的速率下降[①]。21 世纪初为 1961 年以来降水最少时期。受降水的周期变化影响，松花江流域先后经历了 1956—1966 年的丰水期、1967—1982 年的枯水期、1983—1998 年的丰水期及 1999 年之后的枯水期。辽河流域也先后经历了偏丰—偏枯—偏丰—偏枯 4 个阶段，只是发生时段略有差异。20 世纪 70 年代东北地区冻土呈明显的退化趋势，如大兴安岭的阿尔木一带，以往多年冻土最大季节融化深度只有 50～70 cm，而到 20 世纪 90 年代季节融化深度增加到了近 1 m 左右，20 cm 以上土层地温升高了 0.8℃。气候变暖是造成大兴安岭地区多年冻土自南向北区域性退化的最主要原因。另外，位于小兴安岭低洼谷地的岛状冻土也已开始融化或消失。在 CO_2 加倍条件下，东北阔叶红松林的气候适宜区面积大幅缩小，最适宜分布区大幅北移，适宜区减少幅度为 20%～35%。东北落叶阔叶树将取代目前小兴安岭、长白山的红松和大兴安岭的兴安落叶松成为东北森林主要树种，而针叶林将在地带性森林中占很小的比重，阔叶树中蒙古栎将可能成为最主要的树种。

气候变化对东北农业也会产生影响，温度升高后，东北地区热量资源增加，是粮食产量大幅增加的主要因素。吉林省的玉米品种熟期较以前延长 7～10 天。气候变暖使东北地区热量资源增加，预计到 2030 年，冬小麦的安全种植北线将移至通辽—双辽—四平—抚顺—宽甸一线。到 2050 年移至鲁北—通榆—长岭—集安—安图—延吉一线，东北地区的冬小麦适种面积将逐步扩大到辽南乃至东北地区的南部，包括辽宁的大部、吉林东南部，使中国冬小麦的安全种植北界可能由目前的长城一线北进大约 3 个纬度。

（三）西北地区

气候变暖背景下，近几十年来中国冰冻圈普遍呈萎缩趋势，尤其在西北干旱区十分显著，并有加速萎缩的态势。依据《第三次气候变化国家评估报告》，中国纬度最高的阿尔泰山地区冰川面积由 1960 年的第一次冰川编目到 2009 年的第二次冰川编目减少了 36.9%，属于中国冰川退缩最强烈的地区。乌鲁木齐河源 1 号冰川平衡线高度在 1959—2008 年持续上升，上升幅度达到 108 m，2008 年接近冰川顶部。同期，祁连山七一冰川平衡线则上升了约 230 m。冰川融水径流增加，同时西北地区多数高山地区降水量也趋于增加，导致大部分内陆河河源区年径流量呈增加趋势。但人类活

① 数据来自《第三次气候变化国家评估报告》。

动对水资源干扰导致了干流区年径流量和源流区出山口水量变化趋势有较大反差，呈减少趋势。而在西北东部，由于夏、秋季雨量减少，加之人类用水量明显增加，多数地区地下水位下降，河川径流量呈现较显著的减少趋势。黄河上游年径流量自20世纪80年代中后期逐年减少，加剧了水资源的短缺。但从2003年开始，黄河上游降水量持续增加，流量增多，2004年以来，黄河源地区和柴达木盆地的湖泊水位、地下水位也呈持续上升态势。

对于农业而言，未来的气候变暖可提高复种指数，但水分蒸发量增大，如果降水量不明显增加，则干旱化趋势可能加强，灌溉水资源日益短缺，可能出现农业生产的不稳定性、产量波动增大的趋势。气温升高可提高草地生产力，延长放牧时期，但水分严重不足的地区，气温升高、蒸发增加将导致产草量下降。草甸草场载畜量随着气温升高而增加，典型草原和荒漠草原载畜量随降水量增加而增加。气候变暖将会使农牧交错区南扩，草原面积增加，但由于农牧交错区是潜在的沙漠化地区，在气候变化作用下，新的交错区如不加保护，也有可能变成沙漠化地区。

未来50年雪线将因气候变暖而上升，冰川融水量因冰川面积减少而减少，对灌溉农业不利。这意味着气候变暖可能加速西北地区环境恶化进程，农牧交错区可能成为沙漠化最严重的地区。估计到2050年西北地区冰川面积将减少27.2%。随着气候变暖，高山季节性积雪持续时间将缩短，春季大范围积雪提前消融，积雪量将较大幅度减少。气候变暖将加剧水资源的不稳定性与供需矛盾。预计到2030年宁夏、甘肃、青海、新疆等省（区）的人均径流量将减少，减少幅度为20%～40%。如果不加大水利设施建设，气候变化对西北地区水资源系统的负面影响将加大。

（四）华东地区

近50多年华东地区夏季降水量增加十分明显，自20世纪90年代以来，汛期长江下游干流高潮位连续偏高，持续时间亦明显偏长，加剧了洪涝灾害，对华东地区社会经济造成严重影响。由于气候变暖，华东地区秋季光温条件改善，长江三角洲不少地区的晚稻由籼稻改成粳稻，改进了晚稻种植品种，充分利用了气候变化对农业生产有利一面。气候变暖常伴随热浪发生频率及强度的增加，导致华东地区心脑血管及呼吸系统等疾病的发病率和死亡率增加，夏季持续高温使用电量不断增长，严重影响区域能源安全。

在未来台风和梅雨期降水量增加的影响下，华东地区更容易出现洪涝灾害，发生百年一遇甚至千年一遇洪水的可能性增大，洪涝、台风及其引发的风暴潮灾害的影响将加剧。海平面上升会使华东沿海地区脆弱性进一步增大，加剧海岸侵蚀，沿海沿江被围垦的农田将逐步淹没，江湖水位上升和蓄洪排涝能力将减弱。此外，全球增暖会使长江三角洲地区极端高温事件发生概率增加，这些对华东沿海地区生态系统及经济社会的影响不容低估。气候变暖将使长江下游棉花种植最适宜和适宜区的面积进一步缩小；茶区和柑橘的北界将向北进一步扩展，双季稻北界有可能北移，有利于提高水稻复种指数。

（五）华中地区

气候变化使华中地区洪涝灾害加剧，湿地面积不断减小，同时还导致该地区适宜于钉螺和血吸虫生长的时期在过去几十年中有不同程度的延长，血吸虫病暴发概率增大。在 CO_2 倍增情景下，华中地区双季早稻比目前气候条件下减产 10%～15%，双季晚稻减产为 10%～30%。长江中下游的水稻产量与目前气候条件下相比平均减产幅度为早稻 3.7%、中稻 10.5%、晚稻 10.4%。气候变暖将使低温天气出现的频率减少，高温天气出现的频率增加。早稻、晚稻和一季稻低温天气出现的频率分别减少 4.9%、9.9% 和 15.8%，这将缓解或消除低温天气对水稻的危害。而高温天气出现的频率将增加，对水稻生产构成较大威胁。若品种和播种、移栽期不变，一季稻和晚稻的减产幅度大于早稻。由于气温升高，一年中害虫繁殖代数也因此而增加，某些害虫的虫口将呈指数增加，造成农田多次受害的概率增高。气候变暖后，黏虫每年发生世代数[①]将在原来的基础上增加 1～2 代。

（六）华南地区

气候变化使得登陆华南地区的热带气旋个数减少，强度增大，登陆时间偏早，移动路径复杂。南部沿海海平面升幅较大，而北部沿海升幅较小；沿海各省（自治区、直辖市）中，海南、广东沿海海平面上升幅度最大。根据 2010 年中国海平面公报，南海沿海海平面年平均上升速率为 2.5 mm，长江三角洲和珠江三角洲沿海海平面年平均上升速率分别为 3.1 mm 和 1.7 mm。气候变化特别是长期的人为破坏还引起了华南地区红树林和珊瑚礁生态系统严重退化，2000 年以来的调查资料表明，海南、广西、台湾、香港等海域均发现了不同程度的珊瑚白化和死亡现象。气候变化伴随大

① 黏虫是一种昆虫，寄生于麦、稻、粟、玉米等禾谷类粮食作物及棉花、豆类、蔬菜等 16 科 104 种以上植物。黏虫幼虫食叶，虫害大发生时可将作物叶片全部食光，造成严重损失。因其群聚性、迁飞性、杂食性、暴食性，成为全国性重要农业害虫。

规模城市化叠加作用，使得珠三角城市群灾害加剧，用水安全风险加大。在全球气温上升 1.5～4.0℃时，红树林生产力有所提高，红树林分布向北扩展，气温升高 2℃后，红树林分布区可从现在的福建省福鼎市向北扩展 2.5 个纬度到达浙江省嵊州市附近，引种分布北界可能到达杭州湾。珊瑚难以在 30℃以上的海水中生存，如果海温升高 2～3℃，就会对珊瑚产生严重的影响。

（七）西南地区

气候变化引起西南地区干旱、洪涝灾害频次增多，程度加重，山地灾害的发生呈现出点多、面广、规模大、成灾快、暴发频率高、延续时间长等特点，该地区山地灾害占全国同类灾害的 30%～40%。气候变化还造成西南地区生物多样性减少，生态系统退化，岩溶石漠化呈现加剧的趋势。

在未来气温升高、降雨增多的湿暖气候背景下，以滑坡泥石流为主的山地灾害活动表现出强度和规模加大、发生频率增高、活动范围扩大、损失更为严重的发展趋势。在未来 50 年内，大雨到暴雨次数和强度可能进一步增大，会直接导致水土流失的增强；在西藏的阿里和那曲地区，大风日数略有增多，从侵蚀环境和侵蚀营力特点考虑，西藏水土流失的潜在危险性可能会加大。年降水量分配不均，容易出现最大最小月径流相差悬殊，使旅游用水紧张，也使一些以水体为主的旅游景点暂时消失。1993 年和 1994 年，黄果树瀑布曾两次断流，均为瀑布上游的水资源严重短缺所致。气候变暖将改变植被和野生物种的组成、结构和生物量，使森林分布格局发生变化，进而影响到自然景观和旅游资源；气候变暖对雪上和冰上旅游项目会造成损失；气候变暖将使冰川、冻土融化速度加快，进而影响到河流的径流量。西南地区的大部分山岳冰川目前已处于退缩状态。

第三节　适应气候变化

一、农业领域（含林业、畜牧业、渔业）

全球农业正在遭受气候变化的负面影响。2016 年气候变化应对措施不力对全球的破坏力已高于大规模杀伤性武器（第二位）、水资源危机（第三位）、大规模非自愿移民（第四位）和能源价格剧烈波动（第五位），因此积极开展农业气候变化研究至关重要。农业领域已开展系列研究用来适应气候变化，目前取得不错效果。

气候智能型农业是目前适应气候变化提出的全新概念，旨在对农业系统进行系统改造及重新定向，帮助和支持其有效发展，确保在气候变化情况下的粮食安全。目前联合国粮食及农业组织（FAO）的气候智能型农业项目已经遍布非洲、亚洲、太平洋、欧洲、中亚、拉丁美洲、加勒比海区、近东和北非 9 大区域。气候智能型农业针对种植业、养殖业不同的管理目标提出了不同的气候变化适应技术措施，并分析了每种技术措施的局限性，见表 2-15。

表 2-15　气候智能型农业的管理目标和技术措施

产业	管理目标	技术措施	局限性
种植业	作物品种改良	育种	高投资成本、高种子价格
	废弃物管理	现代生物技术、基因工程育种	高投资成本、损害生物多样性和人类健康
	营养管理	堆肥、测土配方施肥、精准农业	成本高、技术和信息受限
	土壤管理	轮作、休耕、轮作豆类作物、保护地耕作	短期收益低（降低种植密度、短期产量降低）
	灌溉水管理	蓄水、辅助灌溉	需要基础设施投资，并加强能力建设
		先进的灌溉技术、提高水利用效率	
		修改农作日历	缺少季节性气候变化趋势相关的信息和行动方案
畜牧业	饲料管理	提高饲料质量、增加辅食，改善牧草品种、低成本草料存储技术	高成本
	内部结构改变	改变养殖品种，改变种养殖业比重	缺少季节性气候变化趋势相关的信息和行动方案
	牲畜管理	引进新的养殖品种（如耐热品种）	产量降低（耐热品种生产力较低）
		采取基础设施适应措施（如圈舍、庇荫）	
	粪肥管理	无氧发酵生产有机肥和清洁能源	高投入成本
		堆肥	

针对国内外相关文献，综合梳理了目前农业领域的主要气候变化适应技术，用来适应和弥补气候变化所带来的影响，具体见表 2-16。

表 2-16　农业领域的主要气候变化适应技术措施

领域	适应技术分类
农业	农田基本建设技术
	作为抗逆（抗旱、耐涝、耐高温、抗病虫等）品种选育技术
	农业病虫害防治与自然灾害应对
	农业种植结构调整技术
	农业适应气候变化风险分担补偿技术
	提高农业水利用效率和减少作物需水量
	加强农业监测、预警和响应能力建设
	研发先进装备工具
	施肥技术
	提高对洪水适应性
	发展设施农业
	制定政策
林业	林业灾害监测、预警与防治技术
	森林恢复和重建
	加强林业保护立法
畜牧业	政策性、制度性适应措施
	工程性适应措施
	技术性适应

二、水资源管理

许多国家和组织重视气候变化对水资源管理的重要性，并采取措施适应气候变化，这些措施需要解决洪水泛滥、水资源短缺以及水质恶化 3 个问题，可采取雨水收集、地表水存储、跨流域调水、含水层补给、减少水资源损失、降低水资源需求、海水淡化、使用点水处理、污水处理、雨水管理生态湿地、结构性防洪障碍、非结构性防洪障碍、防洪建筑等技术以应对气候变化对水资源带来的影响。气候变化对水资源的影响和相应技术见表 2-17。

表 2-17 水资源领域的气候变化适应技术

压力	影响因素	气候变化影响	技术需求
水资源供应	降水量减少、蒸发量增加、冰川融化变化	地表水资源减少	加强水资源收集、存储和分配技术；水循环和利用
	冰川融化改变	地下水资源减少	提高用水效率；增加可持续含水层补给
雨水管理	极端天气事件增加	洪水增加	改进极端天气事件预报和早期预警系统；利用灰色和绿色建筑，改善雨水和洪水管理
水质	海平面上升	海水入侵	海水入侵屏障；增加可持续含水层补给；增加水处理；海水淡化
	降水量变化	地表水质退化	增加水处理；地表水改进雨水管理，防治地表水污染；水源保护

根据亚洲开发银行分析，目前水资源领域气候变化适应技术中，效率方面具有优势的技术包括：雨水收集技术、跨流域调水、含水层补给、减少水资源损失、降低水资源需求、海水淡化、使用点水处理、污水处理和非结构性防洪障碍技术等；成本方面具有优势的有：使用点水处理、雨水管理和生态湿地、非结构性防洪障碍等技术；可行性较高的技术有：雨水收集技术、地表水存储、减少水资源损失、降低水资源需求以及使用点水处理和污水处理等。

三、生态系统与生物多样性

基于对国内外相关文献进行总结，主要罗列出生态系统的国际气候变化适应技术，见表 2-18。

表 2-18　生态系统的适应气候变化技术

领域	子领域	适应技术
生态系统	森林	气候变化对森林生态系统影响与风险检测技术
		自适应保护技术
		灾害预警与防治技术
	草原	草原生态系统气候变化影响综合评估技术
		面向干旱的栽培草地的节水改良技术
		草牧业生态经济系统适应性管理技术
	湿地	健康湿地技术体系
		节水湿地技术体系
		水陆交互生态复合资源利用技术体系
	荒漠	气候变化对荒漠化的影响评估技术
		气候变化下荒漠精细化模拟与预估技术
		荒漠对气候变化适应能力的评估技术
		荒漠化地区土地利用、产业结构、产业转型技术
	生物多样性	生物多样性保育监测与预警
		基于景观遗传学的物种和生境保护技术
		适应气候变化的濒危植物解濒技术和迁地保护技术
		适应气候变化的生物多样性保护区网格构建与管理技术
	生态系统多样性	适应气候变化的生态系统多样性监测与恢复技术
	海岸带	海岸带环境的检测技术与灾害预警技术
		沿海城市和重大工程设施的防护标准修订技术
		陆地河流与水库调水相结合的技术体系
		考虑海平面上升的海域规划技术

注：不同子领域的气候变化适应技术并不是互不相关的，经常同时使用，用来应对气候变化对不同子领域造成的一种或者多种风险；本书中未评估各种技术对该子领域气候变化适应的重要性。

四、人类健康

气候变化健康影响的适应措施较多，具体包含气候变化直接健康影响的适应措施和气候变化间接影响的抵御行动和措施。对于直接健康影响的适应措施包含以下几类：

- 极端事件的预警系统。具体包含预报、预测可能的健康结果，触发有效和及时的响应计划，以弱势群体为目标，沟通预防响应等。
- 采取行动减少热浪负担。有证据显示，有效适应措施会减少热浪相关死亡率，2003 年法国引进热浪预警系统并制订了国家行动计划，随后通过修订卫生工作者培训、改变城市规划和发展新公共卫生基础设施等措施，有效降低了2006年热浪导致的死亡人数；适应措施还包括增加绿色基础设施和城市绿色空间，改进社会保健设施、学校以及公共场所的设计，同时应该降低空气污染，减少空气质量相关的发病率与死亡率。

- 增加洪水和风暴适应措施。该部分适应措施主要区分为工程措施和非工程措施。往往一些水库、大坝、堤坝等基础设施可以阻断洪水对人员和财产损害，工程措施被许多洪水管理者作为优先重点来考虑，也是控制洪水的主要资助来源。但同时会带来一些影响，鼓励洪泛区更快速地发展经济，从而导致洪水损失增加。适应洪水需要综合方法，非工程措施更加重要，如洪水保险、政策制定、各项法律法规、税收政策、洪水预报、灾后重建等，非工程措施旨在减少洪水带来的损失和增强洪水泛滥区的生态功能。

对气候变化间接健康影响的抵御行动包含的内容更加丰富。由于其复杂的因果链和预测的有限性，对间接影响的适应往往给决策者带来严峻挑战。间接的影响给适应气候变化构成严重障碍，特别是健康影响需要集成的、跨部门的干预措施。气候变化间接影响的抵御行动包括：

- 确保粮食安全。通过管理和生态系统恢复改善生态系统来提高粮食安全；增加农业研究和人力资本投资提高产量和长期粮食安全；进行必要的农业投资，促进农业生产降低价格波动；不断加强国际合作，提高基础能力。
- 减少环境迁移。减少环境迁移的有效公共健康和适应策略（或减少环境迁移负面影响）需要地方、国家和国际相关机构的协调努力，一些能产生短期和长期效益的政策措施有：放缓环境变化的速度，包括减排政策和减少土地退化；通过早期预警系统、综合水资源管理、退化的沿海和陆地生态系统的恢复以及严格的建筑标准减少环境变化的影响；提高生计、加强社会保障以及提供服务来促进长期的适应能力。
- 降低动态传染病风险。传染病风险的适应策略包括：对公共健康进行投资，如对健康的决定因素（教育、卫生保健、公共卫生预防工作）和基础设施进行投资；统一健康方法，制定方法时要跨学科和地理区域进行合作，同时保护人、动物和环境健康；加强监测与监控，人类健康对气候变化的适应需要系列数据进行支撑，包括对健康的气候风险和脆弱性等，通过对疾病暴发进行监测，才能有效提高响应能力。

气候变化对健康的影响的关键适应策略见表 2-19。

表 2-19　气候变化相关健康风险的适应策略

健康风险	适应策略
热相关	制定城市规划并增加阴凉处； 建立极热天气应急预案和早期预警系统； 热浪期间建立相互负责制，检查邻里间状况
极端天气相关	加强土地利用规划和环境管理； 加强极端天气事件的健康影响在短期和长期的定量数据； 维护和提高当时公共卫生设施的灾害管理计划，提供快速健康需求
空气污染相关	向公众提供减少空气污染暴露行动、空气质量指数、排放标准等有关信息； 确定脆弱人群； 提高医院护理和医生诊断能力
食源性和水源性疾病	维护和升级饮用水处理、污水处理和卫生设施； 对水和食物传播性疾病的监测； 提供新药物和治疗方法
病媒传播疾病和啮齿动物传播疾病	制定进口和检疫法律； 监测传播人群； 开发和提供新的疫苗

五、基础设施

国际上关于基础设施的适应技术比较统一，具体适应措施和技术见表 2-20。其中工程技术的目的是提高建筑、道路和桥梁的气候抵御能力，软技术则主要通过知识传播、制定相关规范和标准增强基础设施相关的适应能力。

表 2-20　基础设施领域适应气候变化的主要措施

行业	工程技术	软技术
建筑	加强城市设计提高供热和电力系统效率，优化太阳能使用； 尽量降低铺地面积，并种植树木，减轻城市的热岛效应和降低空调系统的能源需求	限制开发泛滥平原或潜在的泥石流发生区； 设定适当的建筑规范和标准； 为低收入群体提供资产
交通运输	使房屋、就业和商店集群化； 通过财政措施控制车辆拥有数量； 开发城市轨道交通	促进大众公共交通； 使用全面和综合的规划系统； 将城市运输和土地利用模式结合起来
工业	利用物理障碍保护工业设施免遭洪水侵袭	减少工业稀缺资源的依赖； 工业系统选址应远离脆弱区域

具体国家和地区实践中，欧盟的预算与政策体系中很重视基础设施对气候变化的适应力，发布了系列法规和建议，旨在推广跨行业的适应与气候变化恢复力，用来增加基础设施的恢复力等。英国政府公布《英国国家基础设施规划》，规划重点在低碳经济、数字通信、高速交通系统和科学基础研究等方面的基础设施建设。在此基础上，英国政府会进一步制订详细计划，在整个基础设施系统采取适应气候变化的措施，并且使这种适应性能够以可衡量的与经济的方式进行体现。美国政府同样在提高基础设施的气候变化恢复力做了较多努力，比较著名的是 2013 年 6 月发布的《总统气候行动计划》，该计划提出从 3 个方面加强气候适应能力，为来不及躲避气候变化影响做准备。

六、城市

城市从古至今一直采取相应措施来缓解天气和气候变化带来的不利影响，如通过调节人们生活、工作和活动所在建筑的气候，或通过控制河流的河道和流动或者海滩结构。一些城市目前正在城市范围内采取行动来保护基础设施，并提高公共资金应对自然灾害；同时在应对气候变化的大背景下，城市地区对采取应对气候变化行动的意识也在不断提高，各国和各地区也在不断通过构建适应战略来推动适应行动，比如英国伦敦、哥本哈根、赫尔辛基（芬兰）、陶陶巴尼奥（匈牙利）已经完成或者正在制定城市适应战略。随着适应行动不断展开，部分利益相关者也提出了适应需求，目前许多城市都制订了全面的减排计划，开展气候变化区域影响评估。

对于城市而言，气候变化适应的关键在于城市如何降低健康风险，确保提供能源、交通、电力、供热、废物和水管理、健康服务等重要基础设施功能，并避免破坏生物多样性。鉴于城市在气候变化适应中的重要性，《IPCC 第五次评估报告》第二工作组报告将城市作为单独一章，概述了城市气候变化适应的最新研究进展，同时探讨了城市管理气候变化风险及相应技术措施。

表 2-21 城市适应气候变化的技术措施

分类	适应措施 / 工程 / 技术
工程和建筑环境方案	海堤和海岸带保护结构；防洪堤坝蓄水；改进排水；洪水和飓风避难场所；建筑规范与实践；风暴和废水管理；运输和道路基础设施改进；漂浮的房子；电厂和电网调整
技术性方案	新的作物和动物品种；传统的本地知识、技术和方法；高效灌溉；节水技术；海水淡化；保护性农业；食品存储和保护措施；风险和脆弱性映射和监控；早期预警系统；建筑隔热；机械与被动冷却；技术开发、转让和扩散
基于生态系统的方案	生态修复；土壤保护；植树造林和再造林；红树林保护和移植；绿色基础设施；控制过度捕捞；渔业共管；辅助物种迁移和扩散；生态走廊；种子银行、基因库和其他非原位保护；基于社区的自然资源管理
服务	社会保障体系和社会保护；食品银行和分配食物盈余；包括水和卫生设施的市政服务；疫苗接种项目；基本公共卫生服务；加强紧急医疗服务

城市气候变化适应需要根据城市的自然—社会—经济特征总体设计，缺少任何一个环节均面临风险。有效地减少气候变化风险及其适应措施需要考虑气候变化影响和脆弱性、社会经济进程、可持续发展相互关联等。城市适应气候变化的前提是减少现有气候变化的脆弱性及其影响，相关的适应措施和行动可以增加城市对未来气候变化的恢复力，同时有助于改善人类健康、生计、社会与经济福祉和环境质量。此外，根据 IPCC 评估报告，将气候变化适应纳入城市规划与决策之中可以促进发展与减少灾害风险的协同效应。

七、海岸带

沿海地区的领导者和居民逐渐意识到海岸带对气候变化高度脆弱性，开始制订应对公民、企业和环境资产的潜在影响计划。但在执行过程中仍然存在重大的体制、政治、社会和经济障碍。整合危害环节、自然资源保护和恢复沿海生态系统的气候适应工作可以提高生态抵御力，减少气候变化对财产、基础设施和经济活动的影响。欧洲委员会 2013 年发布的报告《气候变化适应、沿海和海洋问题》总结了欧盟层面对海岸带问题的政策框架和相关适应措施，具体包括以下几个方面。

- 《水框架指令》和《洪水指令》。在沿海地区，《水框架指令》覆盖成员国的过渡水域和沿海水域，在该指令实施阶段，几乎一半的流域管理计划专门针对具体的气候变化适应措施。《洪水指令》同样注意到沿海洪水的影响，2012 年年初，各成员国向欧洲委员会报告了其流域及相关沿海地区的初步洪水风险评估，确定存在潜在的重大洪水风险的地区。

- 《海洋战略框架指令》，该框架旨在实施一个综合的、适应性以及基于生态系统的方法来管理海上和海岸的人类活动，目标是在 2020 年实现所有欧洲海洋和沿海水域的良好环境状况。
- 海岸带综合管理。2013 年 3 月，欧洲委员会通过建立海洋空间规划和海岸带综合管理框架的指令，旨在保障日益增加的海水活动和海岸上使用资源的可持续性。要求各成员国通过采用基于生态系统的方式来建立海洋空间计划和综合沿海管理战略，以确保沿海和海洋地区的气候恢复力。各国与地方政府针对欧洲海岸线采取了三类干预措施：防护性结构，主要是修筑海墙或硬结构；有计划撤退，放弃即将淹没的土地；适应性调节，加固沙丘保护或保护周期性发生洪水的湿地。

针对洪水泛滥、水资源损失和海岸侵蚀三类主要的海岸带灾害，海岸带领域应对气候变化的适应措施主要包含以下方面：加强海洋灾害预警、监测和防治；建设海岸带堤防工程；建立海岸带生态保护区；做好海岸带开发利用规划等。可以采取结构性防护；人工湿地和礁石；人工育滩（海滩养护）和沙丘建设；（建筑）抬升、土地恢复、洪水恢复力建筑、洪水防护等技术。采取措施应对气候变化对海岸带影响的技术见表 2-22。

表 2-22 气候变化对海岸带的影响及相关技术

影响因素	气候变化影响	技术需求
海平面上升 风暴潮	洪水	海岸带硬性和软性防护措施； 适应洪水的建筑基数； 改进的排水和洪水管理
极端天气频率与强度增加	极端天气灾害	海岸带硬性和软性防护措施； 极端天气事件预测和早期预警； 改进的洪水管理； 改进排水技术与方法
海水入侵	居民、商业和工业水资源损失	提高用水效率； 修建海水入侵障碍； 增加可持续的含水层补给； 海水淡化

影响因素	气候变化影响	技术需求
海平面上升 海洋酸化	红树林和海洋生态系统损失	海岸带硬性和软性防护措施
海平面上升 波浪作用	海滩和海岸侵蚀	人工育滩； 海岸带硬性和软性防护措施

基于具体实践情况，海岸带领域气候变化适应技术中，效率方面较为理想的适应技术包括：结构性防护、人工湿地和礁石、建筑物适应；成本方面比较理想的技术有：人工湿地与礁石、人工育滩和沙丘建设；可行性较高的技术包括：土工合成材料、人工湿地和礁石。

气候变化对不同地区、自然环境、不同领域的影响是长久的。适应气候变化作为应对气候变化的重要组成部分，应该加强相应研究及投入，提升农业、水资源、生态系统与生物多样性、人类健康、基础设施、城市以及海岸带等不同领域适应气候变化的能力，降低或减少气候变化对其影响。

思考题

（1）从全球范围来看，气候变化会影响到哪些领域？将会分别对这些领域带来哪些风险？

（2）气候变化对中国的影响主要体现在哪些方面？

（3）为了适应和应对气候变化，我们应该从哪些方面着手？应该如何做呢？

第三章
减缓气候变化

减缓是人类应对气候变化的重要对策，与适应强调对气候变化影响的趋利避害不同，减缓气候变化通过降低温室气体排放，人为地将气候变化的速度和幅度缓和下来。减缓气候变化是通过温室气体的减排和增汇，从根本上遏制气候恶化势头的策略，这些策略包括调整经济结构、转变经济发展方式、节约资源能源、提高资源能源利用效率、优化能源结构、植树造林增加碳汇、控制非二氧化碳温室气体排放等。

由于温室气体和大气污染物存在同源性等特点，减缓气候变化的技术措施往往会对生产过程中污染物的排放产生影响；同时，控制污染物浓度的措施也会增加或减少温室气体的排放，二者间存在明显的协同效应。因此，减缓不仅要从技术上减少温室气体排放，还要在理论上理解温室气体与大气污染物的相互关系，通过温室气体与污染物的协同控制措施，在改善区域环境空气质量的同时，减少温室气体的排放。因此本章在重点梳理不同行业温室气体减排增汇技术基础上，通过协同效应理论，介绍温室气体和污染物的协同控制进程。

第一节　全球温室气体排放现状与情景

目前已在大气中发现近 30 种温室气体，其中直接受到人类活动影响的主要温室气体为 CO_2、CH_4、N_2O、含氯氟烃等。由于经济和人口增长，工业化发展之前人为温室气体的排放就出现了上升，当前已达到最高水平，大气中 CO_2、CH_4 和 N_2O 的浓度增加到了过去 80 万年以来前所未有的水平。

一、温室气体排放现状

自 1970 年以来，人类活动引起的温室气体排放总量持续增加，而且随着人口增加和经济发展呈现不断加速的趋势。虽然各国减缓气候变化政策的数量不断增加，但与 1970—2000 年每年增加 0.4 Gt CO_2eq（1.3%）排放量相比，2000—2010 年温室气体年排放量每年平均增加了 10 亿 t CO_2eq（2.2%）。2000—2010 年人为温室气体排放总量为人类历史中的最高值并于 2010 年达到了 490（±4.5）亿 t CO_2eq。2007—

2008 年的全球经济危机只暂时减少了排放[①]。

2010 年人为温室气体排放总量为 490 亿 t CO_2eq/a，其中 CO_2 依然是主要的人为温室气体，占 2010 年人为排放总量的 76%（380 亿 t CO_2eq/a），另外 16%（78 亿 t CO_2eq/a）来自 CH_4，6.2%（3.1±1.9 Gt CO_2eq/a）来自 N_2O，2.0%（1.0±0.2 Gt CO_2eq/a）来自各种含氟气体。自 1970 年以来，每年大约 25% 的人为温室气体排放是非 CO_2 气体。2010 年全球温室气体排放中，能源供给行业排放占 35%（170 亿 t CO_2eq），土地及林地变化排放占 24%（120 亿 t CO_2eq），工业生产排放占 21%（100 亿 t CO_2eq），交通运输行业排放占 14%（70 亿 t CO_2eq），而建筑业排放了 6.4%（32 亿 t CO_2eq）。

1970—2010 年，化石燃料燃烧和工业生产过程的人为 CO_2 排放对全球温室气体排放总量增量的贡献比例占到了 78%。2010 年，与化石燃料有关的 CO_2 排放量达到了 320 亿 t CO_2/a，2011 年进一步增加了约 3%，并在 2012 年增加了 1%～2%。1750—2010 年人为 CO_2 累计排放量中大约有一半发生在过去 40 年。1970 年化石燃料燃烧、水泥等工业产生的 CO_2 累积排放量为 4 200 亿 t，而到 2010 年上述累积排放总量已增加 3 倍至 13 000 亿 t。尤其是在 2000—2010 年短短 10 年间，人为温室气体年排放量已增加了 100 亿 t CO_2eq，而这一增加量直接来自能源供应（47%）、工业（30%）、交通运输（11%）和建筑（3%）等行业领域。

主要发达国家在履行《京都议定书》、落实《巴黎协定》减排目标方面进展缓慢，部分发达国家温室气体排放量不降反升，发展中国家在全球温室气体排放增量中占较大比重，但人均排放和人均累计排放水平仍远落后于发达国家，个别发达国家初步实现了经济增长与温室气体排放“脱钩”，多数发展中国家单位 GDP 温室气体排放显著下降。工业革命以来，发达国家大量消费化石能源是造成全球温室气体排放迅速增长的主要原因，而发展中国家现代意义的经济增长普遍始于 20 世纪中叶，工业化进程排放温室气体的时间和规模远低于发达国家。根据美国橡树岭国家实验室 CO_2 信息分析中心统计，1850—2009 年，全球化石能源燃烧和水泥生产的 CO_2 累计排放量达 2.3 万亿 t，其中，发达国家占 62.4%，发展中国家占 37.6%，其中美国和欧盟分别占 26.9% 和 25.2%，中国和印度分别仅占 9.6% 和 2.7%（图 3-1）。

① 数据来源：《IPCC 第五次评估报告》第三工作组报告。

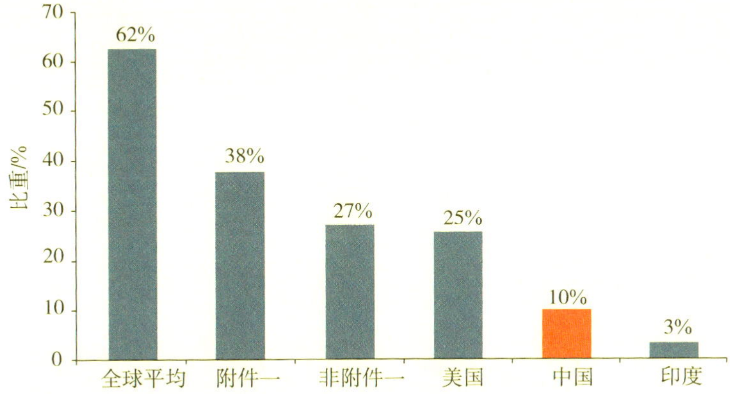

图 3-1　主要国家集团占 1850—2009 年全球累计 CO_2 排放的比重

资料来源：美国橡树岭国家实验室 CO_2 信息分析中心。

2017 年 4 月 11 日，世界资源研究所（WRI）发布了 2013 年全球温室气体排放大国最新的排放数据（图 3-2）。2013 年，世界前 3 名排放大国的排放量是后 100 名排放国的 14 倍。中国、欧盟和美国是全球温室气体排放量最大的 3 个地区，其温室气体排放量占全球排放总量的一半以上（土地利用、土地利用变化和林业除外）；前 10 大排放国的排放量占全球排放总量的近 3/4；后 100 名排放国的排放量仅占全球排放总量的 3.5%。如果这些排放大国没有重大的减排行动，全球就无法成功地应对气候变化的挑战。另外，能源行业仍然是最主要的温室气体排放源，2013 年能源行业的温室气体排放量占全球排放总量的 72%。2012—2013 年，由于电力生产、供热和运输行业的排放量增加，中国来自能源生产的温室气体排放量增长了 365 Mt CO_2eq（或增长 4%），其中 2000—2013 年，中国煤炭消耗量的年平均增长率为 8.8%。澳大利亚是全球第 15 大排放国，自 2012 年以来，其农业排放量下降了 65 Mt CO_2eq（或下降 34.6%），这些减少量多数来自草原燃烧面积的减少，从而降低了 CH_4 和 N_2O 的排放。

全球范围内，经济和人口的增长依然是导致化石燃料燃烧 CO_2 排放增加的最重要的两个驱动因子。而且，2000—2010 年，这两个驱动因子导致的排放增加均超过了人类社会的减排努力。若不为减少温室气体排放付出比现在更多的减排努力，那么可以预计全球的温室气体排放总量将持续增长。

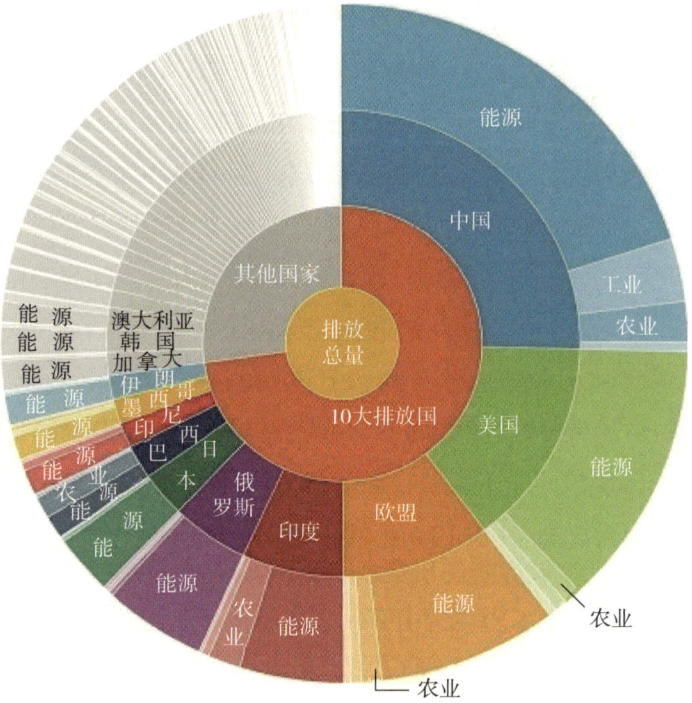

图 3-2　全球十大温室气体排放国及经济行业分类

资料来源：世界资源研究所 2013 年全球温室气体排放大国排放数据。

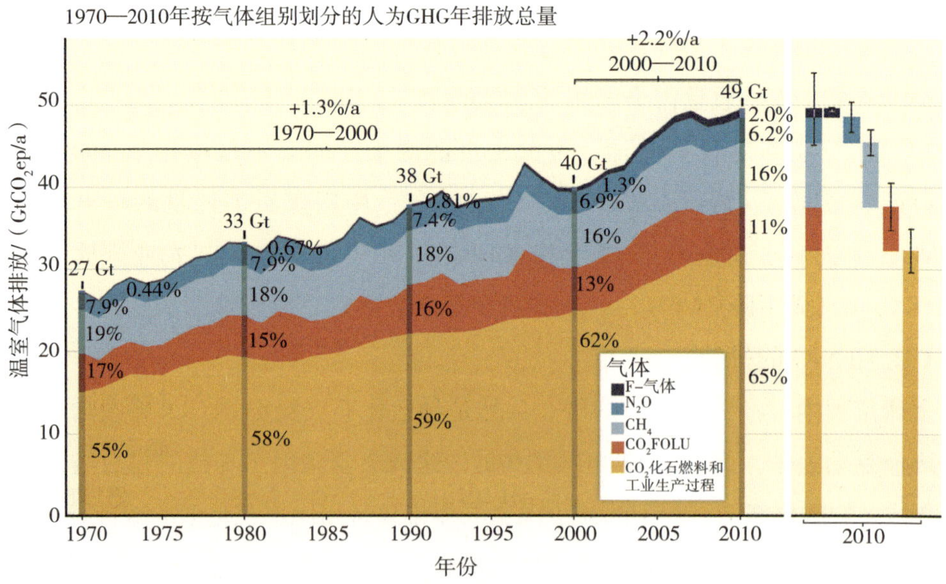

图 3-3　1970—2010 年按气体组别划分的人为温室气体年排放总量（10 亿 t CO_2eq/a）

资料来源：《IPCC 第五次评估报告》

二、减缓温室气体排放情景和路径

由于对温室气体未来排放趋势进行分析的时间跨度比较长，而且所涉及的因素非常多，因此国际社会目前普遍采用情景分析方法预测未来温室气体排放情况。排放情景是指对温室气体排放未来发展的一种可能性的描述，它基于一致的、内部协调的、关于驱动力（如人口、社会经济发展、技术变化等）及其相互关系的假设而提出。减排情景通常指描述或定量预测相对于基准线情景可能削减多少 CO_2 排放量的情景。

IPCC 于 1992 年在《第二次评估报告》中提出了一系列排放情景，并以此作为气候预测的基础。在最新的《IPCC 第五次评估报告》第三工作组提出的长期情景主要是由大尺度综合预测模型生成的，这些模型可对 20 世纪中叶乃至更长时期的各减缓路径的许多重要特征作出预估。这些模型可将许多重要的人类生产生活系统（如能源、农业和土地利用、经济等）与各种与气候变化相关的物理过程（如碳循环等）联系起来，并大致估算出具有成本效益的解决途径，把取得减缓成果所需的各项累计经济成本降至最低。

根据《IPCC 第五次评估报告》的研究结果表明，如果人类社会不采取更多减缓措施，那么与工业时代前水平相比，2030—2050 年大气中 CO_2 的平均浓度将超过 450 ppm，全球地表平均温度将比工业化之前升高 1.5℃，而到了 2100 年 CO_2 平均浓度将可能达到 750 ～1 300 ppm 以上，全球平均地表温度将很可能比工业化之前升高 2～4℃。

如表 3-1 所示，如果 2100 年能将 CO_2 浓度控制在 450 ppm 内，则在这些情景中相对于工业时代前水平因人为温室气体排放引起的温度变化可能保持在 2℃（1.5～1.7℃）以内，尤其是最理想情况下（到 2100 年 CO_2eq 浓度低于 430 ppm），全球升温可能不超过 1.5℃。反之，如果 2100 年大气 CO_2 浓度达到甚至超过 1 000 ppm，届时全球地表平均升温有可能接近甚至达到 5℃，对全球生态系统产生灾难性影响。

确保 2100 年大气 CO_2 浓度保持在大约 450 ppm 以下，需要世界各国共同努力，可行的措施有：到 21 世纪中叶大规模改变能源结构、改变潜在的土地利用等，以此来大幅削减人为温室气体排放；在 21 世纪后半叶，加强生物能源、风能、光电、碳捕获和封存（CCS）等减排技术的大范围推广利用和大规模植树造林等。

表 3-1 《IPCC 第五次评估报告》第三工作组研究关于不同预测情景下温度变化情况

2100 年 CO_2 当量浓度 /ppm CO_2eq	子类别情景	RCP5 的相对位置	累积 CO_2 排放 /Gt CO_2		相对于 2010 年的 CO_2 当量排放变化 /%		温度变化（相对于 1850—1900 年）				
			2011—2050 年	2011—2100 年	2050 年	2100 年	2100 年温度变化 /℃	21 世纪保持低于温度水平的可能性			
								1.5℃	2.0℃	3.0℃	4.0℃
<430	仅有少数个别模式研究探索了低于 430 ppm CO_2 当量的水平										
450 (430 ~ 530)	总范围	RCP	550 ~ 1 300	630 ~ 1 180	-72 ~ -41	-118 ~ -78	1.5 ~ 1.7 (1.0 ~ 2.8)	多半不可能	可能	可能	可能
500 (480 ~ 530)	未出现超过 530 ppm 的 CO_2 当量		860 ~ 1 180	960 ~ 1 430	-57 ~ -42	-107 ~ -73	1.7 ~ 1.9 (1.2 ~ 2.9)	多半可能	多半可能		
	出现超过 530 ppm 的 CO_2 当量		1130 ~ 1 530	990 ~ 1 550	-55 ~ -25	-114 ~ -90	1.8 ~ 2.0 (1.2 ~ 3.3)		或许可能		
500 (480 ~ 530)	未出现超过 530 ppm 的 CO_2 当量		1 070 ~ 1 460	1 240 ~ 2 240	-47 ~ -19	-81 ~ -59	2.0 ~ 2.2 (1.4 ~ 3.6)		多半不可能		
	出现超过 530 ppm 的 CO_2 当量		1 420 ~ 1 750	1 170 ~ 2 100	-16 ~ 7	-183 ~ -86	2.1 ~ 2.3 (1.4 ~ 3.6)				
(580 ~ 650)	总范围	RCP4.5	1 260 ~ 1 640	1 870 ~ 2 440	-38 ~ 24	-134 ~ -50	2.3 ~ 2.6 (1.5 ~ 4.2)				
(650 ~ 720)	总范围		1 310 ~ 1 750	2 570 ~ 3 340	-11 ~ 17	-54 ~ -21	2.6 ~ 2.9 (1.8 ~ 4.5)		不可能	多半可能	
(720 ~ 1 000)	总范围	RCP6.0	1 570 ~ 1 940	3 620 ~ 4 990	18 ~ 54	-7 ~ 72	3.1 ~ 3.7 (2.1 ~ 5.8)	不可能		多半不可能	
>1 000	总范围	RCP8.5	1 840 ~ 2 310	5 350 ~ 7 010	52 ~ 95	74 ~ 178	4.1 ~ 4.8 (2.8 ~ 7.8)		不可能	不可能	多半不可能

第二节　减缓气候变化的技术

人为温室气体排放来自一系列广泛的人类活动，其中最显著的是那些与能源供应和消费、粮食生产土地使用和其他用途有关的活动。减缓温室气体排放的方案可以分为能源供应、交通运输、建筑、工业、AFOLU（农业、林业和其他土地利用）、CO_2 捕集和封存等。本节重点介绍各行业相关的减缓技术。

一、能源供应

能源供应是全球人为排放温室气体量最大的行业，且其排放的温室气体量逐年增加。由于人类能源供应需求的不断增加以及全球化石燃料结构中煤炭份额的不断增长，能源供应行业产生的温室气体排放增长速度也从 1990—2000 年的 1.7%/a 增长到 2000—2010 年的 3.1%/a[①]。在《IPCC 第五次评估报告》评估的基线情景中，除非能够以超出历史发展的速度大大加快能源强度的改进，否则到 2050 年能源供给行业的直接 CO_2 排放量预计将是 2010 年的 2 倍，甚至 3 倍。造成这一趋势的主要原因是对不断增长的能源需求以及煤炭占全球混合燃料的份额增加。能源供应包括所有能源提取、转换、存储、运输和分配的过程，即将能源提供给终端使用行业（工业、运输、建筑业、农业和林业）的各个过程。

能源供应行业有多种可行的温室气体减排技术，如清洁煤发电技术、煤化工技术、天然气联合循环发电技术、非常规天然气开发、可再生能源技术（包括水能、风力发电、太能光伏、太阳能热发电、生物质能、地热能和海浮能）以及核电技术等。减排技术不同减排成本也不尽相同，以发电减排技术为例，相比 300 MW 亚临界燃煤发电技术：超临界和超超临界燃煤发电技术由于发电效率的大幅提升，其 CO_2 减排成本为负；核电和水电技术由于成本较低且全生命周期 CO_2 排放因子较小，其 CO_2 减排成本也为负值；而天然气联合循环发电、太阳能发电、风能发电、生物质能发电、地热能发电和潮汐能发电的技术由于发电成本较高，其减排成本也相对较高（图 3-4）。

① 数据来自《IPCC 第五次评估报告》。

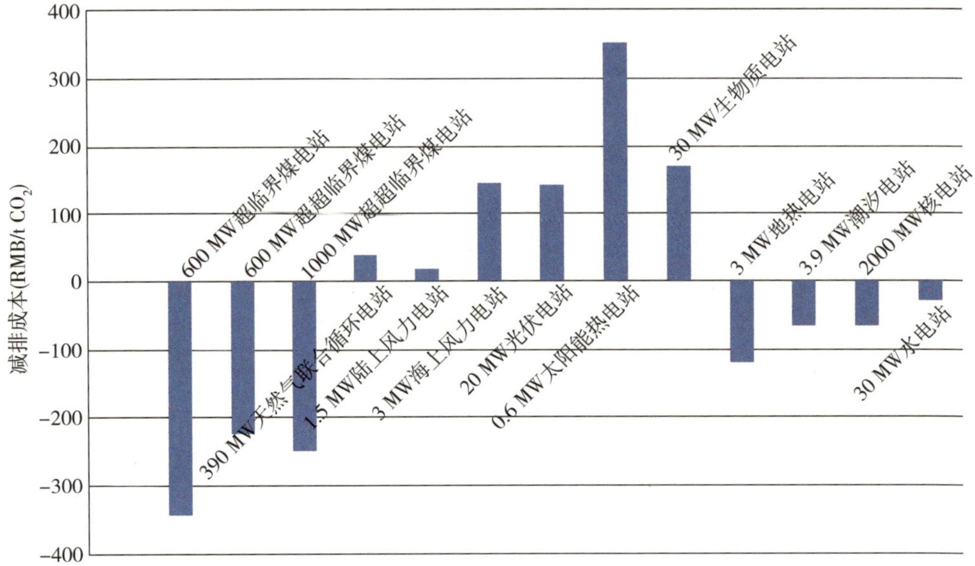

注：以 300 MW 亚临界燃煤发电为基准。

图 3-4　先进煤电、核电、可再生发电技术的相对减排成本

资料来源：《第三次气候变化国家评估报告》。

（一）清洁煤发电技术

即降低发电的碳排放强度是实施具有成本效益减缓战略的关键内容。在大多数综合模拟情景下，与工业、建筑业和交通行业相比，发电行业的低碳化要更迅速。截至 2017 年年底，中国全口径发电装机容量 17.77 亿 kW，比上年增长 7.7%，其中燃煤发电装机容量 9.81 亿 kW，占全国总装机容量 55.2%[①]。燃煤火力发电是我国最主要的发电方式，因此清洁燃煤发电技术仍然是我国电力行业减排任务中的一大重点，超超临界燃煤发电技术、循环流化床发电技术和整体煤气化联合循环技术是主要的清洁燃煤发电技术。

1. 超超临界燃煤发电技术

燃煤发电过程中通过提高蒸汽的温度和压力参数可以实现提高发电效率、降低煤耗的目的。一般来讲，主蒸汽压力大于 27 MPa、温度高于 593℃的燃煤机组被称为超超临界机组，目前先进超超临界机组的主蒸汽参数已达 600℃。在超超临界机组参数范围条件下，主蒸汽压力每提高 1 MPa，机组的热效率就可上升 0.13%～0.15%；

① 来自中国电力企业联合会 2018 年 6 月发布的《中国电力行业年度发展报告 2018》。

主蒸汽温度每提高 10℃，机组的热效率就可上升 0.25%～0.3%。传统燃煤机组的发电效率约 35%，与之相比超超临界机组的发电效率可达到 45% 以上；且超超临界机组的发电煤耗约 271 g/（kW·h），比传统燃煤机组低 80g/（kW·h）左右，若以超超临界技术全面替代现有火电机组，每年可节约标煤 2.33 亿 tce，同时减少 6.46 亿 t CO_2 排放，节能减排效果非常明显。

2. 循环流化床（CFB）发电技术

循环流化床发电技术采用循环流化床锅炉生成高温、高压的蒸汽。在循环流化床锅炉中，燃料仅占床料的 1%～3%（按质量计），其余是不可燃的固体颗粒。加到循环流化床中的新鲜煤颗粒被相当于一个"大蓄热池"的灼热灰渣颗粒所包围，煤颗粒加热过程中所吸收的热量只占床层总热容量的千分之几，因而对床层温度影响很小，流化床内煤颗粒的着火不存在困难。相比于传统燃煤发电技术，循环流化床发电技术的煤种适应性强，在燃用低热值、高灰分、高硫分的劣质煤种，以及控制常规污染物方面具有优势，是消纳煤炭生产带来的大量煤矸石的最有效手段。

3. 整体煤气化联合循环技术（IGCC）

整体煤气化联合循环发电系统，是将煤气化技术和高效的联合循环技术相结合的先进动力系统。整体煤气化联合循环以煤气化为龙头，将煤转化为中低热值煤气，经过煤气净化除去煤气中的硫化物、氮化物、粉尘等污染物，变为清洁的气体燃料，然后送入燃气轮机的燃烧室燃烧，加热气体工质[①]以驱动燃气轮机做功。燃气轮机排气进入余热锅炉加热给水，产生过热蒸汽驱动蒸汽轮机做功。整体煤气化联合循环技术在常规污染排放方面有较大的优势，污染物的排放量仅为常规燃煤电站的 1/10，脱硫效率可达 99%，SO_2 排放在 25 mg/Nm^3 左右，氮氧化物排放只有常规电站的 15%～20%，耗水只有常规电站的 1/3～1/2。

4. 清洁煤技术减排潜力分析

根据上述的分析，600℃超超临界发电技术、超临界循环流化床发电技术、整体煤气化联合循环技术可以将燃煤发电效率提高到 42%～45%，相比于当前 38% 的发电效率，提高了 4%～7%，单位发电煤耗则降低了 30～50 g/（kW·h）。以 2030 年中国燃煤机组的发电量为 60 000 亿 kW·h 计算，若全部以上述清洁燃煤发电技术替代现

① 实现热能和机械能相互转化的媒介物质称为工质，依靠工质在热机中的状态变化（如膨胀）才能获得功，而做功通过工质才能传递热。

有机组，每年可减少4.2亿～7亿t CO_2 排放①。

（二）煤化工技术

煤化工是以煤为原料，经化学加工使煤转化为气体、液体和固体产品或半成品，而后进一步加工成化工、能源产品的过程。传统的煤化工主要包括煤的气化、液化、干馏，以及焦油加工和电石乙炔化工等。新型煤化工主要指通过大型的煤气化生产合成气，进而合成煤基燃料和化工产品的过程。

现代煤化工生产过程中的 CO_2 减排技术主要为 CO_2 的资源化利用，包括合成高纯CO、烟丝膨化、化肥生产、超临界 CO_2 萃取、饮料添加剂、食品保鲜和储存、熔接保护气、灭火器、粉煤输送、合成可降解塑料、改善盐碱水质、培养海藻、强化石油开采等，其中合成可降解塑料和强化石油开采这两方面产业化应用前景广阔。

（三）天然气联合循环发电技术（NGCC）

天然气发电的方式主要有燃气轮机单循环发电和燃气蒸汽联合循环发电，其中单循环发电利用天然气在燃气轮机中直接燃烧做功，使燃气轮机带动发电机发电；联合循环发电将燃气轮机产生的高温尾气通过余热锅炉产生高温高压蒸汽，推动蒸汽轮机带动发电机发电。

先进成熟的燃气轮机单循环发电技术供电效率约40%，联合循环发电技术供电效率在58%以上。根据IPCC最新的数据②，天然气单位能量的 CO_2 排放因子为56.1 kg CO_2/TJ，而原煤的 CO_2 排放因子为94.6 kg CO_2/TJ，煤的排放量是天然气的1.7倍，因此天然气发电技术的单位碳排放量远低于燃煤发电技术，以天然气来替代煤炭可以大幅减少 CO_2 的排放。

（四）煤层气利用开发技术

煤层气俗称“瓦斯”，主要以吸附状态封存于煤层及其围岩中，部分游离于煤孔隙或溶解于煤层水。煤层气主要成分 CH_4 是一种重要的温室气体，其温室效应是 CO_2 的28倍③。2010年，中国井下抽采的煤矿瓦斯为73.5亿 m^3，利用率仅为1/3，中国每年因采煤向大气排放的煤矿瓦斯折合纯 CH_4 达到200亿 m^3 以上④。合理开发利用煤层气是实现煤矿 CH_4 减排的根本途径，若将井下抽采的煤矿瓦斯完全利用并

① 数据来自《第三次气候变化国家评估报告》。
② 数据来自《IPCC第五次评估报告》。
③ 数据来自《IPCC第五次评估报告》。
④ 数据来自《第三次气候变化国家评估报告》。

替代燃煤发电，可以大幅减少 CO_2 的排放。

（五）可再生能源技术

可再生能源在其生命周期中产生的净 CO_2 排放量很低，因此可再生能源技术可以为国家长期碳减排做出重大贡献。依据中国能源中长期发展战略研究项目组资源评价结果，水能、风能、太阳能发电、生物质能发电、海洋能和地热能发电等技术是非常有开发潜力的可再生能源利用技术。

1. 水电

中国水力资源理论蕴藏量、技术可开发量、经济可开发量均居世界首位，并且水电是目前中国可再生能源发电的最主要来源。根据《中国电力行业年度发展报告 2018》，截至 2017 年年底，水电发电装机容量 3.43 亿 kW，占全国总装机容量的 19.3%。

2. 风电

中国具有丰富的风能资源，中国的风能资源高值区主要分布在包括西北、华北北部、东北在内的北部风能资源丰富带，沿海风能资源丰富带和青藏高原腹地。由于风电场在运行时不产生污染，因此风力发电是一种有效的清洁发电方式。2017 年中国风电装机容量 1.63 亿 kW，占全国总装机容量的 9.2%[①]，在占比方面已超过国家能源局 2016 年发布的《风电发展“十三五”规划》[②]的 6% 的预定发展目标，是目前中国第二大可再生能源发电来源。

3. 太阳能发电

中国太阳能资源丰富地区的面积占国土面积的 96% 以上，每年地表吸收的太阳能大约相当于 17 000 亿 tce 的能量。太阳能光伏发电技术和太阳能热发电技术都是有效的太阳能发电技术。光伏发电技术是指直接将太阳的光能转换为电能的技术，太阳能热发电是通过收集太阳辐射将其转化为热能，再用动力机械转换为机械能驱动发电机发电的技术。截至 2017 年年底中国太阳能装机容量 1.29 亿 kW，占全国总装机容量的 7.3%[③]，已超过国家“十三五”规划目标。

4. 生物质能发电

生物质能作为一种可再生能源，可以转换为所有终端能源利用形式，如电、热

① 数据来自中国电力联合会《中国电力行业年度发展报告 2018》。
② 数据来自国家能源局 2016 年 11 月关于印发《风电发展“十三五”规划》的通知。
③ 数据来自中国电力联合会《中国电力行业年度发展报告 2018》。

或者燃料。生物质能的原料包括林业废弃物、农业废弃物、造纸工业的废弃物、能源作物、沼气、垃圾填埋气体、市政垃圾中可生物降解的固体成分和液体生物燃料等。典型的生物质能电力转换技术包括燃烧、混燃、气化和厌氧气化等。

5. 地热能及海洋能发电

地热能是从地球内部提取热量用于不同的能源需求，地热能不受季节、天气的影响，是可靠的电力基本负载。地热发电连续稳定、可控可调，既能承担基本负荷，也能承担调峰负荷。地热发电电能品质优良，与电网的匹配性好，是传统电力系统的优质电源。

与其他可再生能源技术相比，海洋能源技术仍处于发展的初级阶段，目前全球仅有少数几座商业运行的潮汐电站。海洋能源技术可分为以下几类：海浪、潮汐、海洋流、热梯度和盐度梯度等，其中目前最为成熟的是潮汐能发电。

（六）核电技术

核能的开发利用是 20 世纪人类在能源领域取得的伟大成就，发展核电已成为许多国家保障能源供给、优化能源结构、应对气候变化的重要举措。截至 2017 年年底中国核电装机容量 0.36 亿 kW，占全国总装机容量的 2.0%①，2020 年前核电尚未进入大规模化发展，减排效果尚不明显。若到 2020 年核电装机容量达到 0.6 亿 kW 且完全替代同装机规模的火力发电，则每年可减少 3.5 亿 t CO_2 排放②，因此逐步实现核电的规模发展将是减少温室气体排放的重要途径。

二、交通

自《IPCC 第五次评估报告》以来，全球交通运输业的排放量持续增长，如果不实行积极、持续的减缓政策，交通运输业的 CO_2 排放增速会高于其他能源最终使用行业，并使得 2050 年时交通运输业的 CO_2 排放量比当前增加一倍。我们可以通过一定的方式，来减缓交通行业的温室气体排放，如通过使用低碳燃料、对车辆和发动机性能进行改进、减少出行、转变出行模式和投资相关基础设施等方式减少客运和货运的直接温室气体排放。

① 数据来自《中国电力行业年度发展报告 2018》。
② 数据来自《第三次气候变化国家评估报告》。

中国交通运输包括铁路、公路、水运、民用航空和管道 5 种运输方式，是中国石油消费增长最快的领域，近些年 CO_2 排放总量逐年增加。总体上，公路交通运输部门 2020 年减排技术成本曲线见图 3-5。

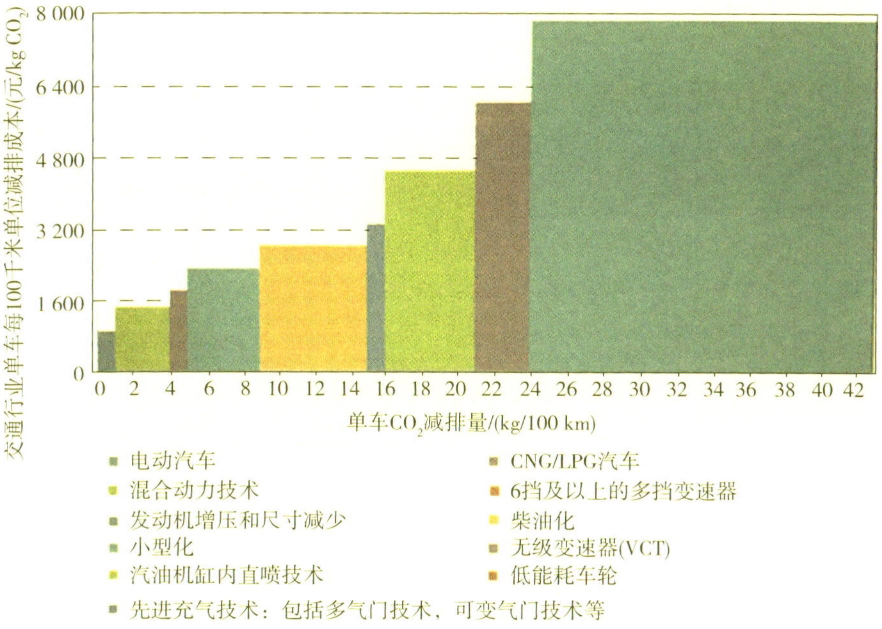

图 3-5　汽车交通部门 2020 年技术成本曲线图

资料来源：《第三次气候变化国家评估报告》。

（一）公路交通关键减排技术

公路交通关键减排技术主要分为提高行驶效率的技术和提高发动机性能的技术，如表 3-2 所示。结合我国公路交通的减排技术发展特点，2015—2020 年适宜以怠速启停技术、增压技术、缸内直喷技术、柴油机电控燃油喷射技术等高效内燃机、先进传动与驱动等相关技术为主，提高传动汽车的燃油经济性，并发展插电式混合动力、纯电动汽车相关的关键技术。2020—2030 年则以加强燃料电池、氢燃料汽车等近期引进技术的消化吸收和再创新为重点，同时开始重点发展稀薄燃烧技术等。远期 2030—2050 年宜开始推广稀薄燃烧技术，对 2020—2030 年中期引进的先进技术进行消化吸收再创新以及国内推广等。

表 3-2　车辆先进减排技术清单

目的		技术
提高行驶效率	减小行驶阻力	减小空气阻力：改进车身形状、改善通用件结构
		减小滚动阻力：改进轮胎
	车身轻量化	使轻最化：轻型材料、轻型设计技术
		使构成部件、附属器轻量化：辅机、电器设备轻型化
发动机高性能化	提高驱动系统	提高驱动系统的传动效率：优质轴承、离合器
		改进变速装置：应用高效变速器
	改进现有发动机	提高热效率：高温化、改善燃烧、减少冷却损失、推广汽油发动机直接喷射、多气阀电喷、稀薄燃烧、提高压缩比、发动机增压、节能冷却
		改善部分符合效能：可变正时、可变排气量等
		提高机械效率：降低运转部件的摩擦损失和驱动辅机的损失、鼓励使用子午线轮胎、安装导流板、安装风扇离合器等汽车节能技术
		采用电子控制实现最优化：微机控制
	开发替代发动机，清洁能源技术	研制高效率发动机循环：斯特林发动机、兰金循环
		利用化学能：甲醇、乙醇、生物柴油燃料电池
		利用氢能：氢气发动机、氢燃料电池
		利用电能：改良蓄电池、电动车
		利用天然气：压缩天然气和液化天然气

（二）铁路交通关键减排技术

铁路交通关键技术和措施主要包括：电气化机车代替内燃机车；广泛应用机车车辆等设备的节能新技术、新装备、新工艺；促进牵引节能和用能结构调整，大幅降低单位运输工作量牵引能耗；扩大新能源、新产品和新材料利用，多层次和全方位降低非牵引能耗；优化运输，提高运输效率等。通过实施各项节能减排技术及措施，铁路交通的综合单耗将持续下降，在 2020 年、2030 年、2050 年分别比 2005 年降低 20%、30%、35%。

（三）管道运输关键减排技术

管道运输动力设备节能技术主要包括：电动压缩机相控调压技术、无功自动补偿技术、天然气防泄漏技术、变频技术、余热利用技术等。输送管道节能技术主要包括：管道输送压力优化、减少运输压降等方面的技术。优化管道输气压力包括：高压输气、富气运输等技术。输送压降包括沿程压降和局部压降技术。泵机组节能技术主要包括：变频调速技术、无功自动补偿技术等。

（四）港口生产节能技术

港口节能减排技术主要包括：加快发展高能效电力驱动港口装卸设备；研发推广电能回馈、储能回用等新工艺新技术；基本完成轮胎式集装箱门式起重机“油改电”技术改造；推进船舶靠泊使用岸电技术改造；逐步推广港口太阳能、地源及海水源能、潮汐能、风能等新能源利用技术。

（五）船舶运输节能技术

未来中国船舶航运的减排潜力较大的技术包括：船舶主机动力系统节能、船舶制冷系统变频措施、新型船舶推进技术、燃油技术、船底防污染技术及信息化技术等。混合推进技术、高压共轨电子喷射技术等是未来船舶主机动力系统节能技术的主流，能够较大提高柴油机推进效率，显著降低燃油消耗。中国也在致力于新型船舶推进技术的研发应用，主要包括节能船型、高效推进器、微泡沫节能技术等。

（六）民航关键减排技术

民航节能减排重点技术包括：新型发动机技术；航空公司节油驾驶技术；机场和空管推广高效运行管理技术；机场建设和运营积极采用新材料、新能源和节能技术等。此外，还需要着重推进节能减排关键技术的国产化，以及推进生物航油等航空替代燃料的研究和应用。

三、建筑

建筑行业温室气体排放包括住宅、商用、公共和服务业产生的温室气体排放，施工建设排放计入工业行业。自 1970 年以来，建筑行业温室气体排放增加了一倍多，在 2010 年占到全球温室气体排放的 19%[①]。在全球住宅和商业建筑子行业中，空间供暖排放占总温室气体排放的 32%～34%（图 3-6、图 3-7）；商业分部门中照明排放占比较高；住宅建筑中烹饪和热水供应是最重要的能源消耗用途。

① 数据来自《IPCC 第五次评估报告》。

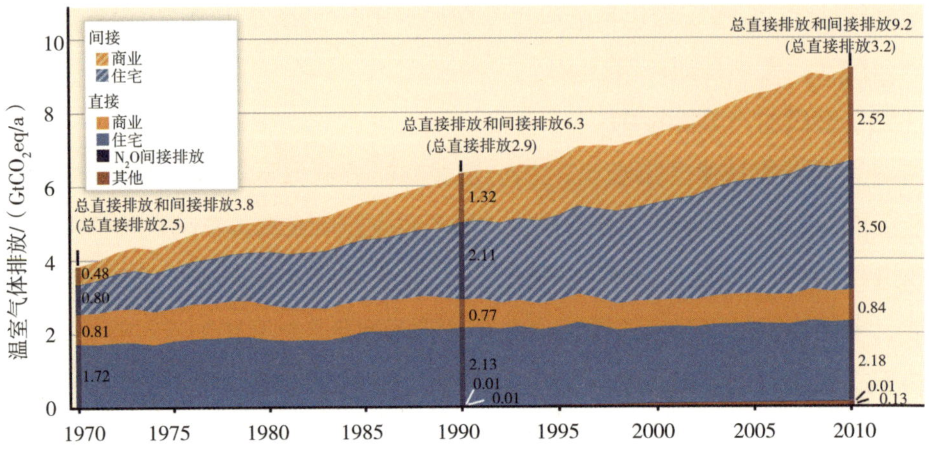

图 3-6　建筑行业的直接和间接排放

资料来源：《IPCC 第五次评估报告》。

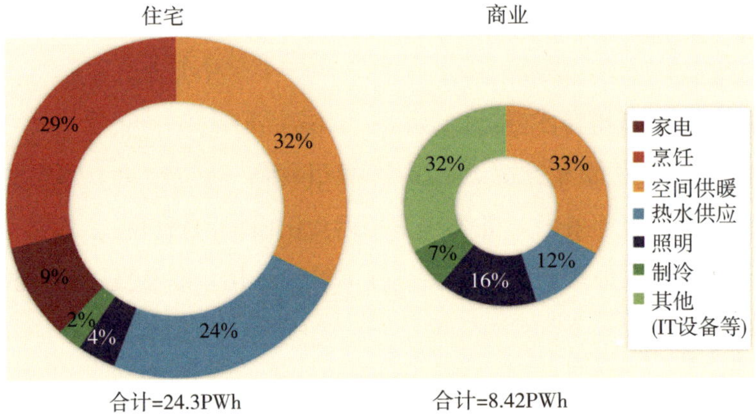

图 3-7　2010 年世界建筑最终能源消耗的用途

资料来源：《IPCC 第五次评估报告》。

2005—2010 年，中国建筑领域的碳排放总量年增长率约为 10%。2010 年建筑领域碳排放总量为 16.7 亿 t，占总排放量的 20% 以上。其中，直接碳排放量为 9.1 亿 t，间接碳排放量为 7.6 亿 t。

中国低碳建筑的各项单体技术得到了快速发展，部分达到了国际先进水平，主要有围护结构保温隔热、高效暖通空调系统、绿色照明系统以及对可再生能源的利用等。中国在绿色建筑节能设计、标准规范方面与发达国家还有一定差距。目前，温湿度独立空调技术在新风处理方式、新风机组和除湿技术水平已达领先或先进地位。但变频空调以及蒸发冷却空调核心技术仍被国外掌握。国内高效照明灯具也得到了较大发展，但部分核心技术仍依赖国外，国内企业缺少自主知识产权。节能电梯技术国内起步较晚，整体技术设备不及发达国家。在采暖末端装置可调技术方面，中国已经从国外引进先进技术，但技术在国内的推广工作还有待完善。可再生能源利用方面，对太阳能热发电及并网发电与建筑的结合等技术，国外已经建成不少“太阳屋顶”示范工程，而且掌握了大量核心、尖端技术，国内相关研究起步较晚。中国在热泵技术上发展较快，基于吸收式热泵的热电联产供热技术也有较大的进展。分布式能源系统技术在国内起步较晚，陆续开展了示范项目建设。中国建筑节能与减排在技术上仍与国际存在一定差距，应借鉴国外发达国家的优势技术及政策措施，结合国内特有的能源结构特点和不同的用能方式，设计、研发、技术配套一体，不能盲目追求与国际接轨的高、大、新、全，要走出一条自己的建筑技术之路。

（一）建筑能耗模拟分析与优化设计技术

包括可动态模拟分析建筑热环境状态和环境控制系统性能的软件。利用这些分析手段对建筑和系统的设计进行优化，可以避免不合理的高能耗建筑与高耗能空调系统的出现，还可以通过优化改善建筑物和系统性能，一般可节能 15%～30%。这些能耗模拟分析工具同时又是各种建筑节能设计指南、建筑节能标准、规范及建筑能耗评估的基础。

（二）大幅降低采暖能耗的技术

燃煤燃气锅炉房的适量调节供热调节技术不同于传统的供热模式，使得热源能够根据居民的需求以最小的输送能耗供应热量。与之配套研制出的相关优化运行装置，如楼用热计量总表、可应用低温水的供热末端装置等，可通过降低供水温度，提高供热系统的运行效率。另外，在供热系统方面，我国提出了更有效地进行能量的梯级利用的系统方案，在一定程度上减少中国北方建筑采暖供热热源的能耗。

（三）建筑运行节能优化技术

住房城乡建设系统基于第二代大型公共建筑能量管理系统关键技术——大型公建用电分项计量系统开展了建筑能耗分项计量系统、民用建筑能耗报送系统和节能信息统计分级管理制度建设。在单体建筑运营管理方面，楼宇或区域的集中空调系统节能运行、照明节能控制、建筑能耗分项计量、智能家居等可形成较为成熟的技术。

（四）高效照明灯具、家用电器与电梯技术

近 5 年中国照明产品在电光转换效率、光谱特性、调光特性、寿命等各方面有了显著的改进，逐渐成为高效照明人工光源的主流产品。此外，高效节能的家用电器，如电视、冰箱、空调器、洗衣机、热水器及炊事用具等也不断得到推广应用。在公共建筑领域，电梯的能效也得到不断提升，带有能量回收装置的电梯已经成为市场主流。表 3-3 根据建筑部门减排特点汇总了减排技术的发展趋势。

表 3-3　中国建筑部门减排技术清单（2010—2030 年）

序号	技术名称	技术简介	关键参数
1	热电联产集中供热技术	基于吸收式热泵的热电联产新技术	一次水供回水温度为 130/25℃
2	集中供热热计量和热改	通断式热计量技术；两部制（按热量和面积）热计量体系	室温通断控制阀根据室温与设定值之差，确定通断阀的开停比
3	温湿度独立空调技术	应用多联机干工况 + 新风机组技术；温湿度独立空调机组；推广西北部干空气间接蒸发降温技术	冷冻水温由 7℃提高到 17℃
4	用能定额管理和分项计量技术	在大型公建中推行全过程用能定额管理技术，以及分项计量技术	电表分项计量
5	机房 / 数据中心空调技术	分离式—热管技术等	全年大多数时间实现机房的自然冷却和高效排热
6	绿色照明、节能电梯技术	节能灯、节能电梯	相同照度下，节能灯功率为普通的 1/5
7	农村低煤村综合节能减排技术	发展新型农村围护结构材料和设计技术，结合热炕和太阳能技术，实现低用煤	北方农村冬季室温由 10℃提高到 16℃
8	生活热水高效制备技术	生活热水	生活热水效率提高 20%
9	可再生能源高效利用	太阳能光热、光电设备水源热泵等	
10	南方新型热泵供暖	半导体制冷等小制冷量的高效技术；小型化磁悬浮制冷机；“热二极管”“单向热流阀”等无动力、无能耗热管设备；小温差下的高效热泵	
11	具有特殊热工性能的新型维护结构材料	具有单向导热功能的墙体材料，可以将建筑物的外扰抵御在室外，在室内形成局部的“汇”并就地消除室内负荷，降低消除热湿和有害物污染的能源品位和需求量	夏季供冷负荷和冬季供热负荷降低 20%

四、工业

2010 年工业行业占全球最终能源使用的 28% 左右，占全球温室气体总排放量的 30% 以上，比建筑或运输行业的排放量更大。工业 CO_2 排放包括直接排放、间接排放和过程排放，在《IPCC 第五次评估报告》基线情景中，工业排放预计会从 2010 年的 13GtCO_2/a 增至 2050 年的 20～24 Gt CO_2/a。最佳可用技术的大规模更新换代和推广，可使工业行业的能源强度直接降低约 25%。

依据《中华人民共和国气候变化第一次两年更新报告》，2012 年中国工业生产过程温室气体排放总量为 14.63 亿 t CO_2eq，其中非金属矿物制品排放 8.34 亿 t，占 57.0%；化学工业排放 2.10 亿 t，占 14.4%；金属制品生产排放 2.39 亿 t，占 16.3%；卤烃和六氟化硫生产排放 1.18 亿 t，占 8.1%；卤烃和六氟化硫消费排放 0.62 亿 t，占 4.2%。

工业行业要实现大幅减排，需要从以下方面着手：提高排放效率，如转变燃料和原料、将 CO_2 捕获与储存；提高原料利用效率，如减少废料、设计新产品；对原料和产品进行回收和再利用；提高产品—服务效率，如通过拼车从而更密集地使用产品；进行产品的根本性创新，如开发水泥替代品；减少服务需求等（图 3-8）。

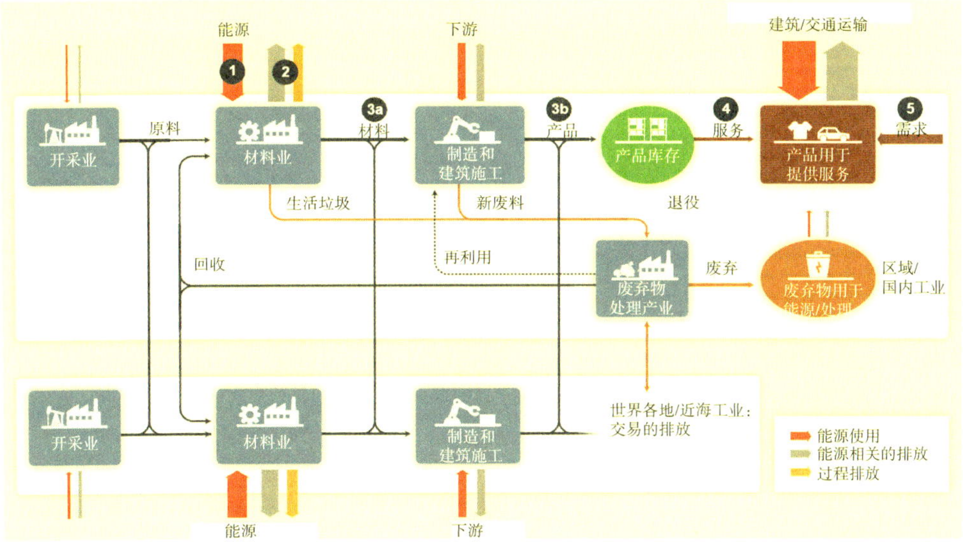

注：工业行业减排方案以带有圆圈的数字表示：（1）能效；（2）排放效率；（3a）制造业的原料效率；（3b）产品设计的原料效率；（4）产品—服务效率；（5）降低服务需求。

图 3-8 供应链上的工业活动示意图

资料来源：《IPCC 第五次评估报告》。

中国仍处于工业化发展中期，在扩大内需、消费升级深化的预期下，重工业的规模扩张在短时间内难以趋缓，通过工业结构调整控制温室气体排放的难度日益加大。水泥、钢铁、电力等行业落后产能比重为5%～30%，淘汰落后产能的减排效果日渐有限。而重点耗能行业近年来在先进减排技术上的开发和应用有所突破，钢铁、水泥等行业的部分大型企业工艺技术水平达到或超过国际先进水，但由于整体技术相对落后和行业内部结构不合理，工业产品的单位能耗平均水平比国际先进水平高20%左右，能源效率改进还存在很大空间。加快推动先进适用减排技术的推广应用，降低工业能源消耗强度，是未来大幅减排的主要突破口。

（一）钢铁行业

技术创新对钢铁工业可持续发展起着决定性作用，许多钢铁生产强国都在制定系统的、前瞻性的钢铁技术发展战略来增强自主创新能力，积极发展绿色、低碳冶金技术，以解决钢铁生产面临的资源、能源与环境的矛盾与挑战。

中国钢铁工业以按质用能、梯级利用的科学理念，加强先进余能、余热的高效回收与转换技术和废弃物资源化技术的完善、提高与推广，重点加快焦炉荒煤气余热回收发电技术、中低温烟气余热循环发电技术、转炉烟气全干法余热回收与布袋除尘技术、冶金炉渣显热高效回收利用，以及烧结、球团烟气脱硫、脱硝与二噁英控制一体化关键技术的开发与工程化。近期可重点推广干法熄焦技术、烧结余热发电技术、高炉鼓风除湿节能技术、转炉负能炼钢工艺技术等关键减排技术。例如，转炉负能炼钢工艺技术的煤气平均回收量达到90 m^3/t钢，蒸汽平均回收量为80kg/t钢，可使吨钢产品节能23.6 kgce；中国转炉钢的比例超过80%，转炉负能炼钢工艺的推广意义重大。

着眼于今后5～10年，中国将进一步安排基于提高碳效率的高炉炉顶煤气循环氧气鼓风炼铁的基础研究与工艺开发、基于碳氢复合冶金碳—氢熔融还原和以处理中国难选贫铁矿为重点的高效低碳排放的低温还原新工艺、熔盐电解冶金等重大前沿冶金技术的研究，以期探索碳冶金能源结构的优化和低碳发展技术模式。从长远技术发展趋势来看，主要减排技术有高炉炉顶煤气循环技术、经济合理的非高炉炼铁技术等。此外，还可通过改变工艺流程、利用生物质开发新型还原剂替代焦炭与煤等加快开发清洁能源的冶金应用技术。中国铁行业关键减排技术成本曲线如图3-9所示。

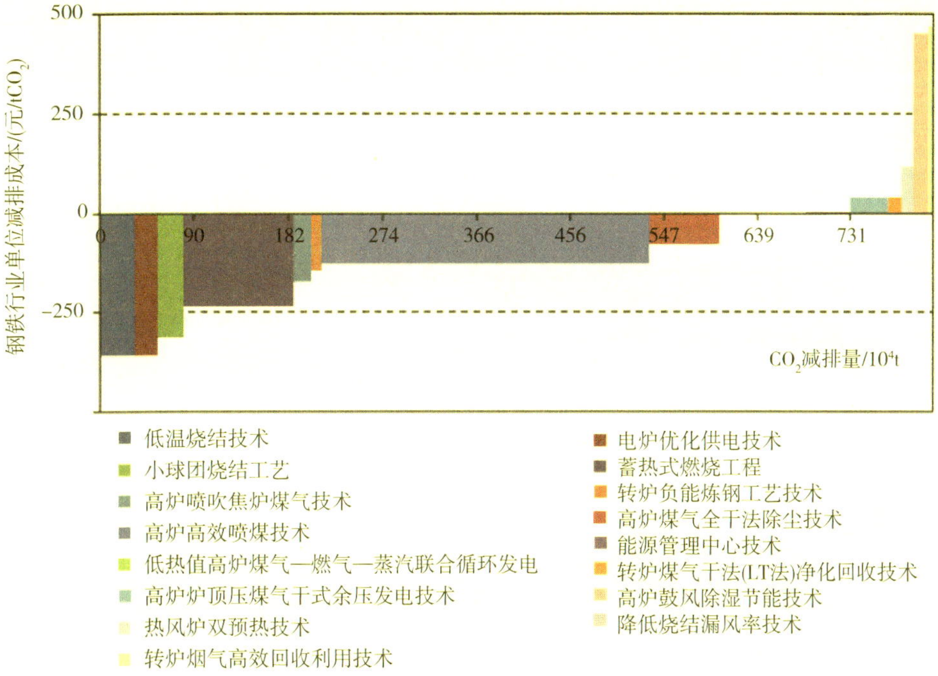

图 3-9　钢铁行业关键减排技术成本曲线

资料来源：《第三次气候变化国家评估报告》。

（二）水泥行业

2009 年，国际能源署（IEA）与世界可持续发展工商理事会水泥可持续发展倡议（WBCSD-CSID）携手为水泥行业制定了一个减排技术路线图。该路线图对全球水泥产量和 CO_2 排放量做出了预测，并提出了影响水泥工业未来 CO_2 排放量的 4 种主要减排技术，即能效提高、替代燃料使用、熟料替代以及碳捕集和碳储存。上述 4 种技术基本上决定了全球水泥行业 CO_2 的排放水平。

中国最新出台的《水泥单位产品能源消耗限额》规定“现有水泥企业单位熟料可比综合能耗要低于 120 kgce/t”，以限制部分高能耗生产线，与其他国家或地区相比，中国水泥工业单位产品能耗较低，部分原因就在于中国有 93% 左右的水泥生产线采用新型干法。从减排技术发展趋势看，中国水泥行业近期应继续加大立窑淘汰力度，普及纯低温余热发电、高效冷却机和水泥窑协同处置废物技术，加强其他可用混合材、替代燃料技术、新型低碳替代水泥技术，并在未来 5～10 年积极推广替代燃料技术及新型替代水泥技术，以及 CO_2 捕集、回收和再利用（图 3-10）。

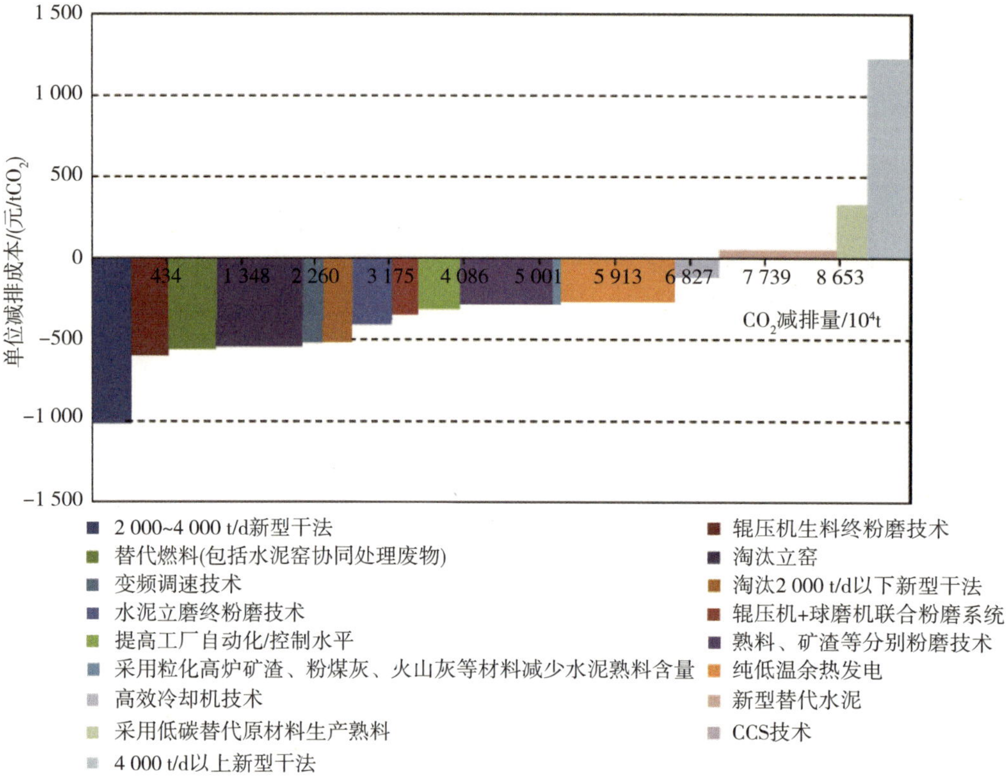

图 3-10　水泥行业关键减排技术成本曲线

资料来源：《第三次气候变化国家评估报告》。

关于替代燃料的使用，即使是中国较为先进的 5% 水泥生产线，替代燃料的使用率也仅为 0.2%，而在综合考虑替代化石燃料和生物质燃料的情况下 2011 年全球替代燃料的使用率平均水平为 13.3%。可以看到，中国水泥工业在替代燃料的使用上远远落后于世界其他国家，产生这一问题的原因，除在替代燃料使用政策、资金上的支持外，更重要的是中国水泥工业替代燃料的使用仍处于无科学性、混乱性的落后模式，因此需加强对替代燃料燃烧等特性、替代燃料与水泥窑炉适应性的研究，发展由燃料制备公司先将废料制备成替代燃料，再供应给水泥公司进行使用的新模式。

关于熟料替代技术，2010 年中国水泥工业的熟料系数为 63.23%，而全球平均水平为 75.6%。熟料替代有利于降低单位水泥的 CO_2 排放量，但中国水泥工业中过多的混合材掺入不仅降低了水泥标号，使单位混凝土中水泥用量显著提升，而且还可能引发诸多建筑安全事故。因此，修订相关标准，强化水泥中混合材掺量的管理，加强相关技术研发，对中国混合材的合理使用和水泥行业 CO_2 减排均有较大影响。

另外，中国水泥行业正在积极开展碳捕集和碳储存技术的研发，于 2013 年 11 月成立了 CO_2 捕集利用与封存产业技术创新战略联盟。

（三）电解铝行业

国际上铝行业温室气体减排主要通过大力发展再生铝工业，但由于中国铝产品在今后较长一段时间内仍将处在使用周期中，因此减排环节主要在于电解铝的生产过程。电解铝的生产减排技术有 CO_2 和全氟化碳（PFCs）减排技术、节能技术和提高原辅材料质量技术等。CO_2 减排技术通过提高阳极质量、改善阳极反应性能来减少阳极消耗产生的 CO_2，其中铝电解用优质炭阳极生产技术减排作用明显，船形阳极技术、开槽阳极技术、阳极表面封孔技术、阳极表面镀膜技术等也有类似减排效果；PFCs 减排技术中，自动熄灭阳极效应技术和无效应铝电解生产工艺技术是最有推广潜力的技术，定值下料控制技术、物料平衡控制技术、磁场稳定化技术等对减少低浓度连续 PFCs 排放也有一定的效果；节能技术主要通过降低槽工作电压和提高电流效率实现减排；大幅提高原辅材料质量标准，严格控制产品质量是尽可能减少非阳极效应 PFCs 排放的关键。

五、农业、林业和其他土地利用（AFOLU）

自《IPCC 第四次评估报告》以来，农业、林业和其他土地利用行业的温室气体排放水平保持稳定，但在人为温室气体排放总量中的份额有所下降。依据《IPCC 第五次评估报告》，2000—2010 年，农业、林业和其他土地利用行业的年均温室气体总通量为 10～12 Gt CO_2eq，其中农业的全球平均排放量为 5.0～5.8 Gt CO_2eq/a，而林业及其他土地利用产生的排放为 4.3～5.5 Gt CO_2eq/a。非 CO_2 排放大部分来自农业，主要是牲畜肠内发酵及肥料管理产生的 CH_4 排放、农田土壤产生的 N_2O 排放以及来自稻田的排放。近些年来，由于毁林率降低、造林率增加，林业和其他土地利用产生的 CO_2 排放有所下降（证据有限，一致性中等）。1990—2010 年，高收入国家产生的农业、林业和其他土地利用排放主要来自农业活动，且其排放总量有所下降；而低收入国家的排放主要是毁林和土地退化，排放总量有所增加。

供需双方施行不同的减排方案，均可有效减少农业、林业和其他土地利用行业的温室气体排放。供应方的措施包括减少土地利用变化造成的排放（尤其是减少毁林）、进行土地和牲畜管理、CO_2 封存在土壤和生物质中、用生物质燃料替代化石燃料等，其中最具成本效益的林业方案是造林、可持续的森林管理以及减少毁林。需求方的措施包括粮食改变饮食习惯和减少浪费等。

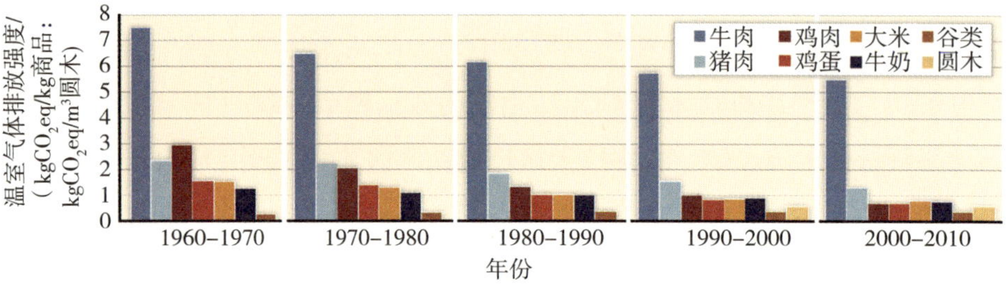

注：1—牛肉，定义为温室气体（肠内发酵＋牛粪管理，乳品业和非乳品业）/ 产肉；2—猪肉，定义为温室气体（肠内发酵＋猪粪管理，市场和饲养）/ 产肉；2—鸡肉，定义为温室气体（鸡粪管理）/ 产肉；4—牛奶，定义为温室气体（肠内发酵＋牛粪管理，乳品业）/ 产奶；5—鸡蛋，定义为温室气体（小鸡和蛋鸡的鸡粪管理）/ 产蛋；6—大米，定义为温室气体（大米种植）/ 产米；7—谷物，定义为温室气体（合成肥料）/ 所产谷物；8—木材，定义为温室气体（成材后产生的碳损失）/ 所产圆木。

图 3-11　20 世纪 60 年代—21 世纪某些主要 AFOLU 商品温室气体排放强度

资料来源：《IPCC 第五次评估报告》。

农业活动（不包括土地利用）是仅次于能源活动的温室气体第二大排放源。农业最具减排增汇潜力的技术主要包括水稻田水分管理、农田 N_2O 控制、农田土壤和草地固碳、畜牧业营养调控、秸秆氨化和青贮处理以及畜禽废弃物发酵处理并回收利用沼气等。林业最具减排增汇潜力的技术主要包括造林、森林经营、森林保护、木质林产品利用和替代。中国农林业及其他土地利用减排增汇不同技术的成本差异很大，总体高于《IPCC 第五次评估报告》估算的全球农林业平均减排成本。由于激励农林业和其他土地利用的激励政策和机制尚不够完整、持续、有力，农林业和其他土地利用减排增汇潜力尚未得到有效发挥。

（一）种植业减排技术与措施评价

水稻田是温室气体的重要排放源，稻田 CH_4 和 N_2O 排放分别占农业源 CH_4 和 N_2O 排放的 30% 和 11%。随着对稻谷需求量的增加，未来温室气体排放的增加趋势不可避免，减少稻田温室气体排放技术措施的研究也格外受到关注。水分管理、肥料管理、品种选育和耕作制度是减少稻田温室气体排放的主要措施。

中国农业 N_2O 排放主要来自农田土壤，农田 N_2O 减排技术主要有施肥、灌溉和耕作技术等。中国每年因灌溉造成的碳排放约为 4 700 万 t，其中灌溉能耗排放约占 86%，灌溉设备和配件在生产过程中的年均总碳排放约占 14%。主要的节水灌溉减排技术包括喷灌、微灌、低压管灌、渠道防渗等，不同灌溉技术的减排成本曲线如图 3-12 所示。

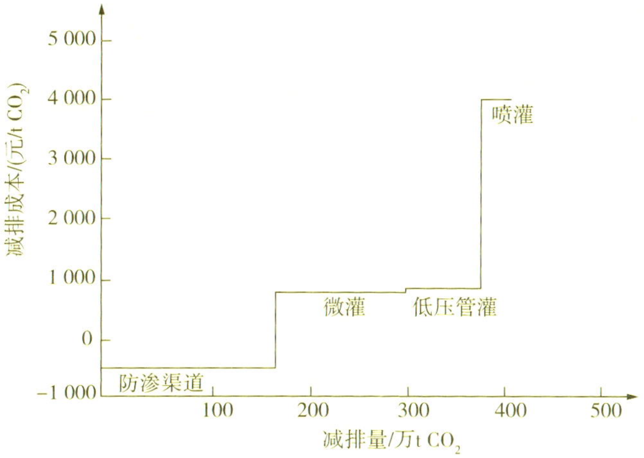

图 3-12　节水灌溉技术的减排成本曲线

资料来源：《农业应对气候变化现状与科技对策研究》。

（二）家禽养殖业减排技术与措施

家禽养殖业温室气体减排措施包括秸秆处理、改善饲料质量和养殖废弃物沼气化等。中国动物肠道 CH_4 排放产生的温室气体占畜牧业排放量的 67.9%，进行秸秆处理、改善饲料质量是减少动物 CH_4 排放的有效措施。秸秆处理包括秸秆氨化、青储等，秸秆氨化和青储处理后，能够显著提高秸秆消化率，提高饲料消化性能，降低 CH_4 产生。改善饲料质量是通过控制日粮中粗纤维含量或发酵过程来减少动物肠道 CH_4 排放，是在保证动物生产性能正常和不增加生产成本的前提下，探寻优化的日粮精粗料的营养调控技术。

养殖废弃物沼气化处理是指将畜禽废弃物中的有机物通过厌氧发酵转化为 CH_4 加以回收利用，以减少目前废弃物管理方式造成的 CH_4 排放，并且将回收的 CH_4 用以替代化石燃料以减少 CO_2 排放的方法。沼气工程减排量主要取决于沼气工程建设之前的粪便管理方式、沼气利用方式和替代能源的种类。

（三）农田土壤和草地固碳技术与措施

保护性耕作对土壤有机碳含量有重要的影响，与传统的耕作方式相比，实施秸秆还田与免耕措施能够有效促进农田土壤有机碳贮量的增加。

草地管理也有固碳效果，草地管理措施可分为围栏轮牧和围栏禁牧、轻牧、中牧、重牧和补播。2003 年以来，我国分别实施了退牧还草工程、京津风沙源治理工程和草原生态保护补助奖励机制，提升了我国的草地固碳能力。

（四）林业减排增汇技术与措施

林业增汇减排的技术途径主要包括碳吸收、碳保存、碳替代。碳吸收是通过造林、再造林、森林经营、植被恢复、建立农林复合系统、提高林地生产力等措施增加森林植被和土壤的碳储量。碳保存是通过减少毁林、森林退化、改进采伐、控制林火、病虫害等措施减少干扰导致的森林生态系统碳排放。碳替代就是用木质林产品替代化石能源产品、用林业生物质能源替代化石能源而减少化石能源排放。

造林主要包括无林地造林、采伐后的更新造林、植被恢复、退化生态系统恢复、建立农林复合系统等；森林经营主要包括抚育间伐、延长轮伐期、降低采伐作业对林地干扰等；控制毁林和森林灾害主要包括控制有林地转变为农田或其他非林业用地、防控森林火灾和病虫害的发生频率和规模；木质林产品替代主要包括用木质林产品替代化石能源或化石能源产品；替代化石能源主要包括林业生物质发电、生产成型燃料、生物柴油和生物乙醇。

（五）湿地保护和恢复

湿地保护主要指防止湿地尤其是泥炭地转化为农田或其他土地利用方式，湿地恢复主要指将原来为湿地但已转化为其他利用方式的土地恢复为湿地。湿地保护有助于避免储存在其中的有机碳分解向大气中释放 CO_2 等温室气体，湿地恢复将有助于减少湿地破坏后加剧的碳排放。实施湿地退耕（养）还泽（滩）项目、扩大湿地面积、提高湿地生态系统质量以及根据湿地类型、退化原因和程度等情况因地制宜地开展湿地植被恢复工作，都可以提高湿地碳储量。

六、CO_2 捕集和封存技术

CO_2 捕集和封存（CCS）技术是温室气体减排的必要手段，指将 CO_2 从工业或相关能源产业的排放源中分离出来，输送并封存在地质构造中长期与大气隔绝的一个过程。国际能源总署预测，如果只依靠提高能源利用效率和调整能源结构，到 2050 年几乎无法实现将全球温度升高控制在 2℃的目标，因此至少有 14% 的 CO_2 排放量须通过捕集和封存技术来减少。截至 2018 年，全球有 21 个大型碳捕集与封存（CCS）项目正在运营或在建，然而根据全球碳捕集与封存研究所的数据，到 2050 年，将需要 2 732 个以上的大规模碳捕集与封存设施，才能达到《巴黎协定》的目标。这相当于从 2020 年到 2050 年，每年有 90 个设施投入运营。在国际能源署的超越 2℃控温目标场景中，CCS 带来的碳减排量占比将达到 1/3。《IPCC 第五次评估报告》曾指出，要达到 2℃的控温目标若没有 CCS 技术，则会增加 138% 的成本。IPCC 最新报告中提出的大多数减排途径都依赖于 CCS 的部署。

国际上正在进行示范和商业化的 CO_2 捕获技术主要是燃烧后分离技术等，但此类技术减排能耗和成本高且减排潜力有限。在 CO_2 捕集和封存技术推广的初期，该类技术往往为 CO_2 捕集和封存示范工程所采用，能够在短期内起到 CO_2 减排效果。但从长远来看，这类技术的减排能耗过高、成本过高，将其作为长期的 CO_2 减排主力技术将付出大量额外的能源消耗与巨大的经济代价。

对中国而言，CO_2 捕集和封存技术链的各环节都已具备一定的研发基础，但各环节技术发展很不平衡，距离应用仍存在较大差距。与世界其他国家相比，中国的能源结构以煤为主，为此，如果要大规模推广应用 CO_2 捕集和封存技术，则必须研发针对煤炭清洁利用的低能耗、低成本的 CO_2 捕集和封存技术。CO_2 捕集和封存技术涵盖 CO_2 的捕集、运输和长期封存 3 个不同环节。

目前捕获 CO_2 的技术路线主要有燃烧后捕集、燃烧前捕集和富氧燃烧技术。燃烧后捕集指分离和回收能源动力系统尾气中的 CO_2。燃烧前捕集 CO_2 是先将化石燃料转化为合成气（主要成分为 CO 和 H_2），随后将合成气中的 CO 气体转化为 CO_2 和 H_2，再通过分离工艺将 CO_2 分离出来。该方法 CO_2 的分离是在燃烧前进行，燃料气尚未被 N_2 稀释，合成气中的 CO_2 浓度可达到 30%。富氧燃烧是燃料与纯氧燃烧的方式。富氧燃烧的 CO_2 分离能耗为零，但由于需要制氧，空分装置的能耗较大，同时也大幅增加了系统投资。

CO_2 运输是指将捕集的 CO_2 运送到利用或封存地的过程，在某些方面与油气运输有一定相似性，包括管道、船舶、铁路和公路等方式，其中，管道运输技术最具应用潜力。国际上已有多年、大量的 CO_2 管道输送实践，如美国已建成超过 5 000 km 的干线管网。目前，中国 CO_2 的运输主要以低温储罐公路运输为主，在低压 CO_2 运输方面可借鉴成熟的油气管输经验，在高压、低温和超临界 CO_2 运输方面的研究刚刚起步。

CO_2 地质封存是指通过工程技术手段将捕集的 CO_2 储存于地质构造中，实现与大气长期隔绝的过程。按照封存地质体不同，可划分为枯竭油气藏、深部咸水层、深部不可开采煤层、CO_2 提高油气采收率、CO_2 提高煤层气采收率、玄武岩、油页岩、洞穴封存等技术。初步估计表明，中国 CO_2 封存量约为万亿吨级，其中以咸水层封存为主。

当前中国 CO_2 捕集和封存技术研发活动主要由政府指导，企业为主体实施，科研单位和高等院校共同参与。“十五”以来，国家基础研究（“973”）计划、国家高技术发展（“863”）计划、国家科技支撑计划等先后围绕 CO_2 捕集和封存技术减排潜力、CO_2 捕集、CO_2 生物转化利用、CO_2 驱油和地质封存相关的基础研究、技术研发与示范等方面进行了系统的部署。

依据国际能源署 2018 年版的《世界能源展望》，2017 年全球累计碳捕捉量为 227 亿 t；在新政策情景下，2040 年全球累计碳捕捉量将达 830 亿 t；而可持续发展情景所需要的累计碳捕捉量 21 780 亿 t。

第三节　减缓气候变化与环境保护的协同作用

一、大气污染与气候变化的关系

要减缓气候变化，不仅要发展新技术，从技术上减少温室气体排放，还要在理论上理解温室气体与大气污染物的相互关系，关注气候变化与大气污染的相互影响。

一方面，气候变化会影响大气污染，并且放大大气污染特别是空气污染对人类健康、农业生产和生态的影响。首先，目前全球气候变化的特征是平均气温上升，而很多光化学反应的反应速率随着温度升高而加快，因此温度上升利于光化学污染的形成。其次，温度升高，大气环流的格局可能发生变化，会影响污染物的输送传输。最后，气候变化影响降水，部分污染物以降水为渠道，沉降到地表。

另一方面，大气污染反作用于气候变化。首先，气候变化与辐射收支有关，大气污染可以通过影响辐射收支影响气候，如颗粒物本身可以参与成云，颗粒物数量和成分不同会对云的形成产生影响，造成大气辐射情况的改变，进而对气候变化产生影响。其次，大气污染也会造成其他圈层的改变。

（一）气候变化对大气污染的影响

气候变化与重污染天气息息相关，《中国极端气候事件和灾害风险管理与适应国家评估报告》指出，伴随着全球气候变暖，近 60 年中国极端天气气候事件发生了显著的变化，中国中东部冬半年平均重污染天数显著增加，尤其是华北地区因重污染天气导致能见度明显下降。具体而言，气候变化对重污染天气的影响主要表现在以下几个方面：

首先，气候变化会增加逆温层出现的频率。在正常气象条件下，污染物从气温高的低空向气温低的高空扩散，但逆温条件下，逆温层阻碍了空气的垂直对流运动，近地面大气污染物“无路可走”，越积越厚，空气污染势必加重。冬季比夏天更多发生重污染天气便与逆温层有关。冬季，夜间近地面空气温度低，而高层空气温度高，冷空气密度要比暖空气大，近地面的冷空气不会向高空运动，在垂直方向上也就没有了空气交换，这样更容易形成重污染天气。气候变化对重污染天气的形成和影响应予以高度重视。

一般情况下，气温随高度增加而下降，但在某些气象条件下气温随高度增加而升高，这种现象称为逆温，出现逆温现象的大气层称为逆温层。

其次，大气环流的变化影响大气扩散条件。我国秋冬季大气污染物的扩散与西伯利亚高压和大范围强冷空气爆发南下有明显联系。自 20 世纪 60 年代初以来，在行星尺度大气环流和全球气候变暖的共同影响下，全国性的寒潮事件发生频次呈现出明显的减少趋势，平均每 10 年减少 0.2 次。此外，西太平洋地区生成的台风和热带气

旋个数、登陆我国的台风和热带气旋频数也有减少趋势，这也导致我国南方和东南沿海地区夏秋季的大风天气发生频率减少，大气扩散能力下降。

最后，气温升高、降水减少、平均风速降低不利于污染物的扩散。20 世纪 50 年代初以来全球地表平均气温平均每 10 年升高 0.12℃，而我国地面气温上升速率明显高于全球平均，20 世纪 60 年代初以来全国年平均地面气温每十年上升 0.25℃，与此同时中国大部分地区降水呈减少趋势，在一定程度上不利于大气污染物的清除。近 30 余年，我国对流层年平均风速下降速率达到每 10 年 0.10 m/s 到 0.17 m/s。我国北方和东部大范围地区寒潮大风频次减少，南方沿海热带气旋及其强风频次下降，全国多数地区近地面平均风速减弱，均有利于静稳天气现象的出现和增多，不利于污染物的扩散。

（二）大气污染对气候变化的影响

大气污染对局部天气和全球气候都会产生影响：

1. 大气污染对局部天气的影响

（1）低大气能见度

大气中的污染物含量，特别是颗粒物和硫酸盐含量对能见度有很大影响。悬浮于大气中的颗粒物，如气溶胶颗粒、大风扬尘等会引起光的散射发生变化，导致大气消光而引起能见度的降低。当相对湿度低于 70% 时，大气颗粒物消光作用会随着 $PM_{2.5}$ 浓度的升高明显增强，导致能见度的降低。

大气能见度是反映大气透明度的一个指标。一般定义为具有正常视力的人在当时的天气条件下还能够看清楚目标轮廓的最大地面水平距离。还有一种定义为目标的最后一些特征已经消失的最小距离。

（2）减少太阳辐射

太阳辐射强度对地球的气候有很大的影响，而地面接收的太阳辐射受到太阳高度角或纬度、海拔高度、天气状况、大气能见度、白昼时间的长短以及大气污染程度的影响。大气中的颗粒物不仅会使大气能见度降低，而且会减少太阳光直接射到地面的数量。因此大气污染重，则对太阳辐射削弱强，到达地面的太阳辐射就少。尤其是在大工业城市中，在烟雾不散的情况下，日光会比正常情况减少 40%。

（3）影响云、雾、降水

从工厂、发电站、汽车、家庭小煤炉排放到大气中的微粒，很多具有水蒸气凝结核或冻结核的作用。这些微粒能吸附大气中的水蒸气使之凝成水滴或冰晶，从而改变该地区原来的云、雾、降水（雪）的情况。例如，已经发现在离开大工业城市不远的下风地区，降水量比四周其他地点要多，这就是所谓的“拉波特效应”。如果微粒中夹带着酸性污染物，那么，在下风地区就会受到酸雨的侵袭。

2. 大气污染对全球气候的影响

除对天气产生不利影响外，大气污染对全球气候的影响也逐渐引起人们的注意。除了前文提到的 CO_2 等温室气体浓度升高对气候对改变，高层大气中的氮氧化物、碳氢化合物和氟氯烃类等污染物，会使 O_3 大量分解，引发“臭氧空洞”问题，成为全球关注的焦点。

二、协同控制是解决大气污染和气候变化问题的有效途径

从源头上来讲，大气污染物和温室气体主要都来自矿物燃料燃烧、工业、交通等人类活动，两者具有同源性，因此控制大气污染和减缓温室气体排放在行动上具有高度一致性。采用温室气体和大气污染物的协同控制措施，不仅能够促进污染物和温室气体减排，还能带来减排成本的大幅下降。故而在应对气候变化和大气污染问题时，应考虑大气污染物和 CO_2 减排的协同控制措施。

（一）协同控制的理论基础

1. 协同效应概念

“协同效应”从概念到实践是一个不断发展和完善的过程，各阶段没有明显的时间界限，目前并无统一定义和标准。IPCC 报告认为因各种理由而实施相关政策时所取得的气候变化收益为“协同效应”，该定义主要关注气候变化协同效应的一个方面。经济合作与发展组织（OECD）认为协同效应指温室气体排放减缓政策制定中明确考虑影响，并把影响货币化的部分，主要强调了温室气体排放减缓及货币化。根据美国国家环境保护局（EPA）《综合环境战略手册》，协同效应应该包括当地采用减

少大气污染和相关温室气体的一系列政策措施产生的所有的正效应，该定义直接反映了控制地方污染和温室气体减排两个方面，但地方污染控制方面只包含了大气污染，未包含与温室气体、碳汇等密切相关的生态建设等内容。日本环境省（MOEJ）认为“协同效应”是在实施防止温度上升措施同时，满足发展需要的措施。欧洲环境局（EEA）认为，协同效应指减排措施的实施能够产生其他的社会效益，如空气污染减少同时带来健康成本的节约等。

根据上述定义可以看出，发达国家对“协同效应”的理解角度主要是减缓温室气体排放同时有利于国家的污染减排，并且只考虑了正效益部分。根据我国实际国情和发展水平，“协同效应”包含两个方面：一方面控制温室气体排放过程中应减少其他局域污染物排放，如 SO_2、NO_x、CO 以及 VOC 等挥发性有机物等；另一方面应该在控制局域污染物排放及生态建设过程的同时，考虑减少或者吸收 CO_2 及其他温室气体等。

在温室气体与大气污染物协同控制方面，“协同效应”应该包括两个方面：一方面，在控制温室气体排放的过程中减少常规局地污染物的排放（如 SO_2、NO_x、CO、VOC 及 PM 等）；另一方面，在控制常规局地污染物排放的同时减少或者吸收 CO_2 及其他温室气体的排放。两方面的内容均以正协同效应为主，即污染物减排促使减缓温室气体排放，减缓温室气体排放的同时又能减少污染物排放（环保又低碳）。

2. 协同效应相关理论

（1）大气污染物与温室气体的同源性

国际标准化组织（ISO）对大气污染的定义为：“大气污染通常是指由于人类活动和自然过程引起某种物质进入大气中，呈现出足够的浓度，达到了足够的时间并因此而危害了人体的舒适、健康和福利或危害了环境的现象”。大气污染主要发生在距离地面约 12 km 的范围内，会随大气环境和风向的移动而漂移，属于流动性污染，具有扩散速度快、传播范围广、持续时间长、造成损失大等特点。

大气污染物的来源，分为自然源和人为源。自然源是由于自然原因（如火山爆发，森林火灾等）而形成的。具体如下：

- 火山喷发：排放出 H_2S、CO_2、CO、HF、SO_2 及火山灰等颗粒物；
- 森林火灾：排放出 CO、CO_2、SO_2、NO_2、HC 等；
- 自然尘：风沙、土壤尘等；

- 森林植物释放：主要为萜烯类碳氢化合物；
- 海浪飞沫颗粒物：主要为硫酸盐与亚硫酸盐等。

人为源主要来自人类生活及生产活动。人为污染源根据来源不同可分为：

- 生活污染源：人们由于烧饭、取暖、沐浴等生活上的需要，如炉灶、锅炉等燃烧化石燃料，而向大气排放的煤烟和SO_2等。生活污染源具有量大、分布广、排放高度低等特点，是一种不容忽视的大气污染源。
- 工业污染源：是大气污染的主要来源，也是大气卫生防护工作的重点之一。随着工业的迅速发展，大气污染物的种类和数量日益增多。例如，火力发电厂、钢铁厂、水泥厂和化工厂等耗能较多企业燃料燃烧排放的污染物；炼焦厂向大气排放H_2S、酚、苯、烃类等有毒物质；各类化工厂向大气排放具有刺激性、腐蚀性、异味性或恶臭的有机和无机气体；化纤厂排放H_2S、NH_3、CS_2、甲醇、丙酮等；以及生产过程中排放的各种矿物和金属粉尘等。
- 交通运输污染源：由于交通运输事业的快速发展，城市汽车增多，火车、轮船、飞机等客货运输频繁，给城市增加了新的大气污染源。特别是一些发达国家，汽车排放的废气已成为大气污染的主要污染源。
- 农业活动排放：田间施用的部分农药会以粉尘等颗粒物的形式逸散到大气中，还有一部分农药会残留在农作物上或者黏附在作物表面，这部分农药仍可挥发进入大气。进入大气的农药被悬浮的颗粒物吸收，并随气流向各地输送，造成大气农药污染。

根据人为源的排放形式以及排放轨迹不同，可以将排放源分为点源、线源和面源三大类。其中：

- 点源包括火力发电厂、冶金、石油化工以及工业制造等行业生产过程中的排气；各类化工厂向大气排放具有刺激性、腐蚀性、异味性或恶臭的有机和无机气体；化纤厂排放的H_2S、NH_3、CS_2、甲醇、丙酮等，同时包含生产过程中排放的各种矿物和金属粉尘。
- 线源主要包括污染物呈线状排放或者由移动源构成的线状排放源，如飞机、船舶、汽车等交通工具排放的尾气。
- 面源则分为无组织面源、有组织面源、居民生活面源、建筑工地施工扬尘等。如炉灶、锅炉等燃烧化石燃料，而向大气排放的煤烟和SO_2等，具有量大、分布广、排放高度低等特点，其危害性不容忽视。排放源的具体分类如表3-4所示。

表 3-4　排放源分类

排放源类型	行业	项目
点源	采矿业	煤炭开采和洗选业
		石油和天然气开采业
		黑色金属采矿采选业
		非金属矿采选业
		开采辅助活动
	制造业	农副食品加工业
		食品制造业
		酒、饮料和精制茶制造业
		烟草制造业
		纺织业、服装业
		皮革、毛皮制造业
		木材加工业
		家具制造业
		造纸和纸制品业
		印刷业
		文体用品制造业
		石油、炼焦和核燃料加工
		化学原料制造业
		橡胶和塑料制造业
		非金属矿物制造业
	火力发电厂	轻、重货车
线源	机动车	轻、重型客车
面源	居民生活面源	
	建筑工地面源	
	生产工艺面源	

根据政府间气候变化专门委员会（IPCC）发布的《IPCC 国家温室气体清单指南》，以及国家发展改革委（原气候变化主管部门）发布的《省级温室气体清单编制指南》《国家发改委关于组织开展重点企（事）业单位温室气体排放报告工作的通知》和 24 个行业温室气体核查与报告指南，目前重点关注的温室气体有 CO_2、CH_4、N_2O、HFCs、PFCs 及 SF_6。从全球角度来看，CO_2 是主要的温室气体，对全球升温的贡献占比约为 76%①，因此，也是各个国家和地区碳排放权交易市场

① 数据来自《IPCC 第五次评估报告》。

主要的纳入气体。就中国而言，依据《中华人民共和国气候变化第二次国家信息通报》，在扣除温室气体吸收汇后，2005 年我国温室气体净排放总量约为 70.46 亿 t CO_2eq，CO_2、CH_4、N_2O 和含氟气体占比分别为 78.82%、13.25%、5.59% 和 2.34%。而在 CO_2 排放中，能源活动造成的 CO_2 排放占 90.4%，工业生产过程排放占 9.5%。其中能源活动的排放主要是燃料燃烧排放，包括交通运输部门排放、发电和供热部门排放、各用能行业排放等，设备类型包括发电锅炉、供热锅炉、工业锅炉、工业窑炉、各类道路运输机具、航空机具、铁路运输机具和船舶运输机具等；工业生产过程排放包括水泥、石灰、钢铁、电石、己二酸、硝酸、半导体、二氟甲烷、铝、镁等工业产品生产过程，此外还包括各类其他行业中温室气体的排放，如臭氧消耗物质替代生产和使用、电力设备制造和运行、石灰石和白云石的使用等造成的排放。

由上可以看出，污染物和温室气体均主要源于化石燃料的燃烧、工业、交通等人类活动，即在相当大程度上，温室气体减排与大气污染防治在理论上存在直接相关性。而模型模拟也证明了温室气体与大气污染物协同效益的存在，如图 3-13 所示，若在全球实施温室气体和大气污染物协同控制策略，则到 2150 年时获取的效益要大于单独实施应对气候变化策略与单独实施控制大气污染策略获取效益之和。

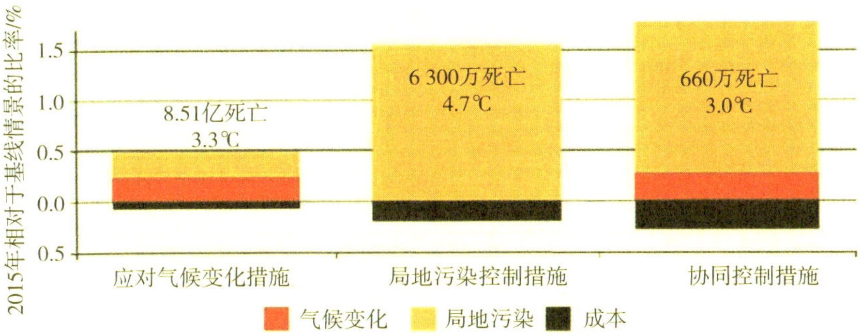

图 3-13　模拟全球实施温室气体与大气污染物协同控制策略产生的协同效应

资料来源：《减缓气候变化的协同效益研究》。

（2）大气气溶胶具有气候效应

IPCC 评估报告中明确指出气候变化与空气质量问题是通过大气气溶胶紧密耦合在一起的。一方面，大气气溶胶不但可以造成空气污染，而且还具有明显的气候效应。

气溶胶通过散射和吸收太阳光可以抵消一部分由温室气体造成的变暖作用，如果除去了大气气溶胶，将会显著增加温室气体产生的增温作用。另一方面，气候是空气质量变化的关键因素，地表的空气污染物浓度对于边界层通风、温度、湿度、沉降十分敏感，因此由温室气体增加所引起的气候变化也能影响空气质量。这表明空气质量和气候变化两个问题不能孤立地考虑，它们是密切结合在一起的。

（3）O_3 与黑炭污染

IPCC 的研究也表明，除 CO_2、CH_4、N_2O 和卤烃等长寿命温室气体[①]外，O_3 和黑炭等大气污染物也会增加辐射强迫（图 3-14），对促进全球气候变暖有着不可忽视的作用。其中，黑炭气溶胶有强烈吸收太阳辐射的性质，但其反射能力却很小，因而可以导致大气升温，其产生的净增温效果甚至可以同 CO_2、CH_4、CFCs 等温室气体相比拟。

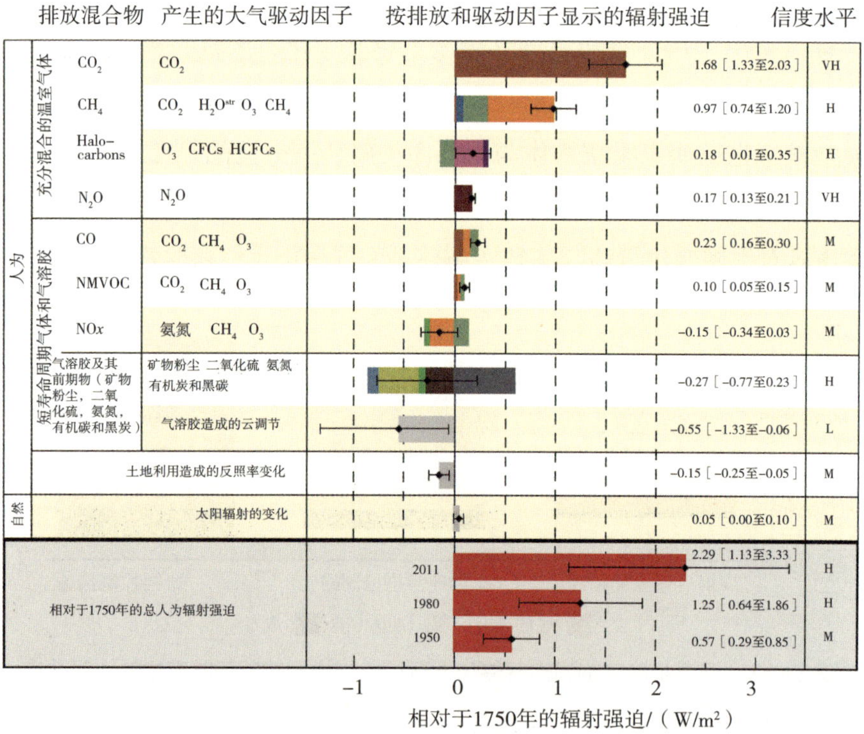

图 3-14　相对于 1750 年，2011 年的 CO_2、CH_4、N_2O 和其他重要成分和机制的全球平均辐射强迫估计值和总不确定性

资料来源：《IPCC 第五次评估报告》。

① 在大气中存留至少几十年甚至几千年的温室气体称为长寿命温室气体。

另外，O_3 和黑炭作为局地和区域大气污染物，对大气环境质量有重要的影响。其中，O_3 作为二次污染物，在大气中存在的时间虽然很短，但是暴露于高浓度的 O_3，会对人体的呼吸系统带来严重损害；此外，高浓度的 O_3 还会造成农业减产，如长三角地区 O_3 污染可能导致该区域内冬小麦产量降低。黑炭作为大气细颗粒物中的重要组成部分，能够进入人体呼吸系统深处，给人体呼吸系统和循环系统的健康带来非常严重的损害。黑炭气溶胶是化石和生物质燃料不完全燃烧的产物，属于颗粒物的范畴，其粒径一般为 0.01～1μm。黑炭气溶胶作为一种污染物，对大气环境有着独特的影响。可见 O_3 和黑炭对气候变化和空气质量都有显著影响。

（4）负协同效应的存在

在控制空气污染和气候变化方面虽然存在许多正协同效应，但两者间有时也存在矛盾，即存在负协同效应。例如，在有些情况下，采取的空气污染控制措施将增加温室气体的排放量。以 SO_2 的处理为例，一方面，SO_2 洗刷器和其他 SO_2 末端去除设备的运行需要更多的能源来将 SO_2 转移出生产过程，这将导致循环效率的降低和 CO_2 排放量的增加；另一方面，从这些工艺和技术的化学反应机理上看，SO_2 的去除有时需要石灰石与之反应，但是该过程会在削减 SO_2 排放的同时增加 CO_2 排放，进一步造成 CO_2 排放量的增加。

（二）协同控制的措施

协同控制是指为了获得协同效应，而采取的相应控制措施。协同控制主要是指同时控制两种或者两种以上的有害污染物的控制措施，其中一种是温室气体，另外一种是传统的大气污染物。协同控制的目标是在考虑温室气体和其他污染物协同效应的基础上，在控制局地大气污染物和温室气体的同时追求经济效益。协同控制的关键是对协同控制措施的选择，要实现温室气体和大气污染物协同控制，应选择常规大气污染物与温室气体协同控制政策及工程措施（如图 3-15 中第一象限中的措施），确保在改善区域环境空气质量的同时，可以支持或者至少不会妨碍应对气候变化的目标。

1. 能源措施

能源特别是化石能源的使用，是温室气体和大气污染物排放的共同来源也是最主要的来源。通过减少化石能源消耗、提高能源使用效率来提高可持续发展能力的政策和措施，将会在降低温室气体排放的同时减少空气污染。这是属于图 3-15 中第一

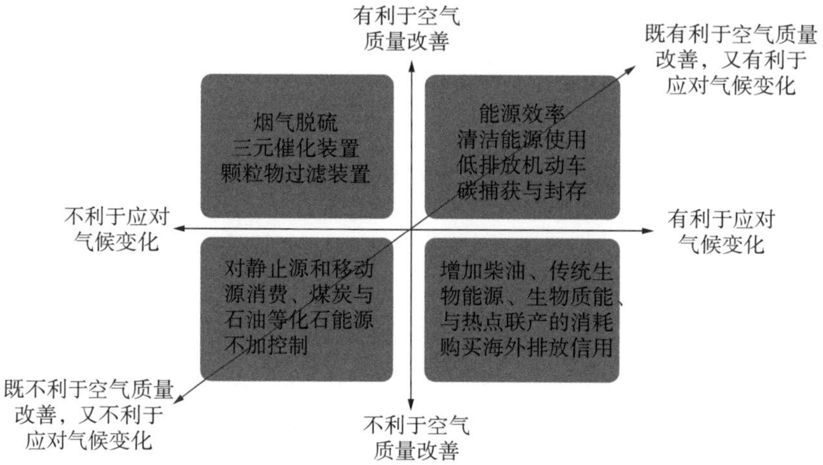

图 3-15　协同控制措施分布图

资料来源：《协同控制：回顾与展望》。

象限的措施。如世界各国中，约翰内斯堡计划号召所有国家发展可持续的消费和生产模式；《美国 2010 能源法案》提出了扩大核能发电比例、推进可再生能源利用和能源效率、进一步支持清洁能源研究等能源政策方向；中国《气候变化国家评估报告Ⅲ》中也明确提出，要通过国家立法、政策激励建立健全可再生能源市场，促进可再生能源的技术创新和产业化发展。

日益增加的现代能源服务也可以帮助减轻空气质量问题以及实现温室气体减排。例如，从燃烧作物残体转变为燃烧液化石油气、煤油、乙醇和沼气，将减少 95% 的室内空气污染；同时，可以相应地减少 CO_2 的排放和由于生物质不完全燃烧产生的黑炭。

2. 污染控制措施

目前，在常规大气污染物的控制中常用的措施包括污染治理工程，产业结构调整和机动车控制。这些污染控制措施在温室气体与大气污染物协同控制方面的效应各有不同。

在有些情况下，采取的空气污染控制措施将增加温室气体的排放量（图 3-15 中第四象限的措施）。例如，脱硫设施和其他末端去除设备的运行将需要更多的能源，这将导致循环效率的全面降低和 CO_2 排放量的增加。吸附剂提取和脱硫设备运行，也会有相应的温室气体的排放。这实际上等同于把当地潜在的区域酸雨问题转化成了更大的全球气候问题。已有评估表明，由 CO_2 排放引起的总损失要远大于 SO_2 排放带来的区域酸雨的影响。但在另一些情况下，污染治理工程也能提供正的协同效应。例如，对于颗粒物的治理措施，就可以相应地减少黑炭的排放，带来正的气候变化效益。

产业结构调整也是属于图 3-15 中第一象限的措施，主要通过淘汰落后产能和提高产能利用效率实现温室气体和大气污染物的协同效应。目前，进行产业结构调整主要针对电力行业、建材行业、钢铁行业等重点工业行业和燃煤锅炉的替代。如电力行业，产业结构调整的主要技术策略是“上大压小”。从电力部门的温室气体与大气污染物协同控制研究技术替代来看，用亚临界机组替代常规机组可以减少 24%～41% 的燃煤消耗；用超临界或超超临界机组替代常规机组更可以减少 32%～54% 的燃煤消耗。

交通运输部门也是协同控制关注的重点部门。有研究认为，提高交通工具效率的措施，是控制当地空气污染和全球气候变化的共同核心。淘汰高耗能的老旧机动车，优化乘用车结构，提高轨道交通在城市交通中的比例等都是有效的协同控制措施。在控制空气污染和气候变化方面虽然存在许多协同效应，但其也存在相互矛盾，如柴油发动机比汽油发动机省油，因此排放的温室气体更少，但是却增加了颗粒物的排放量，属于图 3-15 中第二象限的措施。

图 3-15 中第一、第二、第四象限的措施都可以用于温室气体和大气污染的协同控制，但具体措施的选择还要依据区域温室气体和大气污染物排放状况、产业结构特征、经济发展状况等综合考虑，统筹规划。

（三）协同控制的政策意义

实际上，很长时间以来无论是科学研究还是政策制定和实施，无论是发达国家还是发展中国家，大气质量改善和减缓气候变化总是被作为两个分离的和截然不同的问题分别对待。即使发达国家已经基本解决了国内大气污染问题，却也并没有将全球气候变化和国内大气污染两者从政策上统筹考虑。大气污染控制战略一般只关注“传统”的大气污染物质，或那些对人类呼吸和环境有直接危害的物质，主要包括颗粒物（PM）、O_3、SO_2、NO_x、重金属（如汞）等；而气候变化政策主要关注温室气体的排放，且主要是 CO_2 的排放。这主要是因为，在大气污染控制和气候变化减缓上有非常大的时空规模差异，减少大气污染的效益更确定、更直接、实效性更强，而减缓气候变化产生的收益则是长期的过程，而且是全球性的受益。

但从 1997 年 IPCC 开始关注温室气体与大气污染物的协同效应开始，协同效应得到了越来越多的关注，通过两者协同控制来共同应对当前的气候变化和大气问题已成为各国政府在政策制定时要考虑的重要因素。这是因为：

1. 考虑协同效应可降低政策实施成本

越来越多的国际经验和证据表明，如果气候变化和大气污染控制战略被统筹考虑，在总收益一定的情况下，成本会大大降低。加拿大采取的旨在控制温室气体的政策对地区污染物的控制产生了显著的协同效应，其通过提高机动车燃油效率标准、提高燃油税率、鼓励发展公共交通、进行发电行业燃料转换以及加大新能源的比例、提高家用和商用能源效率6项措施，到2010年减排了CO_2 6 800万t（占其2010年CO_2排放总量的9%）；与此同时，这些手段也显著地降低了各种大气污染物，其中减少了SO_2 22万t和NO_x 14万t，累计避免的经济损失为12亿美元。美国环境保护局对温室气体减排措施对SO_2治理费用的影响研究表明，2010年美国由于减排温室气体，可减少5亿美元的SO_2治理费用。欧洲为实现《京都议定书》所规定的温室气体减排目标，采取改变能源结构等措施，节约了40%左右的大气污染控制成本。而对我国的研究表明，中国如果在2020年时达到碳排放比2005年减少45%的目标，在不采取协同策略的情况下，今后10年每年需要为此新增300亿美元的投资；而在采取协同控制的节能减排措施情况下，节约的总社会成本至少为1 000亿元。

2. 考虑协同效应可避免政策失效风险

事实上，环保不低碳、低碳不环保的状况是客观存在的。现有环境政策体系下，削减传统污染物与温室气体之间既存在相互促进作用，也存在相互矛盾。污染可能成为节能产业发展的“瓶颈”，能耗问题也正是污染减排设施不能正常运转的主要原因。例如，从可持续发展角度看，削减传统污染物与节能或减缓温室气体排放两个管理目标或政策间有些地方是矛盾的。

环保不低碳：燃煤电厂安装脱硫设施有助于实现环保目标，但脱硫设施运转耗能会增加温室气体排放，如果以削减1t SO_2耗电100～5 000 kW·h算，保守估计全国每年电厂脱硫1 000万t则至少消耗电10亿～500亿kW·h（三峡工程年发电量500亿kW·h左右），这些电量供应如果不是由清洁能源产生则不可避免有大量温室气体排放。

低碳不环保：在应对气候变化国家政策和具体措施中都将推广节能灯、发展太阳能等可再生能源作为减少温室气体排放的重要措施和途径。太阳能是低碳的，发展太阳能及推广节能灯的确是重要的节能措施，但也可能存在高污染风险。作为太阳能产业发展所需的重要工业原料，多晶硅是高污染项目，生产多晶硅的副产品 $SiCl_4$ 是一种具有强腐蚀性的有毒有害液体。目前，国内在建多晶硅生产厂所用技术气体回收率低、污染大、生产过程耗能高。另外，由于该种物质回收再利用的成本昂贵，多数中国太阳能厂房均未安装或未完全安装相关的回收设备，这将对环境保护带来巨大隐患。

由上可以看出，如果不统筹考虑污染物减排和温室气体减排的协同效应，则两种政策的实施可能存在潜在冲突和矛盾，除了成本问题，两种政策的成效很可能会相互抵消。从污染减排的角度来讲，任何工艺都会产生能耗，而且是运营成本的主要部分，但是，不同的污染治理技术可能会消耗不同量的能源资源，因此从低碳的角度而言，可以优先选择那些能耗低的工艺。总而言之，低温室气体排放和低污染排放在一定条件下是矛盾的，只有将污染物减排和温室气体减排同时考虑才可避免两种政策的矛盾和政策失效的风险。

3. 考虑协同效应可产生更多的额外效益

当通过一个技术或者政策方案的组合来同时解决污染物减排和温室气体减排这两个问题时，考虑协同效应可以减少成本增加额外效益。通过采取相关污染物减排与温室气体减排的协同效应措施，从人体健康的角度可以减少患者人数、减少病假天数、减少急性或者慢性呼吸道疾病发生、增加预期寿命。

因此，在污染控制工作中主动考虑温室气体减排的协同效应，可以有效解决国内污染排放、减少或控制温室气体排放，实现污染物与温室气体的协同控制，实现优化配置，起到削减污染物和控制温室气体排放“双赢”的效果。

三、污染物与温室气体协同控制的国际发展历程

（一）从协同效应到协同控制的 3 个阶段

1. 认识到温室气体减排的次生效益

国际上对协同控制的研究最早起源于对温室气体减排的次生效益评估。所谓“次生效益”，是指在控制温室气体的同时所产生的局地大气污染物减排效益。最初采用固定系数法对次生效益进行评估，然而由于评估方法本身的缺陷，导致某些次生效益或协同控制效果的估算值偏高甚至出现错误。

2. 认识到大气污染控制与温室气体的双向协同效益

这一阶段，人们逐步认识到并不仅仅是温室气体排放控制可能对大气污染有单向的影响，反过来大气污染控制也可能对温室气体排放有影响。因此，次生效益逐渐地被协同效益的概念所替代。《IPCC 第三次评估报告》对“协同效益”的定义是：因各种理由而实施相关政策的同时获得的收益。《IPCC 第三次评估报告》广泛地讨论了减排温室气体的附加效益问题，审查了附加效益对人类健康的影响研究和特殊经济领域带来的附加效益。

例如，墨西哥城市群大气污染改进方案除能够达到既定目标外，还可以得到明显的温室气体减排效果；智利圣地亚哥地区实施的城市交通项目，对温室气体、局地大气污染物都有着重要的减排作用；上海环科院大气污染协同效益案例研究结果表明，通过改善空气质量、减少温室气体排放等措施，可大大减少因暴露在空气污染中而导致的未成年人死亡数，到 2020 年可以获得 3.27 亿～28.8 亿美元的经济收益。

3. 追求协同效益最大化的协同控制措施的选取与设计

在认识到协同效益的存在并对其进行了定量估算后，有什么样的控制措施可以使协同效益最大化成为后续的关注重点。因此，在协同效益的概念后，协同控制的概念就应运而生。大气污染削减政策与气候变化有明确的关联性，开展协同控制可以实现较好的减排效果。其联系不仅在于源头控制的协同效益，还在于通过影响生态系统对气候变化产生反作用。依据我国学者对亚洲情况的研究，即便不用承担温室气体减排责任，实施协同控制方案也有巨大的潜在社会经济效益。

《IPCC 第五次评估报告》指出，在可能实现 2℃温控目标的减缓情境下，提高空气质量和保障能源安全的成本都将下降，同时还有利于保障人类健康、保护生态系统和自然资源，并保持能源系统的稳定性；效率提高和行为方式的转变将带来重要的协同效应；在能源终端部门采取减缓行动带来的协同效应将超过其潜在的负面影响，且通过补充的政策措施，潜在的负面影响是有可能避免的。在可持续发展框架下可对气候变化政策的协同效应进行更为全面的评估，有效管理协同效应可促进可持续发展。

此外，IPCC 第五次气候变化评估报告进一步拓展了协同效应的内涵，认为减缓与适应之间以及不同适应响应之间存在显著的协同效益、协同作用和权衡取舍，尤其是在水、能源、土地利用和生物多样性之间的减缓和适应气候变化相互影响日益复杂，但是用于了解和管理这些相互影响的工具仍然有限。而减缓气候变化行动将产生大量的协同效应，例如，提高能源效率和高能源清洁水平，从而减排有损健康、影响气候的空气污染物；通过城市绿化和水的循环利用减少城市能源和水资源消耗；发展可持续的农业和林业；保护储存碳的生态系统和其他生态系统服务。对气候政策的协同效应进行有效管理，可以更好地奠定采取减缓行动的基础，促进可持续发展。

（二）国外协同效应政策实践

近年来关于协同效应的研究历程表明，国际上对于应对气候变化的协同效应研究已经进入了由科学研究向决策服务的新阶段，进而逐步成为国家应对气候变化政策制定的依据，也是其业绩展示的重要工具，为区域国际气候谈判奠定了重要的科学基础。

2005年9月21日，欧盟委员会提出了一份为期15年的提升欧盟空气质量计划——“欧洲洁净空气计划”（CAFÉ）。欧洲洁净空气计划的核心是2000—2020年实施一系列减少重要污染物的目标，如减少82% SO_2 排放、减少60% N_2O 排放、减少51% VOC排放、减少27%氨排放、降低59%超微小颗粒（$PM_{2.5}$）。欧洲洁净空气计划认为，O_3 是一种区域性大气污染物和强辐射物质，同时也是一种温室气体，控制 CH_4 和 NO_x 排放有利于降低 O_3 形成概率；此外黑炭/元素碳等一次颗粒物对人体健康和温室效应产生较大影响。基于气候变化和大气污染物相关关系深入分析的基础上，欧洲洁净空气计划认为大气污染与气候变化之间会产生突出的协同效应，应该特别注重保持污染控制政策与气候政策的一致性，获得额外收益，以最经济有效的方式实现温室气体与大气污染物的协同减排。同时该计划指出，大气污染控制政策与气候变化政策既有一致情况，也有冲突情况，例如降低 O_3 浓度和降低道路机动车颗粒物排放对空气大气污染和减缓气候变化有利，出现正协同效应；而 SO_2 和 NO_x 在物理、化学和生物因素作用下，形成的二次气溶胶却对人体健康有害，但在一定程度上对大气有显著的降温作用，出现负协同效应。

2007年欧洲理事会提出了能源和气候一体化决议，该决议在欧盟和能源政策方面具有里程碑意义。作为2020年“气候行动和可再生能源一揽子计划”的一部分，欧盟提出了“20-20-20”3个目标，即在1990年的基础上，到2020年将其温室气体排放量减少20%；可再生能源占最终能耗来源的比重达到20%；能耗下降20%。为了实现上述目标，欧盟委员会于2008年1月23日提出了“气候行动和可再生能源一揽子计划”（简称“一揽子计划”）的新立法建议，也被称为欧盟气候变化扩展政策。该政策制定过程中主要考虑了气候能源一体化政策对常规大气污染物的协同减排效益以及对欧盟第六次环境行动目标实现的贡献，同时提出了追求气候和能源政策目标时，市场应与公共干预之间的平衡保持一致。《气候与能源一体化政策评估报告》中指出，温室气体减排的协同效益还应包括减少高污染燃料的使用带来的工业污染物排放控制的成本。

美国政府出台了综合环境战略项目，主要目的是协助发展中国家识别、分析和实施一系列技术政策措施来改善大气环境质量、同时减少温室气体排放，增强可持续经济发展能力。纳入该项目的发展中国家和新兴经济体国家包括阿根廷、巴西、智利、中国、印度、墨西哥、菲律宾和韩国。2005 年在该项目支持下，韩国运用综合环境战略和协同控制思想对首尔空气质量管理规划中污染控制措施进行了优化。在对首尔常规大气污染物控制措施和温室气体控制措施评估过程中发现，规划中部分控制措施对常规大气污染物和对温室气体的减排效果差异显著，不同控制措施成本也不同，见表 3-5。

表 3-5　韩国首尔空气质量规划一体化优化结果

情景	NO_x/ kt	SO_x/ kt	PM_{10}/ kt	CO_2/ kt	成本 / 百万韩元
情景一：基础情景	353.95	91.11	17.38	103.08	0
情景二：仅常规大气污染物控制措施情景	181.93	25.21	7.79	95.76	295
情景三：仅温室气体控制措施情景	322.14	77.59	14.65	92.75	-6 419
情景四：一体化控制措施情景	181.36	49.51	6.99	92.44	-4 883
情景四相对于情景二产生的协同效应	0.57	-24.3	0.8	3.32	5 178
情景四相对于情景三产生的协同效应	140.78	28.08	7.66	0.31	-1 536

资料来源：《国家适应气候变化科技发展战略研究》。

2016 年 4 月 11 日，《蒙特利尔议定书》在关于限制 HFCs 使用的关键问题上取得了重要进展，推动了《蒙特利尔议定书》修正案实现新的突破。近些年来，HFCs 排放量正以每年约 7% 的速度递增，而如果 HFCs 使用增长模式保持不变，到 2050 年持续增长的需求每年将带来高达 8.8 亿 t 的 CO_2 eq 的排放，排放量巨大。同时根据目前全球应对气候变化进展，其排放量足以抵消《蒙特利尔议定书》在气候变化效益上取得的成绩。如果《蒙特利尔议定书》通过淘汰 HFCs 的修正案，根据测算，到 2050 年预计将减少 105 亿 t 的 CO_2 eq 排放，21 世纪末将使全球气温预计降低 0.4℃。

2016 年 10 月 15 日，各缔约国签署了《蒙特利尔议定书》修正案，旨在减少强效温室气体 HFCs 排放，协定同意进一步扩大《蒙特利尔议定书》的管控范围，将蒙特利尔公约升级成为有效应对气候变化的政策工具。根据扩大后的《蒙特利尔议定书》，缔约方将逐步淘汰消耗臭氧层物质，到 2050 年预计将减少 650 亿 t CO_2eq 的排放。

四、污染物与温室气体协同控制的国内政策进程与行动

国内关于协同效应的研究起步较晚，在区域和国家层面以及行业、部门层面研究较少。国内关注协同效应研究最早开始于 1999 年中美合作的综合环境战略项目，分别以北京、上海等为例开展了 CO_2 与大气污染物协同控制项目，引入了协同效应定量评估方法和模型，为国内协同控制领域研究提供了良好基础。后来国内相关机构陆续在 2003 年、2007 年分别与挪威、日本合作了协同控制政策设计及区域性的污染物协同效应研究，取得了良好成果。

由于大气污染物和温室气体的同源属性，从源头控制、以预防为主的大气污染物防治政策在一定程度上会产生温室气体的减排效应，表现出协同效应。中国的污染物防治和温室气体减排协同效应政策研究主要有协同效应前、协同效应评估、协同效应影响分析、协同控制政策分析 4 个发展阶段。

- 协同效应前阶段：地方污染控制政策和气候变化政策被单独考虑和制定，没有认识和考虑两者之间的联系；
- 协同效应评估阶段：这一时期开始逐步认识到大气污染防治和温室气体减排的联系，并开展了一系列环境政策的协同效应评估研究。例如，北京、上海、太原等地方案例的研究、西气东输项目案例研究等。
- 协同效应影响分析阶段：开始具体分析协同效应对地方大气污染防治和温室气体减排政策的影响。
- 协同控制政策分析阶段：对局地大气污染控制的协同效益和温室气体减缓政策同时分析，并提出协同控制局地污染物排放和温室气体减排的政策调整建议，以期获得最大的协同效应。目前第二、第三、第四阶段的研究在同时开展，其中第四阶段的研究还较为缺乏。

当前，国家层面的政策协同主要体现在以下两个方面：

第一，国家宏观政策可以自动实现大气污染物和温室气体减排协同效应。很多控制大气污染排放的政策也可以减少温室气体排放，反过来，一些减少温室气体排放的政策也能够减少大气污染物排放，特别是在国家宏观政策层面体现得尤为明显。例如，《21 世纪议程》《节约能源法》《清洁生产促进法》《循环经济促进法》《关于加快推进产能过剩行业结构调整的通知》《关于加快发展服务业的若干意见》《关于加快关停小火电机组的若干意见》和《关于抑制部分行业产能过剩和重复建设引导产业健康发展若干意见》等。《中华人民共和国大气污染防治法》第二条明确提出"防治大气污染，应当加强对燃煤、工业、机动车船、扬尘、农业等大气污染的综合防治，推行区域大气污染联合防治，对颗粒物、二氧化硫、氮氧化物、挥发性有机物、氨等大气污染物和温室气体实施协同控制"。另外，国家通过经济激励政策实现温室气体和大气污染物减排的"双赢"。为促进可再生能源发展，国家发展改革委等相关部门联合制定了《公共基础设施项目企业所得税优惠目录》，实施"三免三减半"的企业所得税优惠政策。2010 年国务院转发了国家发展和改革委员会等部门《关于加快推进合同能源管理促进节能服务产业发展的意见》，在加快节能新技术、新产品的推广，促节能服务产业发展，不断提高能源利用率方面起到了非常关键的作用。

第二，国家层面通过体制创新主动实现大气污染物和温室气体减排协同效应。例如，2007 年国务院成立了国家应对气候变化及节能减排工作领导小组，作为国家应对气候变化和节能减排工作的议事协调机构。随后国务院印发了《节能减排综合性工作方案》，建立节能减排目标责任制度，批转了《节能减排统计监测及考核实能方案和办法》。这些制度安排和政策措施保障了大气污染物和温室气体减排政策制定和政策实施的统筹。2016 年国务院印发的《"十三五"控制温室气体排放工作方案的通知》以及《"十三五"生态环境保护规划》中已明确将"加强碳排放和大气污染物排放协同控制"作为低碳转型的重要途径。2018 年 3 月 13 日，十三届全国人大一次会议第四次全体会议决定，将原环保部的职责，国家发展改革委的应对气候变化和减排职责，国土资源部的监督防止地下水污染职责，水利部的编制水功能区划、排污口设置管理、流域水环境保护职责，农业部的监督指导农业面源污染治理职责，国家海洋局的海洋环境保护职责，国务院南水北调工程建设委员会办公室的南水北调工程项目区环境保护职责都进行了整合，统一组建成生态环境部，作为国务院组成部门。生态环境部的组建，将对国内大气污染物防治与温室气体排放的协同控制提供新的机遇。

发展温室气体减排技术是实现温室气体减排的关键，能源供应行业、交通行业、建筑行业、工业行业以及农林业和其他土地利用领域的减排增汇措施和CO_2的捕集和封存技术都在不断地深化发展。减少温室气体排放与控制大气污染间存在协同效应，二者的协同控制是解决大气污染和气候变化问题的有效途径，生态环境部的组建，也将为协同控制提供新的机遇。

思考题

（1）主要有哪些领域的行动对减缓气候变化有积极作用？将分别会涉及哪些主要技术？

（2）大气污染与气候变化的关系是什么？

（3）在机构改革形势下，环保系统应如何推动应对气候变化与防治大气污染的协同控制？

第四章
应对气候变化的国际行动

气候变化关系到人类生存与各国发展，关乎我们共同的未来。毫无疑问，全球问题唯有通过国际合作才能获得有效应对，作为气候变化问题的主要“肇事者”，发达国家理应承担起解决问题的主要责任。然而，发达国家并未真正履行其国际义务，而是长期热衷于向发展中国家转嫁责任。发达国家和发展中国家围绕责任和义务的攻防战成为气候变化国际谈判的主线，也是谈判的难点和焦点。气候变化问题涉及经济社会发展的方方面面，一方面发达国家需要转变现有的发展和消费模式，另一方面发展中国家需要进一步探索可持续的发展道路，这将引发全球范围内的深刻变革，最终关系到各国经济社会发展的道路和模式。因此本章主要对全球气候谈判进程、气候变化国际合作机构和机制、典型国家在应对气候变化所做工作进行介绍。

第一节　全球气候变化谈判进程

气候变化谈判分为公约内谈判和公约外谈判两部分，公约内谈判具体指联合国气候大会，全称为《联合国气候变化框架公约》（以下简称《公约》）缔约方会议。《公约》于 1992 年 5 月在联合国纽约总部通过，1994 年 3 月 21 日正式生效，奠定了应对气候变化国际合作的法律基础，从 1995 年起每年举行一次《公约》缔约方大会，截至 2017 年，已经连续举办 23 届大会，评估全球应对气候变化的进展。公约外谈判主要指部分组织或行业为应对气候变化所形成的联盟或形成条文框架，以国际民航组织（ICAO）、国际海事组织（IMO）、《蒙特利尔议定书》、气候与清洁空气联盟为例进行介绍。

一、公约内谈判

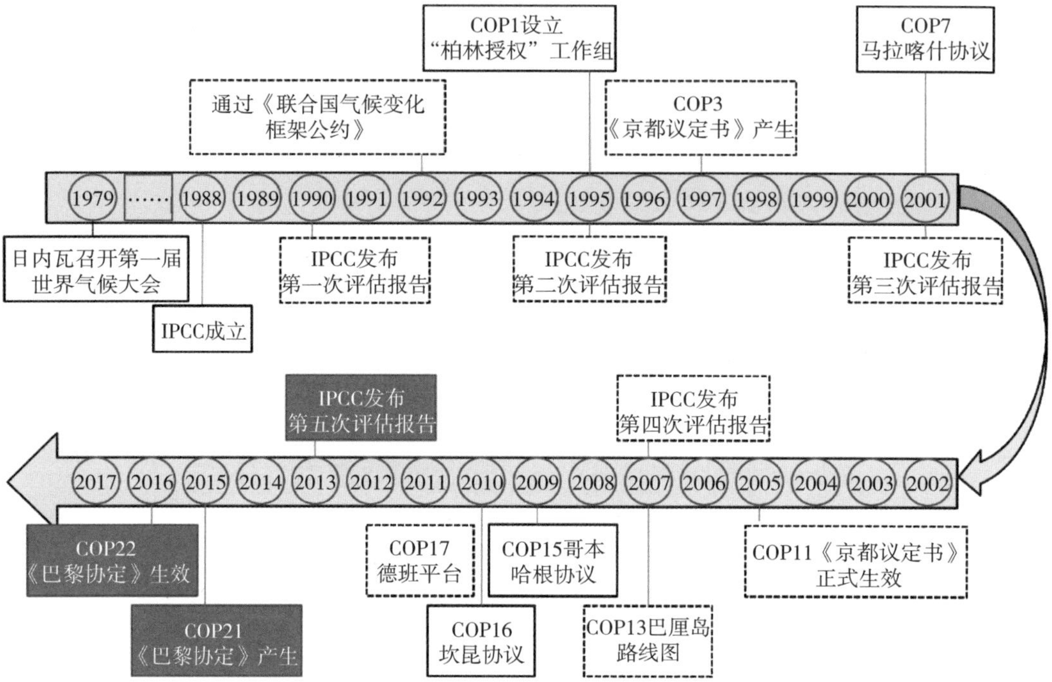

图 4-1　公约内谈判历程

自《公约》和《京都议定书》生效以后，各国围绕《公约》和《京都议定书》的履行，每年都要举行一次缔约方会议，截至 2017 年，共举办 23 次缔约方会议，历届会议取得的内容与成果如表 4-1 所示。

表 4-1　历届重要缔约方会议

年份	会议	主要内容与成果
1995	第 1 次缔约方会议	通过“柏林授权”，成立特设工作组，启动一项为发达国家确定量化减排义务的议定书的谈判
1996	第 2 次缔约方会议	会议就“柏林授权”所涉及的“议定书”起草问题进行讨论，未获一致意见，决定由全体缔约方参加的“特设小组”继续讨论，并向 COP3 报告结果。通过的其他决定涉及发展中国家准备开始信息通报、技术转让、共同执行活动等
1997	第 3 次缔约方会议	通过《京都议定书》，规定 2008—2012 年，主要工业发达国家的温室气体排放量要在 1990 年的基础上平均减少 5.2%，其中欧盟将 6 种温室气体的排放削减 8%，美国削减 7%，日本削减 6%

年份	会议	主要内容与成果
1998	第 4 次缔约方会议	在布宜诺斯艾利斯举办，此次会议发展中国家集团分化为 3 个集团，一是易受气候变化影响，自身排放量很小的小岛国联盟 (AOSIS)，他们自愿承担减排目标；二是期待 CDM 的国家，期望以此获取外汇收入；三是中国和印度，坚持目前不承担减排义务
1999	第 5 次缔约方会议	波恩气候大会，通过了《公约》附件——所列缔约方国家信息通报编制指南、温室气体清单技术审查指南、全球气候观测系统报告编写指南，并就技术开发与转让、发展中国家及经济转型期国家的能力建设问题进行了协商
2000	第 6 次缔约方会议	在海牙举办，谈判形成欧盟—美国—发展中大国（中国、印度）的三足鼎立之势。美国等少数发达国家执意推销“抵消排放”等方案，并试图以此代替减排；欧盟则强调履行《京都议定书》，试图通过减排取得优势；中国和印度坚持不承诺减排义务
2001	第 7 次缔约方会议	通过“马拉喀什协议”，为《京都议定书》的生效和实施铺平道路，包括“关于清洁发展机制的程序、规则和模式”的决定
2002	第 8 次缔约方会议	在新德里举办，会议通过的《德里宣言》强调减少温室气体的排放与可持续发展仍然是各缔约国今后履约的重要任务。该宣言重申了《京都议定书》的要求，敦促工业化国家在 2012 年年底以前把温室气体的排放量在 1990 年的基础上减少 5.2%
2003	第 9 次缔约方会议	在意大利米兰举办，在美国退出《京都议定书》的情况下，俄罗斯不顾许多与会代表的劝说，仍然拒绝批准其议定书，致使该议定书不能生效。为了抑制气候变化，减少由此带来的经济损失，会议通过了约 20 条具有法律约束力的环保决议
2004	第 10 次缔约方会议	在布宜诺斯艾利斯举办，来自 150 多个国家的与会代表围绕《联合国气候变化框架公约》生效 10 周年来取得的成就和未来面临的挑战、气候变化带来的影响、温室气体减排政策以及在公约框架下的技术转让、资金机制、能力建设等重要问题进行了讨论
2005	第 11 次缔约方会议	《京都议定书》生效后第一次缔约方会议，确认“马拉喀什协议”关于实施议定书的所有决定。公约下启动为期两年的长期合作行动对话，议定书下设立特设工作组，启动发达国家进一步减排指标的谈判
2006	第 12 次缔约方会议	在肯尼亚首都内罗毕举办，大会取得了 2 项重要成果：一是达成包括“内罗毕工作计划”在内的几十项决定，以帮助发展中国家提高应对气候变化的能力；二是在管理“适应基金”的问题上取得了一致，将其用于支持发展中国家具体的适应气候变化活动
2007	第 13 次缔约方会议	启动“巴厘路线图”谈判：公约下，成立长期合作行动特设工作组；议定书下，发达国家成立进一步减排指标特设工作组继续谈判。两项谈判均于 2009 年年底取得“一致结果”
2008	第 14 次缔约方会议	在波兰波兹南省波兹南举办，八国集团领导人就温室气体长期减排目标达成一致，并声明寻求与《联合国气候变化框架公约》其他缔约国共同实现到 2050 年将全球温室气体排放量减少至少一半的长期目标，并在公约相关谈判中与这些国家讨论并通过这一目标

年份	会议	主要内容与成果
2009	第 15 次缔约方会议	哥本哈根会议，国际社会就单个议题举行了规模空前的会议，190 多个国家元首和政府首脑出席，参会人数超过 5 万人，达成“哥本哈根协议”
2010	第 16 次缔约方会议	“坎昆协议”，巴厘路线图双轨谈判的重要阶段性成果，确认并细化了“哥本哈根协议”的内容，基本确定了 2013—2020 年应对气候变化国际合作的大框架
2011	第 17 次缔约方会议	德班会议，基本完成了落实巴厘路线图双轨谈判的任务，确定了 2013—2020 年《京都议定书》第二承诺期的执行，设立了加强行动德班平台特设工作组，旨在确定 2020 年后国际气候变化的谈判进程
2012	第 18 次缔约方会议	多哈会议，整体实现了落实德班会议成果的预期目标，完成了从巴厘路线图到德班平台的过渡。国际气候谈判将进入一个以德班平台为重心的全新阶段，目标是通过谈判制定一份于 2020 年之后开始实施并适用于所有缔约方的国际减排协议
2013	第 19 次缔约方会议	华沙会议，为打破僵局，谈判代表们再一次在文本上达成妥协，将“承诺”转化为法律效力较弱的“贡献”，即“在 2015 年问题上，各协约国决定开始或加强准备各国对于协议的贡献，并将于 2020 年开始执行，各协约方预计在 2015 年的第一季度，即巴黎 COP21 之前上交清晰和透明的计划”
2014	第 20 次缔约方会议	在秘鲁首都利马举办，谈判中重点关注帮助贫困国家、贫困社区落实“气候资金”以适应气候变化，并推进气候公正问题。此次大会最终在决议中进一步细化了预计 2015 年达成的应对气候变化新协议的各项要素，为各方明年进一步起草并提出协议草案奠定了基础，向国际社会发出了确保多边谈判于 2015 年达成协议的积极信号
2015	第 21 次缔约方会议	巴黎气候变化大会，通过全球气候变化新协定，为 2020 年后全球应对气候变化行动作出安排。《巴黎协定》指出，各方将进一步加强应对气候变化的威胁，把全球平均气温较工业化前水平升高控制在 2℃之内，并为把升温控制在 1.5℃之内而努力。全球将尽快实现温室气体排放达峰，21 世纪下半叶实现温室气体净零排放
2016	第 22 次缔约方会议	摩洛哥马拉喀什气候大会，来自《联合国气候变化框架公约》196 个缔约方超过 2.5 万名代表参与，大会经过多轮双边和多边谈判，最终通过《巴黎协定》第一次缔约方大会决定和《联合国气候变化框架公约》第 22 次缔约方大会决定，同时还通过《马拉喀什行动宣言》，宣言强调全球合作应对气候变化的趋势不可逆转，重申要全面落实《巴黎协定》，而此次大会也标志着全球应对气候变化从顶层设计加速走向行动落实
2017	第 23 次缔约方会议	德国波恩大会通过了名为“斐济实施动力”的系列会议成果，包括《巴黎协定》实施细则草案，该草案主要通过“做加法”的方式从而达成全面、均衡反映各方诉求的目的，该草案也进一步明确了 2018 年促进性对话的框架和方式以及加速 2020 年前气候行动的一系列安排，同时为后续的细则谈判奠定了基础

（一）联合国气候变化框架公约

自 20 世纪 80 年代起，全球气候变化问题引起了科学界、各国政府和国际社会的普遍关注。1988 年，联合国大会讨论了在马耳他提出的关于“气候是人类共同财富的一部分”的提案，并通过了“为当代和后代人类保护全球气候”的联合国大会第 43/53 号决议。

根据该决议，联合国环境规划署（UNEP）和世界气象组织（WMO）于 1988 年成立了政府间气候变化专门委员会（IPCC），研究气候变化的科学、影响及对策等问题，包括拟定气候变化框架公约的可能要素。自此，制定气候变化公约的问题成为各有关国际组织或会议经常讨论的重要议题，从七国首脑会议、联合国环境规划署理事会到联合国大会，从政策与法律专家会议到专门的部长级会议，无不强调制定气候变化公约的重要性和紧迫性。

1989 年，联合国大会通过第 44/207 号决议，要求联合国环境规划署和世界气象组织共同进行气候变化公约谈判的准备工作。1990 年 8 月，政府间气候变化专门委员会撰写了第一次气候变化评估报告，并完成了对气候变化框架公约要素的拟订。随后，联合国环境规划署和世界气象组织举行政府法律专家组会议，着手公约谈判的实质性筹备工作。1990 年 12 月，联合国大会通过第 45/212 号决议，决定在联合国大会的主持下成立政府间气候变化谈判委员会，在联合国环境规划署和世界气象组织支持下谈判制定一项气候变化框架公约（《联合国气候变化框架公约》）。这一公约于 1992 年 6 月在巴西里约热内卢举行的联合国环境与发展大会（地球首脑会议）上，成为应对气候变化问题上政府间合作和谈判的起点和基本框架，具有深远的历史意义。

经过 15 个月的艰苦谈判，各国终于在 1992 年联合国环境与发展大会前就《联合国气候变化框架公约》文本达成妥协。公约开宗明义“承认地球气候的变化及其不利影响是人类共同关心的问题”，公约认为人类活动已大幅增加了大气中温室气体的浓度，这增强了自然温室效应，将引起地球表面和大气层进一步增温，并可能对自然生态系统和人类产生不利影响。而应对气候变化各种行动的本身在经济上是合理的，而且还能有助于解决其他环境问题。从这一点来看，《联合国气候变化框架公约》是国际社会朝着共同控制温室气体排放目标迈出的一大步，为以后漫长的国际气候变化谈判奠定了基调，确定了原则。

然而，相比欧洲国家和其他环境非政府组织的最初提案，《联合国气候变化框架公约》文本的强制性色彩被大大弱化了。公约注意到在气候变化的预测中，特别是在其时间、幅度和区域格局方面，有许多不确定性。公约的目标是“将大气中温室气体的浓度稳定在防止气候系统受到危险的人为干扰的水平上，这一水平应当在足以使生态系统能够自然地适应气候变化、确保粮食生产免受威胁并使经济发展能够可持续地进行的时间范围内实现”，但条款本身并没有具体定义何为“危险”。

《联合国气候变化框架公约》重申在应对气候变化的国际合作中的“国家主权”原则，同意各国根据《联合国宪章》和国际法原则，拥有主权权利按自己的环境和发展政策开发自己的资源，也有责任确保在其管辖或控制范围内的活动不对其他国家的环境或国家管辖范围以外地区的环境造成损害。

《联合国气候变化框架公约》区分了工业化国家和发展中国家，这两类国家在应对气候变化问题上承担“共同但有区别的责任”。历史上和目前全球温室气体排放的最大部分源自发达国家，而发展中国家的人均排放仍相对较低，但随着自身社会和发展的需要，发展中国家在全球排放中所占的份额将会逐步增加。此外，《联合国气候变化框架公约》在附件 I 中列举了 35 个工业化国家和一个区域经济一体化组织——欧洲共同体，这 35 个国家除包括俄罗斯、乌克兰在内的苏联和中东欧地区 11 个“正在朝市场经济过渡的国家”外，还包括美国、澳大利亚、加拿大等 24 个经济合作和发展组织（OECD）成员国，这些国家被统称为“附件 I 缔约方”（Annex I Parties）。而世界上其他国家，大多数为发展中国家，则统称为“非附件 I 缔约方”（Non-Annex I Parties）。考虑到美国的反对，《联合国气候变化框架公约》没有明确规定国家减排强制性目标和时间表，只是泛泛地要求附件 I 缔约方在 20 世纪末尽可能将它们的温室气体排放控制在 1990 年的水平并提供相关信息。公约要求发达国家向发展中国家提供资金以支付发展中国家履行义务所需费用。发展中国家仅承担提供温室气体源与汇的国家清单的义务，制订并执行含有关于温室气体源与汇方面措施的国家方案，不承担法律约束力的限控义务。同时《联合国气候变化框架公约》建立了一个向发展中国家提供资金和技术，使其能够履行公约义务的机制。由此可见，为了更多国家的参与，《联合国气候变化框架公约》作为历史上第一个气候变化领域的国际法律文件，不仅没有对国家规定在温室气体控制方面的具体法律义务，相反提出了相应的非集体性激励措施（如发达国家对发展中国家的资金和技术援助）。

这一缺乏具体强制性法律义务的《联合国气候变化框架公约》于1994年3月生效，成为历史上第一个旨在全面控制温室气体排放以应对全球气候变暖给人类经济和社会带来不利影响的国际公约。根据公约规定，每年举行一次缔约方部长级会议（COP）。截至1998年11月，共有176个国家和地区（包括美国）在公约上签字。

（二）京都议定书

1.《京都议定书》的产生与发展

由于《联合国气候变化框架公约》只是一项框架性法律文件，以西欧、北欧为首的发达国家对于《联合国气候变化框架公约》没有对发达国家的温室气体减限排义务做出具体安排和规定表示不满，要求尽早对发达国家在公约下的义务进行量化谈判，制定包含发达国家具体温室气体减限排指标的议定书，同时也为发展中国家规定相应的减排义务。发展中国家反对通过制定议定书为其在公约之外规定新的义务。

在欧盟等发达国家的推动下，1995年公约第一次缔约方会议做出“柏林授权”，启动了在公约框架下制定新的法律文件的谈判进程，设立特设工作组，并要求于1997年完成谈判。“柏林授权”明确规定，新的法律文件将主要增加发达国家在2000年后应采取的温室气体减限排政策和目标方面的内容，不得向发展中国家引入任何新的义务，但将促进各缔约方根据公约的规定承担一般性义务。

1997年12月日本京都联合国气候大会会场

图片来源：网络 http://www.sohu.com/a/45763920_115402.

1997 年 12 月 11 日，《联合国气候变化框架公约》缔约方第三次大会在日本京都举行，149 个国家和地区的代表出席会议并通过了《京都议定书》。《京都议定书》首次以国际法律文件的形式定量确定了工业化国家排放温室气体的限额，这成为《京都议定书》最引人注目的特点。《京都议定书》要求附件 B 缔约方以它们 1990 年的排放水平为基准，在 2008—2012 年将 CO_2、CH_4、N_2O、HFCs、PFCs、SF_6 6 种温室气体的排放量平均削减至少 5%。不同的工业化国家承诺了不同的削减幅度，其中欧盟作为一个整体将 6 种温室气体的排放量削减 8%，美国削减 7%，日本和加拿大削减 6%。《京都议定书》允许澳大利亚增加温室气体排放 8%，挪威增加 1%，冰岛增加 10%，俄罗斯、乌克兰、新西兰等国可以维持它们 1990 年的排放水平。就广大发展中国家而言，《京都议定书》仍没有规定明确的强制性减排目标，只是要求包括温室气体排放大国的中国和印度在内的发展中国家自愿制定削减温室气体排放目标。

与 1992 年的《联合国气候变化框架公约》相比，《京都议定书》除为工业化国家规定了具有法律约束力的削减目标之外，还为各国低成本地履行减排义务专门引入了三种“灵活机制”（Flexible Mechanisms），以此来激励各方签署并批准《京都议定书》，参与这一新的国际环境制度，为增进气候变化领域的全球公共利益做出自己的一份贡献。这三大极具特色的灵活机制，通常也被称为“京都机制”，分别包括排放贸易（Emission Trading，ET），联合履行（Joint Implementation，JI）和清洁发展机制（Clean Development Mechanism，CDM）。“排放贸易”是指附件 I 缔约方在保证完成减排目标的前提下，可以将剩余的一部分排放额度用于交易，即出售给那些减排成本较高的工业化国家。根据《京都议定书》第十七条规定，“附件 B 所列缔约方可以参与排放贸易，任何此种贸易应是对为实现该条规定的量化的限制和减少排放的承诺之目的而采取的本国行动的补充”。“联合履行”是指附件 B 国家可以在其他附件 B 国家里投资项目来减少当地的排放或增强吸收温室气体的能力，由此产生的排放减少单位可由双方共享。根据议定书第六条规定，“为履行第三条的承诺的目的，附件 I 所列任一缔约方可以向任何其他此类缔约方转让或从它们获得由任何经济部门旨在减少温室气体的各种源的人为排放或增强各种汇的人为清除项目所产生的减少排放单位”。“清洁发展机制”的运作方式与“联合履行”相似，允许发达国家在发展中国家投资实施减排项目，以当地经过证实的减排数量（CER）来抵消发达国家自身的减排目标。“清洁发展机制”与“联合履行”是在项目基础上的减排合作机制，而“排放贸易”是对排放限额分配在全球范围进行贸易的市场机制。

由于《京都议定书》只是对“京都机制”做了框架式的规定，具体的执行细则留待后续的缔约方会议加以讨论和决定。《京都议定书》规定，“本议定书应在不少于 55 个《联合国气候变化框架公约》缔约方、包括其合计的 CO_2 排放量至少占附件 I 所列缔约方 1990 年 CO_2 排放总量的 55% 的附件 I 所列缔约方已经交存其批准、接受、核准或加入的文书之日后第九十天起生效”，《京都议定书》禁止各缔约方做任何保留。

在京都会议以后的谈判中，各方分歧仍十分尖锐。按照《京都议定书》的条款规定，无论是排放贸易、联合履行还是清洁发展机制，都只能成为附件 B 缔约方为履行规定的减排承诺而采取的本国行动的补充，但一个由美国、澳大利亚、日本、加拿大、冰岛、新西兰、俄罗斯、乌克兰和挪威等少数发达国家组成的“伞形集团”（Umbrella Group）强烈反对任何限制使用“京都灵活机制”的提议，而美国克林顿政府为了应对国内国会的强大压力，坚持发展中国家也要承担具体减排义务的立场。欧盟则坚决反对过度使用“灵活机制”，认为那样将不能使美国等高排放国家实质性地减少温室气体排放。77 国集团加中国反驳了美国的提议，坚持出于公平的原则，在发展中国家承担减排义务之前，发达国家应率先减排。

2001 年，新上台的美国总统布什宣布退出《京都议定书》，理由是议定书未能包括发展中国家的减排义务且美国履约成本过大。作为世界上 CO_2 排放量第一的国家，美国的退出引起了国际上的轩然大波和一致谴责，这也为《京都议定书》的前景蒙上了一层厚厚的阴影。

《联合国气候变化框架公约》第十次缔约方大会在布宜诺斯艾利斯召开。对议定书能否生效起着决定性作用的俄罗斯态度终于明朗，俄罗斯政府在经过长时间的犹豫和立场上的摇摆不定后，终于决定成为《京都议定书》缔约国。2004 年 11 月 5 日，俄罗斯总统普京在议定书上签字，使这一旨在减少全球温室气体排放的议定书正式成为俄罗斯的法律文本。这样，《京都议定书》在经历了 7 年多的波折之后，终于满足了生效的所有条件，于 2005 年 2 月 16 日正式生效。就在这一天，欧盟委员会在欧盟总部所在地比利时首都布鲁塞尔举行仪式，庆祝《京都议定书》正式生效，称这是目前人类拥有的对付气候变化的最有力工具。

国际气候变化谈判格局

第一股力量以美国为代表，主张推翻《京都议定书》框架，是阻碍国际社会在《京都议定书》基础上达成新的减排共识的主要障碍。

第二股力量以欧盟为代表，主张在《京都议定书》的基础上继续谈判，将减排力度适当提高，适用范围适当扩大。

第三股力量以基础四国（中国、印度、巴西、南非）为代表，主张严格坚持《联合国气候变化框架公约》和《京都议定书》，承诺采取更多积极有效的措施来减少排放。

表 4-2　各国温室气体减排指标

缔约方	量化的限制或减少排放指标（2008—2012 年）（基准年或基准期百分比）	量化的限制或减少排放指标（2013—2020 年）（基准年或基准期百分比）
澳大利亚	108	99.5
奥地利	92	80
白俄罗斯	—	88
比利时	92	80
保加利亚	92	80
克罗地亚	95	80
塞浦路斯	—	80
捷克共和国	92	80
丹麦	92	80
爱沙尼亚	92	80
欧盟	92	80
芬兰	92	80
法国	92	80
德国	92	80
希腊	92	80
匈牙利	94	80
冰岛	110	80
爱尔兰	92	80
意大利	92	80

缔约方	量化的限制或减少排放指标（2008—2012 年）（基准年或基准期百分比）	量化的限制或减少排放指标（2013—2020 年）（基准年或基准期百分比）
哈萨克斯坦	—	95
拉脱维亚	92	80
列支敦士登	92	84
立陶宛	92	80
卢森堡	92	80
马耳他	—	80
摩纳哥	92	78
荷兰	92	80
挪威	101	84
波兰	94	80
葡萄牙	92	80
罗马尼亚	92	80
斯洛伐克	92	80
斯洛文尼亚	92	80
西班牙	92	80
瑞典	92	80
瑞士	92	84.2
乌克兰	100	76
英国	92	80
加拿大	94	—
日本	94	—
新西兰	100	—
俄罗斯	100	—

数据来源：《联合国气候变化框架公约》《京都议定书》。

2. 清洁发展机制

清洁发展机制（CDM）是指发达国家通过提供资金和技术的方式，与发展中国家开展项目合作，通过项目所实现的“经核证的减排量”（CER），用于发达国家缔约方完成在议定书第三条下的承诺，是《京都议定书》引入的 3 种灵活履约机制之一。其中，清洁发展机制既能使发达国家以低于其国内成本的方式获得减排量，又为发展中国家带来先进的技术和资金，有利于促进发展中国家经济、社会的可持续发展。CDM 机制下有两种项目类型，即减排项目和增汇项目。减排项目是指通过开展有益于减少温室气体排放的活动项目，主要是在工业、能源部门，通过提高能源利用效率、采用替代性或可再生能源来减少温室气体排放；增汇项目是指能够通过土地利用、土地利用变化和林业项目活动增加陆地碳贮量的项目，如造林、再造林。欧盟是 CER 需求的重要来源，欧盟碳市场（EU ETS）收紧了 CER 使用规则以后，CDM 注册及签发项目在 2012 年之后呈现大幅回落趋势。2016 年新增注册 CDM 项目 497 个，签发 CDM 项目 178 个。图 4-2 展示了 2004 年以来 CDM 项目注册及签发年度趋势。

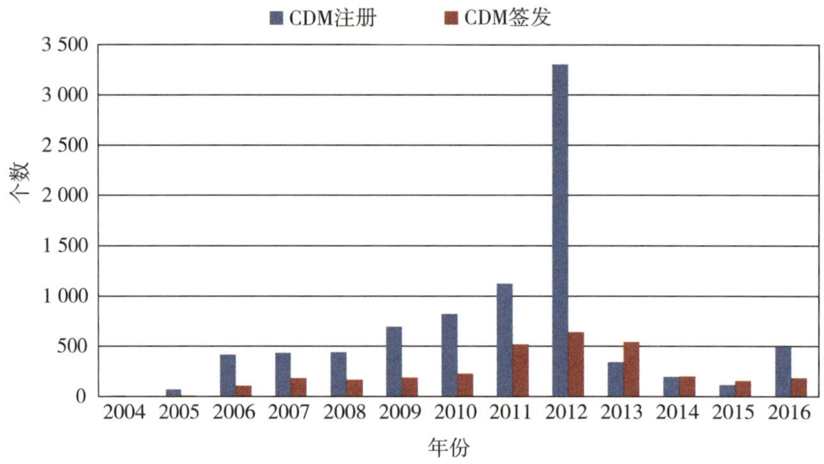

图 4-2　CDM 项目注册及签发年度趋势

资料来源：UNFCCC 网站。

截至 2017 年 6 月 30 日，全球累计注册 CDM 项目达到 7 775 个，其中 3 071 个 CDM 项目产生的 CER 获得签发，累计签发量 18.4 亿 t CO_2 eq（图 4-3）。

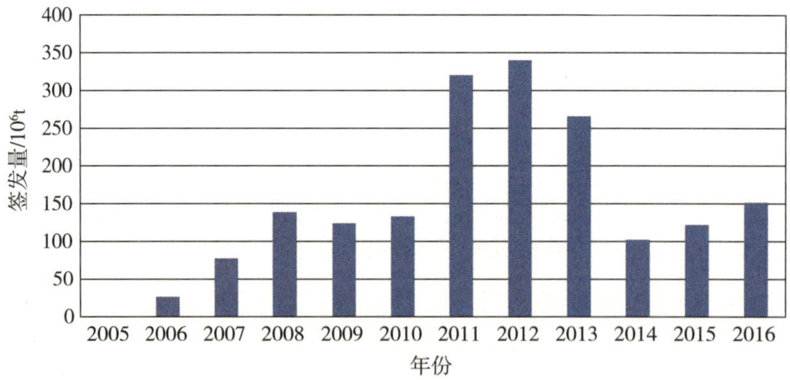

图 4-3　全球 CER 签发量

资料来源：UNFCCC 网站。

联合国清洁发展机制执行理事会（CDM Executive Board，CDM EB）试图通过简化 CDM 程序及改进机制指南来增加其吸引力。2015 年 5 月 28 日，在德国波恩举行的会议上，联合国清洁发展机制执行理事会确定了简化发展中国家 CDM 项目要求的领域，极大地降低了使用 CDM 的交易成本和障碍。改革涉及五大领域：

- CDM 注册及执行项目要求，在事前注册要求上增加批准信和信用期的灵活性，平衡额外性论证的准确性及时间 / 成本效益，增加事后调整监控的灵活性。
- 认证及确认要求，简化验证和核查标准的“认证方式”，使其更灵活且更专业；在指定经营实体（Designated Operational Entity, DOE）认证及确认不影响公平性及客观性的情况下取消对指定经营实体的限制。
- 注册、签发及登记后变更，缩短项目周期进程及时间表；简化对环境威胁相对较小的项目活动及活动方案（Programme of Activities, PoA）的程序；明晰并精简登记后变更的审核程序。
- 方法学程序，使其更便于使用；缩短开发新方法学或修订已有方法学的过程及时间表。
- 承认第三方的独立认证及确认机构，扩大与其他国际标准和程序在资格认证上的协同性；开发证明指定经营实体能力的标准方法。联合国清洁发展机制执行理事会已经要求联合国气候变化框架公约组织（UNFCCC）准备简化程序的具体提案。目前联合国清洁发展机制执行理事会也试图在自愿减排市场寻找新 CER 需求来源。

除此之外，为了盘活 CERs，特别是已经签发的 CERs 现货交易，联合国清洁发展机制执行理事会正在安排开发一个类似于 eBAY 或亚马孙的在线 CERs 交易平台，帮助项目业主直接面向更为广大的公众群体及个人销售 CERs。

（三）巴厘路线图

2007 年，国际社会再度对气候变化问题给予极度关注。在以欧盟为主的发达国家推动下，达沃斯世界经济论坛、八国峰会及其同发展中国家对话会、亚太经合组织领导人非正式会议均将气候变化问题列为首要议题，联合国秘书长还推动联合国气候变化大会举办高级别会议讨论气候变化。气候变化成为当年国际议程中最为热门的话题，主要是为年底将在巴厘岛举行的联合国气候变化会议造势，推动在《联合国气候变化框架公约》下启动一项新的谈判授权，目标依然是制定一项新的减排协议。

经过艰苦谈判，2007年年底在印度尼西亚巴厘岛举行的联合国气候变化大会达成了“巴厘路线图”，标志着新一轮气候变化国际谈判的启动。“巴厘路线图”确定在《联合国气候变化框架公约》和《京都议定书》“双轨”机制下谈判，致力于在2009年年底前就如何进一步加强2012年后应对气候变化国际合作取得一致结果。“巴厘路线图”包括《京都议定书》非缔约方发达国家的减排义务及所有发达国家减排义务之间的可比性，解决了其他发达国家对美国长期游离在外的关切。发展中国家也同意，在得到资金、技术和能力建设方面“可测量、可报告、可核查”支持的情况下，采取“可测量、可报告、可核查”的方法适当减缓国内行动。但由于“巴厘路线图”是妥协的产物，发达国家有意对此做不同解释。随着谈判的深入，各方矛盾和分歧不断显现，并日趋尖锐。

（四）哥本哈根协议

“巴厘路线图”谈判目标是促进公约的全面、有效和持续实施，并就此达成一项“结果”。这是哥本哈根谈判中最为核心的问题，对谈判“结果”的解释和期待也是最为复杂、最具争论的问题，其本质是发达国家同发展中国家围绕责任和义务分担的攻防，关系到要坚持公约和议定书，还是修改公约和议定书重新分配权利义务的重大原则问题。

发达国家始终没有放弃谈判制定新的全球减排协议的努力，希望2009年哥本哈根会议就此达成协议，具体形式可能是一项新的议定书，也可能是《京都议定书》的“升级版”，核心是全球减排。为实现这一目标，发达国家提出希望将《联合国气候变化框架公约》和《京都议定书》“双轨”谈判进程合并。发展中国家认为《联合国气候变化框架公约》和《京都议定书》已对国际合作应对气候变化的原则和责任义务分担做出了全面、合理的规定。“巴厘路线图”的授权内容是通过谈判促进这些条款的全面、有效和持续实施，而不是对他们进行重新解释、修改或制定新规则。将公约和议定书“双轨”进程合并超出了“巴厘路线图”谈判授权。

发达国家同发展中国家围绕减排责任和义务分担的争论还体现在有关“共同愿景”、减缓、适应、资金和技术等具体议题的讨论中。发达国家希望通过讨论长期合作行动的“共同愿景”设定全球温室气体长期减排目标，而如何按照“共同但有区别的责任”公平分配有限的排放权成为讨论全球长期目标中无法回避的复杂问题。多数发达国家按“京都议定书模式”继续承担更为严格的减排义务的意愿不足，更为关注讨论发展中国家的减缓行动。在讨论向发展中国家提供资金和转让技术问题时，发达国家回避政府责任，大谈私营部门的作用。这些问题实际上都是关于公约和议定书相关规定能否得到切实、有效实施的“老生常谈”的问题。

国际社会携手努力、加强应对气候变化合作是大势所趋，哥本哈根会议本应就进一步强化2012年后应对气候变化国际合作达成共识。但发达国家未能拿出应有的政治诚意，“伞形集团”如美国在谈判中提出的主张实际是达成一项“各国自主承诺加统一国际核查”的松散协议取代京都议定书。根据这种模式，无论发达国家还是发展中国家，减排多少都由本国决定，不容国际谈判，但在性质上具有相同的法律约束力。发展中国家认为“伞形集团”的这一主张违背了“共同但有区别的责任”原则，主张发达国家应当继续按照《京都议定书》的模式，承担量化的强制国际减排义务，减多少应根据其历史责任和应对气候变化的科学要求。

发达国家与发展中国家双方的上述争议关系到2012年后应对气候变化国际体制的性质和减排权利义务分配的根本性问题。“伞形集团”态度消极，试图借助新条约逃避义务并转嫁责任，其主张的新条约是对《京都议定书》的一种倒退，这是发展中国家难以接受的。可以说发展中国家和“伞形集团”的矛盾是事关未来国际气候制度大方向的根本的结构性矛盾，这一矛盾最终在哥本哈根会议上得到集中爆发，导致会议不欢而散。

会议最后形成的“哥本哈根协议”没有得到缔约方会议的通过，但作为领导人达成的政治文件，对下一步谈判具有重要政治指导意义。但“哥本哈根协议”只对谈判中的减缓、适应、资金和技术等主要要素提供了方向性指导，回避了发达国家与发展中国家双方的根本矛盾，也未涉及最终谈判结果的法律形式问题。

（五）坎昆协议

由于未能达成一致，哥本哈根会议不得不延长“巴厘路线图”授权。2010年坎昆会议上，“巴厘路线图”再次被延长授权。坎昆会议虽未完成“巴厘路线图”的谈判任务，但会议达成的“坎昆协议”进一步在“哥本哈根协议”的基础上，明确了2012年后应对气候变化国际合作框架的基本要素和大致合作方向，就加强应对气候变化合作取得了重要的阶段性共识，主要包括：

第一，首次在联合国文件中确定全球平均温度升高不超过2℃的长期目标。各国同意基于科学认识并在公平的基础上采取减排行动，努力实现这一目标。

第二，首次在联合国文件中接受了“低碳发展战略”的概念。各国承认低碳发展战略是可持续发展所不可或缺的。

第三，各国同意开展合作，争取尽快实现全球排放量和国家排放量封顶，同时承认发展中国家实现排放量封顶需要更长的时间。各国将继续在 2011 年年底的南非德班会议上考虑全球排放达到峰值的具体时间框架以及 2050 年全球量化减排目标，并于 2013 启动审评，考虑设立更严格的长期目标（包括全球温升不超过 1.5℃）的可行性。

第四，各方同意尽快完成《京都议定书》第二承诺期谈判，避免第一、第二承诺期之间出现空档。发达国家和主要发展中国家也分别提出了各自到 2020 年的绝对量化减排指标和自主减排行动目标。发达国家同意强化对其履约行为的报告和审评制度，发展中国家也同意增加其减排行动的透明度。

需要说明的是，由于产生的过程不透明，丹麦在没有得到缔约方会议授权的情况下坚持组织小范围非正式磋商，引起“玻利瓦尔集团”的集体不满，最终以程序性瑕疵为由阻止了缔约方会议最终正式通过“哥本哈根协议”。2010 年气候变化谈判在很大程度上只是缔约方重新建立互信的过程，也是对“哥本哈根协议”的一个逐步消化的过程。“坎昆协议”更多是对“哥本哈根协议”的确认和细化，对适应、资金、技术方面做出了原则性机制安排，虽然取得了重要进展，但很难说谈判结果是对哥本哈根会议成果的实质性突破。尤其是长期以来南北双方的结构性矛盾并没有得到缓解。

（六）德班“一揽子协议”

由于此前气候变化谈判久拖不决，2011 年 12 月的德班世界气候大会被认为是人类拯救地球的最后一次机会。会议面临的最严峻考验，实际上是如何解决“坎昆协议”未能涉及的一些复杂的政治性问题，包括《京都议定书》的存续及与此相关的《联合国气候变化框架公约》谈判结果的法律形式等问题。基于分歧严重，会前各方对德班会议并不十分看好，但经过各方异常激烈的谈判与交锋，德班会议最终取得了突破，达成了相对平衡的“一揽子协议”。

德班会议的成功进一步推动了气候变化国际合作的进程，会议取得的成果对未来国际气候制度的演变发展将产生深远影响。会议通过了一系列成果文件，包括《联合国气候变化框架公约》第 17 次缔约方会议通过的 19 项决定和《京都议定书》第 7 次缔约方会议通过的 17 项决定。其中最为引人瞩目、最具深远影响的有 3 份文件，即《关于设立加强行动的德班平台特设工作组的决定》《关于公约长期合作行动特设工作组工作结果的决定》以及《关于京都议定书附件一国家进一步承诺特设工作组工作结果的决定》。

这3份成果文件体现了德班"一揽子协议"的核心。一是标志着国际社会已基本完成了落实"巴厘路线图"双轨谈判的任务，并确定了2013—2020年应对气候变化国际合作的基本框架和主要安排。"巴厘路线图"下设公约和议定书两个特设工作组在2012年完成相关后续任务后，将在多哈会议上结束使命，正式退出历史舞台。二是启动了一个旨在确定2020年后国际气候安排的谈判进程，相关谈判将通过在公约下新设立的"加强行动德班平台特设工作组"开展，并计划于2015年完成任务，最终目标是要达成一项全球参与减排的议定书或取得有法律效力的结果。从时间跨度上看，2013—2020年的合作机制可以称作为过渡期安排，在过渡期内，《京都议定书》第二承诺期将继续执行，在公约下也已经就减缓、适应、资金、技术和能力建设等问题做出了相应的安排。2020年之后，如果谈判进展顺利，届时极有可能会开始实施一项所有主要国家都参与减排的法律文件。

德班平台的启动，标志着气候变化国际谈判的重点将由"巴厘路线图"转为2020年后的国际减排安排，直接关系到未来国际气候制度的发展方向。"德班平台"是会议取得的最引人关注的成果。从某种意义上讲，这一进程的启动是发达国家长期推动的结果，基本实现了他们在"巴厘路线图"谈判中未能实现的目标。

德班会议成果深刻反映出国际气候政治的复杂性，标志着国际气候制度正在向一种新的框架与模式演变，尽管这一过程可能是一个十分漫长的过程。20世纪90年代以来，新兴国家经济发展呈现强劲势头，全球经济增长重心逐渐东移、国际力量对比正朝有利于发展中大国的方向变化。发达国家内心失落感和焦虑感上升，承担国际义务的政治意愿越来越弱，向发展中国家转嫁责任的心态不断强化。《联合国气候变化框架公约》确定的"共同但有区别的责任原则"正在受到发达国家前所未有的挑战，发展中国家内部对这一原则的解读也开始出现分歧，特别是小岛国与最不发达国家，也有意突出发展中大国的能力与责任，要求发展中大国承担减排责任的心态十分明显。

虽然总体上，德班会议成果依然坚持了《联合国气候变化框架公约》和《京都议定书》，维护了"共同但有区别的责任"原则，但为推动应对气候变化国际合作进程，发展中大国还是做出了必要妥协。当然，无论从国际国内面临的形势来看，这种妥协都体现了一个巨大进步。一方面，气候变化问题已威胁到各国的生存和发展。发展中国家特别是小岛屿发展中国家、最不发达国家及非洲国家尤为脆弱，面对多数发达国家的消极不前，在原则限度内显示了最大灵活度，在关键时刻展现了大国气度。另一方面，多数发展中国家早已在国内采取了积极应对气候变化的行动，对启动2020年后减排谈判授权方面显示的灵活度，更是充分展现了他们向低碳绿色道路转型的决心与信心。可以说，德班会议的成功，很大程度上要归功于发展中大国对应对气候变化与低碳绿色转型的必要性与紧迫性的重要认识与基本定位。

（七）多哈气候之门

2012年11月25日至12月8日在多哈举行的联合国气候变化会议通过了统称为“多哈气候之门”的一系列成果文件。多哈会议最核心的谈判成果包括3个文件，分别是《关于〈京都议定书〉第二承诺期的决定》《关于巴厘行动计划工作成果的决定》及《关于推进德班平台工作的决定》。前两份文件集中体现了“巴厘路线图”的谈判成果，第三份文件明确了德班平台未来谈判的主要内容和工作计划。

多哈会议整体实现了落实上一年德班会议成果的预期目标，完成了从“巴厘路线图”到德班平台的过渡。多哈会议之后，国际气候谈判将进入一个以德班平台为重心的全新阶段，目标是谈判制定一份于2020年之后开始实施并适用于所有缔约方的国际减排协议。2013—2020年将是落实“巴厘路线图”谈判成果的过渡期，包括实施《京都议定书》第二承诺期和“巴厘行动计划”下的相关安排。

（八）巴黎协定

经过马拉松式的多边谈判，《联合国气候变化框架公约》第21次缔约方大会上196个缔约方（195个国家+欧盟）签署了《巴黎协定》，正式对2020年后全球气候治理进行了制度性安排，该法律协定于2015年12月12日诞生。

《巴黎协定》中提出协议生效的“双55”标准，即在2016年4月22日至2017年4月21日开放签署时，不应少于55个缔约方，且签署批准的各缔约方国家排放总量至少占全球温室气体总排放量的55%，缔约方交存其批准、接受、核准或加入文书之日后的第三十天起方可生效。“双55”标准降低了法律约束力的条件，在《巴黎协定》通过后不久，已有180多个国家向联合国提交了自主贡献文件，涉及全球95%以上的碳排放。

2016年4月22日《巴黎协定》开放签署，当日共有175个缔约方完成签署，这不仅创下了一天内签署国际协定国家数量最多的纪录，更标志着《巴黎协定》成为全球具有法律约束力的协定，确立了全球气候治理的新秩序。

《京都议定书》完全坚持了“共同但有区别的责任”与各自能力原则，规定发达国家应强制减排，而发展中国家则无须承担强制性减排任务，这种刚性要求限制了减排的责任主体，其执行的效果更因在议定书中明确规定了发达国家的具体减排指标而大打折扣。而《巴黎协定》采取了缔约的方式，强调减排的差异性与自主性，通过权衡各方诉求以激励各国积极参与到全球气候治理之中，有利于实现各国乃至全球总体的减排限排目标，这样的法律形式符合当前国际社会的现实需要与全球气候合作治理的新格局。

《巴黎协定》采用“协议＋决议”的形式，其中决议部分包含六大方面内容，正式协议中涉及29个条目，对国家自主贡献、减缓、适应、损失和伤害、资金、技术开发和转让、能力建设、行动和资助透明度、全球总结等要素做出安排。《巴黎协定》聚焦了基本原则、三项长期目标、“自主贡献＋盘点”以及法律约束力等主要问题。

1. 坚持《联合国气候变化框架公约》中的基本原则并兼顾公平

> 气候变化多边协议的目的，不应仅是限制大国排放，而是通过国际社会的合作，让各国尽快步入低碳化进程。

《巴黎协定》明确了“公平原则、共同但有区别的责任原则，以及各自能力原则”，所有缔约方均有全球减排的责任与义务，同时协定还考虑到各个国家的不同国情，突出了新兴大国应做出卓越贡献，并对最不发达国家及小岛屿发展中国家提供特殊的照顾，区别对待与相关规定的倾斜体现了协定的包容性、公平性。同时，发达国家与发展中国家在具体减排、资金、技术方面负有不同责任。在减排方面，发达国家与发展中国家分别实现与逐步实现绝对减排目标，这为发展中国家努力完成减排、限排目标与社会经济发展转型之间的平衡赢得了时间，更为发达国家带头减排增添动力与支持。在资金援助方面，协定再次要求发达国家继续向发展中国家提供资金援助，强调了发达国家在帮助发展中国家减排与适应气候变化过程中应发挥主导作用，同时也鼓励其他国家在自愿基础上提供援助但不具有法定义务，反映出资金援助不再只是发达国家的责任，既动员了所有国家又兼顾了公平。

2. 三项长期目标

《巴黎协定》首次明确提出了有关气候升温幅度、适应能力、资金流向的三项长期目标，具体包括：

- 把全球平均气温升幅控制在工业化前水平以上低于 2℃之内，并努力将气温升幅限制在工业化前水平以上 1.5℃之内，同时认识到这将大大减少气候变化的风险和影响；
- 提高适应气候变化不利影响的能力，并以不威胁粮食生产的方式增强气候抗御力和温室气体低排放发展；
- 使资金流动符合温室气体低排放和气候适应型发展的路径。

协定确立的目标将全球作为一个整体，目标体系覆盖了国际社会最为关心的三大方面。其中的亮点之一是设定了全球气温升幅的明确数值，同时在温室气体排放方面提出尽快达到全球温室气体排放的峰值，在 21 世纪下半叶实现全球净零排放的设想，意味着化石能源的时代即将结束，为发展中国家未来的低碳经济发展指明了路径与方向。

3. “自主贡献 + 盘点”国际气候体制的确立

“自主贡献 + 盘点”是巴黎协定确立的全球减排行动框架，通过国家自主贡献及公布各自的排放量以确保“透明度”，利用全球盘点促进日益深化的“行动力度”。在备受各方关注的国家自主贡献问题上，根据协定，各方将以“自主贡献”的方式参与全球应对气候变化行动。各方应该根据不同的国情，逐步增加当前的自主贡献，并尽其可能大的力度，同时共同负有但有区别的责任。与以往不同的是，层次划分由发展中国家和发达国家，细分到发达国家、发展中国家、最不发达国家和小岛屿发展中国家。发达国家将继续带头减排，并加强对发展中国家的资金、技术和能力建设支持，帮助后者减缓和适应气候变化。此外，《巴黎协定》规定，2018 年将安排一次盘点各国自主贡献整体力度的“促进性对话”，算是全球盘点机制的一次预演，以评估减排进展与长期目标的差距，推动各国制定新的自主贡献承诺，同时提出，在此之前由政府间气候变化专门委员会（IPCC）提交一份关于全球升温 1.5℃的影响及其相关全球排放路径的专题评估报告。从 2023 年起，每 5 年将对全球应对行动的总体进展进行一次盘点，以帮助各国提高减排力度、加强国际合作，兑现全球应对气候变化长期目标。

在《巴黎协定》的框架之下，中国提出了有雄心、有力度的国家自主贡献的四大目标：

- 到 2030 年，中国单位 GDP 的 CO_2 排放要比 2005 年下降 60%～65%；
- 到 2030 年，非化石能源在总的能源当中的比例要提升到 20%左右；
- 到 2030 年，中国的 CO_2 排放要达到峰值，并且争取尽早达到峰值；
- 增加森林蓄积量和增加碳汇，到 2030 年中国的森林蓄积量要比 2005 年增加 45 亿 m^3。

《巴黎协定》是一个公平合理、全面平衡、富有雄心、持久有效、具有法律约束力的协定，传递出了全球将实现绿色低碳、气候适应型和可持续发展的强有力积极信号。该协定成为减少气候变化风险这一历史性旅程中的决定性转折点。各方为达成有雄心的、灵活的、可信的和持续有效的协定，展示出灵活性和一致性。《巴黎协定》是继 1992 年的《联合国气候变化框架公约》、1997 年的《京都议定书》之后，人类历史上应对气候变化的第三个里程碑式的国际法律文本，形成 2020 年后的全球气候治理格局。

《巴黎协定》虽已达成，但只是确定了指导未来行动的原则和框架，各方对于如何具体落实依然存在分歧，《巴黎协定》中提出的各项目标仍需各国共同努力才能实现。因此，《巴黎协定》不是应对气候变化问题的终结，而是全球共同应对气候变化征程的“新起点”。在这漫漫征程中，一方面，要求发达国家率先减排，走出一条可持续发展的低碳之路，同时对发展中国家应对气候变化提供支持；另一方面，要求发展中国家不能再重复发达国家“先污染后治理”的老路，而是向增长的低碳化、能源的低碳化和消费的绿色化转型迈进，走一条绿色低碳的可持续发展之路。协定提出的“全球尽早达峰、21 世纪下半叶实现零碳增长、21 世纪末实现 100% 非化石能源替代”等分别是这场“马拉松”的 10 km、半程和全程目标。只要各方放弃纷争、共同参与，相互扶持、相互督促，持之以恒、锲而不舍，这些目标就会逐一实现。

图 4-4 《巴黎协定》框架下中国国家自主贡献四大目标

图片来源：网络 http://finance.sina.com.cn/roll/2016-11-15/doc-ifxxsfip4795070.shtml.

中国提出的于 2030 年前后达到峰值和非化石能源占比达到 20% 的行动目标，既是其内在诉求和经济发展的切实需要，也是落实《巴黎协定》、为全球应对气候变化做出贡献的实质努力。在提高非化石能源占比方面，中国面临着切实的困难与挑战，不仅需要加大可再生能源的投资力度，还要严格控制能源消费总量。只有消费总量下来了，能源结构优化了，温室气体排放量才能得到实质上的控制。实现 2030 年目标，需要我们加快能源革命的步伐。在 21 世纪下半叶，应对气候变化努力追赶第一集团，且处于较好位置，最终在 21 世纪末实现应对气候变化最终目标的进程中，争取以第一集团成员的身份，引领全球绿色、低碳发展，为构建人类生态文明的命运共同体做出中国应有的贡献。

（九）波恩大会

虽然美国已经表态要退出《巴黎协定》，但特朗普政府还是要继续参与国际气候变化谈判。就谈判本身而言，《联合国气候变化框架公约》第23届缔约方大会(COP23)于2017年11月6—17日在德国波恩举行，由斐济担任主席国。这也是第一次由岛屿国家领导气候变化谈判，其主要目标是继续完成《巴黎协定》实施的规则手册，继续提升全球各国的气候雄心。

在这次波恩气候大会上，美国出现了“分裂”的代表团：一方面，美国政府派出了一支小队伍，相比2015年，人数足足少了一半还要多，自打大会开始就闭门谢客低调从事；另一方面，美国还来了一支阵容强大的“民间代表团”，仅商界代表就有630余人，这让不到50人的美国政府代表团相形见绌。美国“民间代表团”包括以加州州长、俄勒冈州参议员、弗吉尼亚州州长、达文波特市市长、匹斯伯格市市长等为代表的政界，以耐克、沃尔玛、玛氏、花旗银行等为代表的商界。他们在大会园区外建立了自己的美国馆——“美国气候行动中心”。该中心外打出写有“WE ARE STILL IN（我们还在）”的条幅迎风飘扬，让人们感觉到美国民众与美国联邦政府，在应对气候变化上的态度差异。

在波恩气候大会的首轮技术性谈判中，部分发达国家也表现出了相互推诿的态度。发展中国家要求发达国家除还清历史欠账，兑现到2020年每年提供1 000亿美元气候资金承诺外，还应在2020年后加大资金支持力度，具体增加多少要有明确预期。部分发达国家声称他们连落实2020年前的资金承诺都有困难，甚至主张不再实施“共同但有区别的责任”的公约基本精神，要求发达国家和发展中国家在应对气候变化方面履行同等义务。

近年来，人类正在遭受日益严重的气候灾害。据联合国政府间气候变化专门委员会（IPCC）报告，全球气温升高已达1.2℃，距离2℃的红线越来越近。各国信守承诺，共同应对气候变化刻不容缓。在高级别会议开幕后，德国、法国等发达国家的表态又让人看到了迷雾中透出的曙光。德国总理默克尔重申，在欧盟范围内到2030年将温室气体排放比1990年水平降低至少40%的这一目标，将“具有法律约束力”得到落实。法国总统马克龙的表态更为明确：法国将在2021年年底前彻底淘汰煤电。随着一轮轮的磋商谈判，越来越多的人意识到，没有哪个国家能够独自应对人类面临的各种挑战，也没有哪个国家能够退回到自我封闭的孤岛，尽管有分歧有争吵，但在共同的威胁面前，“各尽所能、合作共赢”是唯一的出路。

二、公约外谈判

全球气候变化不仅是环境问题，也是发展权和发展空间问题。1992 年通过的《联合国气候变化框架公约》为国际社会共同应对气候变化问题搭建了基本框架，1997 年通过的《京都议定书》为主要工业化发达国家规定了 CO_2 等温室气体的量化减排责任。由于国际航空和海运两个行业的全球性特征，尽管《京都议定书》也包含了关于这两个行业的减排条款，但并未要求负有减排责任的国家将这部分排放纳入国家排放清单中，而是要求通过国际民航组织（ICAO）和国际海事组织（IMO）实现减排。此外，为了减缓臭氧层破坏问题，工业用 HFCs 替代 CFCs，取得了重要成果，但同时会产生较强的温室效应，在保护臭氧层同时如何避免温室效应至关重要。

（一）国际民航组织

相较于能源、化工、钢铁等排放大户，航空业的温室气体排放具有以下特点：第一，尽管每个航空器的排放量比较有限，但每一航班的人均排放量却十分惊人。如果某一乘客搭乘从伦敦至纽约的往返航班，那么分摊至该乘客的排放量相当于欧洲一个家庭平均一年取暖的排放量。这主要是因为每一个乘客每千米的平均燃油消耗量高达 0.035 L；第二，增长速度很快。尽管当前航空业的排放量只占全球温室气体排放量的 2% 左右，但其增长速度让人吃惊。据估算，按目前的增长速度，2020 年全球航空业的排放量将比 2005 年增长 70%。到 2050 年，航空业的排放量将达到全球温室气体总排放量的 5%；第三，航空器的排放具有非常典型的跨国性特征，因为排放源在不同的空域之间移动，一个国际航班必然会对不同国家的大气环境造成直接的温室气体排放。换言之，航空业温室气体排放的“溢出效应”与“外部性影响”远远超过其他行业。

据国际民航组织（International Civil Aviation Organization，ICAO）披露，目前全球民航业的全部排放中，国际航班的排放量高达 65%。这使得国际社会有强烈的意愿通过国际合作（如达成有约束力的国际条约）来减少民航业的温室气体排放。国际民航业的温室气体减排措施主要包括采用更先进的技术（如降低发动机的耗油量）、提高机场与航班运营的效率（如改进航线的设计）、采用清洁能源（以替代传统的航油）以及利用市场导向措施（如碳税或碳排放权交易）。自 2001 年以来，ICAO 就积极主张利用市场导向措施来削减全球航空业的温室气体排放，并在成员国、行业组织与航空公司的范围内进行了广泛的讨论。尽管各利害关系方逐步达成了一定共识，但一直没有制定具有法律约束力和可强制执行的国际协议或安排。ICAO 框架下所讨论的市场导向措施具体包括 3 种减排机制：第一，全球强制性碳抵消机制，即航空公司从某个碳市场购买符合特定要求的减排信用或配额（以 t/CO_2 eq 为单位），如使用联合国框架下清洁发展机制项目的减排信用，用于抵消其超出排放许可的实际排放量，国际航空业不再另行组建碳排放交易市场；第二，全球强制性碳抵消加费用机制，即航空公司不仅需要从某个碳市场购买减排信用或配额来抵消其超额排放量，而且还须根据所使用的减排信用或配额的数量上交一定的费用，该费用将用于应对气候变化工作，例如帮助发展中国家减少排放；第三，构建以配额为基础的全球航空业碳排放交易机制，即每一个航空公司将被分配特定单位的配额，在每一履约期届满时这些企业必须提交与其实际排放量相当的配额，否则将受到处罚。据悉，ICAO 与成员国、航空公司目前倾向于采用第一种方案，因为全球强制性碳抵消机制的实施成本最低，并可借助现有的碳排放交易体系，在最短的时间内启动这项工作。作为全球温室气体减排的先行者，欧洲议会与理事会于 2008 年 11 月 19 日通过了第 2008/101 号指令，该指令修改了欧盟碳排放交易的基础性规定（第 2003/87 号指令），决定自 2012 年 1 月 1 日起，所有进出欧盟境内机场的客货运国际航班都必须参与欧盟的碳排放交易体制，只有军用、警用、医疗、救援、公务、训练等非商业用途的飞机才可得以豁免；每一年的 4 月 30 日前，受管制的航空器的经营者须提交与上一自然年度实际排放量相当的排放配额，否则管理当局将针对每 1 t 未提交配额的超额排放征收 100 欧元的罚款，严重违规者将有可能被终止欧盟航线的经营权。有趣的是，2014 年欧盟在航空减排上的强硬态度与激进立场发生了重大转变。2014 年 4 月 16 日，欧洲议会与欧盟理事会通过并发布了有关航空排放交易新政的第 421/2014 号条例（自 2014 年 4 月 30 日起生效），该条例的核心内容是：从 2013 年 1 月 1 日起至 2016 年 12 月 31 日，所有来自或飞往欧洲经济区（European Economic Area，包括欧盟 28 个成员国与挪威、列支敦士登、冰岛）境外国家的航班不被强制要求参与欧盟航空碳排放交易，也就是说，欧盟航空碳排放交易在 2016 年年底前只适用于欧洲经济区内部起降的航班。在法律形式上，第 421/2014 号条例是对欧盟航空碳排放交易的基础性规定（第 2003/87 号指令）的修订，该条例的名称也印证了这一点。相对于欧盟最初的制度设计而言，航空碳排放交易的适用范围“严重缩水”，而且其减排效果也大打折扣，因为据欧洲议会环境委员会的估算，第 2003/87 号指令覆盖下的航空排放有 75% 在 2016 年年底前不受碳排放交易制度的约束。

（二）国际海事组织

提高船舶能效与减少船舶温室气体排放密切相关。国际海事组织（IMO）在对该问题的审议初期，主要采用温室气体减排这一提法。但是，出于政治方面因素，“船舶能效”这一表述得到了越来越广泛的接受和应用。在 IMO 语境下，温室气体减排与船舶能效通常指代同一个问题。

IMO 关于船舶温室气体排放控制的讨论始于 20 世纪 80 年代末，但直到 1997 年《国际防止船舶造成污染公约》(MARPOL）缔约国大会相关决议的通过，才正式拉开了该项工作的序幕。决议请 IMO 与 UNFCCC 秘书处开展合作，并请 IMO 海上环境保护委员会（MEPC）就如何开展海运船舶温室气体减排工作制定战略，同时对国际海运船舶温室气体排放量进行评估。

2000 年，IMO 发布了《国际海运温室气体排放研究报告》，为下一步工作的开展打下基础。2003 年，IMO 第 23 届大会通过了关于船舶温室气体减排政策与措施的第 A.963（23）号决议，再次敦促海上环境保护委员会建立必要的机制，实现国际航行船舶的温室气体减排。

在随后的几年中，海上环境保护委员会针对船舶温室气体减排在技术、营运和市场机制等方面开展了大量工作，并于 2005 年通过了关于营运船舶温室气体排放控制的《船舶 CO_2 排放指数试用暂行导则》。2009 年，海上环境保护委员会第 59 届会议审议通过了《新造船舶能效设计指数计算临时导则》《船舶能效管理计划制定指南》和《船舶营运能效指标自愿应用导则》作为强制性文书通过前的过渡性措施。

2011 年，海上环境保护委员会第 62 届会议通过投票方式以简单多数原则通过了《国际防止船舶造成污染公约》附则Ⅳ修正案，新增第四章“船舶能效规则”，搭建了全球第一套针对行业温室气体减排的国际法律框架。次年，海上环境保护委员会第 63 届会议通过了一系列配套导则，覆盖了船舶能效设计指数计算方法，船舶能效管理计划的制订、检验发证以及船舶能效设计指数基线的确定等各方面。这些导则相应取代了 2009 年通过的临时文件，并在后续的几次会议上被多次修订和更新。

能效规则通过后，IMO 的谈判重点逐步转移到现有船舶的营运能效。相对于设计能效，营运能效存在诸多随机性和不确定性，而且当前关于营运能效的定义、计量方法、实际水平等基础性问题都没有清晰认知，所以尚不具备制定强制性减排目标或营运能效标准的基础。经过多回合谈判磋商，各方最终在 2015 年召开的海上环境保护委员会第 68 届会议上达成共识，按三阶段开展下一步工作，即第一阶段通过建立数据收集机制了解全球商船的能效和排放现状；第二阶段对收集到的基础数据进行分析；第三阶段基于分析结果提出进一步提高船舶能效和温室气体减排措施的实施方案。

此外，关于船舶温室气体减排市场机制的讨论也贯穿在审议进程中。尽管国际海运已经是能效较优的运输方式，但如果国际海运贸易保持发展势头，无论采取何种能效措施，温室气体排放量都无法绝对降低。为此，以欧盟为代表的发达国家主张通过市场机制实现绝对减排，一方面激发行业减排积极性，另一方面可以通过“购买”其他行业的排放权“抵消”本行业的排放，同时还可以为开展能力建设和技术转让等提供资金渠道。2006 年，海上环境保护委员会第 56 届会议开始对市场机制开始实质性审议，并于 2009 年制订了新的工作计划。2010 年，海上环境保护委员会成立专家组对关于碳税、排放交易、基金等方面的 10 项市场机制实施方案进行了评估，但评估结果无法得到各方认同。随着船舶能效规则的通过，一方面由于建立市场机制涉及诸多复杂和敏感因素；另一方面意识到出台针对现有船舶营运能效措施的紧迫性，2013 年召开的海上环境保护委员会第 65 届会议决定暂停对市场机制的讨论，留待未来合适的时机再继续审议。

目前，关于船舶能效和温室气体减排的强制性国际立法仅有关于“船舶能效规则”的《国际防止船舶造成污染公约》附则Ⅵ修正案（以下简称“修正案”），其他有关导则、指南等均为建议性质。该修正案已于 2013 年 1 月生效，适用于所有 400 GT[①] 及以上的船舶，在船舶设计能效、能效管理、能效技术合作与转让等方面提出了强制性要求。

2015 年巴黎气候变化大会后，IMO 受到来自非政府组织、欧盟及部分岛国等各方面的舆论压力。2016 年 4 月，IMO 海上环境保护委员会召开第 69 届会议。在宏观层面，海上环境保护委员会第 69 届会议对《巴黎协定》表示支持，充分肯定 IMO 在

① GT：Gross tonnage，总千瓦位，是指各航海国家按照《国际船舶千瓦位丈量公约》（1982 年 7 月 18 日起实行）制定的丈量规范丈量的船舶围蔽处所的容积千瓦，是国际通行的船舶计量单位之一，主要用来衡量民用船舶的大小（容积）。

国际航运业温室气体减排方面的地位和已做出的贡献，同意采取进一步措施提高船舶能效，减少温室气体排放。对航运业温室气体减排提出“制订长期减排目标”和“责任分摊”，确定必须遵循“三步走”的方式，并将船舶油耗数据收集机制的建立作为优先事项。

（三）蒙特利尔议定书

1987 年，由美国和联合国领导的 24 个国家在蒙特利尔举行会议，并制定了《蒙特利尔破坏臭氧层物质管制议定书》(以下简称《蒙特利尔议定书》)（*Montreal Protocol on Substances that Deplete the Ozone Layer*）。人们已经发现用于冰箱和空调制冷剂的氟氯碳化物（CFCs）的使用可以破坏保护我们免受来自太阳有害紫外线照射的大气臭氧层。这次会议非常成功，会议决定逐步淘汰和取缔 CFCs。《蒙特利尔议定书》是国际合作难得的成功案例，最终由 197 个国家签署。《蒙特利尔议定书》促进减少了 97% 的 O_3 破坏物质的生产和进口。

然而，《蒙特利尔议定书》仅专注于阻止臭氧层破坏而留下了漏洞。工业用 HFCs 替换 CFCs，导致了用于冰箱、空调和气胶的 HFCs 使用量增加了 258%。HFCs 是一种典型的温室气体，如果不加限制和替代，将产生很强的温室效应。如果在《蒙特利尔议定书》框架下达成逐步减少和禁止使用 HFCs 的协议，在继续保护臭氧层的同时，到 2050 年预计将避免排放 1 050 亿 t CO_2 eq，在 21 世纪末将避免全球变暖 0.4℃。

幸运的是，HFCs 有替代物。丙烷可用作小型空调的冷却剂，其气候影响只是 HFCs 的几分之一；氨是一种工业冷却剂，并没有温室效应。逐步淘汰的费用在未来 30 年将是 80 亿～100 亿美元，相当于 8～10 美分 / t CO_2。

2016 年 7 月 15—26 日，缔约方朝着“迪拜路径规划”① 下减少 HFCs 的生产和消费的目标迈出了关键的一步。2016 年 10 月 15 日，《蒙特利尔议定书》的 170 多个国家在卢安达首都基加利达成了一项修正案，逐步淘汰 HFCs 的使用，根据国家经济水平分为 3 个区域：

- 美国和欧盟等发达国家到 2018 年削减 HFCs 的生产和消费量，到 2036 年降低至 2012 年水平的 15%；
- 中国、巴西和非洲等世界上大多数国家到 2024 年削减 HFCs 的使用，到 2045 年降低至 2021 年水平的 20%；

① 全称为《关于氢氟碳化合物的迪拜路径》，主要是纳入《蒙特利尔议定书》。

- 印度、巴基斯坦、伊朗、沙特阿拉伯和科威特等小部分气温较热的国家有最宽松的时间表，到 2028 年削减 HFCs 的使用，到 2047 年降低至 2025 年水平的 15%。

霍尼韦尔等主要工业企业正在开发 HFCs 的替代物——HFOs，它可以在若干天（而不是很多年）后在大气中分解，这对应对温室效应提出了新的路径。

（四）气候与清洁空气联盟

2012 年 2 月 16 日，美国国务卿希拉里·克林顿宣布，美国将与加拿大、墨西哥、瑞典、加纳、孟加拉国以及联合国环境规划署联合发起气候和清洁空气联盟，采取行动减少黑炭、CH_4 以及氢氟碳化合物的排放。黑炭是由生物质或化石燃料等不充分燃烧产生的，对其他污染物有很强的吸附能力，不仅助推温室效应，而且容易导致呼吸系统疾病；CH_4 主要来自天然气生产、废弃物填埋及农业活动；氢氟碳化合物主要来自制冷剂等。HFCs、CH_4 以及黑炭 3 种污染物对全球变暖的“贡献”达到 1/3 强。国际社会目前的减排努力主要针对 CO_2，而减少上述 3 种污染物也是遏制全球变暖的有效且经济可行的方式。气候和清洁空气联盟开展的项目将作为国际社会减排努力的补充，而不是替代者。

气候和清洁空气联盟的国际行动基础是北极理事会、全球 CH_4 行动计划、全球清洁炉灶联盟以及《蒙特利尔议定书》4 个国际合作平台。其中，北极理事会成立于 1996 年，是致力于北极圈环境保护和可持续发展的高级别政府间论坛，也是最早开展黑炭等“短期气候污染物”（SLCPs）环境影响研究的国际组织之一。全球 CH_4 行动计划成立于 2010 年，其前身是美国等国于 2004 年发起成立的“CH_4 市场化伙伴关系计划”，致力于 CH_4 回收和利用方面的国际合作。全球清洁炉灶联盟是 2010 年由奥巴马政府发起的全球公私合作伙伴（PPP）计划，目标是到 2020 年在发展中国家中的 1 亿个家庭采用清洁和有效的炉灶和燃料，我国已宣布加入该联盟。《蒙特利尔议定书》的目标是逐步淘汰消耗臭氧层的物质。

气候和清洁空气联盟有 8 个方面的功能：一是提高全球对短期气候污染物及其影响的意识；二是增强并开发短期气候污染物的国家减排行动；三是鼓励区域行动，促进国际协调；四是开发和改进排放清单；五是识别并消除行动障碍；六是促进最佳实用技术的运用和推广；七是提高对短期气候污染物影响的认识，宣传减缓行动的益处；八是为发展中国家实施可持续发展战略动员资金。

第二节　气候变化的国际合作

减缓气候变化是一个全球性的公共问题，需要开展国际合作。在过去 10 年间，有关气候变化的国际合作在体制方面更加多样化。目前 UNFCCC 仍然是国际上一个主要的气候谈判论坛，但在多个层面上，即全球、区域、国家和地方层面上也出现了一些其他体制。出现这种体制多样性的部分原因是气候变化问题不断被纳入其他政策领域（如可持续发展、国际贸易和人权），一方面气候变化和其他领域存在潜在的共生效益或危害关系，另一方面这些问题之间的联系还可为各国创造不同合作论坛的可能性。另外，还出现了一些不以主权国家为中心的与气候相关的跨国新制度（例如，公私伙伴关系、私营部门的治理措施、NGO 跨国计划以及市级举措）。除了在公约内谈判，众多国际、跨国、地区、国家和次国家合作机制 / 行动都将应对气候变化作为重要议题（表 4-3）。

表 4-3　参与应对气候变化国际合作的机制和机构

国际合作机制 / 机构	国际协议 / 行动示例
联合国国际组织	IPCC、UNDP、UNEP、IMO、ICAO 等
其他国际机构	世界银行、WTO、国际能源署、亚洲开发银行
其他环境条约	关于消耗臭氧层物质的《蒙特利尔议定书》《海洋公约》《生物多样性公约》
其他多边“俱乐部”	主要经济体论坛、G20
双边合作	如美印合作、挪威 — 印度尼西亚合作等
伙伴关系	全球 CH_4 行动、可再生能源和能效合作伙伴等
抵消认证体系	如黄金标准、自愿碳标准等
投资者管理行动	碳披露项目、气候风险投资网络
地区管理	如欧盟气候政策
次国家地区行动	如加利福尼亚排放交易体系
城市网络	美国市长协议、转型城镇等
跨国城市网络	C40*、气候保护城市行动等
NAMAs*、NAPAs*	发展中国家适应减缓行动等

* NAMAs 是国家适应减缓行动、NAPAs 是国家适应行动计划、C40 城市集团是一个致力于应对气候变化的国际城市组织。

针对气候变化的国际合作较多，此处仅选择部分具有代表意义的进行介绍。

一、国家适应减缓行动

国家适应减缓行动（Nationally Appropriate Mitigation Actions，NAMA）是在《联合国气候变化框架公约》（UNFCCC）下形成的发展中国家适应减缓行动，是温室气体减排的重要举措，具有一定的战略性、长期性及可持续性，能够带来一定的经济与发展收益。

（一）管理机构

2012 年的多哈气候大会上，德国环境、自然保护与核安全部（BMUB）和英国能源与气候变化部（DECC）首次提出要创办 NAMA 基金，用于支持国家适应减缓行动。后来在哥本哈根和坎昆进行的联合国气候变化大会上，德国、英国与其他发达国家一同承诺：直到 2020 年，每年会为发展中国家减缓和适应活动调动 1 000 亿美元国际气候基金，主要用于支持那些在应对气候变化中起领导作用的发展中国家，以及在短期内在现有的国际减缓体系中想要实施由国家领导的国家适当减缓行动的发展中国家。

NAMA 基金下设基金会和技术支持小组。其中，基金会是 NAMA 基金的中央决策机构，它做出所有与策略、指南和选择 NAMA 支持项目的相关决策，基金会由德国环境、自然保护与核安全部和英国能源与气候变化部的代表们作为 NAMA 基金的创始人和投资人（以及未来其他潜在资助者）组成。技术支持小组（TSU）主要由德国复兴信贷银行（KfW）和德国国际合作组织（GIZ）的员工组成，支持基金会管理 NAMA 基金。

（二）项目选择流程

资金机制是支撑发展中国家开展应对气候变化减缓适应行动的关键。NAMA 基金旨在资助最有效的 NAMA 支持项目。为此，设立了一个透明的 NAMA 项目选择流程（图 4-5）：

- 提交 NAMA 支持项目大纲和预评估；
- 提交 NAMA 支持项目建议书和最终评估；
- 项目实施。

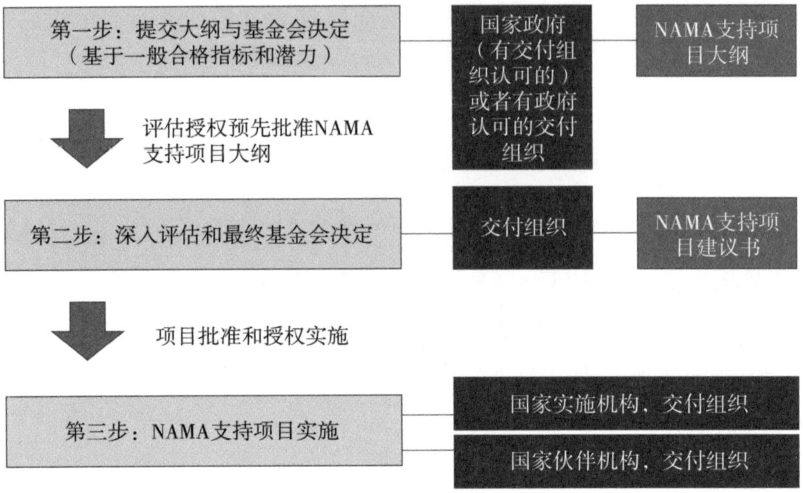

图 4-5　NAMA 项目的选择和实施

（三）项目实施进展

2013 年至今，NAMA 基金分四批支持了 22 个国家适应减缓行动项目，详细内容及进展见表 4-4。中国城市生活垃圾领域国家自主减缓行动（China MSW NAMA）是中国成功申请的第一个项目，也是目前已批复项目中唯一与生活垃圾管理相关的项目。

表 4-4　NAMA 支持项目

编号	国家	项目名称	项目批次 / 资助金额	执行状态
1	墨西哥	可持续住房 NAMA	第一批 /800 万～1 200 万欧元	执行中
2	哥斯达黎加	低碳咖啡产业 NAMA	第一批 /700 万欧元	执行中
3	印度尼西亚	可持续城市交通 NAMA	第一批 /1 400 万欧元	执行中
4	智利	自主供给可再生能源（SSRE）NAMA	第一批 /1 500 万欧元	项目评估
5	哥伦比亚	公共交通导向发展（TOD）NAMA	第一批 /1 490 万欧元	项目评估
6	秘鲁	可持续城市交通 NAMA	第二批 /900 万欧元	项目评估
7	塔吉克斯坦	森林 NAMA	第二批 /1 300 万欧元	评估完成
8	泰国	冰箱和空调 NAMA	第二批 /1 470 万欧元	执行中
9	布基纳法索	生物质能源 NAMA	第二批 /1 350 万欧元	评估完成
10	南非	公共建筑和基础设施能源效率方案（EEPBIP）	第三批 /2 000 万欧元	执行中
11	中国	垃圾综合管理 NAMA	第三批 /800 万欧元	执行中

编号	国家	项目名称	项目批次 / 资助金额	执行状态
12	哥伦比亚	国家制冷行业 NAMA	第三批 /900 万欧元	获批准实施拨款
13	危地马拉	土著和农村社区有效使用燃料和替代燃料项目	第三批 /1 090 万欧元	项目评估
14	肯尼亚	内罗毕大规模快速运输系统项目	第三批 /2 000 万欧元	项目评估
15	巴西	巴西牛肉供应链资源效率项目	第四批 / —	详细准备阶段
16	墨西哥	MillS 糖厂 NAMA	第四批 /—	详细准备阶段
17	墨西哥	中小型企业能源效率是对低碳经济的贡献	第四批 /—	详细准备阶段
18	菲律宾	菲律宾分布式太阳能发电	第四批 /—	详细准备阶段
19	泰国	泰国水稻 NAMA	第四批 /—	实施阶段
20	冈比亚	投资并网太阳能光伏	第四批 /—	详细准备阶段
21	突尼斯	建筑部门扩大可再生能源和能源效率	第四批 /—	详细准备阶段
22	乌干达	学校采用改进的厨灶系统 (IICS) 循环贷款基金	第四批 /—	详细准备阶段

资料来源：https://www.nama-facility.org/projects/。

二、亚洲开发银行

亚洲开发银行致力于亚太地区脱离贫困，但亚太地区同时也是最易受气候变化影响的地区。鉴于气候变化对其战略目标的威胁，亚洲开发银行长期以来时刻关注气候变化对亚洲地区的影响，包括气候变化对农业、淡水供应、能源、森林和其他生态系统、经济等的影响。

根据《2020 战略：亚洲开发银行 2008—2020 年长期战略框架》（*Strategy 2020: the Long Term Strategic Framework of the Asian Development Bank 2008—2020*），亚洲开发银行在气候变化采取了系列行动协助发展中成员体步入低碳经济增长轨道，如提高能源效率、推广利用清洁能源、减少难以控制的温室气体排放、实现公共交通系统现代化、禁止滥伐林木等。

作为促进亚洲及太平洋地区发展中成员经济和社会发展的区域性政府间金融开发机构，亚洲开发银行在应对气候变化方面已取得一些成果。

- 通过全球环境基金赠款成功推广可持续土地管理方面的全新理念，包括生态系统综合管理、生态系统服务付费以及公私合作（PPP）等；通过设立“清洁技术基金”及“战略气候基金”，以便亚洲开发银行与发展中成员体共同努力，转型至低碳增长模式，提高发展中成员体的气候变化适应能力；通过启动气候适应性能力建设项目帮助最贫困且最易受气候变化影响的成员体制订国家气候变化行动计划，提高其气候变化适应能力。
- 批准技术援助赠款，通过举办研讨会、现场电视报道、卫星转播、纪录片等多种形式提高公众认知，使公众了解气候变化给该地区数以亿计的人口带来的严重威胁。
- 亚洲开发银行与合作伙伴共同举办论坛，并以主旨发言的形式提醒亚太地区人们采取气候变化适应紧急行动的迫切需求，敦促亚洲国家提高气候变化适应能力。

第三节　全球主要经济体应对气候变化政策与行动

自 1992 年《联合国气候变化框架公约》通过以后，气候治理的政策手段进入了制度化的轨道。应对气候变化的主要手段是减缓性策略和适应性策略。减缓性策略伴随《联合国气候变化框架公约》的提出，一直备受关注且是缔约方主要的气候治理手段。而适应性策略的重要性以及适应资金直到《IPCC 第三次评估报告》(2001 年）才首次被提出并列入政策议程。2005—2010 年，欧洲适应政策的采用率激增，此外，在国家适应战略（NAPAs）的框架下，适应政策在发展中国家也得到快速扩散。随着气候政策的不确定性增强，单一的减缓和适应行动已经难以满足气候治理的多维度需求。2007 年，《IPCC 第四次评估报告》首次对气候减缓和适应的协同效应进行定义，即两者相互作用的合力效用大于两种措施单独实施的效用。2014 年，《IPCC 第五次评估报告》进一步强调气候减缓、适应和可持续发展的协同效益。此后，人们逐渐认识到气候减缓和适应能够在社会、经济和环境的可持续发展方面产生包括能源安全、就业影响、新发展机会、粮食安全、生物保护、扶贫等在内的 18 种协同效益。2015 年达成的《巴黎协定》更是明确了各国向低碳且具有气候韧性的转型发展路径，并将低碳减排和气候适应协同发展确立为重要的行动原则。

尽管各国在国际气候谈判中的分歧比较大，但受气候变化谈判的影响和推动，气候变化问题已经成了当前国际社会最受关注的热点问题，积极应对气候变化已经成为全球共识。即便是在气候谈判进展缓慢、国际经济复苏乏力的大背景下，各国对气候变化的重视程度不但没有减弱，反而加大了对低碳绿色发展的重视和投入。这是因为他们认识到，应对气候变化、发展低碳经济、加大对新能源和可再生能源领域的投资，不但有利于刺激本国经济走出危机困境，促进新的就业岗位和制造新的经济增长点，更有利于拉动经济的可持续恢复和增长，提高长远竞争力。

自《IPCC第四次评估报告》以来，国家和次国家减缓计划及战略有了大幅增长（图4-6），制订和实施这些计划和战略在很多国家正处于初期阶段，很难评估这些计划和战略是否促进相应的体制和政策变革，因此也很难评估其对未来温室气体排放的影响。然而，迄今为止这些政策尚未实现大幅削减温室气体排放，扭转过去增长的趋势。制度变迁的理论认为它们可能在制定激励措施、形成政治背景和政策范式方面发挥作用，从而鼓励未来的温室气体减排。然而，很多基线情景（即没有额外减缓政策的情景）显示到2100年浓度将超过1 000 ppm CO_2eq的可能性远远超出将21世纪温度升高保持在2℃以下的概率；减缓情景表明，制定广泛的环境有效型政策可与此类目标保持一致，在实践中由此制定的气候战略和政策可受到政治经济因素、行业原因以及实现共生效益潜力的影响。在很多国家，减缓政策在州或地方层面上得以积极展开。

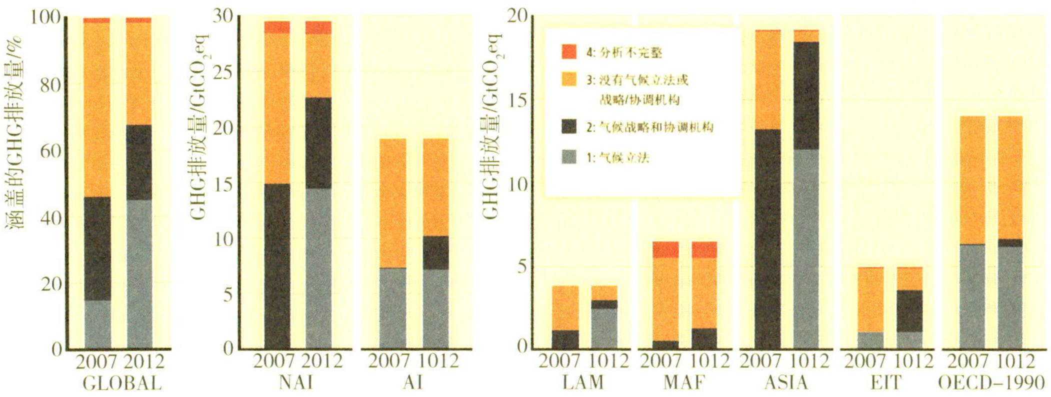

1	7 (15%)	22(44%)
2	15(30%)	11(23%)
3	25(52%)	15(30%)
4	1 (3%)	1(3%)

1	0 (0%)	14(49%)	7 (38%)	7 (38%)
2	15(50%)	8(28%)	0 (0%)	3 (16%)
3	14(46%)	6(19%)	12(61%)	9 (46%)
4	1(4%)	1(4%)	0 (1%)	0 (1%)

1	0 (2%)	2 (63%)	0 (0%)	0 (0%)	0 (0%)	12 (62%)	1 (20%)	1 (20%)	6 (44%)	6 (44%)
2	1 (28%)	1 (13%)	1 (8%)	1 (19%)	13 (69%)	6 (34%)	0 (0%)	3 (50%)	0 (0%)	0 (3%)
3	3 (70%)	1 (23%)	5 (76%)	4 (65%)	6 (30%)	1 (3%)	4 (76%)	1 (26%)	8 (55%)	7 (53%)
4	0 (0%)	0 (0%)	1 (16%)	1 (16%)	0 (1%)	0 (1%)	0 (3%)	0 (3%)	0 (0%)	0 (0%)

图 4-6　2007 年和 2012 年国家气候立法及战略

资料来源：《IPCC 第五次评估报告》。

尽管全球气候变化立法数量总量自 1997 年以来，每五年就翻一番，但在气候变化适应立法和政策方面行动还比较欠缺，仅有一半的国家制定了国家层面或部门层面上专门的适应政策。相对于气候变化减缓立法和政策，对气候变化适应立法和政策的界定问题更为复杂。首先，国家的适应方法是由其气候和地理因素决定的，因此需要视具体国家的情况而定。例如，一个国家的适应政策可能涉及改善对海平面上升的防护，而另一个国家则可能侧重解决与干旱有关的风险并改善水资源管理。因此，许多适应政策都嵌入在发展政策、总体规划政策、减轻风险和灾害管理政策、水资源政策或卫生政策等方面，使其难以识别；其次，由于适应措施常常需要地方政府的行动，因此，适应措施在本质上比减缓措施更不集中，覆盖范围从当地的建筑规划到疏散计划。在国家立法和政策层面上可能会相应地忽略了气候变化适应的广泛性。

对气候变化适应立法和政策的分析显示，99 个国家中仅有 48 个在国家层面或者部门层面上制定了专门的适应政策，有一半的国家只进行了最低限度的气候变化风险评估。51 个国家的适应规划没有超出其向 UNFCCC 秘书处报告的适应需求，这其中大部分是非附件 I 国家，包括部分对气候变化最脆弱的国家，并且 2015 年以来，没有通过新的适应立法。这表明，在气候变化适应立法方面，大部分国家仍需要更多信息和行动（表 4-5）。

表 4-5　主要国家的气候变化适应法律框架

国家	适应框架	国家	适应框架
阿尔及利亚	国家气候计划（2013）	奥地利	奥地利气候变化适应战略（2012）
比利时	国家气候变化适应战略（2010）	伯利兹	伯利兹水领域应对气候变化国家适应战略（2009）
巴西	国家气候变化政策（2009）	智利	国家气候变化适应计划（2014）
中国	国家气候变化适应战略（2013）	哥伦比亚	国家气候变化适应计划（2012）
哥斯达黎加	国家气候变化战略（2008）	古巴	2011—2015 年国家环境战略（2010）
刚果（金）	国家适应行动计划（2006）	丹麦	丹麦气候变化适应战略（2008）；丹麦气候防范行动计划（2012）
厄瓜多尔	2012—2015 年国家气候变化战略（2012）	埃及	国家气候变化适应与灾害风险管理战略（2011）
萨尔瓦多	国家气候变化战略（2013）	埃塞俄比亚	气候恢复力绿色经济战略（2011）
芬兰	国家气候变化适应战略（2005）：2011—2015 年农林业部气候变化适应行动计划	法国	2011—2015 年国家适应计划（2011）

国家	适应框架	国家	适应框架
加蓬	国家气候计划（2012）	德国	德国气候变化适应战略（2008）
加纳	国家气候变化适应战略（2012）	格林纳达	格林纳达气候恢复力战略规划（2011）
危地马拉	减少脆弱性、强制性适应气候变化影响和减缓温室气体效应的法律监管框架（2013）	圭亚那	低碳发展战略（2009，2013 年更新）
匈牙利	国家气候变化战略（2008）	印度	国家气候变化行动计划（2008）
印度尼西亚	国家气候变化适应行动计划（2012）	爱尔兰	国家气候变化适应框架（2012）
约旦	2013—2020 年约旦哈希姆王国国家气候变化政策（2013）	肯尼亚	国家气候变化响应战略（2010）
马达加斯加	国家气候变化政策（2010）	马来西亚	国家气候变化政策（2010）
马尔代夫	2010—2020 年马尔代夫减少灾害风险和气候变化适应行动计划（2010）	墨西哥	气候变化普通法（2012）
密克罗尼西亚	密克罗尼西亚联邦气候变化法（2013）	蒙古	国家气候变化行动规划（2011）
莫桑比克	2013—2025 年国家气候变化战略（2012）	荷兰	国家气候议程（2014）
新西兰	资源管理（能源和气候变化）修正法（2004）	尼日利亚	国家气候政策（2013）
挪威	挪威气候变化适应白皮书（2012—2013）	巴基斯坦	国家气候变化政策（2012）
秘鲁	国家气候变化战略（2003）	菲律宾	菲律宾气候变化适应战略（2009）
波兰	波兰气候变化适应战略（2013）	葡萄牙	国家气候变化适应战略（2010）
罗马尼亚	2013—2020 年国家气候变化战略（2013）	新加坡	国家气候变化战略（2012）
斯洛伐克	国家适应战略（2014）	南非	国家气候变化响应政策白皮书（2011）
韩国	2011—2015 年国家气候变化适应战略计划（2010）	西班牙	国家气候变化适应计划（2006）
瑞典	气候与能源综合政策（2009）	瑞士	瑞士国家适应战略（2012—2014）
塔吉克斯坦	国家气候变化减缓行动计划（2003）	坦桑尼亚	国家气候变化战略（2012）
泰国	气候变化战略计划（2008）	特立尼达和多巴哥	国家气候变化政策（2011）
土耳其	土耳其国家气候变化适应战略和行动计划（2011）	图瓦卢	2012—2016 年国家气候变化适应和灾害风险管理战略行动计划（2012）
乌干达	国家气候变化政策（2013）	英国	气候变化法（2008）
美国	总统行政命令 13653：为美国应对气候变化影响做好准备（2013）	越南	自然灾害防治法（2013）

一、欧盟

欧盟是全球应对气候变化的先行者和领导者，制定并实施了多项法令和政策以减少温室气体排放，对形成应对气候变化的全球机制发挥了重要而积极的作用。欧盟与国际环境委员会于2003年7月2日达成了《欧盟温室气体排放交易指令》，2004年对该指令进行了修改，增加了与《京都议定书》灵活机制衔接的内容，被称为“连接指令”；为了改善和扩大现有的排放权交易机制，2008年1月23日，又提出了排放权交易机制指令的修改提案；2009年4月22日颁布了《2009年交易指令》，将海运业和航空业纳入强制减排范围内，确定了拍卖配额的基本分配原则，并规定了与国际气候变化协议相衔接的灵活制度。此外欧盟向联合国提交的应对气候变化国家自主贡献方案中承诺到2030年将温室气体排放较1990年减少40%，表明欧盟在应对气候变化方面的决心。

在确定减排总量目标的基础上，欧盟应对气候变化采取的政策措施主要有三类：一是利用市场机制的政策，包括在欧盟层面建立温室气体排放许可交易制度等；二是成员国政府直接控制的财税政策，如开征碳税、环境税、燃料税等新税种，并对低碳和可再生能源技术研发进行补贴；三是欧盟层面和成员国共同实施的监管政策，如建立了“综合污染预防与控制”制度等。总体而言，欧盟在结构和技术减排、市场体系建设、气候变化与节能减排立法实践等方面也积累了有益的经验。

（一）欧盟减缓气候变化的策略

欧盟减缓气候变化的策略主要分为近期、中期和远期3个阶段，时间节点分别为：2020年、2030年和2050年，每个阶段形成不同的行动策略。

1.2020“一揽子计划”

欧盟于2009年到2010年通过“气候行动和可再生能源一揽子计划”，以立法的形式确立了三项主要行动目标（即“20-20-20”目标）：2020年将温室气体排放量在1990年基础上削减20%（如果其他发达国家做出可比的减排努力，同时主要发展中国家也能承担充分的减排义务，欧盟愿意把20%的减排目标提高到30%）；通过提高能效，到2020年化石能源的消费量在1990年的基础上减少20%；可再生能源（如风能、太阳能、生物质能等）使用比例提高到能源消费总量的20%（目前是8.5%左右）。

“20-20-20”目标代表了气候和能源政策的综合发展策略，在减缓气候变化的同时增强欧盟能源安全和竞争力，也是《欧盟 2020 发展策略》可持续发展的主要目标。同时，这也反映了欧盟对促进绿色发展、增强竞争力的重视。据估计，实现 20% 可再生能源使用目标能增加约 41.7 万个就业机会，而提高 20% 能效则可以增加约 40 万个就业机会。

为实现“20-20-20”目标，欧盟制定了 4 项完整的法规，分别是：

（1）欧盟排放交易机制及其修订

欧盟排放交易机制是欧盟最主要的减排工具。欧盟对欧盟排放交易法令的修订于 2013 年的 EU ETS 第三阶段开始实施。主要变动包括将各国的限额改为欧盟总体单一限额，这一排放限额将逐年递减，到 2020 年将比 2005 年低 21%。从电力行业开始，免费配额分配将逐渐变为拍卖，同时，覆盖行业和温室气体的范围也将扩展。

（2）交易未覆盖部分排放控制目标

以共同行动为宗旨，欧盟成员国为未被温室气体排放交易所覆盖的行业设定年度排放限额，如家居、农业、废弃物处理和交通（不包括航空公司）等行业，未被碳交易覆盖的行业温室气体排放占欧盟总排放的 60%。

根据成员国的经济状况，2013—2020 年的各国排放目标有所不同，跨度从发展最好的国家减排 20%（与 2005 年相比）到发展最差的国家增排 20%。但是各成员国都被要求做出相应的减排努力，成员国需根据欧盟的监测报告机制报告其年度排放量。

（3）国家可再生能源目标

在《可再生能源法令》的指导下，成员国将形成具有约束性的指标，预期到 2020 年提高其能源消费总量中的可再生能源比例。根据成员国的起点和可再生能源的生产潜力差异，此项目标从 10%（马耳他）到 49%（瑞典）不等。

各成员国的最终目标是使欧盟实现到 2020 年可再生能源使用比例提高到 20% 的目标，不仅减少温室气体排放，也将减少对能源进口的依赖。

（4）碳捕获和碳封存

这是该“一揽子计划”中的第四部分，为碳捕获和碳封存直接制定法律框架，以保证该技术的环境安全。该法令将覆盖所有欧盟境内的碳封存并对其全生命周期做出了要求。

2. 2030 框架

欧盟委员会于 2014 年 1 月 22 日公布了《2030 年气候与能源政策框架》（以下简称《框架》），旨在促进欧盟低碳经济发展，提高能源系统的竞争力，增强能源供应安全性，减少能源进口依赖以及创造新的就业机会。

《框架》的主要内容包括以下几方面内容。

- 2030 年前，欧盟温室气体排放量与 1990 年相比减少 40%。若达到此目标，欧盟排放交易系统中各部门排放量与 2005 年相比需减少 43%，而不属于排放交易系统中的部门排放量与 2005 年相比需减少 30%，该目标将分解给各成员国共同承担。
- 2030 年前，欧盟能源消费中可再生能源占比将提高至 27% 以上。欧盟不会通过立法对其成员国做出硬性规定，各成员国可根据自身能源系统的情况与条件灵活调整。
- 继续提高能效，在《能源效率指导》的基础上，继续提高能源效率目标，具体目标稍后提出。
- 改革欧盟排放交易系统（ETS），为了使其更加有效地促进低碳产业投资，欧盟委员会建议于 2021 年建立新的市场稳定储备金，以针对欧盟排放配额剩余的问题，提高系统灵活性，应对配额审计时产生的供应调整。
- 建立竞争力更强、价格更低，供应更安全的能源系统。欧盟委员会制定了一系列评估指标，为政策与法案的制定提供了更加坚实的基础。
- 建立新的监管体系等。

3. 2050 路线图

欧盟在已发布的欧洲低碳经济建设路线图中，将要求成员国做出更多努力，以能够在 21 世纪中期以有效的方式实现更多的减排。要实现全球平均温度比工业化前低 2℃的目标，所有主要经济体要更深入挖掘减排潜力。

欧盟“2050 路线图”是在《欧盟资源效率》框架下的长期政策，是欧洲可持续发展的重要部分。“2050 路线图”提出，通过欧盟内部减排，到 2050 年温室气体排放将比 1990 年减少 80%～95%。“2050 路线图”提出实现该目标最有效的时间表，到 2030 年减排 40%，到 2040 年减排 60%。“2050 路线图”也为主要排放行业，如电力、工业、交通、建筑、农业等，如何更有效地向低碳经济转变提出了要求（图 4-7、表 4-6）。

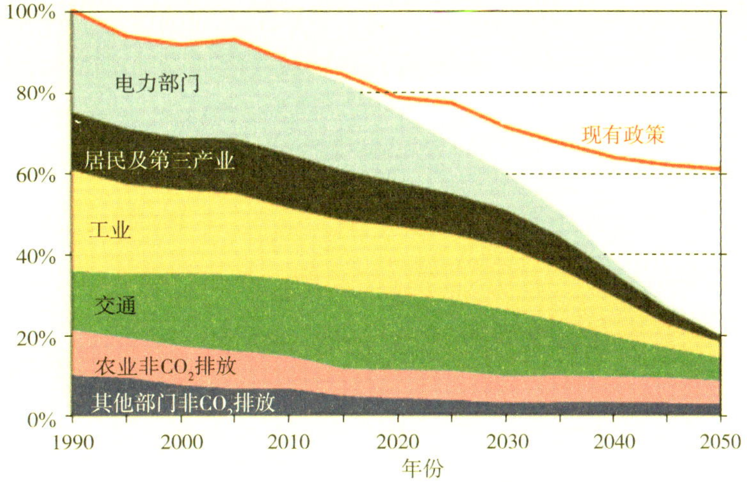

图 4-7　欧盟境内温室气体减排目标

表 4-6　欧盟各部门减排目标

相对于 1990 年对温室气体减排量	2005 年	2030 年	2050 年
总量	-7%	-44% ~ -40%	-82% ~ -79%
部门			
电力（CO_2）	-7%	-68% ~ -54%	-99% ~ -93%
工业（CO_2）	-20%	-40% ~ -34%	-87% ~ -83%
交通（包括航空排放的 CO_2，不包括航海排放量）	+30%	-9% ~ +20%	-67% ~ -54%
居民生活与服务（CO_2）	-12%	-53% ~ -37%	-91% ~ -88%
农业（非 CO_2）	-20%	-37% ~ -36%	-49% ~ -42%
其他非 CO_2 排放量	-30%	-73% ~ -72%	-78% ~ -70 %

数据来源：欧盟“2050 路线图”。

具体内容如下：

（1）低碳社会

欧盟提出要促进现有技术的成熟利用，尽量减少主要资源，如石油和天然气、生产原料、土地和水的使用等。

（2）创新、绿色增长和工作机会

通过向低碳社会的转变、推动清洁技术和低碳技术创新和投资，以增强欧洲的竞争力。低碳经济对可再生能源、节能建筑材料、混合动力（电动）汽车、智能电网、碳捕集和封存技术提出了应用要求。为实现这样的转变，在接下来 40 年间，欧盟每年需要增加投资约 2 700 亿欧元。这些投资将促进制造业和环境服务业的发展。

（3）能源和资源节约

提高能效是欧盟向可持续发展转变的关键部分。实现低碳社会的目标是使欧盟在 2050 年的能源使用比 2005 年减少约 30%，提高能源安全，更多使用本地生产的可再生能源，减少能源进口和依赖。

（4）清洁空气

清洁技术和电动汽车的使用将大幅降低欧洲城市的大气污染，也将减少在医疗方面的支出。

（二）欧盟适应气候变化的策略

20 世纪 90 年代以来，为了实现《京都议定书》的减排目标，欧盟颁布实施了一系列的温室气体减排政策措施，因此，在相当长的时期内，欧盟气候政策主要集中在如何减缓气候变化，而较少关注如何适应气候变化。进入 21 世纪之后，随着气候变化影响的日益突出，气候变化适应被提上了欧盟气候政策议程。在“欧洲气候变化计划”（European Climate Change Programme）第二阶段，欧盟委员会于 2005 年 10 月开启了与广泛的利益相关方进行协商的过程，讨论和准备欧盟气候政策的进一步发展。首次成立有关适应的工作组，以探讨欧盟在适应政策中的作用，旨在将适应完全融入相关的欧洲政策领域。

2005 年开始，欧盟各成员国开始制定和实施全面的国家适应战略，以进一步鼓励、促进和协调国家间的适应行动。迄今为止，欧洲环境署（EEA）19 个成员国已经制定了国家适应战略，其中一些国家已经启动实施相关行动计划。这些国家的适应战略主要聚焦于水、农业、林业、生物多样性和人类健康等领域，而鲜少提及商业、经济和区域发展。另外，有 10 个欧洲环境署成员国正在准备国家适应战略，15 个欧洲环境署成员国已经建立了门户网站。

随着《欧洲适应气候变化绿皮书：欧盟行动选择》和《适应气候变化白皮书：面向一个欧洲的行动框架》的相继发布，欧盟委员会意识到在欧盟境内实施全面的适应战略的重要性。2013 年 4 月 16 日，欧盟发布《欧盟气候变化适应战略》，旨在通过一系列连贯、协调的行动，加强准备与提升能力，以应对局地、区域、国家和欧盟层面的气候变化影响。除了明确应对气候变化适应的欧盟政策，其他关键的欧盟计划也考虑到了气候变化适应，特别是《欧洲 2020——欧洲增长战略》《资源效率型欧洲旗舰倡议》《欧盟委员会对“第 7 环境行动计划”到 2020 年的建议》等。欧盟适应政策及相关重要计划共同营造了欧盟适应政策环境，并为政策制定者和企业提供了如何将欧洲过渡到一个可持续、资源节约、低碳、绿色经济和适应气候变化的长期计划，从而实现生态恢复。

2007 年 6 月 29 日，欧盟委员会发布有关适应气候变化的政策性绿皮书《欧洲适应气候变化——欧盟行动选择》，确立了欧盟适应行动的四大支柱：①在欧盟开展的早期行动，包括将适应纳入欧盟法律和资助计划的制订和执行过程中；②将适应纳入欧盟的外部行动中，特别是通过与发展中国家的合作；③通过集成气候研究扩大知识基础，从而减少不确定性；④在准备协调、全面的适应战略的过程中，涉及欧洲社会、商务和公共部门。

2009 年 4 月 1 日，欧盟委员会发布《适应气候变化白皮书：面向一个欧洲的行动框架》，是欧盟适应气候战略的基石。该行动框架旨在补充成员国的适应政策并确保所有适应行动的连贯性，集中于四大支柱行动，以减少欧盟的脆弱性和提高其应对能力：①开发和完善区域层面的气候变化影响“知识基础”（使用环境数据和信息进行评估）、脆弱性绘制、适应措施的成本和收益，这将支撑所有层面的政策决策；②将适应纳入欧盟部门政策的被称为“主流化”过程；③利用政策工具组合（基于市场的工具、指南和公私伙伴关系）以确保适应的有效实施；④与成员国建立合作伙伴关系，并通过欧盟外部政策中的“主流化”适应加强国际合作。

2013 年 4 月 16 日，欧盟发布《欧盟气候变化适应战略》，旨在增强欧洲对气候变化的抵御能力。该战略采取连贯的方法对各成员国活动进行协调，通过促进更大程度的协调与信息共享支持相关行动，确保在所有相关的欧盟政策中都考虑到了适应问题。该战略主要涉及三大关键目标，并确定了实现这三大关键目标需采取的八大行动（表 4-7）。

欧盟的气候变化适应政策行动将“自上而下”的政府层面举措与“自下而上”的脆弱经济部门应对策略较好地结合起来。但目前的气候变化适应举措仍处于初期阶段，到位的具体措施相对较少。欧盟注重利用相关领域的政策工具来规范和指导气候变化适应行动，重视对气候变化影响与事实的监测和评估，并通过网络平台工具推动欧盟适应气候变化进程。通过分阶段推进实施，欧盟内部通过修改立法和政策全面推进气候变化适应战略，将适应工作纳入其部分政策与财政方案，加强气候变化适应战略在整个欧盟应对气候变化政策行动中的地位和作用。可以预见，在未来一段时期，气候变化适应战略将成为欧盟应对气候变化政策中与气候变化减缓同等重要的内容。

表 4-7　欧盟气候变化适应战略内容概述

关键目标	气候变化适应战略内容
关键目标 1：促进欧盟各成员国的行动	• 行动 1：鼓励所有成员国采取全面的适应战略 • 行动 2：提供 LIFE 资金，支持欧洲能力建设和加强适应行动 • 行动 3：将适应引入“市长盟约”
关键目标 2：更好地知情决策	• 行动 4：填补知识空白 • 行动 5：将 Climate-ADAPT 进一步发展为欧洲适应信息的“一站式服务点”
关键目标 3：不受气候变化影响的欧盟行动	• 行动 6：促进《共同农业政策》(*Common Agricultural Policy*，*CAP*)、《凝聚力政策》(*Cohesion Policy*) 和《共同渔业政策》(*Common Fisheries Policy*，*CFP*) 不受气候变化的影响。 • 行动 7：确保基础设施更具适应能力。 • 行动 8：推动保险和其他金融产品用于适应力投资和商业决策

资料来源：欧盟 2013 年《欧盟气候变化适应战略》。

（三）地区特色——欧盟碳市场排放权交易市场

1. 政策进展

欧盟排放交易体系（European Union Emission Trading Scheme，EU ETS）是欧盟实现其减排目标的重要政策手段。EU ETS 于 2005 年 1 月 1 日启动运行，目前为止规定了四个实施阶段。

第一阶段是 2005—2007 年，是一个试验性阶段，主要目的是“在行动中学习”，为未来阶段积累经验。欧盟早在 2003 年 6 月就通过了建立排放交易机制的 2003/87/EC 号指令，并以此为基础创立了全球第一个强制性跨国碳排放交易机制。EU ETS 纳入了包括能源、钢铁、水泥、玻璃、陶瓷、纸浆等行业的 12 000 个排放源，涵盖欧盟温室气体排放总量的 45%。各成员国排放配额分配方案由成员国自己决定，每个成员国上交一份国家分配方案给欧盟委员会，欧盟委员会对所有国家分配方案进行评估，通过后方可实施。

EU ETS 于 2005 年启动，是世界上第一个也是目前最大的温室气体排放配额交易体系。2017 年，EU ETS 覆盖了 31 个国家（28 个欧盟成员国和冰岛、挪威、列支敦士登）的超过 11 000 个固定设施，覆盖欧盟温室气体排放总量的 45% 左右。2017 年 EU ETS 固定设施的温室气体排放量达 19.39 亿 kg CO_2eq，比 2015 年下降 3.43%。纳入行业企业及纳入气体包括：

CO_2 气体：发电（热）、炼油、钢铁、炼铝、金属、水泥、石灰、玻璃、陶瓷、纸浆、纸、纸板、酸和有机化合物、民用航空等；

N_2O 气体：硝酸、己二酸、乙二醛和羟基乙酸的生产企业；

PFC_S 气体：铝生产。

第二阶段是 2008—2012 年，这与《京都议定书》第一承诺期吻合，是欧盟完成京都目标及相应国内目标的最重要政策工具。从这一阶段开始，EU ETS 在欧盟 27 个成员国基础上，还纳入了冰岛、挪威和列支敦士登三国。这个阶段对排放配额的发放趋于严格，欧盟将各成员国上报的配额总量下调了 10.4%；对超标排放的惩罚从第一阶段的 40 欧元 /tCO_2 上调到 100 欧元 /tCO_2。

第三阶段是 2013—2020 年。欧盟通过 2009/29/EC 号修订指令进一步强化了 EU ETS，主要包含如下变化：一是覆盖范围更广，将纳入来自更多行业、更多种类的温室气体；二是排放限额和配额数量逐渐收紧，总排放限额将在欧盟层面直接设定；三是配额分配逐渐向拍卖过渡，将转化为以拍卖为主、免费分配为辅；四是进一步限制碳减排信用使用，2012 年后新增 CDM 项目只有来自最不发达国家才会被欧盟接受；2012 年起纳入航空业，各航空公司的排放配额总量在其 2004—2006 年 3 年间往返欧盟地区的碳排放量平均值的基础上算出。

第四阶段是 2021—2030 年。2016 年 12 月 15 日，欧洲议会环境委员会（European Parliament Committee on Environment, Public Health and Food Safety, ENVI）通过了 EU ETS 2020 年后的改革议案。基于 ENVI 的议案，欧洲议会于 2017 年 2 月 15 日通过了 EU ETS 第四阶段改革的建议，同意了可再生能源政策的大部分提议，但也有一些提议被驳回。第一，目前 EU ETS 配额总量以每年 1.74% 的线性递减系数递减，虽然第四阶段线性递减系数会提高到 2.2%，但欧洲议会拒绝了将线性递减系数进一步提高到 2.4% 的提议；第二，欧洲议会拒绝了欧洲议会环境委员会提出的边界调整措施，该边界调整措施要求从欧盟外进口水泥的企业需要为此上缴配额，该提议旨在减少欧盟内水泥行业的履约压力，使水泥行业由免费配额向配额拍卖过渡；第三，欧洲议会还提出纳入航运的计划，称将从 2023 年起对欧盟港口内部、抵达、出发的船舶计算 CO_2 排放量。如果国际海事组织在 2021 年仍没有相应的措施，欧洲议会的提议将把欧盟以及国际航运（包括非欧盟船只）纳入 EU ETS。

随后，欧盟理事会代表欧盟成员国环境部于 2017 年 2 月 28 日就 EU ETS 第四阶段改革事宜达成共识。表 4-8 为 2018 年 2 月欧洲议会和欧盟理事会通过提议的比较。

表 4-8 欧洲议会和欧盟理事会通过提议比较

欧洲议会	欧盟理事会
到 2021 年永久取消市场稳定储备中的 8 亿配额	如果市场需要，在 2023 年后继续取消市场稳定储备中的配额，而非仅仅一次性取消 8 亿配额。每个交易期期初，市场稳定储备中的配额量不能超过上一期的配额拍卖量，超出部分自动取消
加快处理市场中过剩的碳配额，在 2019—2022 年将市场稳定储备能从市场中撤回配额的比率由 12% 加倍至 24%	加快处理市场中过剩的碳配额，在 2019—2023 年间将市场稳定储备能从市场中撤回配额的比率由 12% 加倍至 24%
从 2021 年起，线性递减系数由目前的 1.74% 提高到 2.2%，至少执行到 2024 年	与欧洲议会的决议一致
从 2023 年起对欧盟港口内部、抵达、出发的船舶计算 CO_2 排放量	—
配额拍卖收益的 2% 纳入现代化基金，用于支持 10 个低收入成员国的能源行业现代化发展	与欧洲议会的决议一致
对面临严重碳泄漏的行业，如钢铁、水泥行业，100% 免费分配配额	与欧洲议会的决议一致

资料来源：作者基于公开资料整理。

目前 EU ETS 为第三个交易阶段（2013—2020 年），正在为其第四个交易阶段（2021—2030 年）的运行做准备。2015 年 EU ETS 的结构性改革议程重点为建立“市场稳定储备”（Market Stability Reserve, MSR），它将以更灵活的配额供应机制稳定市场价格并对其进行预测，欧盟已达成一致，于 2019 年开始执行市场稳定储备机制。2015 年 7 月，欧盟委员会向立法会提议为 EU ETS 进入第四个交易阶段做准备。截至 2017 年 7 月 31 日，关于欧盟碳排放交易体系第四阶段即 2021—2030 年机制设计的谈判工作正在进行当中，此次改革的重点内容包括总量控制轨迹、基准规则、碳泄漏解决方案，以及如何为创新基金和现代化基金筹资等。具体包括如下内容：为了实现 2030 年温室气体减排目标，欧盟 CO_2 的排放量不得不在 2005 年的排放量基础上减少 43%。因此，自 2021 年开始碳排放配额总量以每年 2.2% 的速率下降（2013—2020 年的下降速率为 1.74%）。进入第四交易阶段，57% 的配额将会以拍卖形式分配，这表明大概有 63 亿的配额将会被免费分配。这项提议还表明，为了保持欧洲工业的竞争力，将会对持续暴露在碳泄漏风险下的 50 多个部门实行配额免费分配。该提议预测，由于技术水平的进步，在 2021—2030 年会有 54 个基准值被再次更新。为了达到 2030 年的目标，该提议推进低碳投资，并且成立了两项基金，分别是创新型基金和现代化基金。在创新型基金中，4.5 亿配额将被存储，用于支持低碳技术的创新、可再生能源产业的发展、开发和部署 CO_2 碳捕获和封存技术，以及创新型可再生能源技术示范性项目等，所有欧盟成员国的项目都可受益于创新型基金。在现代化基金中，人均 GDP 低于欧盟平均水平 60% 的低收入成员国将会受益，占 2021—2030 年期间总配额量 2% 的配额将拿来资助这些成员国的现代化能源系统建设和提升能源效率。2016 年 12 月 15 日，欧洲议会环境委员会通过了 EU ETS 第四阶段改革议案。基于该议案，欧洲议会于 2017 年 2 月 15 日通过了 EU ETS 第四阶段改革的建议，同意了该议案的大部分提议。目前欧洲议会和欧盟理事会的立场均已明晰，下一步将是欧洲议会、欧盟理事会与欧盟委员会之间的三方会谈。欧盟排放配额（EUA）的交易一直都占据全球碳市场交易份额的绝对多数，因而欧盟碳交易市场对全球碳市场具有举足轻重的影响，也在一定程度上推动全球碳市场的发展。

2. 交易情况

图 4-8 显示了欧盟碳市场历年交易额占全球碳市场的比重。2013 年，欧盟排放配额（EUA）交易规模是 360 亿美元，占据全球碳市场交易额的 93.3%。随着新兴碳市场的兴起以及 EUA 价格的下跌，欧盟市场的份额开始下滑，2016 年交易额为 277 亿美元，市场份额下降到 81.7%。

欧盟计划于 2019 年开始执行“市场稳定储备”机制，并正在修订第四阶段 ETS 机制设计，包括增加年度总量折减系数等，在以上因素影响下，2018 年欧盟碳市场价格持续走高，相比 2017 年前半年 EUA 价格约 5 欧元 /t，截至 2018 年 8 月，EUA 价格已增长至 17 欧元 /t 以上，如图 4-9 所示。

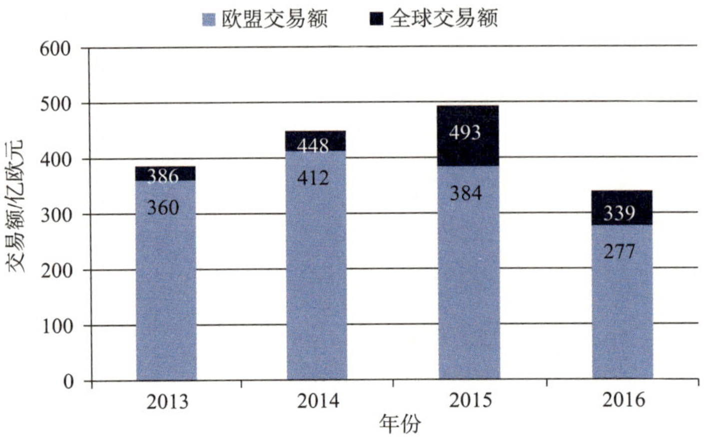

图 4-8　EU ETS 近年交易额在全球碳市场所占份额

资料来源：汤森路透。

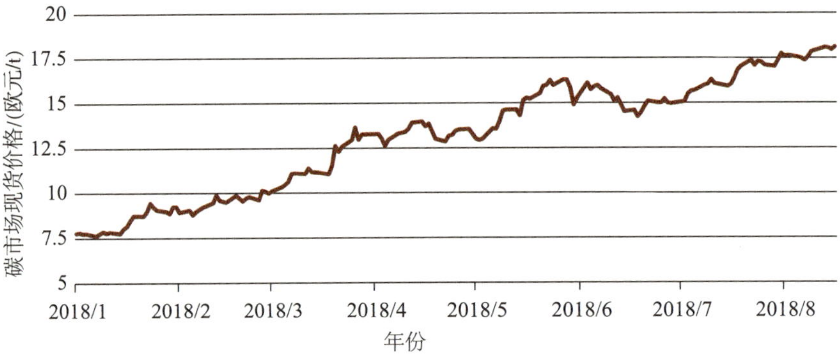

图 4-9　欧盟碳市场现货价格走势

资料来源：汤森路透。

二、美国

（一）美国气候变化政策演变

从 20 世纪 90 年代以来，美国气候变化政策几经翻转，甚至是颠覆性的、180°的逆转，唯一没有变化的，就是要求发展中国家承担类似发达国家的义务。

乔治·赫伯特·沃克·布什（老布什）执政期间（1989 年 1 月—1993 年 1 月），虽然在国内延长了《清洁空气法案》，签署和批准了《联合国气候变化框架公约》，但当时就明确表示不接受发展中国家义务的弱化。克林顿政府（1993 年 1 月—2001

年 1 月）努力把环境问题与美国国家安全联系起来，成立了总统可持续发展委员会，任命副总统戈尔担任主席，提升了环境问题在国内政治议程上的优先性。但从实际效果看，在美国国内，环境问题仍未真正进入战略视野；在国际上，美国虽然签署了《京都议定书》，更多是姿态性的表示而没有考虑把《京都议定书》递交国会批准。乔治·沃克·布什（小布什）担任总统（2001 年 1 月—2009 年 1 月）之后，美国的环境和气候外交回归共和党的保守传统，外交议程很大程度上局限于反恐事务。2001 年 3 月美国宣布退出《京都议定书》，除继续不满于《京都议定书》没有为发展中国家规定减限排义务之外，小布什政府认为履约将为美国经济带来消极影响，2002 年加利福尼亚电力危机使得布什政府更加坚信这一理由。小布什任期结束后，来自民主党的奥巴马（2009 年 1 月—2016 年 1 月）从 3 个方面改变了小布什政府的环保政策：首先，把气候变化和美国能源独立联系起来，推行“能源型气候政策”，强调新能源和低碳经济对于美国未来经济竞争力和国际地位的重大影响；其次，绕过国会发布了以《总统气候行动计划》和《清洁电力计划》为代表的行政法规，推动国内低碳行动；最后，重新回归多边主义轨道，同其他主要国家一起推动了《巴黎协定》的达成、签署和提前生效；同时积极敦促中国和印度等新兴大国在环境问题上承担更多义务。

2017 年 1 月，特朗普入主白宫后的一系列政策不仅全面颠覆了奥巴马的气候遗产，并且比共和党前辈（布什父子）在反对气候变化政策方面走得更远、更极端。

特朗普气候变化政策调整突出表现为通过大范围的“放松管制”使原有气候和环境政策直接“翻盘”：上任之初秒删白宫网页上所有“气候变化”字眼；2017 年 2 月底颁布的总统政令要求对清洁水法进行审评，试图缩小联邦政府职权范围；特别是 3 月 28 日发布了“能源独立”政令，颁布了一系列“反气候反环保”政策措施，包括：①取消《总统气候行动计划》，暂缓、修改或撤销《清洁电力计划》；②放弃奥巴马政府关于“温室气体排放社会成本”（目前 36 美元 /t）的概念，取消相关政府工作小组；③采取行动修改或取消第 3338 号部长命令 1，特别是其中对煤炭开采的土地租赁限制；④审查联邦法规 35824 号 2 和其他相关法规，适时暂停、修正或者废除新建、改建油气设施排放标准。

此外，特朗普政府削减预算使气候变化科学研发和技术工程项目受到严重影响。2017 年 5 月递交给国会的 2018 年财政预算大幅削减美国国家环境保护局、国际太空署和能源部的相关预算。一系列科学研究首先被中断，例如，2017 年 8 月，内务部叫停了一个为期两年、已经进行到一半的对露天煤炭开采进行健康影响评价的美国国家医学研究院项目。特朗普的内阁任命也备受质疑，例如 EPA 局长斯科特·普鲁伊特（Scott Pruitt）、能源部部长里克·佩里（Rick Perry）等人士入主内阁，前者在担任俄克拉何马州总检察长期间曾 14 次状告 EPA，并与化石能源公司有千丝万缕的联系，后者建议取消能源部。2017 年 6 月 1 日，特朗普正式宣布退出《巴黎协定》，不再实施其国家自主贡献，也不再向绿色气候资金注资。退出的口头原因是《巴黎协定》损害美国经济、对美国“不公平”。2017 年 8 月 4 日，美国国务院声明美国已向联合国方面递交了文书，正式表达退出《巴黎协定》的意愿，不过仍然还要参与国际气候谈判，原因是“需要保护美国利益以及确保在未来所有的政策选择始终对美国政府都是开放的”。不过，根据联合国相关法律，美国在 2019 年之前不能正式向联合国提出退出决定。因此，8 月 4 日的通知是一份没有法律意义的象征性声明。按规定，只有到 2020 年 11 月 4 日，美国才可以正式退出。而这一天将是美国举行下一届大选的第二天，换言之，下任总统可以决定美国是否将正式退出。

美国退出《巴黎协定》的最大隐忧在于形成负面溢出效应。但目前来看，气候谈判并没有因为国际政治形势的变化而停滞不前，一些化石能源生产与消费大国也没有像国际社会此前担心的那样，趁美国退出《巴黎协定》之际也加入反对气候变化的阵营。在汉堡 20 国集团峰会等场合，除美国以外，各国均重申了对《巴黎协定》的支持。

（二）地方政府的政策行动

相比于美国联邦政府，美国地方州政府展现出相对的灵活性，许多州政府的气候政策比联邦政策更严格更先进，其中最突出的是加利福尼亚州。除州政府的单独行动，区域性的协议也是美国进行应对气候行动的重要方式。

加利福尼亚州是美国经济最发达的州，GDP 占美国的 14%，温室气体排放量达到全国排放量的 7%。2006 年，美国加州州长签署通过了《众议院 32 号法案》（*Assembly Bill 32*，*AB32*），即《2006 加州全球变暖应对法》，这标志着加州正式通过立法的形式确立了减排目标：2020 年温室气体排放减少到 1990 年的水平，2050 年比 1990 年减少 80%。

表 4-9 《众议院 32 号法案》规定的减排措施

减排措施	
Ø 加州碳交易机制 Ø 轻型汽车温室气体标准 Ø 能效管理 Ø 可再生能源组合标准 Ø 低碳燃油标准 Ø 区域性运输温室气体目标 Ø 运输工具能效 Ø 货运 Ø 百万太阳能屋顶计划	Ø 中型 / 重型汽车 Ø 工业排放 Ø 高速铁路 Ø 绿色建筑 Ø 高潜势温室气体 Ø 回收利用与废物处理 Ø 可持续森林 Ø 水资源 Ø 农业

加州空气资源局（California Air Resource Board, CARB）负责制定并落实气候变化总体规划以实现减排目标，措施包括 18 项内容。其中核心是于 2013 年正式运行的总量与交易制度，该项制度覆盖了 350 个企业的 600 个排放源或燃料供应商、全州 85% 的排放量、包含了 6 种温室气体。

美国（北美）还有 3 个区域性的碳交易机制正在建设和运行中，包括“区域温室气体减排倡议”（Regional Greenhouse Gas Initiative, RGGI）、“西部气候倡议”（Western Climate Initiative, WCI）和“中西部温室气体减排协议”（Midwestern Greenhouse Gas Reduction Accord, MGGRA），如图 4-10 所示。

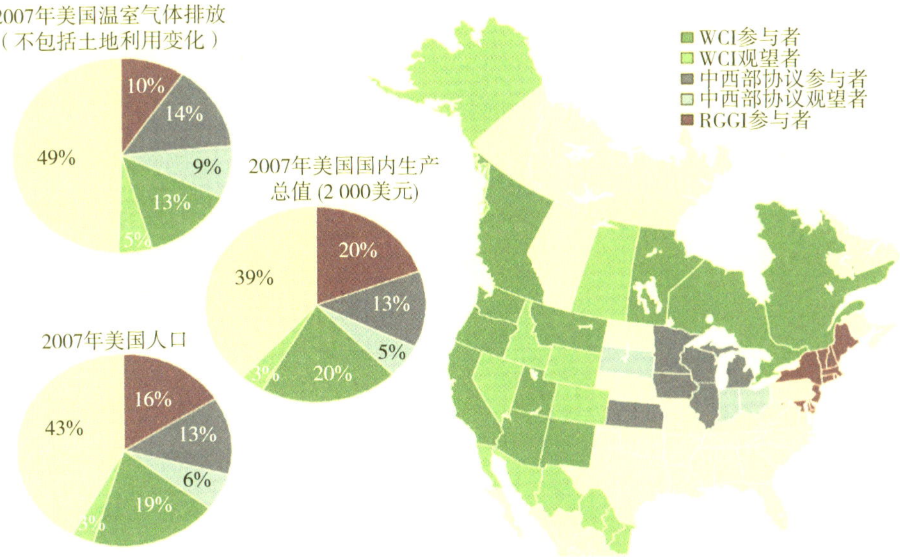

图 4-10 美国区域性碳交易体系分布示意图

RGGI 是美国第一个强制性区域电力部门排放交易机制。该机制在 2008 年开始运行，目标是 2018 年的电力碳排放比 2008 年减少 10%，2020 年降低 15%。目前会员包括康涅狄格州、特拉华州、缅因州、马里兰州、马萨诸塞州、新罕布什尔州、纽约州、罗得岛州、佛蒙特州，也包括了一些观察成员：宾夕法尼亚州和哥伦比亚特区等。RGGI 参与州以备忘录的形式进行区域合作，并通过制定“模板规则”对各州的碳交易体系规则设计提供基本规则框架。RGGI 参与州根据模板规则，颁布、实施自身的 CO_2 预算交易计划（以下简称“碳交易计划”）的法律。RGGI 的控制排放部门仅限于电力部门，受控制的排放企业包括 2005 年后化石燃料占 50% 以上、所有装机容量超过 25 MW 的发电企业，针对这些企业设定了 CO_2 排放量的上限。在实践过程中，为了防止出现市场失灵的情况，RGGI 对传统的市场运行规则进行了一些改进，在具体措施当中最引人关注的是两个“安全阈值”的设定。第一个安全阈值是让市场有足够的时间来吸收初始分配所造成的价格失效风险，目的是防止初次分配导致碳价过高，通过渐次调整而达到最优。第二个安全阈值是为了防止供求关系严重失衡。

WCI 属于强制交易机制，2012 年正式启动，2015 年全面实施。WCI 涵盖区域内 95% 的排放量，允许少量使用抵消机制，适用部门包括工业、电力、商业、交通运输以及居民燃料使用。以 2005 年的排放量为基准，到 2020 年将该区域的温室气体排放量降低 15%。在实践过程中，WCI 建立了区域“限额—交易”机制，要求自 2011 年起，各成员必须报告上年度的碳排放量，并制定其至 2020 年年底前的碳预算，明确本部门的温室气体排放上限，以实现减排指标。然后，WCI 根据各成员的需要，设置了交易平台，各成员可以灵活地在各自区域内通过拍卖或无偿的方式进行排放额度的分配。

MGGRA 在 2007 年成立，并于 2012 年启动，目标是 2020 年比 2005 年减少排放 18%～20%。

（三）地区特色——加州—魁北克碳交易市场

1. 西部气候行动

2007 年，美国西部的亚利桑那州、加利福尼亚州等 5 个州发起成立了区域性气候变化应对组织——西部气候倡议组织。截至 2017 年 6 月，该组织包含美国的加利福尼亚州，以及加拿大的英属哥伦比亚省、安大略省、魁北克省和曼尼托巴省。2008

年 9 月 23 日，“西部气候倡议组织”明确地提出了建立独立的区域性排放贸易体系，并设定具体的减排目标。

2. 加州限额与交易计划

2006 年，美国加州通过的《全球暖化应对法》确立 2020 年加州温室气体排放比 1990 年减少 20% 的目标。为实现这一目标，《全球暖化应对法》授权加州空气资源委员会制定包括市场机制在内的减排措施。

按照设计方案，加州排放交易机制分为 2013—2014 年、2015—2017 年、2018—2020 年 3 个遵约期。2017 年 7 月 18 日，加州议会在两党的绝对支持下以 2/3 的票数通过了 AB398 和 AB617 法案，意味着加州总量控制与交易计划将被延长到 2030 年。体系的起始阶段覆盖电力、炼油、水泥、纸和玻璃行业年排放超过 25 000 t 的 360 家企业的 600 个排放源，排放配额总量为 1.658 亿 t CO_2eq，并按 2% 的速度逐年递减；2015 年起覆盖范围扩大到天然气、丙烷和交通燃油，覆盖行业排放总量占全州的 85%，排放配额总量调至 3.945 亿 t CO_2eq，并按 3% 的速度逐年递减，2020 年降至 3.34 亿 t CO_2eq。

加州碳交易机制为了防止碳价不稳定，规定最低碳价为 10 美元，并预留 4.6% 的排放配额，用来随时增加供应量来防止碳价过高，保证碳交易市场的稳定性。该机制还允许企业通过抵消机制完成 8% 的减排义务，接受的减排项目类型包括林业、城市绿化、乳业 CH_4 和 CFCs、HCFCs 等制冷剂的分解等，但不接受 CDM 项目产生的 CERs。

自 2015 年 1 月 1 日开始，加州 ETS 除覆盖大型发电厂和大型工业企业外，还增加了汽油、柴油和天然气在内的燃料分销商等共 360 余家企业，覆盖了该州温室气体排放量的 85%，纳入气体包括京都议定书涵盖的 6 种气体以及 NF_3 和其他含氟温室气体。

加州立法机关于 2006 年通过突破性的立法，要求国家在 2020 年温室气体的排放量降到 1990 年的排放水平。2016 年 9 月 8 日，加州州长布朗签署 SB 32 法案，确定了加州 2030 年较 1990 年温室气体减排 40% 的气候目标。据此，加州 ETS 制定了每年递减的温室气体排放上限，2013—2014 年的排放上限分别为 16 280 和 15 970 万 t CO_2eq，随着更多部门的纳入，2015 年的排放上限达到 39 450 万 t CO_2 eq，之后每年以 3% 的速度下降。

2016 年 8 月 31 日，加州议会还通过了议会法案 1613（AB 1613 法案），对约 9 亿美元（约合 8 亿欧元）ETS 配额拍卖财政收入所得进行分配。加州配额拍卖所得财政收入全部纳入温室气体减排基金（Greenhouse Gas Reduction Fund），其中 60% 自动拨归减排项目，而 AB 1613 法案重点关注余下的 40% 资金，这部分资金在分配前须先行取得立法机构的批准。这部分资金可投向各种不同的减排项目，如公共交通项目、电动交通激励方案、低收入家庭节能计划等。

2017 年 7 月 18 日，加州议会在两党的绝对支持下以 2/3 的票数通过了 AB398 和 AB617 法案。这两个法案的通过意味着加州总量控制与交易计划将被延长到 2030 年，并被赋予了更强大的力量和权限来改善当地社区的空气质量。加州总量控制与交易机制不仅能帮助加州削减碳排放，还可以为新兴的清洁能源以及绿色创新科技行业注入数十亿美元资金，并由此创造高收入的就业机会，这对加州各地区来说都是重大的经济刺激。在该体系及其他相关措施的推动下，到 2030 年，加州一半的电力供应将来自可再生能源。

碳排放配额由加州空气资源委员会免费发放，并进行季度性拍卖。所有的拍卖方均支付相同的结算价——高于拍卖价的最低出价。2013 年履约第一年的拍卖价为 10.71 美元，2015 年拍卖价增至 12.10 美元，并且以后每年以 5% 的通货膨胀率增长。在过去的三年里，拍卖结算价从第一次拍卖的 10.09 美元 /t（2012 年 11 月）增长至最近的 14.65 美元 /t（2018 年 5 月）。到目前为止，拍卖结算价均等于或者非常接近于拍卖价格，保证了履约成本的相对适中。在季节性拍卖中，控排企业可以提前为将来的履约购买配额，即控排企业可以以便宜的价格购买未来年份的配额，然后存储起来用于将来的履约，这种监管功能为企业提供了将来履约的灵活性。

魁北克省限额与交易系统于 2009 年立法，2011 年建立最初的 ETS 规则，2012 年 12 月对规则进一步修改，旨在让魁北克省系统和加州系统能够建立友好的合作伙伴关系。2014 年 1 月 1 日加州和魁北克 ETS 进行了链接，并于 2014 年 11 月 25 日进行了第一次配额联合拍卖，这是不同国家州（省）际间的首次限额与交易系统的链接。加州—魁北克碳市场的链接不仅有效降低了碳排放量，更增加了市场的流动性，为世界其他国家碳市场的链接提供了良好的参考模式。

在加州—魁北克两个碳市场链接前，加州碳市场共举行 8 次单独拍卖，拍卖当期配额 1.4 亿 t，提前配额 5 642 万 t；魁北克市场共举行 4 次单独拍卖，拍卖当期配额 381 万 t，提前配额 576 万 t。截至 2017 年 7 月 31 日，加州—魁北克碳交易市场共举行 11 次联合拍卖，详细信息见表 4-10。

表 4-10 加州—魁北克碳交易市场联合拍卖信息表

拍卖时间	当期拍卖			提前拍卖		
	配额年份	成交数量 / 万 t	成交价格 /（美元 /t）	配额年份	成交数量 / 万 t	成交价格 /（美元 /t）
2014/11/25	2014	2 307	12.10	2017	1 079	11.86
2015/2/18	2015	7 361	12.21	2018	1 043	12.10
2015/5/21	2013/2015	7 693	12.29	2018	1 043	12.10
2015/8/18	2015	7 342	12.52	2018	1 043	12.30
2015/11/17	2015	7 511	12.73	2018	1 043	12.65
2016/2/17	2013/2014/2016	6 802	12.73	2019	936	12.73
2016/5/18	2016	726	12.73	2019	91	12.73
2016/8/16	2016	3 002	12.73	2019	77	12.73
2016/11/15	2015/2016	7 696	12.73	2019	102	12.73
2017/2/22	2014/2017	1 167	13.57	2020	70	13.57
2017/5/16	2017	7 531	13.8	2020	211	13.57
合计		59 138			6 738	

数据来源：加州—魁北克碳交易市场。

三、德国

（一）德国气候变化政策

德国是积极推进应对气候变化的主要发达国家之一，非常重视应对气候变化带来的挑战。为应对气候变化，1987 年德国政府即成立了首个应对气候变化的机构——大气层预防性保护委员会；1990 年成立跨部工作组——“CO_2 减排”工作组；1992

年签署联合国《21 世纪议程》等国际保护气候公约；1995 年在柏林举办世界气候框架公约大会；1997 年签署《京都议定书》；2000 年德国议会通过《国家气候保护计划》，2005 年再行修订，增加了许多具体行动计划；2008 年发布了《适应气候变化战略》；2011 年发布了《适应气候变化战略的行动规划》；2014 年德国联邦议会通过了《气候保护行动方案 2020》；2016 年制定了《气候保护计划 2050》。德国为应对气候变化制定了较高的目标，在发达国家中处于领先地位，也取得了突出的成绩。德国应对气候变化政策的核心目标是，促成全球平均气温与工业化前相比升幅不超过 2℃，避免气候变化造成不可承受的后果和风险。从中长期看，德国的目标和承诺是到 2020 年将温室气体排放在 1990 年的基础上降低 40%，到 2030 年降低 55%，到 2050 年降低 80%～95%。到 2020 年，可再生能源发电将占德国电力消耗总量的 35%，到 2030 年，这一比例将达到 50%，到 2050 年将提高到 80%。截至 2014 年年底，与 1990 年相比，德国 CO_2 排放量下降了 27%，次级能源中可再生能源增长了 6 倍。

德国是一个联邦制国家，由 16 个联邦州组成。根据德国宪法《基本法》的规定，联邦政府负责涉及全国的国防、外交等政策以及教育、文化等方面总体政策的制定，各州政府负责本州的文化、教育等方面的具体管理。气候变化行政管理同样由德国联邦政府和各州政府共同承担，相对其他事务来说，更多地采取自上而下的形式，即联邦制定法规和政策，各州负责具体落实执行。在德国联邦层面，联邦各部及其下设置的联邦署（局）不仅负责法规政策的具体执行管理，还负责法规或项目的起草和立项。德国气候变化行政管理体系涉及的联邦部门主要有 5 个，分别是德国联邦环境、自然保护、建筑和核安全部（BMUB，以下简称联邦环境部），德国联邦教育与研究部（BMBF，以下简称联邦教研部），德国联邦经济与能源部（BMWI，以下简称联邦经济部），德国联邦交通与数字基础设施部（BMVI，以下简称联邦交通部），德国联邦食品和农业部（BMEL，以下简称联邦农业部）。各部门各司其职，在德国可持续发展委员会的统一协调下，从法规起草、项目设立，行政执行与管理，科学研究，咨询、评估和提出建议 4 个层面构建德国气候变化管理机构框架体系（图 4-11）。

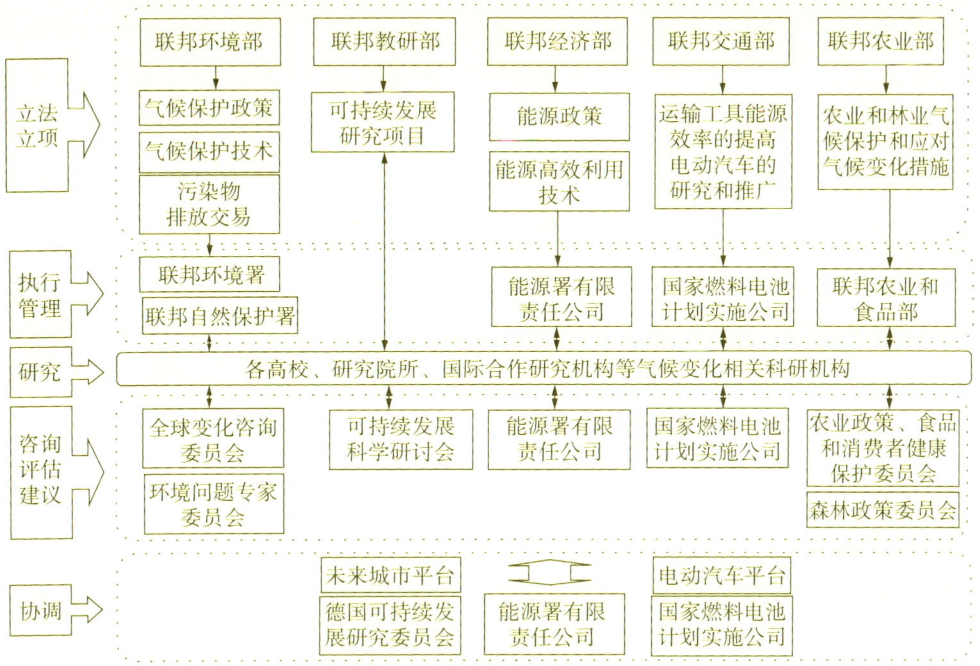

图 4-11　德国气候变化管理机构框架

资料来源：中国 21 世纪议程管理中心 . 国家适应气候变化科技发展战略研究 . 北京：科学出版社，2017：82-93.

（二）地区特色——可再生能源政策

2016 年 11 月，气候变化《巴黎协定》正式生效，发出了全球各国向低碳转型的有力信号。为落实全球应对气候变化目标，全球能源体系绿色低碳的趋势不可逆转。德国作为全球率先推动能源转型的主要国家之一，其政策措施引人瞩目。早在 20 世纪六七十年代，德国的能源转型就开始萌芽，80 年代开始酝酿能源转型。目前，德国已制定了明确的能源转型目标和路径，一是 2022 年退出核能，二是 2050 年基本退出化石能源。其中，大力发展可再生能源是德国能源转型的主要内容之一，《可再生能源法案》是德国促进发展可再生能源、推动能源转型的重要工具。

德国在 1990 年开始逐步建立可再生能源政策，1991 年的《电力入网法》为全球的强制入网制度奠定了基础，自此以后德国开始大力发展可再生能源，相应的立法也得到完善。2000 年《可再生能源法》颁布，2001 年出台《生物质能条例》，2008 年颁布《可再生能源供热法》，2009 年颁布《可再生热能法》，2010 年对《可再生热能法》进行了修订，并于 2011 年 5 月 1 日正式生效。自 1990 年德国就开始实施的上网电价补贴政策保证了可再生能源能够迅速发展。德国能源署前署长斯蒂芬·科勒认为《可再生能源法》为可再生能源投资提供了重要的法律保障，让可再生能源领域的投资变成了无风险、利润高的投资领域。在上网电价补贴政策和优先发展可再生能源政策的双重激励下，德国可再生能源产业获得快速发展，光伏和风力发电快速发展，尤其是光伏发电出现了爆炸性增长，可再生能源发电占比从 1990 年的 3.6% 提高到 2016 年的 33%。

德国根据可再生能源的实际发展情况，对《可再生能源法》不断进行修订和完善。分别在 2004 年、2008 年、2012 年、2014 年及 2016 年进行了修订。2016 年，为解决可再生能源发电电价补贴造成电力用户终端用电电价大幅攀升等问题，在实现高比例可再生能源发展的同时，为控制电力成本、促进可再生能源行业的可持续发展，德国政府在 2016 年 6 月正式通过《可再生能源法》修正案，其核心内容包括：

- 全面引入可再生能源发电招标制度，正式结束基于固定上网电价的政府定价机制，全面推进可再生能源发电市场化。逐步取消绿色电力入网价格补贴。大型风电厂、太阳能电站和生物质能发电厂未来将不再得到法定的固定补贴，新建生态发电厂必须进行公开招标，引入市场竞争机制。
- 规定可再生能源发电上限，减少过剩产能。近年德国陆上风电发展迅猛，根据《可再生能源法》产生的附加费快速增加，亟须加以调控。政府将限制陆上风电扩建速度，规定可再生能源如风能、太阳能和生物质能每年的发电量上限，旨在减少过剩产能，抑制绿色能源补贴费用过快上涨。但政府维持对私人屋顶上小于 750kW·h 的太阳能板发电的补贴。
- 继续支持可再生能源的发展。德国提出 2025 年可再生能源发电量需占比 40%～45%；2035 年目标进一步提高到 55%～60%；维持 2022 年全面退出核电的目标，以及 2020 年碳排放量较 1990 年减少 40% 的减排承诺。为实现这项目标，未来德国仍需要保持可再生能源发电的持续增长趋势，但需要通过竞标机制来降低政策成本。
- 对于此次能源政策调整，德国各界反应不一。各联邦州之间存在分歧，一些州担心改革将导致风能行业出现工作岗位流失及收入下降。总体来看，德国应加快速度减少煤电、让绿色能源并入电网，并解决电能储存问题，让能源转型拥有更广泛的民众支持基础。

德国对可再生能源开发项目逐步实行市场机制，允许价格竞争，这就是德国可再生能源的价格竞争制度。价格竞争制度就是可再生能源企业通过招标的形式来确定补贴的额度。采用价格竞争制度，是为了让可再生能源的价值回归到市场调节之中，让市场竞争来确定可再生能源项目的最低成本。

四、英国

（一）气候变化风险

英国的气候变暖主要发生在20世纪70年代以后。2005—2014年，英国平均气温比1961—1990年升高0.9℃，2014年为最热年份。自1901年以来，英国海平面每年平均以1.4 mm±0.2 mm的速率上升，接近全球平均变化速率；而1990年以来，全球海平面上升速率明显加快，目前每年平均上升速率超过3 mm。20世纪60年代以来，虽然整个英国的降雨趋势不明显，但苏格兰年降雨量显著增加。据预测，英国将面临越来越多的气候变化威胁。到2080年，英国夏季平均气温将升高2～6℃；夏季降雨将减少17%～23%，而冬季降雨将增加14%～23%；海平面将上升36 cm。这些气候变化预计会导致极端天气事件（包括干旱、热浪和暴雨）发生的频率和严重程度的增加及洪水风险的增加。

为更好地了解目前的气候变化以及最大限度地减少气候变化的风险，英国《气候变化法》要求政府应每5年准备一份关于英国气候变化风险的评估报告。2012年1月26日，英国政府发布第一份《英国气候变化风险评估》报告，对气候变化给英国境内具有社会、环境与经济价值的事物带来的各种风险（包括机遇）进行了评估，包括农业、生物多样性和生态服务、商业、建筑环境、工业和服务业、能源、海岸防洪、林业、健康、海运、交通及水务11个领域。2016年7月15日，英国气候变化委员会（Committee Climate Change, CCC）发布第二份《英国气候变化风险评估》报告，进一步确定了英国气候变化造成的6大关键风险领域，包括洪水和海岸变化对社区、企业和基础设施的风险；高温对健康和生产力的风险；公共供水短缺及其对农业、能源生产和工业的风险；对自然资本（包括陆地、沿海、海洋和淡水生态系统、土壤和生物多样性）的风险；对国内外食品生产和贸易的风险；新兴害虫和疾病、外来物种入侵影响人类、植物和动物的风险。英国在认识气候变化风险和应对行动方面已经处于世界领先水平。

（二）气候变化法

英国政府致力于采取行动来减缓并适应气候变化。自20世纪90年代以来，英国政府就开展了相关工作，最初是研究气候变化的影响。1997年，英国建立了《英国气候影响规划》致力于研究气候影响及帮助适应这些影响。在《英国气候影响规划》的支持下，气候变化已经融入了政府的一些政策中，尤其是洪水管理。2008年11月26日，英国议会通过了《气候变化法》，成为世界上首个通过引入长期的法律约束框架来应对气候变化风险的国家。法案规定政府每5年评估气候变化对英国的风险和机遇，制定《国家适应规划》和适应报告能力。《气候变化法》为减排目标的实现确立了经济上可行的路径，它将削减碳排放、适应气候变化和向低碳经济转型相结合，并从制度、程序和机构方面作出了规范。《气候变化法》有101条，由6个部分组成，分别规定碳排放目标、碳排放预算、气候变化委员会、排放贸易体系、气候变化的适应、其他条款和补充条款。其核心条款分别是为英国制定一个清晰而连贯的中长期减排目标、规定政府负责与制定碳排放预算规划、成立具有独立法律地位的气候变化委员会、对碳排放和减排情况进行监督和指导、引入排放贸易体系、通过市场的力量限制排放和鼓励减排、建立温室气体排放报告机制，监督英国温室气体减排的进展情况；政府提供政策引导投资低碳技术和鼓励能源节约。

《气候变化法》颁布的同年，英国政府发布适应政策框架来协调并促进英国的适应行动。该框架包括发展基于适应的证据基础、将适应纳入政府活动、与合作伙伴合作、监测和确保适应进展。框架的最终目标是创建《国家适应规划》。在合作方面，英国环境、食品与农村发展部同政府部门和其他合作伙伴进行广泛的合作，为国家应对气候变化做好准备。企业、地方政府、民间社会和社区也在为确保应对气候变化做好准备方面起着重要的作用。由环境署领导的气候准备支持服务向公众和私营部门提供咨询和支持，帮助其能够适应不断变化的气候。气候准备支持服务还与气象办公室密切合作，对英国气候变化相关信息的获取提供服务，包括2009年的《英国气候预测》。英国气候及其气候变化伙伴关系网络提供本地支持，以帮助企业、理事会、社区和其他组织适应气候变化。英国气候还提供了一系列有用的在线工具和资源。地方政府协会的气候地方倡议为帮助建立理事会的适应能力提供咨询和工具。英国地方适应咨询小组从地方的角度给中央政府提供咨询意见。该咨询小组由来自英国各地的一系列理事会和合作伙伴组成，旨在确定和分享最佳的实践。

英国《气候变化法》核心内容

2008年11月26日，英国议会通过了《气候变化法》，其核心内容包括：

①碳排放目标。到2020年，将CO_2排放量在1990年的水平上至少减少26%；到2050年，实现CO_2排放量在1990年的水平上至少减少80%。

②碳排放预算。英国政府应当制定每5年期内的碳排放总量的上限。到2020年的减排目标应该由3个碳收支5年计划（2008—2012年，2013—2017年，2018—2022年）来完成。能源、交通和住房在内的各经济行业都必须有碳排放预算，政府部门必须负责各自领域的碳减排。

③气候变化委员会。为协助和保障减排目标的落实，法案规定英国政府要设立一个新的独立的法定机构——气候变化委员会，该机构就碳排放的控制与削减、气候变化的适应等事项，向英国政府提供独立的专家建议和指导。

④排放贸易体系。法案明确要求英国政府制定次级立法，在已有的碳排放指标贸易的基础上设立全新的全英国碳排放交易体制，通过市场机制控制碳排放总量和减排。对于排放贸易制度的具体内容与运行，法案没有规定。

⑤气候变化的适应。法案规定英国政府有义务对英国遭受气候变化的影响进行风险评估并做出报告，在《气候变化法案》出台后3年内必须提交第一份风险评估报告，随后每5年必须提交一份此类风险评估报告，每份报告必须附随英国政府公布的适应气候变化影响的各项措施。

继2008年英国颁布世界上第一部《气候变化法》之后，作为英国的下放权力机关，苏格兰也于2009年6月通过了苏格兰《气候变化法》。该法案设定了苏格兰的温室气体减排目标，并构建了适应气候变化的基本法律框架。法案规定，苏格兰政府应保证到2020年，苏格兰的温室气体排放量在1990年的基础上至少减少42%；到2050年，苏格兰的温室气体在1990年的基础上至少减少80%。法案授权设立了咨询机构——苏格兰气候变化委员会，规定苏格兰气候变化委员会有权对苏格兰政府提交的年度计划提供咨询意见并提出修改建议，苏格兰气候变化委员会每年应提交一份年度进展报告。

（三）地区特色——碳预算

全球气候变暖产生的环境问题，引起了人们对控制温室气体排放与发展低碳经济的空前重视，低碳经济作为应对气候变化和实现经济社会可持续发展的一种模式，率先被英国确定为发展战略方向，并成为新的经济增长点。英国提出低碳经济概念以来不断探索和实践，通过优化产业结构，努力实现经济转型，保持经济稳定增长，从而成为世界上低碳经济发展最早且比较成功的国家。英国各类低碳政策中，“碳预算”是低碳经济建设非常重要的一环。

为了确保低碳减排目标的实现，英国在《气候变化法》中制定了碳减排规划，并相应地通过立法建立每5年为1周期的碳预算排放体系，对碳排放进行总量控制，对议会和政府进行制约，顺利实现低碳经济发展的长期可持续。按照立法要求，英国将碳预算纳入2009年财政预算，要求2008—2022年，每5年为1周期，总共设立了3个周期，为实现2050年减排目标，安排相应的支出，并对实施效果进行了量化估算。相比以往，将碳预算纳入财政政策，通过定量的方式对碳排放进行制约，引导经济发展，使其与财政预算整体协调，使更多的社会资金投入到低碳部门。《气候变化法案》提出英国到2050年将在1990年的基础上至少减排80%，要求制定五年一次的“碳预算”，并在世界范围内首次将低碳目标以法律的形式写进了2009—2010年财政预算报告。根据2009财政年度的预算确定，低碳经济新增投入14亿英镑，主要用于支持海上风力发电，对2009—2012年资金到位的海上风能投资给予支持；为企业、公共建筑与家庭提高能效和资源利用提供支持；促进低碳产业和绿色制造业发展；支持碳捕获项目的工程和设计研究；支持小规模和社区低碳经济发展；支持和加速低碳高新产业发展，提高相关领域的绿色就业，使其在英国未来低碳经济发展中占据领先地位。2009年的预算法案中涵盖了低碳相关财税政策，对气候变化税进行调整以激励热电联产项目建设；提高燃油税率，减少燃油产生的碳排放；上调填埋税率激励可替代的废物处理方式发展，降低环境碳排放；从欧洲投行申请特别融资用来支持可再生能源发展。碳预算将低碳减排纳入政府预算，涉及经济活动的各个层面，使经济发展与减排路线图保持一致，对低碳减排进行宏观管理。通过相关法案的制定与推行，赋予碳预算法律效力，执行依托于预算机制，对经济主体形成硬约束，确保减排目标的实现。碳预算为英国未来减排政策和机构运作等制定了框架，并将对英国甚至全球碳减排和实现发展可持续产生影响，为英国减排行动可行性和强制力提供了保证，标志着全球开展减排，应对气候变化进入了新的阶段。

五、日本

（一）气候变化风险

日本是一个岛国，对气候变化的敏感程度相对其他内陆国家更高一些。日本气候变化风险主要表现在以下3个方面：①气候变化影响日本领土安全。随着气候变暖，海平面上升，日本约2/3的陆地面积将被海水吞噬或淹没，导致土地减少；②气候变化对日本经济结构，包括工业、农业及渔业的发展也产生重大影响。③气候变暖使得国民罹患某些疾病的风险升高。

日本环境省于2015年1月20日发布报告，日本环境省的小组委员会根据500多篇论文，分析了气候变暖对日本的农业、水产业、日常生活等56个项目造成的影响。这份报告首次汇总了需要解决的重点问题，并要求日本政府加紧采取应对措施。研究结论包括：①气候变暖对水稻、果树、洪水、高潮、大浪、中暑等9个方面的影响最为显著，且紧急性和预测的可靠程度也非常高，因此政府应迅速着手采取应对措施；②由于气候变化，日本现在已经出现了水稻质量下降等问题，从21世纪中叶到世纪末，问题将会更严重。由于改良品种需要时间，政府应迅速着手制定方案并开发相关技术；③21世纪末之前，水灾风险将会随着气候变化而加大；④紧急性很高的课题还包括果树病虫害增加，主要港口所在地捕鱼量受影响，泥石流、滑坡以及大浪的危险性提高，65岁以上老年人中暑大幅增加等。此外，随着全球变暖，日本还会经历更多的热浪、更多的暴雨、更强的台风，这些都会给公共卫生、水资源、农业和野生动物带来严重影响。其他影响还包括珊瑚礁白化、积雪减少等。

（二）气候变化法

日本政府十分重视应对气候变化问题，早在1997年就成立了以内阁首相为首的“全球变暖对策本部”，日本气象厅则设立了“气候科”“气候变化对策室”“气候变暖情报中心”“气候研究部”等应对气候变化机构。

2015年7月，日本政府在“地球温暖化对策推进本部”会议上确定了2030年度（2030年4月—2031年3月）温室气体排放约为10.42亿t CO_2 eq的目标，该目标较2013年减排26%。日本于当年将该目标正式提交给《联合国气候变化框架公约》秘书处。联合国气候变化大会（巴黎会议）召开后，日本政府地球温暖化对策推进本部颁布了《依据巴黎协定应对气候变化的方针》，决定在经济发展、产业、科技等各领域采取措施，加强对气候变化课题的应对，颁布的具体措施有以下五方面的内容：一是组织制订《气候变化对策计划》，根据巴黎会议达成的协定，于2016年上半年完成计划的制订；二是制订政府工作计划，根据制订的《气候变化对策计划》，将一系列先导性政策举措纳入政府具体工作计划，并组织实施；三是强化国民运动，广泛组织地方政府、产业界、非政府组织，交流有关气候变化的信息，加大宣传力度；四是推进发展中国家应对气候变化对策，到2020年，实现政府和民间对发展中国家每年投入合计1.3万亿日元用于应对气候变化相关事业；五是于2016年春季制定《能源环境创新战略》，强化能源环境领域创新技术的研究开发。

为持续推进应对气候变化的各项工作，实现其减少温室气体排放的中长期目标，日本于2015年11月底公布了《气候变化适应计划》，并根据巴黎会议后确定的举措积极开展《应对气候变化对策计划》《能源创新战略》《能源环境创新战略》的制定工作，在2016年2月公布了三项计划的要点与中间成果。这4个战略计划规划了日本未来30年的气候变化应对思路，明确了以科技创新应对气候变化的方向，确定了重点科技领域的研究开发计划。

（三）地区特色——低碳社会

需要指出的是，日本的环保宣传十分普及，随处可见低碳宣传招贴和指导手册，非常详细且实用。如朝日啤酒罐上就印有低碳标签，消费者每消费一罐啤酒，酒厂就要拿出1日元用于低碳社会教育；小学生都把随手关灯、规范丢弃垃圾当成美德，反过来监督家长。2007年，日本就开始致力于低碳社会的建设。低碳社会，观念先行。为推动低碳社会计划，日本在市民低碳生活价值观建设方面做出了诸多努力，取得了较好的成效。

1. 多主体参与，营造低碳生活氛围

1998 年，日本通过的《地球温暖化对策促进法》明确规定实现温室气体减排目标是政府、地方公共团体、企业和国民的共同责任。日本低碳价值观建设的一个重要特点就是充分调动全社会各方力量，共同推进低碳价值观在日本的普及。

第一，通过制定政策，主导低碳走向。政府应以身作则，率先示范，利用法制、财政、税收、金融等诸多手段，明确节能减排目标，制定相关制度、政策，引导市民参与到低碳生活建设中。2009 年，日本政府推动了碳足迹制度的试行业务，将商品从生产、流通到废弃的整个过程中排放的 CO_2 量可视化，标注在商品上，为消费者选择低碳型的商品提供依据。

第二，通过学校教育，对市民低碳价值观进行系统教育。学校是进行低碳化教育的重要阵地。在日本，环境教育被设置为必修课程，不同年龄阶段的学习者将接受不同的环境课程教育。

第三，通过企业技术支持，辅助推进市民低碳价值观。一方面，企业通过技术改革和创新，为市民低碳生活提供相应的低碳产品支持，以增强低碳生活价值观实施过程中的可操作性；另一方面，企业通过将低碳价值融入自身企业文化、经营理念中，来感染、影响内部员工甚至普通市民的行为习惯。

第四，通过新闻媒体宣传，对市民低碳价值观教育起舆论引导作用。长期以来，推动人们的低碳意识，成了日本媒体不可推卸的社会责任。日本各媒体经常举办一些以节约为主题的节目，以寓教于乐的方式引导普通观众参与到节能减排中来。

2. 多领域发展，构建低碳生活环境

为实现低碳型社会，日本倡导简单便捷的生活方式。这种倡导不仅停留在宏观目标和政策上，更细化到日本民众生活的方方面面。

衣着方面：日本环境省从 2005 年起开始提倡民众夏天穿便装，秋冬两季加穿毛衣，夏天男士不打领带等行为，以减少空调的使用，达到节能减排的目的。

饮食方面：日本人总结了一整套从购买、保存到烹饪等各个环节详尽的节能窍门。日本许多精明的主妇为了省电，会在冰箱上贴清单以减少开门次数；日本人通常尽量选择产地较近的产品，以减少运输能源的消耗。

居住方面：日本提倡低碳建筑。日本政府提出“住宅领跑者计划”制度，制定“低碳化住宅建设标准”并且要求开发商实施。

出行方面：日本正大力推行低碳交通。加快节能环保型汽车的研发和普及，不仅建立“领跑者计划”制度，对成功开发者给予补助金；还修改相关税制，鼓励消费者购买低碳汽车等。

采买方面：日本大力提倡低碳消费。2009 年，日本政府提出了旨在促进节能环保家电消费的“环保积分制度”，对购买符合一定节能标准的空调、冰箱和数字电视的消费者返还“环保积分”，当达到一定积分时，就可以免费换购节能家电。

办公方面：发起了“清凉商务”运动并推行了“办公大楼领跑者计划”制度。

这种低碳生活环境的营造，不仅加强了日本民众的低碳生活观念，更推动了低碳观念到低碳行为的转化，为日本低碳社会建设创设了良好的基础。

3. 多手段推进，倡导低碳生活方式

为“建设健康长寿社会”，推动“低碳革命”，日本充分运用各种手段与措施，培养日本民众低碳价值观的形成及低碳生活行为习惯的养成。

第一，制度引导。为在全社会范围内将低碳意识固定为社会主要倡导的价值观，日本政府制定了一系列制度，如实行碳排放可视化制度、低碳抵消制度等，以保障低碳价值观念能够在制度层面得到落实。

第二，法律保障。为实现低碳社会的建成，日本不断完善法律体系，从建筑、办公到采买都有涉及。就市民生活方面，日本推行了《绿色采购法》《废弃物处理法》《食品循环法》《固体废弃物和公共清洁法》等，这使低碳价值观的推进有法可依。

第三，经济激励。日本政府通过补贴节能产品，奖励低碳行为个人等措施，激励民众将低碳观念转变为低碳行为，同时通过低碳行为强化民众的低碳观念。

第四，教育培养。日本积极开展低碳教育，除学校教育外，日本政府及社会团体经常通过电视、网络、发行刊物或以讲座、展览和演出等方式向民众普及低碳知识，推广低碳技术。除此以外，日本还试图通过培养“低碳顾问”，即专业从事为企业和家庭在日常活动中针对气候变暖和减少温室气体排放量提供多方面建议的人员，加强低碳教育。

六、印度

（一）气候变化风险与应对政策

印度是正处于快速发展趋势的发展中国家，作为农业大国，现已基本能够达到粮食自给，技术改革使其在国际科技领域领先于许多大国，国内经济呈现体系化稳步发展。但印度人均国民收入仍属于“中低收入”水平国家，2014 年城市化率仅为 32.2%，改善农村贫困人口和经济仍然是印度的首要目标。印度属于典型的热带季风气候，年均降水量区域差异大，由于农业比重大，对自然气候系统依赖度较大，易受气候变化影响，旱灾与水灾是印度气候变化风险最显著的特征。

印度为应对气候变化，成立气候变化总理委员会，主要参与者为各领域、各层次利益相关者，以国家总理为首，各政府部门为主导，社会企业与公众为主要活动对象，机构结构组成见图 4-15。在 2015 年 10 月，印度政府宣布了新的气候计划，即国家自主贡献，其自主贡献目标是：在国际支持下，到 2030 年将非化石燃料在其能源结构中所占比重从 30% 增加到 40%，由此在 2022 年增加 1.75 吉瓦的可再生能源生产能力，承诺在 2030 年单位 GDP 排放强度在 2005 年基础上降低 33%～35%，并通过加强造林力度增加 25 亿～30 亿 t 的碳汇，明确了印度对于应对气候变化的态度。

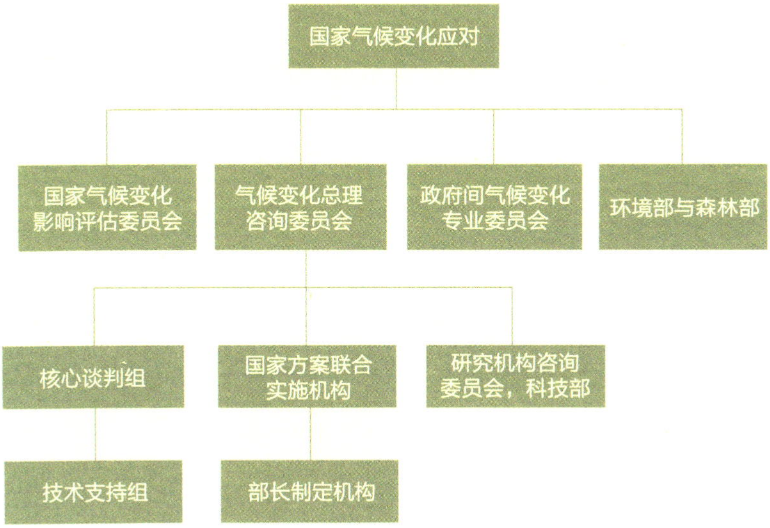

图 4-12　印度气候变化应对机构组成

资料来源：《国家适应气候变化科技发展战略研究》。

长期以来，印度政府积极参与气候变化应对工作，多个政府机构跨部门合作推动促进低碳发展，印度计划委员会所起草的《能源综合政策报告》为“十一五”能源政策明确了重点发展方向，利用技术创新发展新能源产业。2007 年，由印度政府成立、总理任主席、部长级作为执行力的“气候变化总理委员会”宏观把握国家行动方案，由下属部级制定具体的适应措施，完成气候变化影响评估。2008 年 4 月，印度制订第 11 个新能源和可再生能源五年计划，确立了其 2008—2012 年低碳发展的战略目标：到 2012 年可再生能源，如太阳能光伏电池发电将占印度电力需求的 10%，在电力构成中占 4%～5%；可再生能源的增速将快于常规发电，可再生能源将占 2008—2012 年新增能源总量的 20%。2008 年 6 月，印度推出《国家应对气候变化计划》，确定了印度将在 2017 年前执行的 8 个核心国家计划，即太阳能计划、提高能源效率计划、可持续生活环境计划、水资源计划、喜马拉雅生态保护计划、绿色印度计划、农业可持续发展计划、气候变化战略研究计划。2010 年，印度环境部和森林部针对国际趋势与国内国情，提出应对气候变化行动计划，由相关政府部门负责执行，并成立由各方利益相关者组成的专家组来完善能效利用机制。印度注重运用市场机制推动企业节能和提高能效，印度政府规定能源使用效率高于标准的企业将在能源审计后获得节能证书，允许向任何行业部门出售，未达标企业须整改或购买节能证书：2010 年 1 月，印度中央电力监管委员会推出了一套针对本国可再生能源交易的新政策，主要内容是大力推广可再生能源证书。2010 年 3 月 2 日，印度政府宣布征收煤炭使用税，并计划用此项税收建立国家清洁能源基金，该基金将主要用于治理污染和减少温室气体排放，鼓励使用可再生能源以减少对化石能源的依赖；2010 年 7 月，印度开始在煤炭行业征收碳税，每使用 1 t 煤炭，征收 50 卢比碳税，其中包括煤炭税、褐煤税以及泥炭税，征税对象包括印度国内生产的煤炭和进口煤炭。

在应对气候变化过程中，国家主要响应政策如下：

- 1980 年，印度颁布了《林业保护法案》。1985—1997 年，造林工程规划每年重新造林面积可达到 178 万 hm^2，2008 年为 10 万 hm^2。1986—2005 年，印度森林碳储量达到 90 亿～100 亿 t；
- 2002 年，印度《国家水资源政策》中水资源利用的新方法包括跨流域调水、地下水人工回灌以及海水脱盐，而传统方法集雨加屋顶集雨也可以提高水资源利用率；
- 2005 年，针对气候变化带来的风险，印度政府颁布《灾害管理法》，重视灾后重建与管理，积极采取适应措施；
- 2006 年，环境与森林部出台“国家环境政策”，强调资源保护与经济生活水平之间的关系；

- 2007 年，印度成立了“国家气候变化影响评估委员会”及“总理气候变化咨询委员会”，把气候变化政策归入可持续发展计划中；
- 2008 年 6 月 30 日，印度发布了《国家气候变化行动计划》，要实现温室气体减排目标，首先要解决经济问题；
- 2009 年 12 月，印度发布了自愿减排目标，即到 2020 年将碳排放强度在 2005 年基础上降低 20%～25%（排放源不包括农业），该目标将通过一系列措施加以实现；
- 印度作为人口大国，这一基本国情导致资源能源领域供需紧张，生存环境更加脆弱，为解决人文与自然系统共同协调发展的问题，国家颁布了《解决能源安全和气候变化问题》；部分地方邦政府也出台气候变化相关政策，如 2009 年喀拉拉邦的《喀拉拉灾害管理政策》、2010 年锡金邦的《锡金环境政策》等。

（二）地区特色——太阳能发展战略规划

印度作为世界第四大温室气体排放实体，约有 70% 的电力依靠矿物燃烧，主要是煤，因此印度经济高速发展的背后伴随着大量的温室气体排放。印度一直认为全球变暖危机只不过是一个“西方国家的阴谋”，然而正当印度拒绝接受废气排放与严格的污染物控制指标的约束时，该国遭遇了极端气候增多、水资源减少、农业减产和自然灾害频发的挑战。印度政府被迫直面节能减排的国内、国际压力，并将国际社会对印度减排的压力转换成为实现低碳转型发展的动力。在 2015 年巴黎召开的第 21 届联合国气候变化大会上，印度承诺到 2030 年清洁能源发电装机容量增至全国发电装机容量的 40%。未来，如果印度实现了预定的 100 GW 的太阳能发展新目标，不仅可以促进自身长期的能源安全，同时将降低其对化石燃料的依赖，并且能够减少超过 1.7 亿 t CO_2 排放。印度政府逐渐将太阳能的开发与利用视为实现低碳发展转型的重要途径。虽然印度太阳能产业起步较晚，但为了推动其在现有基础上实现更大的突破，印度政府针对国内实际情况制定了宏伟的太阳能发展规划，出台了一系列服务于太阳能推广的配套措施，并致力于通过国际合作助力太阳能的开发与利用。

印度的太阳能发展战略，最早起步于 2008 年印度第 11 届新能源和可再生能源五年计划会议。在此次会议上，印度政府出台了《气候变化国家行动计划》，并确立了

2008—2012 年新能源发展的战略目标，提出了到 2012 年印度太阳能光伏发电量占到印度电力需求总量 10% 的目标。随后，围绕这一战略，印度政府陆续颁布了一系列政策规划，积极推进太阳能领域的投资与开发力度。

2009 年 8 月，印度政府启动了“贾瓦哈拉尔·尼赫鲁国家太阳能任务”计划，宣布到 2022 年将太阳能并网发电能力提高到 20 GW，实现太阳能电网平价，同时使太阳能热水器集热面积达到 2 000 万 m^2。该计划作为印度《气候变化国家行动计划》的 8 个关键任务之一，致力于为印度太阳能的发展营造有利的政策环境，使印度成为全球太阳能产业的先行者乃至引领者。该计划初步分为三个阶段循序渐进地推进印度太阳能产业的规模化、效益化、系统化发展，见表 4-11。在该计划的指导下，印度太阳能发展取得显著成效，2008—2009 财年印度太阳能装机量仅为 3 MW，到 2013—2014 财年已达到 2 101 MW。

表 4-11 “贾瓦哈拉尔·尼赫鲁国家太阳能任务”计划的阶段化运行

类型	第一阶段（2010—2013 年）	第二阶段（2013—2017 年）	第三阶段（2017—2022 年）
并网太阳能系统（包括屋顶太阳能）	1 100 MW	10 000 MW	20 000 MW
离网太阳能系统	200 MW	1 000 MW	2 000 MW
太阳能集热器	700 万 m^2	1 500 万 m^2	2 000 万 m^2

数据来源：印度 2008 年《气候变化国家行动计划》。

2014 年 5 月莫迪执政后，印度政府继续加大对太阳能发展的政策扶持力度。同年 10 月，印度政府宣布将太阳能发电规划目标大幅提升至 100 GW；同年 12 月，印度政府又宣布，将在全国不同的邦打造超过 10 个大型太阳能发电公园。2015 年 6 月，印度政府在批准该目标的基础上，更加明确了行业内的发展规划，即实现 40 GW 的屋顶式太阳能发电装机容量和 60 GW 的地面太阳能发电装机容量。

七、巴西

（一）气候变化风险与应对政策

巴西是拉丁美洲最大的国家，大部分属于热带雨林气候，北部有广阔的亚马孙雨林，自然资源丰厚，南部是主要的农业基地，农田辽阔，人均 GDP 与南非持平，但基础设施水平严重落后。气候变化造成巴西极端降水频率变大，传统干旱恶化，特别是亚马孙地区易发生洪涝的平原生态系统极为脆弱，不规律强降水与落后的基础设施加大了气候变化带来的经济损失，也加大了气候变化应对的难度系数。气候变化对巴西影响最显著的是长期干旱与不规律降水。

在发展中国家中，巴西在应对气候变化方面效果显著，将环境治理上升到国家立法层面。早在 1931 年，巴西在生物能源利用领域就开始立法，2005 年颁布法令要求从 2007 年开始必须在常规柴油中掺混 2% 的生物柴油，2012 年增加到 10%；1972 年，巴西确定《环境基本法》，但由于自然气候与经济发展之间呈现一定程度负相关，法律政策未得到有效实施；1976 年，法律批准了《森林法》，国家开始重视林业保护；1981 年，巴西出台第 6938 号法律《国家环境政策法》；1988 年，巴西将环境保护纳入《联邦宪法》，成为第一个将环保内容写入宪法的国家，并于 1989 年建立环境和可再生自然资源研究所以及国家环保局，制定了一系列标准，由此环境法律体系逐渐形成。同时为了环境治理，巴西总统卡多佐于 1999 年 9 月 21 日签署《环境犯罪法》，规定了违反相关环境法律行为的处罚措施。在各项立法中，巴西细化了各领域目标，具体内容如下：

- 2006 年 3 月 2 日，巴西颁布第“11284 号法令”，在环境部下设森林服务局和“国家森林发展基金”来管理公共森林，确保维护与恢复森林的长期投资；
- 2008 年 8 月 1 日，巴西颁布第“6527 号法令”，在巴西开发银行之下设立“亚马孙基金”，鼓励森林管理，监督毁林行为，实现亚马孙可持续发展；
- 2009 年，“12187 号法律”确立“应对气候变化的国家政策”，设立“气候变化国家基金”，成立“全球气候变化跨部门委员会”，建立“预防和控制毁林的行动方案”，明确 2020 年自愿减排目标，即较 2005 年减少 36.1%～38.9%温室气体排放量，并细化了各行业减排目标；
- 2010 年，第“7390 号法令”中提出新的 2020 年资源减排目标，即较 2009 年 11 月减少 11.68 亿～12.59 亿 t 碳排放量；针对毁林行动方案，规定亚马孙地区年均毁林面积较 1996—2005 年减少 80%，扩大 300 万 hm^2 森林面积；
- 2012 年 10 月 18 日，巴西颁布第“12651 号法律”即《森林法》，明确规定林区管理条例和受保护区域范围，规范林区经济活动，恢复森林植被覆盖率；

- 2015 年 9 月，巴西正式提交“国家自主贡献报告”，设立了绝对碳减排目标，即 2025 年温室气体排放量较 2005 年减少 37%、2030 年较 2005 年减少 43% 的目标，并承诺：2030 年可再生能源在能源结构中比重达到 45%，加强与发展中国家在森林监测方面的合作，恢复森林面积 1 200 万 hm^2；巴黎气候大会上，巴西寻求低碳经济模式转型方案，并就林业资源保护方面提出案例实验项目，以期全范围推广。

（二）地区特色——亚马孙地区林业资源管理及生态系统功能维护

1. 亚马孙林业

近几年，巴西应对气候变化重点及显著成果主要是亚马孙地区，相关政策内容不断更新补充，以可持续发展理念应对气候变化。目前林业资源管理和生态系统功能维护是保证亚马孙地区可持续发展的主要途径。

巴西在应对气候变化时，主要通过维持亚马孙雨林面积减少温室气体排放。根据科学家在《科学》杂志上可知：自从 2004 年，巴西有效保护了 86 000 km^2 雨林，砍伐率减少至 30%，仅 2013 年减排量可以达到全球碳排放的 1.5%。2005—2012 年，通过减少亚马孙森林砍伐，维持雨林面积，实现温室气体减排 41%。根据亚马孙环境研究所负责人预计到 2025 年，在巴西政府政策支持下，巴西可以实现森林零砍伐。为减少保护区的被砍伐率，巴西政府调节市场需求，为以砍伐森林维持生计的农民提供其他市场需求，主要集中在大豆和牛肉市场，激励农民转移产业机构。同时为了限制亚马孙森林的砍伐，挪威政府承诺巴西投资 10 亿美元进行援助，鼓励农民放弃砍伐森林，发展巴西牛畜业，同时通过调整税收和补贴加强巴西畜牧业发展以及维持热带雨林面积。

2. 亚马孙泛滥平原（floodplain）

亚马孙泛滥平原人口密度高，气温上升明显，极端降水频率变高，社会生态系统受到干扰，导致自然生态系统更加脆弱，受气候变化影响显著。利用地方生态知识 (Local Ecological Knowledge，LEK) 改变气候模式，提高了区域生态系统功能和气候变化适应能力。以小规模渔民社区为单位划分亚马孙地区生态系统，将自然水文和生态过程纳入信息化管理系统，运用与当时居民生计相关的 LEK 辅助管理生态系统，改变农作物耕作方式与种植时间，远离水域迁移畜牧业，提高居民建筑的抗灾强度，完善基础设施和供水系统，加强林业管理，政府、社会及个人等各利益相关方自上而下和自下而上共同应对气候变化脆弱性，高效率提升亚马孙泛滥平原社区适应能力，优化居民生产模式。

八、南非

（一）气候变化风险与应对政策

南非气候多样，西部沿海干燥无雨，东部属副热带湿润气候，西南部属地中海型气候，而东北部则有大量的沙漠地区。南非经济水平在发展中国家属于前列，属于“中等收入”新兴经济体，能源消耗水平居非洲第一。气候变化造成南非少雨地区干旱程度更加严重，气候变暖现象明显，水资源、农业、人类生活环境面临着重大挑战。

2010 年，南非颁布《国家气候变化应对绿皮书》，并指出气候变化在中长期内对南非的影响显著且具有潜在灾难性。保守预测，南非海岸温度在 21 世纪中期将升高 1～2℃，内陆为 2～3℃；2050 年以后，海岸温度升高 3～4℃，而内陆将会升高 6～7℃。气温的升高伴随着的是干旱，南非部分区域旱灾严重，不利于人类健康、农业和环境的可持续发展，还会加大森林火灾发生的概率；部分沿海区域受海平面上升的影响，基础设施受到损害；气候变暖导致生态系统更加脆弱，生物多样性遭到破坏。

1994 年，南非在民主转型之前，政府对环境管理的重视度不够；1994 年以后，新的政府开始构建改善环境相关的政策和立法，具体落实授权环境管理，规划并决策环境问题，解决社会经济需求。2005 年，南非正式全面应对气候变化问题，召开第一次全国气候变化会议，根据科学的理论研究成果制定远景规划报告。南非政府于 2008 年发布《气候政策的战略指南与框架》，针对温室气体排放、可再生能源等制定目标与规划。作为能耗大国，南非针对可再生能源出台多种鼓励政策。2010 年，南非能源部颁布《关于整体资源规划及新增发电容量的决定》，并将未来规划目标放入《国家开发计划》中。2015 年，《矿产和石油资源开发法案》通过审批，重视能源在应对气候变化中的重要性。

南非主管气候变化的机构是环境事务和旅游部，主要职责是协调相关部门，并就气候变化问题提出政策建议，特别是制定应对气候变化的议程和时间表。

近年来，南非国家层面应对气候变化行动战略如下：

- 1993 年，南非签署《气候变化框架公约》，南非政府于 1997 年正式批准，承担起国际义务；
- 1994 年，德班政府开始运行环境管理功能，环境部门把气候变化风险作为长期规划来审议，根据分机构调查结果，1999 年制订了一个气候保护计划，即优先发展资源（人力和财力）和技术技能；
- 2002 年，南非政府批准加入《京都议定书》，同年，可持续发展世界峰会在南非约翰内斯堡召开，共同商议气候变化适应方案；
- 2003 年，编制温室气体清单，并对《南非能源政策白皮书》加以补充；
- 2004 年，《国家气候变化战略》集中针对气候变化正式提出全面应对方案，特别是高脆弱性领域部门的优先行动战略，加大可再生能源、资金、技术投资，提高气候变化评估技术和公众气候变化意识；
- 2000—2006 年，南非环境事务与旅游部和美国国际开发署签署了双边协议，旨在执行南非气候变化适应规划，促使南非城市参与行动来解决城市服务的优先级和全球气候变化议程，并由美国国际开发署资助国际城市气候保护活动。具体内容有：①编写能源排放清单并进行预测；②制订排放目标；③发展并获取政府行动计划的批准；④落实政策和措施；⑤监测并验证结果。期间取得的成效如下：①制定了市政当局第一个温室气体排放清单；②基于温室气体排放清单调查结果，启动了建筑节能试点项目，两幢市政大楼先进行试点审计，进入推广阶段后又额外增加了 9 幢市政大楼；
- 2010 年，南非公布《应对气候变化绿皮书》，针对气候变化所带来的各领域风险采取了相对应的策略、政策与行动，在适应方面着重介绍了水资源、农业、人类健康；
- 2011 年，南非公布《应对气候变化白皮书》，为应对全国性气候变化提供了行动纲领，规定各部门在短期内优先关注水资源、农业、林业、卫生、生物多样性和人居环境，而管理自然灾害、构建气候变化适应能力则是作为长期行动，并且每隔 5 年进行重新评估，有效适应气候变化，主动减少温室气体排放；
- 2013 年，南非公布《国家开发计划》，作为非洲最大能耗国，全年投资 2.38 亿美元采购风力发电设备，制定 2030 年可再生能源采购目标，利用经济手段管理碳排放，确立零排放建筑标准，并保持着与都威的合作关系，更好地应用碳捕捉与封存技术；

- 2015 年，相关部门与采矿工业利益相关者签订了协议，审批《矿产和石油资源开发法案》；同年，国家为应对气候变化健康风险颁布《国家健康保险白皮书》；2015 年，《国情咨文》报告中制订了“九大行动计划”：①整合农业和农产品加工价值链；②推进选矿工程，提高矿产资源价值；③有效执行《产业政策行动方案》，扩大影响范围；④激发新兴中小微型企业、合作社、乡镇企业的发展潜力；⑤解决能源危机；⑥稳定劳动力市场；⑦扩大民间投资；⑧发展海洋经济，⑨跨领域改革促进经济多元化：科学、技术与创新；水资源和环境卫生；交通基础设施；扩展并更新宽带网络。同年 9 月，世界林业大会在德班举行，常务委员会寻求更多来源的合作资金以支持林业保护能有效控制温室气体排放，适应气候变化。同期，南非向《联合国气候变化框架公约》递交了新的气候变化行动，即南非国家自主贡献，促进联合国气候大会巴黎协定的签订。2015 年，南非农业部、林业部与渔业部联合起草《农林渔业气候变化适应与减缓规划草案》，针对三大领域气候变化应对做出了具体详细的规划与实施。

（二）地区特色——农业、林业、生态系统

南非应对气候变化主要成功的案例体现在农业、生态系统及林业方面。

1. 农业

南非贫困地区农民缺乏适应意识，接收科学适应气候变化信息有限，对于贫困地区的农民，弱势群里规模大，最合理的适应性选择为粮食援助和信息推广服务。目前适应能力较强的农业类型为商品经济农业，相对于传统农业，自然系统依赖度较低，种植理念科学，可减少气候变化脆弱性，提高恢复力。

南非保护性农业（CA）集成综合方法包括田间集雨、屋顶和地表径流集水用于补贴灌溉和有机精准农业。保护性农业优势在于小规模经营，逐渐发展为商品经济农场。即使干旱期间，土壤肥力下降，CA 作物产量远高于传统农业，保证最小成本获取最大的经济效益，减少土壤退化，提高土壤水分的保持能力，如蓄水能力、评估并维修大坝水利基础设施、保护湿地、加强旱灾管理并缩短旱灾周期。

大规模灌溉生产易受气候变化影响，即便在灌溉水源充足条件下。集约化畜牧业生产系统不仅减少控制灌溉用水，还需控制自身温室气体排放。旱地耕作管理，南非主要通过转移气候适宜的边际土地进行，同时根据南非当地独特气候条件，发展本

地品种，变更种植和收割时间，改变低产量作物品种，回收利用水资源，覆盖作物以及减少风蚀。此外，南非政府建立了促进投资的部级委员会，提高监管和立法效率，扩大基础设施投资，其首选考虑农村投资，改善交通设施，扩建水坝解决安全用水风险，建立铁路基础设施等。

2. 生态系统

在联合国环境规划署（UNEP）以及全球环境基金资助下，南非开展了生态系统服务项目。基于生态系统服务的灾害风险管理成本明显减少，虽然南非伊甸园受洪水、火灾、干旱等自然灾害影响，但 2003—2008 年公共预算节约了 1.6 亿美元，生态系统恢复活动可以创造 40 万个工作岗位，健康生态系统的生态经济价值集可持续发展、社会公平和生计于一体。

3. 林业

强化林业社区管理，多种模式分类管理，促进社区可持续发展。林业相关系统协调合作，综合管理森林大火，制定应急服务方案，最大程度上降低火灾损失。通过发展商品林，集中管理林业景观，建立极端气候事件数据库，及时预测灾害风险。此外，为保护林业物种多样化，南非国家安全部门设立了长期的适应资金，用于支持南非技术、管理与品种研发投资。

气候谈判旨在推动全球应对气候变化工作开展，从谈判进程来看，发展中国家与发达国家之间仍存在分歧，各国政府及相关机构已经采取系列措施来应对全球气候变化，但距离《巴黎协定》目标把全球平均气温升幅控制在工业化前水平以上低于 2℃之内，并努力将气温升幅限制在工业化前水平以上 1.5℃之内仍有较大差距，可谓任重道远，需要各国政府在现有工作基础上，不断增加对应对气候变化领域的投入。

思考题

（1）发达国家和发展中国家在应对气候变化国际谈判上立场如何？为何各国在应对气候变化谈判上立场不一？

（2）如何从国际合作的角度推动我国应对气候变化的政策与行动？

第五章

中国应对气候变化的政策与行动

气候变化是当今人类社会面临的共同挑战。中国是全球最大的发展中国家，人口众多，地形地貌条件复杂多样，经济发展中的不平衡、不协调、不可持续的问题依然突出，极易遭受气候变化不利影响。坚持绿色低碳发展、积极应对气候变化，既是中国广泛参与全球治理、构建人类命运共同体的责任担当，更是我们实现可持续发展的内在要求。中国政府高度重视应对气候变化问题，积极探索有中国特色的绿色低碳发展之路，不断加快推进重大战略研究和规划制定，加强顶层设计，通过一系列行动，应对气候变化各项工作取得积极成效。与此同时，中国广泛推进气候变化的国际交流与合作，为应对全球气候变化做出了重要贡献。本章梳理了中国温室气体排放现状及在应对气候变化方面采取的政策行动和相应成效。

第一节　中国温室气体排放现状

2017 年 1 月 12 日，中国政府向《联合国气候变化框架公约》秘书处提交了《中华人民共和国气候变化第一次两年更新报告》（以下简称《两年更新报告》），报告了我国 2012 年国家温室气体排放清单。

根据 2017 年 1 月发布的《两年更新报告》所公布的最新数据统计情况，2012 年中国温室气体排放总量（不包括土地利用变化和林业碳汇）为 118.96 亿 t CO_2 eq（表 5-1），其中 CO_2、CH_4、N_2O、HFCs、PFCs 和 SF_6 所占的比重分别为 83.2%、9.9%、5.4%、1.3%、0.1% 和 0.2%；土地利用变化和林业碳汇的温室气体减排量为 5.76 亿 t CO_2 eq，考虑这两方面的温室气体减排后，我国净排放总量为 113.20 亿 t CO_2 eq。2012 年中国温室气体总量及构成如表 5-1 所示。

表 5-1　2012 年中国温室气体总量　　单位：亿 t CO_2 eq

分类	CO_2	CH_4	N_2O	HFCs	PFCs	SF_6	合计
能源活动	86.88	5.79	0.69				93.37
工业生产过程	11.93	0.00	0.79	1.54	0.12	0.24	14.63
农业活动		4.81	4.57				9.38
废弃物利用	0.12	1.14	0.33				1.58
土地利用变化和林业	−5.76	0.00	0.00				−5.76
总量（不包括土地利用变化和林业）	98.93	11.74	6.38	1.54	0.12	0.24	118.96
总量（包括土地利用变化和林业）	93.17	11.74	6.38	1.54	0.12	0.24	113.20

注：阴影部分不需填写；0.00 表示计算结果小于 0.005；由于四舍五入的原因，表中各项之和与总计可能有微小的出入。
数据来源：《中华人民共和国气候变化第一次两年更新报告》。

表 5-2　清单所涉及温室气体的全球增温潜势[①]

温室气体种类	全球增温潜势	温室气体种类	全球增温潜势
CO_2	1	HFC-152a	140
CH_4	21	HFC-227ea	2 900
N_2O	310	HFC-236fa	6 300
HFC-23（CHF3）	11 700	HFC-245fa	1 030
HFC-32	650	PFC-14（CF_4）	6 500
HFC-125	2 800	PFC-116（C_2F_6）	9 200
HFC-134a	1 300	SF_6	23 900
HFC-143a	3 800		

注 :HFC-245fa 全球增温潜势值采用《IPCC 第四次评估报告》中 100 年时间尺度下的数值。

数据来源：《中华人民共和国气候变化第一次两年更新报告》。

能源活动尤其是煤炭、石油等化石能源消耗是中国温室气体排放的主要来源。2012 年中国能源活动温室气体排放量占温室气体总排放量的 78.5%，工业生产过程、农业活动和废弃物处理的温室气体排放量所占比重分别为 12.3%、7.9% 和 1.3%[②]，见图 5-1。

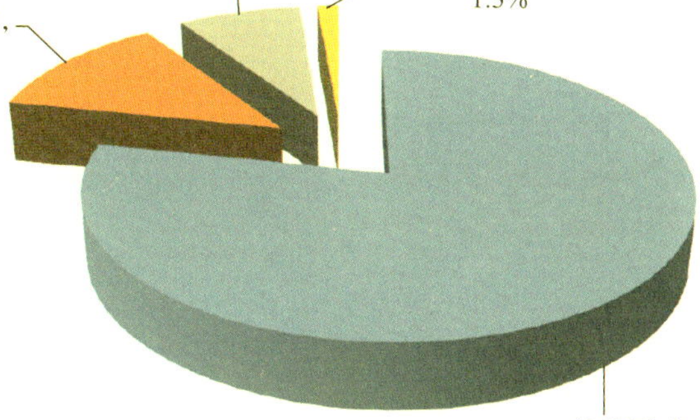

图 5-1　2012 年中国温室气体排放来源构成

资料来源：《中华人民共和国气候变化第一次两年更新报告》。

① 全球增温潜势即 Global Warming Potential（GWP），是人们为了评价各种不同温室气体对气候变暖影响的相对于 CO_2 的温室效应效果所采用的一个评价参数。

② 数据来自 2017 年 1 月发布的《中华人民共和国气候变化第一次两年更新报告》。

2012 年中国各类温室气体排放总量中 CO_2 排放量为 98.93 亿 t，其中：能源活动排放 86.88 亿 t，占 7.8%；工业生产过程排放 11.93 亿 t，占 12.1%；废弃物处理排放 0.12 亿 t，占 0.1%，土地利用变化和林业表现为碳吸收汇，吸收 CO_2 5.76 亿 t。此外，2012 年国际航空排放 0.17 亿 t，国际航海排放 0.27 亿 t，生物质燃烧排放 8.13 亿 t[①]。

2012 年中国各类温室气体排放总量中 CH_4 排放量为 5 591.5 万 t，其中：能源活动排放 2 758.6 万 t，占 49.3%；工业生产过程排放 0.6 万 t；农业活动排放 2 288.6 万 t，占 40.9%；土地利用变化和林业排放 1.4 万 t；废弃物处理排放 542.3 万 t，占 9.7%[②]。

2012 年中国各类温室气体排放总量中 N_2O 排放量为 205.9 万 t，其中：能源活动排放 22.4 万 t，占 10.9%；工业生产过程排放 25.5 万 t，占 12.4%；农业活动排放为 147.5 万 t，占 71.6%；土地利用变化和林业排放 0.01 万 t；废弃物处理排放 10.5 万 t，占 5.1%[③]，如表 5-3 所示。

表 5-3　2012 年中国 CO_2、CH_4 和 N_2O 清单　　单位：10^3t

温室气体排放源与吸收汇的种类	CO_2	CH_4	N_2O
总量（包括土地利用变化和林业）	9 317 408	55 915	2 059
1. 能源活动	8 688 288	27 586	224
燃料燃烧	8 688 288	2 620	224
能源工业	4 078 222	48	89
制造业和建筑业	3 205 343	204	52
交通运输	788 625	78	22
其他行业	542 600	758	7
其他	73 498	1 531	55
逃逸排放		24 966	
固体燃料		23 847	
油气系统		1 119	
2. 工业生产过程	1 193 164	6	255

① 数据来自《中华人民共和国气候变化第一次两年更新报告》。
② 数据来自《中华人民共和国气候变化第一次两年更新报告》。
③ 数据来自《中华人民共和国气候变化第一次两年更新报告》。

温室气体排放源与吸收汇的种类	CO_2	CH_4	N_2O
非金属矿物制品	834 034		
化学工业	131 076	NE	255
金属制品生产	228 055	6	NE
卤烃和六氟化硫生产			
卤烃和六氟化硫消费			
3. 农业活动		22 886	1 475
动物肠道发酵		10 743	
动物粪便管理		3 331	249
水稻种植		8 458	
农用地		NE	1 218
农业废弃物田间焚烧		354	8
4. 土地利用变化和林业	−575 848	14	0
森林和其他木质生物质储量的变化	−597 529		
森林转化	21 681	14	0
5. 废弃物处理	11 804	5 423	105
固体废物处理		2 531	1
污水处理		2 892	97
废弃物焚烧处理	11 804	0	7
信息项			
国际航空	16 796	0	0
国际航海	27 094	3	1
生物质燃烧	813 325		

注：阴影部分不需填写；0 表示数值低于 0.5；NE（未计算）表示对现有源排放量和汇清除没有计算；由于四舍五入的原因，表中各分项之和与总计可能有微小的出入；信息项不计入排放总量。
数据来源：《中华人民共和国气候变化第一次两年更新报告》。

2012 年中国各类温室气体排放总量中含氟气体排放量为 1.91 亿 t CO_2eq，全部来自工业生产过程。其中：金属制品生产 0.11 亿 t CO_2eq，占 5.7%；卤烃和 SF_6 生产排放 1.18 亿 t CO_2eq，占 61.8%；卤烃和 SF_6 消费排放 0.62 亿 t CO_2eq，占 32.5%[①]。

① 数据来自《中华人民共和国气候变化第一次两年更新报告》。

表 5-4 2012 年中国含氟气体排放量[①]

单位：10^3t

温室气体排放源与吸收汇种类	HFC-23	HFC-32	HFC-125	HFC-134a	HFC-143a	HFC-152a	HFC-227ea	HFC-236fa	HFC-245fa	CF_4	C_2F_6	SF_6
总排放量	9.9	0.2	0.3	28.8	0.1	0.2	0.0	0.0	0.1	1.6	0.2	1.0
1. 能源活动												
2. 工业生产活动	9.9	0.2	0.3	28.8	0.1	0.2	0.0	0.0	0.1	1.6	0.2	1.0
非金属矿物制品												
化学工业												
金属制品生产	NE	NE	NE	NE	NE	NE	NE	NE	NE	1.4	0.2	NE
卤烃和六氟化硫生产	9.9	0.2	0.3	0.7	0.1	0.2	0.0	0.0	0.0	0.0	0.0	NE
卤烃和六氟化硫消费	NE	NE	NE	28.0	NE	NE	NE	NE	0.1	0.1	0.0	1.0
3. 农业活动												
4. 土地利用变化和林业												
5. 废弃物处理												

注：阴影部分不需填写；0.0 表示数值低于 0.05；NE（未计算）表示对现有源排放量和汇清除没有计算。

数据来源：《中华人民共和国气候变化第一次两年更新报告》。

① 此处统计的含氟气体排放量数值未转换为二氧化碳当量浓度。

第二节　应对气候变化的总体战略与目标

一、国家应对气候变化总体战略与政策目标

气候变化是21世纪人类面临的严峻挑战，中国政府高度重视应对气候变化，在“十一五”和“十二五”期间出台了一系列的重要政策文件指导和规划应对气候变化各项工作，全国人民代表大会于2009年正式发布《关于积极应对气候变化的决议》，从法律层面指导我国应对气候变化工作的规划与实施。进入“十三五”以来，低碳发展和适应气候变化工作进一步得到加强。作为国家经济社会发展五年规划的重要内容，《“十三五”控制温室气体排放工作方案》得以制定实施，对各地方控排目标分解、部门政策措施落实、行业企业发展指导以及社会公众的积极参与等各方面均做了重要指示和工作部署。在2017年10月召开的中国共产党第十九次全国代表大会上，习近平总书记对应对全球气候变化和推进低碳发展提出了更高的要求，习近平总书记在十九大报告当中指出，中国在过去五年中引导应对气候变化国际合作，成为全球生态文明建设的重要参与者、贡献者、引领者。中国将进一步加快推进绿色发展，建立健全绿色低碳循环发展的经济体系，构建清洁低碳的能源体系，倡导绿色低碳的生活方式，落实减排承诺，与各方合作应对气候变化，保护好人类赖以生存的地球家园。在2018年5月北京召开的全国生态环境保护大会上，习近平总书记强调，生态文明建设是关系中华民族永续发展的根本大计，要实施积极应对气候变化国家战略，推动和引导建立公平合理、合作共赢的全球气候治理体系，彰显我国负责任大国形象，推动构建人类命运共同体。

表5-5　国家应对气候变化发布的相关气候政策文件汇总

序号	发布时间	发布单位	文件名称	文号
1	2007年6月3日	国务院	《中国应对气候变化国家方案》	国发〔2007〕17号
2	2009年8月27日	国务院	关于积极应对气候变化的决议	—
3	2009年11月26日	国务院	国务院常务会议研究确定了2020年控制温室气体排放的行动目标	—
4	2011年3月16日	全国人大	《中国国民经济和社会发展“十二五”规划纲要》	—

序号	发布时间	发布单位	文件名称	文号
5	2011 年 12 月 1 日	国务院	《“十二五”控制温室气体排放工作方案》	国发〔2011〕41 号
6	2013 年 11 月 18 日	国家发展改革委	《国家适应气候变化战略》	发改气候〔2013〕2252 号
7	2014 年 8 月 6 日	国家发展改革委	《单位国内生产总值 CO_2 排放降低目标责任考核评估办法》	发改气候〔2014〕1828 号
8	2014 年 9 月 19 日	国家发展改革委	《国家应对气候变化规划（2014—2020 年）》	发改气候〔2014〕2347 号
9	2015 年 4 月 25 日	中共中央	《关于加快推进生态文明建设的意见》	中发〔2015〕12 号
10	2016 年 3 月 16 日	全国人民代表大会	《中华人民共和国国民经济和社会发展第十三个五年规划纲要》	—
11	2016 年 10 月 27 日	国务院	《“十三五”控制温室气体排放工作方案》	国发〔2016〕61 号
12	2017 年 4 月 27 日	科技部，环境保护部，国家气象局	《“十三五”应对气候变化科技创新专项规划》	国科发社〔2017〕120 号
13	2017 年 7 月 20 日	国家林业局	《省级林业应对气候变化 2017—2018 年工作计划》	办造字〔2017〕125 号
14	2017 年 12 月 18 日	国家发展改革委	《全国碳排放权交易市场建设方案（发电行业）》	发改气候规〔2017〕2191 号

二、应对气候变化的战略规划

（一）应对气候变化总体方案

1.《中国应对气候变化国家方案》

2007 年 6 月 3 日，国务院印发了《中国应对气候变化国家方案》的通知（国发〔2007〕17 号），这是我国第一部全面应对气候变化的政策性文件。《中国应对气候变化国家方案》指出，中国将落实节约资源和保护环境的基本国策，发展循环经济，保护生态环境，加快建设资源节约型、环境友好型社会，积极履行《联合国气候变化框架公约》相应的国际义务，努力控制温室气体排放，增强适应气候变化的能力，促进经济发展与人口、资源、环境协调发展。

中国应对气候变化的指导思想是：全面贯彻落实科学发展观，推动构建社会主义和谐社会，坚持节约资源和保护环境的基本国策，以控制温室气体排放、增强可持续发展能力为目标，以保障经济发展为核心，以节约能源、优化能源结构、加强生态保护和建设为重点，以科学技术进步为支撑，不断提高应对气候变化的能力，为保护全球气候做出新的贡献。

中国应对气候变化要坚持以下原则：

- 在可持续发展框架下应对气候变化的原则。这既是国际社会达成的重要共识，也是各缔约方应对气候变化的基本选择。中国政府早在 1994 年就制定和发布了可持续发展战略——《中国 21 世纪议程——中国 21 世纪人口、环境与发展白皮书》，并于 1996 年首次将可持续发展作为经济社会发展的重要指导方针和战略目标，2003 年中国政府又制定了《中国 21 世纪初可持续发展行动纲要》。中国将持续根据国家可持续发展战略，积极应对气候变化问题。
- 遵循《联合国气候变化框架公约》规定的"共同但有区别的责任"原则。根据这一原则，发达国家应带头减少温室气体排放，并向发展中国家提供资金和技术支持；发展经济、消除贫困是发展中国家压倒一切的首要任务，发展中国家履行公约义务的程度取决于发达国家在这些基本的承诺方面能否得到切实有效的执行。
- 减缓与适应并重的原则。减缓和适应气候变化是应对气候变化挑战的两个有机组成部分。对于广大发展中国家来说，减缓全球气候变化是一项长期、艰巨的挑战，而适应气候变化则是一项现实、紧迫的任务。中国将继续强化能源节约和结构优化的政策导向，努力控制温室气体排放，并结合生态保护重点工程以及防灾、减灾等重大基础工程建设，切实提高适应气候变化的能力。
- 将应对气候变化的政策与其他相关政策有机结合的原则。积极适应气候变化、努力减缓温室气体排放涉及经济社会的许多领域，只有将应对气候变化的政策与其他相关政策有机结合起来，才能使这些政策更加有效。中国将继续把节约能源、优化能源结构、加强生态保护和建设、促进农业综合生产能力的提高等政策措施作为应对气候变化政策的重要组成部分，并将减缓和适应气候变化的政策措施纳入国民经济和社会发展规划中统筹考虑、协调推进。
- 依靠科技进步和科技创新的原则。科技进步和科技创新是减缓温室气体排放，提高气候变化适应能力的有效途径。中国将充分发挥科技进步在减缓和适应气候变化中的先导性和基础性作用，大力发展新能源、可再生能源技术和节能新技术，促进碳吸收技术和各种适应性技术的发展，加快科技创新和技术引进步伐，为应对气候变化、增强可持续发展能力提供强有力的科技支撑。

- 积极参与、广泛合作的原则。全球气候变化是国际社会共同面临的重大挑战，尽管各国对气候变化的认识和应对手段尚有不同看法，但通过合作和对话、共同应对气候变化带来的挑战是基本共识。中国将积极参与《联合国气候变化框架公约》谈判和政府间气候变化专门委员会的相关活动，进一步加强气候变化领域的国际合作，积极推进在清洁发展机制、技术转让等方面的合作，与国际社会共同应对气候变化带来的挑战。

中国应对气候变化的总体目标是：控制温室气体排放取得明显成效，适应气候变化的能力不断增强，气候变化相关的科技与研究水平取得新的进展，公众的气候变化意识得到较大提高，气候变化领域的机构和体制建设得到进一步加强。根据上述总体目标，到 2010 年，中国将努力实现以下主要目标：

（1）控制温室气体排放

通过加快转变经济增长方式，强化能源节约和高效利用的政策导向，加大依法实施节能管理的力度，加快节能技术开发、示范和推广，充分发挥以市场为基础的节能新机制，提高全社会的节能意识，加快建设资源节约型社会，努力减少温室气体排放。到 2010 年，实现单位国内生产总值能源消耗比 2005 年降低 20% 左右，相应减缓 CO_2 排放。

通过大力发展可再生能源，积极推进核电建设，加快煤层气开发利用等措施，优化能源消费结构。到 2010 年，力争使可再生能源开发利用总量（包括大水电）在一次能源供应结构中的比重提高到 10% 左右，煤层气抽采量达到 100 亿 m^3。

通过强化冶金、建材、化工等产业政策，发展循环经济，提高资源利用率，加强 N_2O 排放治理等措施，控制工业生产过程的温室气体排放。到 2010 年，力争使工业生产过程的 N_2O 排放稳定在 2005 年的水平上。

通过继续推广低排放的高产水稻品种和半旱式栽培技术，采用科学灌溉技术，研究开发优良反刍动物品种技术和规模化饲养管理技术，加强对动物粪便、废水和固体废物的管理，加大沼气利用力度等措施，努力控制 CH_4 排放增长速度。

通过继续实施植树造林、退耕还林还草、天然林资源保护、农田基本建设等政策措施和重点工程建设，到 2010 年，努力实现森林覆盖率达到 20%，力争实现碳汇数量比 2005 年增加约 0.5 亿 tCO_2。

（2）增强适应气候变化能力

通过加强农田基本建设、调整种植制度、选育抗逆品种、开发生物技术等适应性措施，到2010年，力争新增改良草地2 400万hm^2，治理退化、沙化和碱化草地5 200万hm^2，力争将农业灌溉用水有效利用系数提高到0.5。

通过加强天然林资源保护和自然保护区的监管，继续开展生态保护重点工程建设，建立重要生态功能区，促进自然生态恢复等措施，到2010年，力争实现90%左右的典型森林生态系统和国家重点野生动植物得到有效保护，自然保护区面积占国土总面积的比重达到16%左右，治理荒漠化土地面积2 200万hm^2。

通过合理开发和优化配置水资源、完善农田水利基本建设新机制和推行节水等措施，到2010年，力争减少水资源系统对气候变化的脆弱性，基本建成大江大河防洪工程体系，提高农田抗旱标准。

通过加强对海平面变化趋势的科学监测以及对海洋和海岸带生态系统的监管，合理利用海岸线，保护滨海湿地，建设沿海防护林体系，不断加强红树林的保护、恢复、营造和管理能力的建设等措施，到2010年，力争实现全面恢复和营造红树林区，沿海地区抵御海洋灾害的能力得到明显提高，最大限度地减少海平面上升造成的社会影响和经济损失。

（3）加强科学研究与技术开发

通过加强气候变化领域的基础研究，进一步开发和完善研究分析方法，加大对相关专业与管理人才的培养等措施，到2010年，力争使气候变化研究部分领域达到国际先进水平，为有效制定应对气候变化战略和政策，积极参与应对气候变化国际合作提供科学依据。

通过加强自主创新能力，积极推进国际合作与技术转让等措施，到2010年，力争在能源开发、节能和清洁能源技术等方面取得进展，农业、林业等适应技术水平得到提高，为有效应对气候变化提供有力的科技支撑。

（4）提高公众意识与管理水平

通过利用现代信息传播技术，加强气候变化方面的宣传、教育和培训，鼓励公众参与等措施，到2010年，力争基本普及气候变化方面的相关知识，提高全社会的意识，为有效应对气候变化创造良好的社会氛围。

通过进一步完善多部门参与的决策协调机制，建立企业、公众广泛参与应对气候变化的行动机制等措施，到2010年，建立并形成与未来应对气候变化工作相适应的、高效的组织机构和管理体系。

2.《国家应对气候变化规划（2014—2020年）》

2014年8月6日，国家发展改革委（原气候变化主管部门）印发了关于《单位国内生产总值 CO_2 排放降低目标责任考核评估办法》的通知（发改气候〔2014〕1828号）。这是中国首次将 CO_2 排放强度降低指标完成情况纳入各地区（行业）经济社会发展综合评价体系和干部政绩考核体系。

2014年9月19日，国务院正式批复同意《国家应对气候变化规划(2014—2020年)》（发改气候〔2014〕2347号）。根据规划，我国应对气候变化工作的基本原则如下：

- 坚持国内和国际两个大局统筹考虑。从现实国情和需要出发，大力促进绿色低碳发展。积极建设性参与国际合作应对气候变化进程，发挥负责任大国作用，有效维护我国正当发展权益，为应对全球气候变化做出积极贡献。
- 坚持减缓和适应气候变化同步推动。积极控制温室气体排放，遏制排放过快增长的势头。加强气候变化系统观测、科学研究和影响评估，因地制宜采取有效的适应措施。
- 坚持科技创新和制度创新相辅相成。加强科技创新和推广应用，增强应对气候变化科技支撑能力。注重制度创新和政策设计，为应对气候变化提供有效的体制机制保障，充分发挥市场机制作用。
- 坚持政府引导和社会参与紧密结合。发挥政府在应对气候变化工作中的引导作用，形成有效的激励机制和良好的舆论氛围。充分发挥企业、公众和社会组织的作用，形成全社会积极应对气候变化的合力。

到2020年，我国应对气候变化工作的主要目标是：

- 控制温室气体排放行动目标全面完成。单位国内生产总值 CO_2 排放比2005年下降40%～45%，非化石能源占一次能源消费的比重到15%左右，森林面积和蓄积量分别比2005年增加4 000万 hm^2 和13亿 m^3。产业结构和能源结构进一步优化，工业、建筑、交通、公共机构等重点领域节能减碳取得明显成效，工业生产过程等非能源活动温室气体排放得到有效控制，温室气体排放增速继续减缓。
- 低碳试点示范取得显著进展。支持低碳发展试验试点的配套政策和评价指标体系逐步完善，形成一批各具特色的低碳省区、低碳城市和低碳城镇，建成一批具有典型示范意义的低碳城区、低碳园区和低碳社区，推广一批具有良好减排效果的低碳技术和产品，实施一批碳捕集、利用和封存示范项目。

- 适应气候变化能力大幅提升。重点领域和生态脆弱地区适应气候变化能力显著增强。初步建立农业适应技术标准体系，农田灌溉水有效利用系数提高到0.55以上；沙化土地治理面积占可治理沙化土地治理面积的50%以上；森林生态系统稳定性增强，林业有害生物成灾率控制在4‰以下；城乡供水保证率显著提高；沿海脆弱地区和低洼地带适应能力明显改善，重点城市城区及其他重点地区防洪除涝抗旱能力显著增强；科学防范和应对极端天气与气候灾害能力显著提升，预测预警和防灾减灾体系逐步完善。适应气候变化试点示范深入开展。
- 能力建设取得重要成果。应对气候变化的法规体系基本形成，基础理论研究、技术研发和示范推广取得明显进展；区域气候变化科学研究、观测和影响评估水平显著提高；气候变化相关统计、核算和考核体系逐步健全；人才队伍不断壮大；全社会应对气候变化意识进一步增强；应对气候变化管理体制和政策体系更加完备；全国碳排放交易市场逐步形成。
- 国际交流合作广泛开展。气候变化国际交流、对话和务实合作不断加强，“南南合作”进一步深化。我国在国际谈判中的核心关切和正当权益得到切实维护，积极建设性作用得到有效发挥。

3.《强化应对气候变化行动—中国国家自主贡献》

2015年6月30日，中国向联合国气候变化框架公约秘书处提交了应对气候变化国家自主贡献文件《强化应对气候变化行动—中国国家自主贡献》，提出了中国到2030年的自主行动目标：CO_2排放2030年前后达到峰值并争取尽早达峰；单位国内生产总值CO_2排放比2005年下降60%～65%，非化石能源占一次能源消费比重达到20%左右，森林蓄积量比2005年增加45亿m^3左右。具体内容包括：

- 构建低碳能源体系。控制煤炭消费总量，加强煤炭清洁利用，提高煤炭集中高效发电比例，新建燃煤发电机组平均供电煤耗要降至每千瓦时300 g标准煤左右。扩大天然气利用规模，到2020年天然气占一次能源消费比重达到10%以上，煤层气产量力争达到300亿m^3。在做好生态环境保护和移民安置的前提下积极推进水电开发，安全高效发展核电，大力发展风电，加快发展太阳能发电，积极发展地热能、生物质能和海洋能。到 2020 年，风电装机达到 2 亿 kW，光伏装机达到 1 亿 kW 左右，地热能利用规模达到 5 000 万 t 标准煤。加强放空天然气和油田伴生气回收利用。大力发展分布式能源，加强智能电网建设。

- 控制建筑和交通领域排放。坚持走新型城镇化道路，优化城镇体系和城市空间布局，将低碳发展理念贯穿城市规划、建设、管理全过程，倡导产城融合的城市形态。强化城市低碳化建设，提高建筑能效水平和建筑工程质量，延长建筑物使用寿命，加大既有建筑节能改造力度，建设节能低碳的城市基础设施。促进建筑垃圾资源循环利用，强化垃圾填埋场 CH_4 收集利用。加快城乡低碳社区建设，推广绿色建筑和可再生能源建筑应用，完善社区配套低碳生活设施，探索社区低碳化运营管理模式。到 2020 年，城镇新建建筑中绿色建筑占比达到 50%。构建绿色低碳交通运输体系，优化运输方式，合理配置城市交通资源，优先发展公共交通，鼓励开发使用新能源车船等低碳环保交通运输工具，提升燃油品质，推广新型替代燃料。到 2020 年，大中城市公共交通占机动化出行比例达到 30%。推进城市步行和自行车交通系统建设，倡导绿色出行。加快智慧交通建设，推动绿色货运发展。
- 创新低碳发展模式。深化低碳省区、低碳城市试点，开展低碳城（镇）试点和低碳产业园区、低碳社区、低碳商业、低碳交通试点，探索各具特色的低碳发展模式，研究在不同类型区域和城市控制碳排放的有效途径。促进形成空间布局合理、资源集约利用、生产低碳高效、生活绿色宜居的低碳城市。研究建立碳排放认证制度和低碳荣誉制度，选择典型产品进行低碳产品认证试点并推广。
- 推进碳排放权交易市场建设。充分发挥市场在资源配置中的决定性作用，在碳排放权交易试点基础上，稳步推进全国碳排放权交易体系建设，逐步建立碳排放权交易制度。研究建立碳排放报告核查核证制度，完善碳排放权交易规则，维护碳排放交易市场的公开、公平、公正。

4.《“十三五”控制温室气体排放工作方案》

2016 年 10 月 27 日，国务院发布《关于印发“十三五”控制温室气体排放工作方案的通知》（国发〔2016〕61 号）。《“十三五”控制温室气体排放工作方案》指出，要统筹国内国际两个大局，顺应绿色低碳发展国际潮流，把低碳发展作为我国经济社会发展的重大战略和生态文明建设的重要途径，采取积极措施，有效控制温室气体排放。加快科技创新和制度创新，健全激励和约束机制，发挥市场配置资源的决定性作用和更好发挥政府作用，加强碳排放和大气污染物排放协同控制，强化低碳引领，推动能源革命和产业革命，推动供给侧结构性改革和消费端转型，推动区域协调发展，深度参与全球气候治理，为促进我国经济社会可持续发展和维护全球生态安全做出新贡献。

《“十三五”控制温室气体排放工作方案》明确，到2020年单位国内生产总值CO_2排放比2015年下降18%，碳排放总量得到有效控制。HFCs、CH_4、N_2O、PFCs、SF_6等非CO_2温室气体控排力度进一步加大。碳汇能力显著增强。支持优化开发区域碳排放率先达到峰值，力争部分重化工业2020年前后实现率先达峰，能源体系、产业体系和消费领域低碳转型取得积极成效。全国碳排放权交易市场启动运行，应对气候变化法律法规和标准体系初步建立，统计核算、评价考核和责任追究制度得到健全，低碳试点示范不断深化，减污减碳协同作用进一步加强，公众低碳意识明显提升。

5.《国家适应气候变化战略》

2013年11月18日，基于“十二五”规划纲要提出的“增强适应气候变化能力，制定国家适应气候变化战略”的要求，国家发展改革委联合财政部、住房城乡建设部、交通运输部、水利部、农业部、林业局、气象局、海洋局制定和印发了《国家适应气候变化战略》（发改气候〔2013〕2252号），明确了国家适应气候变化工作的指导思想和原则，提出要以邓小平理论、“三个代表”重要思想、科学发展观为指导，贯彻落实党的十八大精神，大力推动生态文明建设，坚持以人为本，加强科技支撑，将适应气候变化的要求纳入我国经济社会发展的全过程，统筹并强化气候敏感脆弱领域、区域和人群的适应行动，全面提高全社会适应意识，提升适应能力，有效维护公共安全、产业安全、生态安全和人民生产生活安全。

我国适应气候变化工作应坚持以下原则：

- 突出重点。在全面评估气候变化影响和损害的基础上，在战略规划制定和政策执行中充分考虑气候变化因素，重点针对脆弱领域、脆弱区域和脆弱人群开展适应行动。
- 主动适应。坚持预防为主，加强监测预警，努力减少气候变化引起的各类损失，并充分利用有利因素，科学合理地开发利用气候资源，最大限度地趋利避害。

- 合理适应。基于不同区域的经济社会发展状况、技术条件以及环境容量，充分考虑适应成本，采取合理的适应措施，坚持提高适应能力与经济社会发展同步，增强适应措施的针对性。
- 协同配合。全面统筹全局和局部、区域和局地以及远期和近期的适应工作，加强分类指导，加强部门之间、中央和地方之间的协调联动，优先采取具有减缓和适应协同效益的措施。
- 广泛参与。提高全民适应气候变化的意识，完善适应行动的社会参与机制。积极开展多渠道、多层次的国际合作，加强“南南合作”。

我国适应气候变化工作的主要目标是：

- 适应能力显著增强。主要气候敏感脆弱领域、区域和人群的脆弱性明显降低；社会公众适应气候变化的意识明显提高，适应气候变化科学知识广泛普及，适应气候变化的培训和能力建设有效开展；气候变化基础研究、观测预测和影响评估水平明显提升，极端天气气候事件的监测预警能力和防灾减灾能力得到加强。适应行动的资金得到有效保障，适应技术体系和技术标准初步建立并得到示范和推广。
- 重点任务全面落实。基础设施相关标准初步修订完成，应对极端天气气候事件能力显著增强。农业、林业适应气候变化相关的指标任务得到实现，产业适应气候变化能力显著提高。森林、草原、湿地等生态系统得到有效保护，荒漠化和沙化土地得到有效治理。
- 水资源合理配置与高效利用体系基本建成，城乡居民饮水安全得到全面保障。
- 海岸带和相关海域的生态得到治理和修复。适应气候变化的健康保护知识和技能基本普及。
- 适应区域格局基本形成。根据适应气候变化的要求，结合全国主体功能区规划，在不同地区构建科学合理的城市化格局、农业发展格局和生态安全格局，使人民生产生活安全、农产品供给安全和生态安全得到切实保障。

（二）工业领域

2012 年 12 月 31 日，工业和信息化部、国家发展和改革委员会、科学技术部、财政部联合印发《工业领域应对气候变化行动方案（2012—2020 年）》，提出如下目标：到 2015 年，全面落实国家温室气体排放控制目标，单位工业增加值 CO_2 排放量比 2010 年下降 21% 以上，钢铁、有色金属、石化、化工、建材、机械、轻工、纺织、电子信息等重点行业单位工业增加值 CO_2 排放量分别比 2010 年下降 18%、18%、18%、17%、18%、22%、20%、20%、18% 以上，主要工业品单位 CO_2 排放量稳步下降，工业碳生产力大幅提高。工业过程 CO_2、N_2O、HFCs、PFCs 和 SF_6 等温室气体排放得到有效控制。产业结构进一步优化，战略性新兴产业快速发展，建设一批低碳产业示范园区和低碳工业示范企业，推广一批具有重大减排潜力的低碳技术和产品。重点用能企业温室气体排放计量监测体系基本建立，工业应对气候变化的体制机制与政策进一步完善。到 2020 年，单位工业增加值 CO_2 排放量比 2005 年下降 50% 左右，基本形成以低碳排放为特征的工业体系。

专栏

《工业领域应对气候变化行动方案（2012—2020 年）》节选内容

以实施六大重点工程为抓手，提高工业单位碳排放生产效率，提升碳管理水平，有效控制工业温室气体排放。

工业重大低碳技术示范工程

在钢铁、建材、有色、石化和化工等重点行业，选择一批减排潜力大、成熟度高、先进适用的重大低碳技术示范推广，推进传统产业的工艺和装备改进，带动工业行业碳排放强度大幅下降。以新能源装备制造、新能源汽车等高端装备制造业为重点，选择一批市场前景广阔、对产业发展具有深远影响的关键与核心技术试点示范，培育战略性新兴产业发展。

工业过程温室气体排放控制示范工程

以控制工业过程 CO_2、N_2O、HFCs、PFCs、SF_6 等温室气体排放为目标，以水泥、钢铁、石灰、电石、己二酸、硝酸、化肥、制冷剂生产等为重点，推广示范一批原料替代、生产工艺改善、设备使用改进等温室气体排放控制技术，提高排放控制水平。

高排放工业产品替代示范工程

在水泥、钢铁、化肥、石灰、电石等高排放产品中，选择具有重要推广价值的替代产品或工艺进行推广示范，引导使用新型低碳水泥替代传统水泥、新型钢铁材料或可再生材料替代传统钢材、有机肥或缓释肥产品替代传统化肥，减少高排放产品消费，减少温室气体排放量。

工业碳捕集、利用与封存示范工程

在化工、水泥、钢铁等行业中实施碳捕集、利用与封存一体化示范工程，加快推进拥有自主知识产权的碳捕集与封存技术的示范应用，研发 CO_2 资源化利用的技术和方法，探索适合我国国情的碳捕集、利用与封存技术路线图，不断加强工业碳捕集、利用与封存能力建设。

低碳产业园区建设试点示范工程

选择一批基础好、有特色、代表性强、依法设立的工业产业园区，纳入国家低碳产业试验园区试点，开展工业领域低碳产业园区试点示范。通过低碳产业园区试点建设，加快钢铁、建材、有色、石化和化工等重点用能行业低碳化改造，积聚一批低碳型战略性新兴产业，推广一批适合我国国情的产业园区低碳管理模式，试点园区碳排放强度达到国内行业先进水平，引导和带动工业低碳发展。“十二五”期间，在工业领域力争培育和形成 80 个国家低碳产业示范园区。

低碳企业试点示范工程

在钢铁、有色、建材、石化和化工、装备制造等重点行业，选择一批在本行业技术领先、有较大影响、减排潜力大的工业企业开展低碳企业试点示范工程。通过低碳工业企业试点示范，培育行业低碳标杆企业，建立低碳企业评价标准、指标体系和激励约束机制，引导工业企业自愿减排。“十二五”期间培育 500 家示范企业。

（三）林业领域

2016年5月30日，国家林业局办公室印发《林业应对气候变化“十三五”行动要点》。提出了如下主要目标：到2020年，林地保有量达到31 230万hm^2，森林面积在2005年基础上增加4 000万hm^2，森林覆盖率达到23%以上，森林蓄积量达到165亿m^3以上，湿地面积不低于0.53亿hm^2，50%以上可治理沙化土地得到治理，森林植被总碳储量达到95亿t左右，森林、湿地生态系统固碳能力不断提高。到2020年，林业应对气候变化组织管理体系、政策法规体系、技术标准体系、计量监测体系更加健全，基础能力和队伍建设有效夯实，林业服务国家应对气候变化工作大局的能力明显增强。其主要行动如下：

1. 增加林业碳汇

一是全面落实《全国造林绿化规划纲要（2011—2020年）》，组织开展大规模国土绿化行动，扎实推进天然林资源保护、退耕还林、防护林体系建设等林业重点工程，突出旱区造林绿化，深入开展全民义务植树，统筹做好部门绿化和城乡绿化，积极开展碳汇造林，扩大森林面积，增加森林碳汇。二是编制实施《全国森林经营规划（2015—2050年）》，推进森林经营方案编制，大力开展森林抚育，加强森林经营基础设施建设，全面提升森林经营管理水平，促进森林结构不断优化、质量不断提升、固碳能力明显增强。三是严格自然湿地保护，积极推进出台《湿地保护条例》，建立湿地保护制度，加强湿地保护体系建设，完善湿地保护基础设施，遏制湿地流失和破坏，稳定湿地碳库。四是积极推进木竹工业“节能、降耗、减排”和木材资源高效循环利用，改善和拓展木竹使用性能，提高木竹综合利用率，健全木竹林产品回收利用机制，增强木竹产品的储碳能力。

2. 减少林业排放

一是加强森林资源管理，严格落实林地保护利用规划，坚决遏制林地流失势头，科学确定采伐限额，改进林木采伐方式，严厉打击乱采滥伐，减少林地流失、森林退化导致的碳排放。二是健全和完善森林火灾预警与响应机制，提升森林火灾监测、火源管控和应急处置能力，减少火灾导致的碳排放。三是实施《全国林业有害生物防治建设规划（2011—2020年）》，强化监测预警、检疫御灾和防灾减灾体系建设，减少有害生物灾害导致的碳排放。四是建设能源林示范基地，培育能源林，推进林业剩余物能源化利用，提升林业生物质能源使用比重，部分替代化石能源。五是推进节约型园林绿化建设，鼓励并推广节水、节能的新技术、新设备、新材料。六是实施机关节能改造，认真抓好节油、节水、节电、节气工作落实，提能效，降能耗，创建节能机关。

3. 提升林业适应能力

一是加强林木良种基地建设和良种培育，加大林木良种选育应用力度，提高在气候变化条件下造林良种壮苗的使用率。二是坚持适地适树，提高乡土树种和混交林比例，优化造林模式，培育适应气候变化的优质健康森林。三是加强森林抚育，调整森林结构，构建稳定高效的森林生态系统，增强抵御气候灾害能力。四是实施湿地生态恢复工程，开展重点区域湿地恢复与综合治理，优化湿地生态系统结构，恢复湿地功能，提升湿地生态系统适应气候变化能力。五是加快沙化土地综合治理，有效保护和增加林草植被，优化沙区人工生态系统结构，增强荒漠生态系统适应气候变化能力。六是加强林业自然保护区建设，强化景观多样性保护和恢复，开展适应性管理，提升气候变化情况下生物多样性保育水平。七是保护国家级野生动植物，拯救极小种群，提高气候变化情况下重要物种和珍稀物种适应性。

4. 强化科技支撑

一是结合国家低碳发展宏观战略和2020年后应对气候变化目标，开展《2020年后林业增汇减排行动目标研究》，提出2020年后我国林业减缓气候变化的落实方案。二是紧跟气候变化国际国内进程，聚焦林业应对气候变化重大科学问题，加强森林、湿地、荒漠生态系统对气候变化的响应规律及适应对策等基础理论、关键技术研究，切实加强科研成果的推广应用。三是积极协调推进建立全国林业碳汇技术标准委员会，加强林业碳汇技术标准管理，适时出台实际需要的林业碳汇相关技术规范。四是推进生态定位观测研究平台建设，做好生态效益评价和服务功能评估工作，不断提升应对气候变化科技支撑能力。

5. 加强碳汇计量监测

一是着力加快推进全国林业碳汇计量监测体系建设，加强林业应对气候变化基础设施建设，积极协调推进碳卫星立项，进一步完善基础数据库和参数模型库，出台森林、湿地、采伐木质林产品固碳测算技术规范，建成全国统一的、符合国际规则和国内实际的林业碳汇计量监测体系，实现定期更新监测数据、计量报告结果。二是加强全国和区域林业碳汇计量监测中心能力建设，进一步规范林业碳汇计量监测单位的管理，培养造就一支作风过硬、业务精通的技术队伍，提升技术支撑能力。三是深化联合国政府间气候变化专门委员会（IPCC）技术指南研究，组织做好第三次国家应对气候变化信息通报林业碳汇清单编制。四是抓好温室气体排放林业指标基础统计、森林增长及其增汇能力考核工作。

6. 探索推进林业碳汇交易

一是积极参与国家碳交易相关顶层制度设计，探索建立林业碳汇交易制度，发挥林业碳汇抵减排放的作用。二是抓好《国家林业局关于推进林业碳汇交易工作的指导意见》的贯彻落实，组织开展林业碳排放配额制度研究，探索通过配额管理，推进林业融入国家碳排放权交易体系。三是积极探索推进各类林业增汇减排项目试点，鼓励通过中国核证自愿减排量机制开展林业碳汇项目交易。四是深入调查研究，总结推广林业碳汇交易经验。通过碳汇交易制度，不断完善森林、湿地生态补偿机制，为实现国家增汇减排目标做出贡献。

7. 增进国际交流与合作

一是按照国家应对气候变化谈判工作统一部署，建设性参与林业议题谈判，做好林业在减缓、适应、资金和核算规则等方面的研究。二是进一步加强谈判队伍建设，抓好谈判对案研究工作。三是深度参与 IPCC 相关评估报告和技术指南的研究制定，反映中国林业最新科研进展。四是密切关注气候变化有关国际进程，积极探索推进发展中国家通过减少砍伐森林和减缓森林退化而降低温室气体排放增加碳汇（REDD+）项目试点。五是认真谋划国家“一带一路”重大战略下林业应对气候变化合作需求，积极推进务实合作。六是加强林业应对气候变化双边、多边技术交流，推动林业应对气候变化“走出去，引进来”，实现互利共赢。七是按照第七轮中美战略对话成果清单要求，抓好中美应对气候变化工作组下的林业合作。八是加强与相关国际组织合作，注重合作成效。

（四）城镇化领域

2016 年 2 月 4 日，国家发展改革委（原气候变化主管部门）、住房城乡建设部联合印发了《城市适应气候变化行动方案》，方案提出了如下愿景：到 2020 年，普遍实现将适应气候变化相关指标纳入城乡规划体系、建设标准和产业发展规划，建设 30 个适应气候变化试点城市，典型城市适应气候变化治理水平显著提高，绿色建筑推广比例达到 50%。到 2030 年，适应气候变化科学知识广泛普及，城市应对内涝、干旱缺水、高温热浪、强风、冰冻灾害等问题的能力明显增强，城市适应气候变化能力全面提升。其行动主要有：

1. 加强城市规划引领

在城市相关规划中充分考虑气候变化因素。将适应气候变化纳入城市群规划、城市国民经济和社会发展规划、生态文明建设规划、土地利用规划、城市规划等，按照气候风险管理的要求，考虑城市适应气候变化面临的主要风险、优先领域和重点措施，将适应目标纳入城市发展目标，在城市相关规划中充分考虑气候承载力。城市基础设施新建和改造项目规划、设计、审批时考虑气候变化中长期影响，科学布局、合理配置，加强地下空间开发利用。

加强相关领域的规划布局。合理布局公共消防设施、人防设施以及防灾避险场所等设施。合理规划城市道路，调整交通工程建设部署与交通设施布局，加快城市应急通道网络建设，科学规划和建设城市公交专用道网络，构建城市快速应急通道。科学规划城市绿地系统，提高城市绿地率。依托现有城市绿地、道路、河流及其他公共空间，打通城市通风廊道，增加城市的空气流动性，缓解城市“热岛效应”（图 5-2）和雾霾等问题。减少城市建筑、交通、供排水、能源等重要生命线系统的风险暴露度。

图 5-2　热岛效应原理

2. 提高城市基础设施设计和建设标准

提高城市生命线系统标准。针对强降水、高温、台风、冰冻、雾霾等极端天气气候事件，提高城市给排水、供电、供气、交通、信息通信等生命线系统的设计标准，加强稳定性和抗风险能力。根据气候变化对城市降水、温度和土壤地基稳定性的影响，制定或修订城市地下工程在排水、通风、墙体强度和地基稳定等方面的建设标准。根据海平面变化情况调整相关防护设施的设计标准。提高流域、区域性大洪水防洪设计标准。调整能源设施标准。针对不同城市及城市居民、企业、公共部门等不同用户，评估气候变化对制冷、采暖及节能标准的影响，修订相关设施标准。调整能源工程与供电系统运行的技术标准，如根据气温、风力与冰雪灾害的变化调整输电线路、设施建造标准与电杆间距。提高交通设施标准。提高沿海、沿江、高寒等台风、洪涝、地质和生态灾害高发地区的交通基础设施设计标准。根据气候变化对城市降水强度的影响，修订道路设计中的排水设计标准要求。将极端天气气候事件监测预警纳入城市交通设施规划与建设中。道路建设采用高抗性材料与结构技法，提升道路耐受气候变化影响的变幅阈值。健全道路照明、标识、警示等指示系统，增强交通车辆、公交站台、停车场和机场等对高温、严寒、强降水和台风的防护能力。

3. 提高城市建筑适应气候变化能力

做好建筑设计规划前瞻性布局。在建筑设计、建造以及运行过程中充分考虑气候变化的影响，在新建建筑设计中充分考虑未来气候条件。积极发展被动式超低能耗绿色建筑，通过采用高效高性能外墙保温系统和门窗，提高建筑气密性，鼓励屋顶花园、垂直绿化等方式增强建筑集水、隔热性能，保障高温热浪、低温冰雪极端气候条件下的室内环境质量。实施城市更新和老旧小区综合改造。在执行现行标准的基础上，各地城市结合经济社会发展水平，适度提升城市建筑适应气候变化能力，提高既有建筑节能、节水改造标准，加快更换老旧小区落后用水器具，推进建筑中水回用，合理增加小区绿地、植被数量，设置遮阴设施。

加快装配式建筑的产业化推广。推广钢结构、预制装配式混凝土结构及混合结构，在地震多发地区积极发展钢结构和木结构建筑。鼓励大型公共建筑采用钢结构，大跨度工业厂房全面采用钢结构，政府投资的学校、幼托、敬老院、园林景观等新建低层公共建筑采用木结构。

4. 发挥城市生态绿化功能

构建气候友好型城市生态系统。依托各城市的地理、气候、生态和历史人文等特征，充分挖掘传统城市建设、园林设计的经验智慧，通过绿楔、绿道、绿廊等形式加强城市绿地、河湖水系、山体丘陵、农田林网等各自然生态要素的衔接连通，构成“绿色斑块—绿色廊道—生态基质”的系统格局，充分发挥自然生态空间改善城市微气候的功能。

发挥园林绿化改善城市微气候的作用。增强城市绿地、森林、湖泊、湿地等自然系统在涵养水源、调节气温、保持水土以及促进物种多样性等各个方面的生态功能。因地制宜，根据城市生态环境条件及气候变化趋势选择适宜的林草地物种，建设节约型绿地。建设园林绿化信息系统网络平台，提高对极端天气气候事件、林地火险、病虫害发生和物种入侵等各类灾害的监测预警能力。

5. 保障城市水安全

推进海绵城市建设。大力建设屋顶绿化、雨水花园、储水池塘、微型湿地、下沉式绿地、植草沟、生物滞留设施等城市“海绵体”，增强城市海绵能力（图 5-3）。因地制宜地建设雨水箱、储水罐等雨水收集设施，实现雨水就地就近收集利用，加大对雨洪资源的利用效率。严格城市河湖水域空间管控，做好对城市河湖、坑塘、湿地等水体自然形态的保护和恢复，加强河湖水系自然连通，构建城市良性水循环系统。

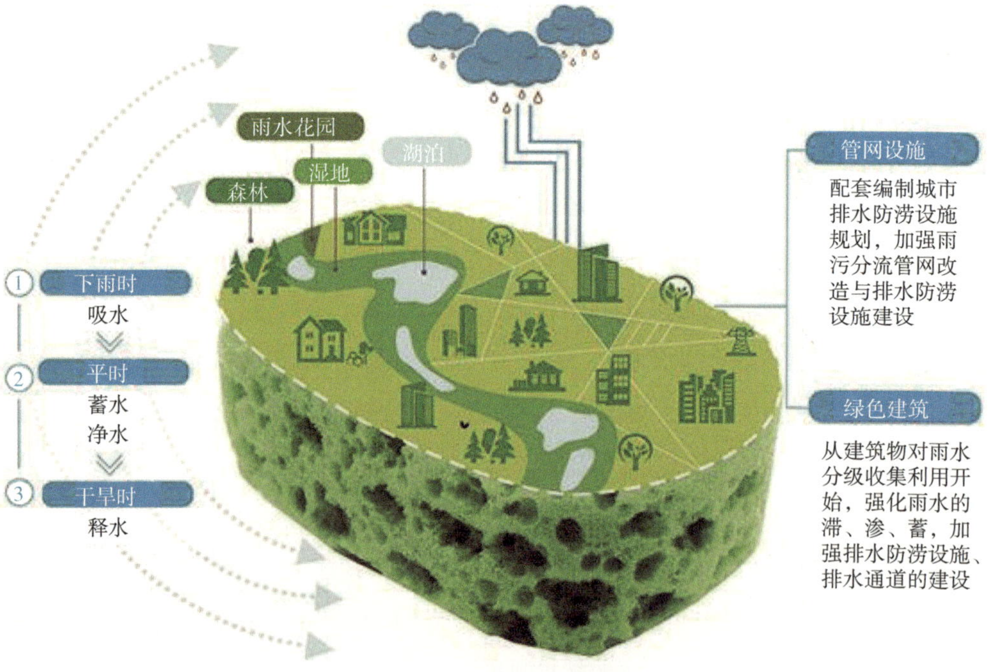

图 5-3　海绵城市示意图

全面建设节水型城市。科学确定水资源承载能力，强化用水需求管理，以水定产、以水定城。加强城市备用水源地和应急供水设施建设，提高城市应对高温、干旱缺水的能力。建立城市水循环利用体系，充分利用河道、湖泊和绿地等生态系统对水资源的调蓄能力。强化地下水涵养与保护。积极发展非常规水源利用，把再生水、雨水、海水等非常规水源纳入区域水资源统一配置。完善多种水源的统一配置和调度系统，提高城市再生水利用率。

加强海水淡化技术的开发利用，加强城市备用水源建设。建设科学合理的城市防洪排涝体系。推进城市防洪堤建设和管理，开展内河整治、河渠排水排污治理和积水易涝点治理，加大城市防洪排涝设施配套力度。妥善安排城市洪涝水滞蓄场所和外排出路，增强雨洪径流调控能力。健全城市防洪排涝应急预案管理，完善城市应对洪涝灾害处置方案。加强河湖管理，推进河湖连通工程，严格河道管理范围内建设项目工程建设方案审查制度。推进城市防洪排涝指挥系统建设，提高居民应对意识，加强城市对洪水的避险自救能力。

6. 建立并完善城市灾害风险综合管理系统

提升城市应急保障服务能力。加强城市极端天气气候事件危险源监控、风险排查和重大风险隐患治理等基础性工作，制定并发布强降水、台风、雷电、冰冻、高温热浪、雾霾等灾害应急管理方案。建立健全城市多部门联防联动的常态化管理体系，完善应急救灾响应机制，明确灾前、灾中和灾后应急管理机构职责，及时储备调拨及合理使用应急救灾物资。加强运行协调和应急指挥系统建设、专业救援队伍建设、社区宣传教育、应急救灾演练等工作，提高对灾害的预防、规避能力和恢复重建能力，降低灾害损失。加强城市公众预警防护系统建设。建立极端天气气候事件信息管理系统和预警信息发布平台，拓展动态服务网络，及时发布预警信息，并通过各类媒体让城市居民在短时间内接收。完善气候变化对人体健康影响的监测预警系统，加强极端天气气候事件健康预警及流行性疾病预警。加强城市脆弱人群的社会管理和风险防护能力，普及城市应对极端天气气候事件风险知识，掌握儿童、孕妇、各类慢性疾病患者、65岁以上老人、城市贫困人口信息，并制定具体应急救助预案，加强公众自我防范意识。

建立和完善风险分担机制。逐步建立极端天气气候事件灾害风险分担转移机制，明确家庭、市场和政府在风险分担方面的责任和义务，构建以政府为统领、家庭为主体、市场积极参与的风险分担体系。建立社会保险、社会救助、商业保险和慈善捐赠相结合的多元化灾害风险分担机制。建立健全由灾害保险、再保险、风险准备金和非传统风险转移工具所共同构成的金融管理体系的风险分担和转移机制。

7. 夯实城市适应气候变化科技支撑能力

加强适应基础理论研究。系统开展适应气候变化科学基础研究，加强气候变化监测及未来趋势预估。全面评估气候变化对城市敏感脆弱领域、区域和人群的影响和风险，包括水资源、交通、能源、建筑、卫生、旅游等行业。开展适应气候变化决策、管理及人文社会科学研究。加强对气候变化引发的传染性疾病、慢性疾病等人体健康风险的影响和传播机制研究，建立气候相关疾病的长期监测与评估体系。建立基础数据集，加强不同行业气象等相关数据处理以及应用方法研究。开发推广关键性适应技术。构建跨学科、跨行业、跨区域的适应技术协作网络，逐步完善适应气候变化的技术支撑体系。大力开展城市适应气候变化技术研发、集成与推广工作，广泛推广简单易行、可操作性强的高效适应技术，积极开展适应技术集成示范。重点推广应用极端天气气候事件预测预警技术、人工影响天气技术、气候变化影响与风险评估技术、应对极端天气气候事件的城市生命线工程安全保障技术、城市生态适宜性评估技术等具有一定普适性的适应气候变化技术。

（五）各地方应对气候变化政策

为深入推进低碳城市建设，加快推动绿色低碳发展，更好实现“十三五”全市碳排放强度降低目标，根据国务院印发的《“十三五”控制温室气体排放工作方案》（国发〔2016〕61 号），各省、自治区和直辖市结合当地实际情况，纷纷制定了区域性的“十三五”温室气体排放控制方案。

从各省市“十三五”温室气体排放控制方案可以看出，各省市均在不同程度强调低碳发展，强调推进低碳技术自主创新和产业化，倡导绿色生活方式以及有效控制温室气体排放。表 5-6 列举了北京、天津、河北、海南等省市地区在其“十三五”规划中涉及绿色、低碳发展的内容。

表 5-6　国内部分省市“十三五”规划中关于绿色、低碳发展的内容

序号	省（自治区、直辖市）	时间	发布机构	文件名称	文号	低碳发展重点规划	减排约束性指标	达峰目标	重要低碳项目
1	浙江	2016 年 5 月 11 日	浙江省发展改革委	浙江省低碳发展“十三五”规划	—	优化产业结构；打造低碳产业体系；打造低碳产业载体；培养低碳生活方式；推进碳汇建设	单位 GDP CO_2 排放下降率、单位 GDP 能耗下降率达到国家下达的指标	—	风电、光伏太阳能等非水可再生资源装机容量达到 1 310 万 kW
2	北京	2016 年 8 月 7 日	北京市人民政府	关于印发《北京市“十三五”时期节能降耗及应对气候变化规划》的通知	京政发〔2016〕34 号	建筑节能；低碳交通体系；航空铁路和物流领域节能减碳；公共机构节能	万元地区生产总值能耗下降 17%；万元地区生产总值 CO_2 排放下降 20.5%	2020 年，CO_2 排放总量达到峰值并争取尽早实现	组织开展 100 项节能低碳标准化工作试点
3	山西	2016 年 12 月 27 日	山西省发展改革委	关于印发《山西省“十三五”控制温室气体排放规划》的通知	—	构建绿色低碳循环发展产业体系；建设现代清洁低碳能源供应基地；严控工业、农业、城镇建设、公共机构领域排放；持续增加碳汇能力；开展碳排放权交易市场建设	单位地区生产总值 CO_2 排放下降 45% 以上	—	水电装机容量达到 550 万 kW；风电装机容量争取达到 1 800 万～2 200 万 kW，光伏发电装机容量达到 900 万 kW；新增农用沼气 3 万户，新增节能炕 25 万户，新增规模化大型沼气工程 32 座

序号	省（自治区、直辖市）	时间	发布机构	文件名称	文号	低碳发展重点规划	减排约束性指标	达峰目标	重要低碳项目
4	辽宁	2017 年 1 月 25 日	辽宁省人民政府	关于印发《辽宁省“十三五”控制温室气体排放工作方案》的通知	辽政发〔2017〕3 号	加快产业结构调整；促进节能和提高能效；优化利用化石能源；积极发展非化石能源；控制工业领域排放；增加生态系统碳汇；加快推广低碳建筑；推进低碳交通	生产总值 CO_2 排放下降 18%	—	全省风电装机并网规模达到 1 000 万 kW；太阳能光伏发电装机达到 200 万 kW 以上，发电总量 20 亿 kW · h 以上；生物质能发电装机达到 15 万 kW，年发电量 9 亿 kW · h 以上；核电发电量达到 270 亿 kW · h
		2017 年 4 月 21 日	辽宁省人民政府	关于印发《辽宁省“十三五”节能减排综合工作实施方案》的通知	辽政发〔2017〕21 号	优化产业和能源结构；加强重点领域节能；大力发展循环经济；实施节能减排工程	生产总值能耗下降 15%	—	创建 120 个国家级示范单位、500 个省级示范单位
5	吉林	2017 年 1 月 25 日	吉林省人民政府	关于印发《吉林省“十三五”控制温室气体排放工作方案》的通知	吉政办发〔2017〕13 号	推动能源发展利用低碳化；打造低碳产业体系	生产总值 CO_2 排放下降 18%；生产总值能耗下降 15%	—	风电、光伏、生物质发电装机分别力争达到 650 万 kW、240 万 kW、100 万 kW
		2017 年 4 月 21 日	吉林省人民政府	关于印发《吉林省“十三五”节能减排综合实施方案》的通知	吉政发〔2017〕16 号	调整优化产业和能源结构；积极发展循环经济	单位 GDP 能耗下降 15%	—	完成公共建筑节能改造面积 500 hm^2 以上；建设太阳能暖房 4.2 万户、太阳灶 1 730 台

序号	省（自治区、直辖市）	时间	发布机构	文件名称	文号	低碳发展重点规划	减排约束性指标	达峰目标	重要低碳项目
6	福建	2017 年 1 月 26 日	福建省人民政府	关于印发《福建省“十三五”控制温室气体排放工作方案》的通知	闽政〔2017〕4 号	发展低碳产业；控制工业领域排放；大力发展低碳农业；增加生态系统碳汇；打造低碳能源；抓好试点示范	单位地区生产总值 CO_2 排放下降 19.5%	支持优化开发区域碳排放率先达到峰值	森林覆盖率达到并稳定在 66%，森林蓄积量达 6.53 亿 m^3；全省电力装机达 6 500 万～7 000 万 kW
7	天津	2017 年 3 月 9 日	天津市人民政府	关于印发《天津市“十三五”控制温室气体排放工作实施方案》的通知	—	推动能源体系低碳转型；推进产业体系低碳发展；提升城镇低碳发展水平；深化低碳城市试点建设；完善碳排放权交易市场建设	单位地区生产总值 CO_2 排放下降 20.5%；单位地区生产总值能源消费下降 17%	推动全市碳排放 2025 年前后达到峰值，钢铁、电力等行业率先达峰	力争风电、光伏等新能源发电装机达到 200 万 kW
8	河北	2017 年 3 月 14 日	河北省人民政府	关于印发《河北省“十三五”控制温室气体排放工作实施方案》的通知	—	构建低碳能源体系；打造低碳产业体系；推动城镇化低碳发展；加快低碳技术推广应用；建设碳排放权交易市场	生产总值 CO_2 排放下降 20.5%；万元生产总值能耗下降 17%	—	实施锅（窑）炉改造、余热余压利用、电机（变压器）节能、智慧节能、节能产品推广、建筑能效提升六大节能工程
9	贵州	2017 年 3 月 21 日	贵州省人民政府	关于印发《“十三五”控制温室气体排放工作实施方案》的通知	黔府发〔2017〕6 号	推进煤电机组的大容量、高参数、低能耗、低排放改造；加快发展风能非化石能源；制煤炭消费总量，逐步降低煤炭消费比重；打造低碳产业体系；推动城镇化低碳发展；加快区域低碳发展	单位地区生产总值 CO_2 排放下降 18%；单位地区生产总值能耗下降 14%	—	建设集中式充电站 160 座、分散式充电桩 8.5 万个；培育 30 家左右国家级和省级循环化改造示范园区；建设 10 个以上年吸纳秸秆超过 20 万 t 的以秸秆资源利用为基础的现代环保产业示范园区

序号	省（自治区、直辖市）	时间	发布机构	文件名称	文号	低碳发展重点规划	减排约束性指标	达峰目标	重要低碳项目
10	重庆	2017 年 3 月 22 日	重庆市人民政府	关于印发《重庆市“十三五”控制温室气体排放工作方案》的通知	—	推进工业领域的碳捕集、利用和封存试点示范；实施公共机构节能改造，推广合同能源管理方式；实施交通用能清洁化、交通运输工具高效化和交通运输智能化；开展低碳发展试点示范	单位地区生产总值 CO_2 排放下降 19.5% 以上	2030 年之前全市碳排放总量达到峰值，支持都市功能核心区和都市功能拓展区率先达到峰值	建设 10 个左右绿色低碳村镇
11	青海	2017 年 3 月 31 日	青海省人民政府	印发《青海省“十三五”控制温室气体排放工作实施方案》的通知	青政〔2017〕20 号	推进产业转型升级，以智能制造、绿色制造、服务型制造为主攻方向，利用“互联网 +”、智能控制等信息技术促进节能减排降碳，改造提升盐湖化工、有色冶金、能源化工和建材等传统产业；加大能源结构调整力度	单位国内生产总值 CO_2 排放下降 12%	—	推进低温余热利用技术开发，在工业、建筑、交通、公共机构等重点领域实施节能技术改造；推动高效光伏发电新技术、太阳能光热储能发电技术、高海拔低风速风力发电技术研发
12	上海	2017 年 3 月 1 日	上海市人民政府	关于印发《上海市节能和应对气候变化“十三五”规划》的通知	沪府发〔2017〕12 号	调整产业结构；优化能源结构；提升重点领域能效水平；控制农业和废弃物处置温室气体排放，提升碳汇能力；建设低碳社会；大力发展节能低碳产业与技术	单位生产总值能耗、单位生产总值 CO_2 排放量分别下降 17%、20.5%	—	新增风电装机 80 万 kW、光伏装机 50 万 kW；基本完成有色金属冶炼、再生铅再生铝生产、砖瓦、建筑陶瓷等行业整合。推动普陀桃浦、浦东合庆等 50 个重点区域 3500 家企业调整；新能源汽车达到 26 万辆，新能源和清洁能源公交车比例达到 50% 以上

序号	省（自治区、直辖市）	时间	发布机构	文件名称	文号	低碳发展重点规划	减排约束性指标	达峰目标	重要低碳项目
12	上海	2017 年 4 月 13 日	上海市发展改革委	关于印发《上海市 2017 年节能减排和应对气候变化重点工作安排》的通知	沪发改环资〔2017〕25 号	淘汰落后产能，培育绿色发展；优化能源结构，保障能源安全；提升工业能效，促进工业减排；推进交通节能，发展绿色交通；提升建筑能效，深化建管并举；积极应对气候变化，加大循环经济发展力度	单位生产总值（GDP）综合能耗、CO_2 排放量分别比上年下降 3.9%、4.0% 左右	—	新增运营轨道交通 55 km、新建公交专用道 35 km
13	内蒙古	2017 年 4 月 21 日	内蒙古自治区人民政府	关于印发《内蒙古自治区“十三五”应对气候变化规划》的通知	内政办发〔2017〕69 号	调整产业结构；优化能源结构；增加生态系统碳汇；控制工业、城乡建设、交通运输、其他领域温室气体排放；低碳城市和城镇、低碳园区、社区和商业试点	万元 GDP CO_2 排放下降 17%	—	可再生能源并网装机规模达到 6 400 万 kW 左右，可再生能源上网电量占比达到 20%，新增风电清洁供暖总面积达到 800 hm^2
14	内蒙古	2017 年 4 月 29 日	内蒙古自治区人民政府	关于印发《内蒙古自治区“十三五”节能降碳综合工作方案》的通知	内政发〔2017〕63 号	优化产业和能源结构；加强重点领域节能降碳；大力发展循环经济；实施节能降碳重点工程；增加生态系统碳汇	万元 GDP 能耗下降 14%；万元 GDP CO_2 排放下降 17%	—	推进风电供热试点，力争到 2020 年形成 800 hm^2 风电供热能力，年消纳风电 10 亿 kW · h；完成旗县级以上行政中心太阳能光伏试点工程 10 个

序号	省（自治区、直辖市）	时间	发布机构	文件名称	文号	低碳发展重点规划	减排约束性指标	达峰目标	重要低碳项目
15	安徽	2017年4月5日	安徽省人民政府	关于印发《安徽省“十三五”控制温室气体排放工作方案》的通知	皖政办〔2017〕27号	优化能源消费结构；打造低碳产业体系；推动城镇化低碳发展；加快区域低碳发展	单位国内生产总值 CO_2 排放下降18%；单位地区生产总值能源消费下降16%	—	全省光伏发电装机规模达到800万kW左右，风电装机规模达到260万kW左右，秸秆电厂装机规模达到150万kW左右，垃圾焚烧发电装机规模达到50万kW左右，抽水蓄能电站装机规模达到378万kW
		2017年6月20日	安徽省人民政府	关于印发《“十三五”节能减排实施方案》的通知	皖政〔2017〕93号	优化产业和能源结构；抓实抓好工业、建筑、交通运输、商贸流通、农业、公共机构领域节能；大力发展循环经济	单位生产总值能耗下降16%	—	培育30家左右国家级和省级循环化改造示范园区；建设10个以上年吸纳秸秆超过20万t的以秸秆资源利用为基础的现代环保产业示范园区
16	江西	2016年12月29日	江西省发展改革委	关于印发《江西省“十三五”应对气候变化规划》的通知	—	调整产业结构；优化能源结构；提高能源利用效率；提高森林、湿地和农田等生态系统碳汇能力；控制工业、农业、城乡建设、交通领域排放；开展试点示范建设	单位地区生产总值 CO_2 排放量下降19.5%	—	打造10个百亿绿色食品产业集群；培育60个重点产业集群和20个省级工业示范集群；新增造林面积40万 hm^2，低产低效林改造46.67万 hm^2，森林抚育186.67万 hm^2；全省农村沼气用户达200万户

序号	省（自治区、直辖市）	时间	发布机构	文件名称	文号	低碳发展重点规划	减排约束性指标	达峰目标	重要低碳项目
16	江西	2017 年 4 月 22 日	江西省人民政府	关于印发《江西省“十三五”控制温室气体排放工作方案》的通知	赣府发〔2017〕15 号	优化能源结构；打造低碳产业体系；推动城镇化低碳发展；加快区域低碳发展；推进碳排放权交易市场建设；强化低碳科技创新	单位地区生产总值 CO_2 排放量下降 19.5%；单位地区生产总值能源消费下降 16%	支持低碳试点区域碳排放率先达到峰值，力争部分重化工业 2020 年前后实现率先达到峰值	水电装机达到 570 万 kW，风电装机达到 400 万 kW，光伏装机达到 400 万 kW，生物质能装机达到 50 万 kW
17	山东	2017 年 6 月 30 日	山东省人民政府	关于印发《山东省“十三五”节能减排综合工作方案》的通知	鲁政发〔2017〕15 号	优化产业和能源结构；加强工业节能、建筑节能、交通运输节能、公共机构节能、商贸流通领域节能、农业农村节能；强化主要污染物减排；大力发展循环经济；实施节能减排工程	万元国内生产总值能耗下降 17%	—	完成 300 hm^2 既有办公建筑绿色节能改造；建设 20 个“城市矿产”示范园区、20 个大宗工业固体废物高附加值利用示范基地、6 个再制造基地
18	河南	2016 年 12 月 29 日	河南省发展改革委	关于印发《河南省“十三五”节能低碳发展规划》的通知	—	构建节能环保型产业体系；构建绿色低碳能源体系；实施重点领域节能低碳行动；实施能源消费总量和强度“双控”行动；实施全民节能低碳行动	万元生产总值能源消耗较降低 16%，万元生产总值 CO_2 排放降低 19.5%	—	实施节能改造机组规模 4100 万 kW；新增可再生能源发电装机 800 万 kW；创建 30 家国家级绿色示范工厂；创建 10 家国家级绿色工业园区

序号	省（自治区、直辖市）	时间	发布机构	文件名称	文号	低碳发展重点规划	减排约束性指标	达峰目标	重要低碳项目
18	河南	2017 年 4 月 1 日	河南省人民政府	关于印发《河南省“十三五”控制温室气体排放工作实施方案》的通知	豫政办〔2017〕52 号	推进绿色能源体系建设；构建低碳产业体系；实施绿色城镇行动；推动碳排放权交易市场建设	单位国内生产总值 CO_2 排放下降 19.5%；单位国内生产总值能源消费下降 16%	—	风电装机达到 600 万 kW，光伏发电装机达到 350 万 kW，生物质发电装机达到 80 万 kW
19	湖北	2016 年 11 月 19 日	湖北省人民政府	印发《湖北省应对气候变化和节能“十三五”规划》的通知	—	推进产业转型升级；建设清洁低碳能源体系；推进工业、交通运输、商用和民用、农业和农村、城乡建设、公共机构领域节能降碳；促进非能源活动领域减碳和增汇；倡导节能低碳生活	单位地区生产总值 CO_2 排放下降 19.5%；单位地区生产总值能源消费下降 16%	—	新增水电装机容量 150 万 kW 左右；新增光伏装机容量 300 万 kW；新增生物质发电装机容量 35 万 kW；新增风电装机容量 360 万 kW
		2017 年 6 月 1 日	湖北省人民政府	关于印发《湖北省“十三五”节能减排综合工作方案》的通知	鄂政发〔2017〕27 号	优化产业和能源结构；加强工业、交通运输、商用和民用、农业和农村、城乡建设、公共机构领域节能；大力发展循环经济	单位生产总值能源消费下降 16%	—	新增新能源和可再生能源发电装机规模 600 万 kW 左右；创建 95 家节约型公共机构示范单位，遴选 6 家能效领跑者

序号	省（自治区、直辖市）	时间	发布机构	文件名称	文号	低碳发展重点规划	减排约束性指标	达峰目标	重要低碳项目
19	湖北	2017 年 6 月 30 日	湖北省人民政府	关于印发《湖北省“十三五”控制温室气体排放工作实施方案》的通知	—	建设清洁低碳能源体系；打造低碳产业体系；推动城镇化低碳发展；加快区域低碳发展；建立规范有序、兼容开放的碳排放权交易市场	单位地区生产总值 CO_2 排放下降 19.5%；单位地区生产总值能源消费下降 16%	—	新能源和天然气等清洁能源在公交、出租车等方面的应用
20	湖南	2016 年 4 月 27 日	湖南省人民政府	关于印发《湖南省实施低碳发展五年行动方案（2016—2020 年）》的通知	湘政办发〔2016〕32 号	构建低碳产业体系；优化能源结构；建立绿色低碳交通运输体系；发展低碳建筑；加强碳汇开发；强化技术支撑；资源综合利用；倡导低碳消费	碳排放强度比 2005 年下降 40% ~ 45%	—	全省沼气年产量突破 10 亿 m^3，使用清洁能源的总户数达到 700 万户；新能源装机规模达到 980 万 kW
		2017 年 1 月 23 日	湖南省人民政府	关于印发《湖南省“十三五”节能规划》的通知	湘发改环资〔2017〕59 号	促进产业结构转型升级；推动能源结构优化调整；提升重点领域能效水平；加大节能新技术产品研发推广力度；强化重点用能单位节能管理	单位 GDP 能耗在 2015 年基础上降低 16%	—	燃煤锅炉（炉窑）能效提升；电机系统能效提升；变压器能效提升；能量系统优化；智慧绿色照明

序号	省（自治区、直辖市）	时间	发布机构	文件名称	文号	低碳发展重点规划	减排约束性指标	达峰目标	重要低碳项目
21	广东	2017年1月25日	广东省发展改革委、广东省经济和信息化委、广东省环境保护厅	广东省节能减排“十三五”规划	—	深化工业企业节能；开展建筑领域节能；实施交通运输节能；推动商贸流通节能；开展公共机构节能；推进农业农村节能；促进重点领域减排，推进污染治理	全省万元GDP能耗比下降17%	—	工业能效提升工程；建筑节能工程；绿色交通重点工程
		2017年5月5日	广东省人民政府	关于印发《广东省“十三五”控制温室气体排放工作实施方案》的通知	粤府〔2017〕59号	加快建设低碳能源体系；着力打造低碳产业体系；推动城镇化低碳发展	单位GDP CO_2 排放下降20.5%；GDP能耗下降17%	推动全省 CO_2 排放在全国率先达到峰值	推进“煤改电”“煤改气”替代改造，合理建设热电联产、分布式能源等集中供热设施，加快淘汰分散燃煤小锅炉，到2020年，全省集中供热量占供热总规模达到70%。实施成品油质量升级行动计划，适时推广使用国VI标准车用燃油，大力推进天然气、电力替代交通燃油
22	广西	2017年7月6日	广西壮族自治区人民政府	广西节能减排降碳和能源消费总量控制“十三五”规划	—	推进产业结构优化升级；推动能源结构优化	万元生产总值能耗值累计下降14%；万元生产总值 CO_2 排放强度下降17%	—	煤电升级改造工程；集中供热(余热暖民)工程；天然气分布式能源示范工程和天然气县县通工程；煤炭消费减量替代工程；余热余压利用；燃煤锅炉节能环保综合提升；电机、内燃机系统能效提升及变压器等高耗能通用设备改造

序号	省（自治区、直辖市）	时间	发布机构	文件名称	文号	低碳发展重点规划	减排约束性指标	达峰目标	重要低碳项目
22	广西	2017 年 7 月 16 日	广西壮族自治区人民政府	关于印发《广西"十三五"控制温室气体排放工作实施方案》的通知	桂政办发〔2017〕102 号	大力发展非化石能源；优化利用化石能源；加快产业转型升级；控制工业领域排放；积极推进农业低碳化；推进产业园区生态化；巩固生态系统碳汇能力	单位地区生产总值 CO_2 排放累计下降17%，碳排放总量得到有效控制	—	新增核电装机 108.6 万 kW、风电装机 300 万 kW、水电装机 80 万 kW、光伏发电装机 90 万 kW、生物质发电装机 35 万 kW；沼气产量突破 20 亿 m^3，农村地区使用沼气清洁能源总户数达 400 万户以上
22	四川	2017 年 5 月 16 日	四川省人民政府	关于《印发四川省控制温室气体排放工作方案》的通知	川府发〔2017〕31 号	推进能源节约；推进国家优质清洁能源基地建设；扩大清洁能源综合利用；建立低碳产业体系	单位地区生产总值 CO_2 排放下降 19.5%；单位地区生产总值能源消费下降 16%	力争部分条件成熟的优化开发和重点开发区域率先实现碳排放达峰，部分重化工业 2020 年前后与全国同行业同步实现碳排放达到峰值	实施工业锅炉窑炉节能改造、能量系统优化等节能技术改造工程和燃煤锅炉节能环保综合提升工程

序号	省（自治区、直辖市）	时间	发布机构	文件名称	文号	低碳发展重点规划	减排约束性指标	达峰目标	重要低碳项目
22	四川	2017年8月6日	四川省人民政府	关于印发《四川省节能减排综合工作方案（2017—2020年）》的通知	川府发〔2017〕44号	推动传统产业转型升级；加快发展绿色低碳产业；严控高耗能、禁止高污染行业增长；深入淘汰落后和化解过剩产能；调整优化能源结构；推进工业、建筑、交通运输、公共机构等领域节能	单位地区生产总值（GDP）能耗累计下降16%	—	组织实施燃煤锅炉节能环保综合提升、电机系统能效提升、余热余压综合利用、能量系统优化、煤炭消费减量替代、城镇化节能升级改造、绿色照明推广、合同能源管理推进、天然气分布式能源示范工程等节能重点工程
23	云南	2017年3月20日	云南省人民政府	关于印发《云南省"十三五"控制温室气体排放工作方案》的通知	云政发〔2017〕16号	推进澜沧江、金沙江等水电建设；降低煤炭消费比重，推进煤炭深加工和洁净化利用；有效控制能源、钢铁、有色金属、化工、建材等重点行业碳排放总量；增加生态系统碳汇；推动低碳城镇化建设进程	单位地区生产总值碳排放下降18%；单位地区生产总值能耗下降14%	—	在工业、建筑、交通、公共机构等重点领域组织实施150个合同能源管理项目
		2017年5月30日	云南省人民政府	关于印发《云南省"十三五"节能减排综合工作方案》的通知	云政发〔2017〕31号	优化产业和能源结构；加强重点领域节能	单位地区生产总值能耗下降14%	—	组织实施工业能量系统优化、区域能源优化、锅炉（窑炉）节能环保综合改造、电机系统及变压器能效提升、机电设备再制造、清洁能源替代、"互联网+节能"、绿色照明、合同能源管理推进等节能重点工程

序号	省（自治区、直辖市）	时间	发布机构	文件名称	文号	低碳发展重点规划	减排约束性指标	达峰目标	重要低碳项目
24	甘肃	2016 年 7 月 28 日	甘肃省人民政府	关于印发《甘肃省“十三五”节能和应对气候变化规划》的通知	甘政办发〔2016〕115 号	深入推进电力、石化和化工、钢铁、有色金属、煤炭（煤化工）、建材行业的节能降碳；推动建筑、交通运输、农业林业等领域节能降碳	实现单位地区生产总值能耗下降 14%、单位地区生产总值 CO_2 排放下降 17%	—	节能低碳技术改造、工业低品位余热暖民合同能源管理等能效提升工程；节能低碳技术和产品推广工程；节能低碳试点示范工程等
		2017 年 2 月 7 日	甘肃省人民政府	关于印发《甘肃省“十三五”控制温室气体排放工作实施方案》的通知	甘政发〔2017〕15 号	优化调整能源结构；培育低碳产业体系；推动城镇化低碳发展；推动区域绿色发展	单位地区生产总值 CO_2 排放下降 17%	全省低碳试点城市碳排放率先达到峰值，争取部分重点行业在2020年前后实现率先达到峰值	开展燃煤工业锅炉（窑炉）改造、能量系统优化、余热余压利用等重点节能工程
		2017 年 7 月 9 日	甘肃省人民政府	关于印发《甘肃省“十三五”节能减排综合工作方案》的通知	甘政发〔2017〕54 号	优化产业和能源结构；加强重点领域节能；大力发展循环经济；实施节能减排工程	万元国内生产总值能耗下降 14%	—	做好金昌、兰州、敦煌 3 个国家低碳城市试点和白银、庆阳（西峰区）国家气候适应型城市试点，同时积极开展省级低碳城市试点
25	海南	2017 年 5 月 26 日	海南省人民政府	关于印发《海南省“十三五”节能减排综合工作实施方案》的通知	琼府〔2017〕51 号	优化产业和能源结构，围绕油气、医药、低碳制造、军民融合等海南省有一定比较优势和发展潜力的领域，构建海南特色的绿色制造体系；加强重点领域节能	万元国内生产总值能耗下降 10%	—	实施燃煤锅炉节能环保综合提升、电机系统能效提升、绿色照明、绿色建筑、能量系统优化、重点用能单位综合能效提升、城镇化节能升级改造、太阳能利用、蓄能型集中供冷推广应用、新能源汽车推广应用十大节能工程

三、应对气候变化的关键目标与工作成果

（一）国家“十一五”期间工作目标与成果

2007 年 6 月 3 日，国务院印发了《中国应对气候变化国家方案》的通知（国发〔2007〕17 号），方案中提出了“十一五”我国应对气候变化的工作目标是“2010 年单位国内生产总值能源消耗比 2005 年降低 20% 左右，相应减缓 CO_2 排放；努力实现森林覆盖率达到 20%；自然保护区面积占国土总面积的比重达到 16%”，确立了应对气候变化基本原则、具体目标、重点领域、政策措施和步骤，并逐步建立和完善应对气候变化工作机制。

2009 年 8 月 27 日，十一届全国人大常务委员会第十次会议第一次以决议的形式通过了《全国人大常委会关于积极应对气候变化的决议》，要求强化节能减排，努力控制温室气体排放，增强适应气候变化能力，要充分发挥科学技术的支撑和引领作用，立足国情发展绿色经济、低碳经济，把积极应对气候变化作为实现可持续发展战略的长期任务纳入国民经济和社会发展规划。

通过政府和社会各界的共同努力，中国完成了“十一五”规划提出的节能目标，2010 年中国单位国内生产总值能耗比 2005 年累计下降 19.1%，相当于少排放 CO_2 14.6 亿 t 以上。“十一五”期间，中国以能源消费年均增长 6.6% 支撑了国民经济年均 11.2% 的增速，能源消费弹性系数由“十五”时期的 1.04 下降到 0.59。“十一五”累计淘汰落后炼铁产能 1.22 亿 t、炼钢产能 6 969 万 t、水泥产能 3.3 亿 t，通过“上大压小”、关停小火电机组 7 200 万 kW；服务业增加值比重提高 2.5 个百分点；清洁能源和新能源加快发展，2010 年水电总装机规模由 2005 年的 1.1 亿 kW 增加到 2 亿 kW，核电装机达到 1 082 万 kW，在建规模达到 3 097 万 kW，风电装机容量由 130 万 kW 增加到 4 000 万 kW，光伏发电装机规模由不到 10 万 kW 增加到 60 万 kW；森林覆盖率由 2005 年的 18.2% 提高到 2010 年的 20.36%。这是中国作为负责任的发展中大国为积极应对气候变化采取的务实行动、做出的积极贡献。

（二）国家“十二五”期间工作目标与成果

2011 年 3 月 16 日，《中国国民经济和社会发展“十二五”规划纲要》（以下简称“十二五”规划纲要）把“积极应对气候变化”作为主要内容，体现了低碳绿色发

展的理念，是一部真正意义上的绿色发展规划，其中最为重要的是将“绿色发展，建设资源节约型、环境友好型社会”列为专篇，下设“积极应对全球气候变化”专章。“十二五”规划纲要提出的 24 个指标中，涉及绿色的指标占了 1/3，包括单位国内生产总值 CO_2 排放降低 17%，单位国内生产总值能耗降低 16%，非化石能源占一次能源消费比重达到 11.4%，森林覆盖率提高到 21.66%，森林蓄积量增加 6 亿 m^3 等控制温室气体排放行动目标。上述指标将作为约束性指标，分解落实到地方和主要行业，并制定相应指标落实考核与评估办法。

2011 年 12 月 1 日，根据我国到 2020 年控制温室气体排放行动的目标（见图 5-4），围绕“十二五”规划纲要提出的我国应对气候变化主要目标和重点任务，国务院发布了《“十二五”控制温室气体排放工作方案》，明确了“大幅度降低单位国内生产总值 CO_2 排放，到 2015 年全国单位国内生产总值 CO_2 排放比 2010 年下降 17%”的目标，并进一步完善应对气候变化政策体系、体制机制，建立温室气体排放统计核算体系，逐步形成碳排放交易市场。通过低碳试验试点，形成一批各具特色的低碳省区和城市，建成一批具有典型示范意义的低碳园区和低碳社区，推广一批具有良好减排效果的低碳技术和产品，控制温室气体排放能力得到全面提升。

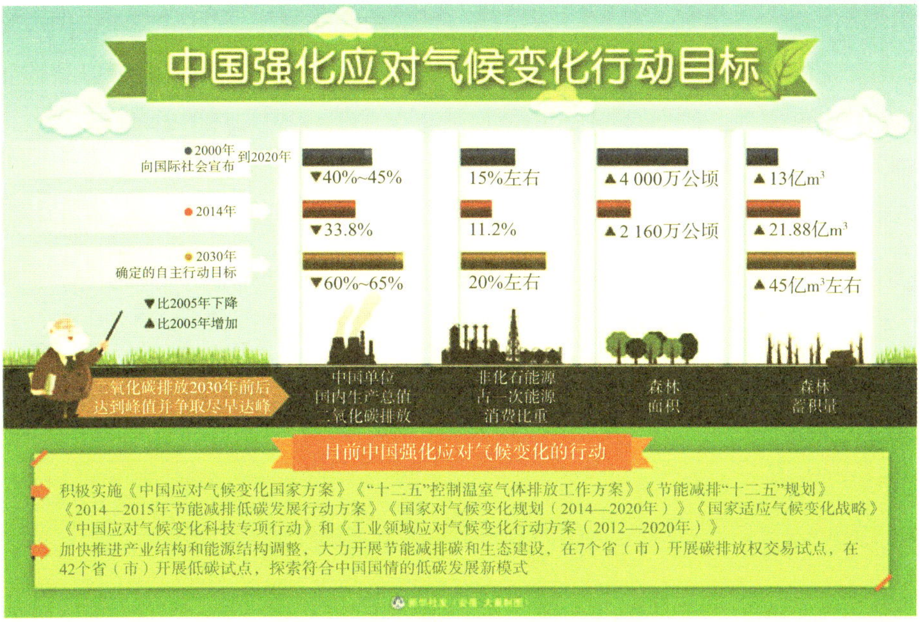

图 5-4　中国应对气候变化行动目标

图片来源：新华网 http://www.xinhuanet.com/world/2015-11/30/c_128481291.htm.

同时，基于国家“十二五”规划纲要提出增强适应气候变化能力、制定国家适应气候变化战略的要求，国家发展改革委联合财政部、住房城乡建设部、交通运输部、水利部、农业部、林业局、气象局、海洋局制定和印发了《国家适应气候变化战略》（发改气候〔2013〕2252 号），明确了国家适应气候变化工作的指导思想和原则，提出了实现“主要气候敏感脆弱领域、区域和人群的脆弱性明显降低，社会公众适应气候变化的意识明显提高”的主要目标，并明确了我国下一步在基础设施建设、农业领域、水资源、海岸带和相关海域、森林和其他生态系统、人体健康、旅游业和其他产业等领域的重点任务。

在党中央、国务院的高度重视下，“十二五”应对气候变化工作取得了丰硕的成果：

一是参与气候变化国际谈判成效显著。积极参与和引导全球气候治理进程，较好地完成了历次联合国气候变化国际谈判会议等重大任务。制定并向联合国提交我国自主贡献文件，明确 2030 年前后 CO_2 排放达到峰值等目标措施，获得国际社会高度评价。积极谋划气候外交，推动与相关国家发表气候变化联合声明，成功推动达成《巴黎协定》。

二是气候变化国际合作取得积极进展。积极筹建规模达 200 亿元人民币的中国气候变化“南南合作”基金，推动落实巴黎会议成果，彰显中国的负责任大国形象。与主要发达国家和国际组织签署多项合作协议，广泛开展气候变化务实合作。积极开展气候变化“南南合作”，加强对发展中国家支持力度，2011—2015 年共安排 4.1 亿元资金用于支持小岛屿国家、最不发达国家、非洲国家等应对气候变化。

三是加快全国碳排放权交易市场建设。国家发展改革委出台《碳排放权交易管理暂行办法》，加快研究制定《碳排放权交易管理条例》。加紧研究全国碳市场覆盖范围以及配额分配初步方案，出台了 11 项重点行业企业碳排放核算与报告国家标准，组织地方开展重点行业企业碳盘查和报告。2013 年在全国 7 个省市开展了碳排放权交易试点，目前试点市场运行稳定，截至 2015 年年底累计成交量逾 4 800 万 t CO_2，累计成交额超 14 亿元。

四是超额完成“十二五”应对气候变化目标。在全社会共同努力下，“十二五”期间碳强度累计下降 20% 左右，超额完成“十二五”规划下降 17% 的目标任务。能源结构进一步优化，2015 年非化石能源占一次能源消费比重达到 12%，超额完成“十二五”规划所提 11.4% 的目标。森林碳汇显著增加，2013 年森林蓄积量达到 151

亿 m^3，已超额完成“十二五”143 亿 m^3 的目标。

五是低碳发展顶层设计和制度建设逐步加强。制定并实施了《“十二五”控制温室气体排放工作方案》和《国家应对气候变化规划（2014—2020 年）》。研究提出了我国 2020 年后控制温室气体排放行动目标，提出到 2030 年前后 CO_2 排放达到峰值等目标任务。组织开展《应对气候变化法》调研起草工作。国家、地方、企业三级温室气体排放统计核算体系初步建立，低碳产品认证制度启动实施，连续两年开展省级人民政府碳排放强度目标责任评价考核，督促各地方全部完成碳强度下降目标。初步形成国家应对气候变化领导小组统一领导、发展改革委归口管理、有关部门和地方分工负责、全社会广泛参与的应对气候变化管理体制和工作机制。

六是低碳试点示范扎实推进。开展国家低碳省区和城市试点，探索各具特色的低碳发展模式，推动试点城市碳排放率先达峰。启动国家低碳城（镇）试点，推进低碳社区试点，开展 55 家国家低碳工业园区试点，基本形成了低碳省市、低碳城（镇）、低碳园区、低碳社区全方位低碳试点示范工作格局，积极探索低碳发展新途径。开展低碳产品认证试点，实施碳捕集、利用和封存试验示范项目。

七是适应气候变化能力得到提升。制定并实施了《国家适应气候变化战略》。在生产力布局、基础设施、重大项目规划设计和建设中考虑气候变化因素，适应气候变化特别是应对极端天气气候事件能力逐步加强。在农业、林业、水资源、气象、卫生健康等重点领域和生态脆弱地区、海岸带等重点地区实施适应气候变化重点项目，研发推广适应气候变化技术，减轻了气候变化对经济社会发展和生产生活的不利影响。

（三）国家“十三五”期间战略目标

2016 年 3 月 16 日，第十二届全国人民代表大会第四次会议批准了《中华人民共和国国民经济和社会发展第十三个五年规划纲要》（以下简称“十三五”规划纲要），该规划提出了生态环境质量总体改善的目标，创新、协调、绿色、开放、共享的新发展理念。“十三五”规划纲要在“积极应对全球气候变化”章节中提出“要有效控制电力、钢铁、建材、化工等重点行业碳排放，推进工业、能源、建筑、交通等重点领域低碳发展。支持优化开发区域率先实现碳排放达到峰值。深化各类低碳试点，实施近零碳排放区示范工程。控制非 CO_2 温室气体排放。推动建设全国统一的碳排放交易市场，实行重点单位碳排放报告、核查、核证和配额管理制度。健全统计核算、评价考核和责任追究制度，完善碳排放标准体系。加大低碳技术和产品推广应用力度”。

“十三五”时期，是推动落实《巴黎协定》、实现我国“2030目标”的关键时期，也是我国全面建成小康社会、转变经济发展方式、治理改善生态环境的关键时期，因此，在联合国宣布应对气候变化《巴黎协定》生效当天，即2016年10月27日，国务院正式印发《“十三五”控制温室气体排放工作方案》（以下简称《“十三五”温控方案》），全面部署未来五年我国控制温室气体排放和深化低碳发展的各项工作任务，这既是顺应绿色低碳发展国际潮流、积极推动落实《巴黎协定》的重要行动，更是我国加强生态文明建设、走可持续发展道路的内在要求，具有重大意义。

《“十三五”温控方案》提出的我国“十三五”时期低碳发展的核心目标是，到2020年碳强度比2015年下降18%，碳排放总量得到有效控制，非CO_2温室气体控排力度进一步加大，碳汇能力显著增强。这表明，综合考虑当前工作基础和我国国情，“十三五”期间我国将秉承“以CO_2排放控制为主、兼顾非CO_2温室气体排放控制及增强碳汇能力”和“以碳强度下降目标为主、兼顾碳排放总量控制”的思路，深化推动低碳发展。碳强度下降18%的约束性目标，将有力保障我国实现2009年在哥本哈根联合国气候大会上提出的“40～45目标”，并为实现《巴黎协定》下我国的“2030目标”奠定扎实基础。“十三五”期间各项工作将围绕《“十三五”温控方案》既定目标展开，包括在能源领域要求明确实施能源消费总量和强度双控制度，推动每天消费提早达峰，2020年非化石能源比重提高到15%，在产业领域要求把低碳发展作为新常态下经济提质增效的重要动力，推动产业结构转型升级。在城乡发展领域，要求推动城镇化低碳发展，探索集约、智能、绿色、低碳的新型城镇化模式，并鼓励具备条件的区域提出率先排放达峰目标和实现路径，积极推动区域低碳发展创新示范试点工作的开展。

此外，在《“十三五”温控方案》中也再次强调了碳强度下降目标责任制，要求加强对省级人民政府控制温室气传放目标完成情况的评估、考核，建立责任追究制度。国家发展改革委制定并下发了《“十三五”省级人民政府控制温室气体排放目标责任考核办法》，并组织开展对全国31个省（区、市）2016年度控制温室气体排放目标责任评价考核。

2016 年度温控目标考核结果

依据国家发展改革委 2017 年 12 月 29 日发布的考核评价结果，北京、天津、山西、内蒙古、上海、江苏、浙江、安徽、福建、河南、湖北、广东、重庆和四川 14 个省（区、市）考评等级为“优秀”；河北、吉林、黑龙江、江西、山东、湖南、海南、贵州、云南、陕西、甘肃、宁夏和新疆 13 个省（区）考评等级为“良好”；辽宁、广西、西藏、青海 4 个省（区）考评等级为“不合格”。

各地区结合国家下达的本地区碳强度控制目标，制定本地区控制温室气体排放目标责任考核办法和工作方案，合理确定年度目标，并完成年度考核自评估工作。29 个低碳试点省市将本地控制温室气体排放目标与任务分配到下辖区县，其中 22 个对分解目标进行了评价考核，强化了基层政府目标责任和压力传导，逐步形成控制温室气体排放目标责任层层推进的常态化工作机制。

2017 年 6 月 21 日，国家发展改革委应对气候变化司发布了《“十三五”控制温室气体排放工作方案部门分工》[①]，将温控工作分为低碳能源革命、低碳产业体系建立、城镇化低碳发展、区域低碳发展、全国碳排放权交易市场建设运行、低碳科技创新、基础能力支撑、国际合作开展、强化保障落实九大领域 65 项具体工作任务，并对每项工作的具体负责牵头单位和参与单位做了明确的要求和分工（图 5-5）。

① 资料来源：国家发展改革委网站 http://www.ndrc.gov.cn/gzdt/201706/t20170621_851905.html。

图 5-5　图解“十三五”控制温室气体排放工作方案

图片来源：中国政府网 http://www.gov.cn/xinwen/2016-11/04/content_5128708.htm.

四、国家应对气候变化管理架构

从2006年开始，中国国内气候治理规格开始显著增强。事实上，气候政策被史无前例地纳入了《国家及各地区国民经济和社会发展十一五规划纲要》之中。2007年，国家发展改革委发布了《中国应对气候变化国家方案》，它被认为是中国应对气候变化的“根本大法”，涵盖了中国到2010年为止应对气候变化的主要目标、基本原则、主要行动领域、政策和措施等。在该方案中，气候变化行动被纳入国家可持续发展战略中，其中应对气候变化的准备被着重强调，而减少碳排放被认为是应对气候变化的主要方面。该方案表明，中国对气候变化的认知已经上升到一个新的高度，应对气候变化被认为关系到了国家社会和经济发展的根本利益。该方案试图在所有的决策层级对环境问题表达关切。国务院要求各层级的地方政府都根据各自条件严格实施该方案。地方政府被要求设立各自的气候变化领导小组，根据各地的地理条件、气候形势以及经济发展水平，发展合适的政策和措施，建立并改进管理体系、组织协调机制，组织地方行动，应对气候变化。

为切实加强中央政府对应对气候变化和节能减排工作的领导，2007年6月，国务院决定成立“国家应对气候变化领导小组”。由国务院总理担任组长，组员包括各部委的20位部长，国家发展改革委为其秘书处，由相关的部门处理各自的工作职责，各地方政府以及工业部门也广泛参与，总体负责研究制定国家应对气候变化的重大战略、方针和对策，统一部署应对气候变化工作，研究审议国际合作和谈判对案，协调解决应对气候变化工作中的重大问题。领导小组具体工作由国家发展和改革委员会承担，领导小组办公室设在国家发展和改革委员会。“国家应对气候变化领导小组”的成立表明，中国的气候变化相关政策被提升到了中央政府的最高层级。

2008年，国家应对气候变化领导小组的成员单位由原来的18个扩大到20个，同期国家发展改革委也组建了专门机构——应对气候变化司，以更好地协调和负责气候变化相关工作。2013年7月，国务院对国家应对气候变化工作领导小组组成单位和人员进行了调整，李克强同志任领导小组组长，并增加了部分职能部门，目前领导小组的成员单位包括国务院、外交部、国家发展改革委、科技部、工业和信息化部、民政部、财政部、国土资源部、环境保护部、住房城乡建设部、交通运输部、水利部、农业部、商务部、国资委、卫生计生委、税务总局、质检总局、统计局、林业局、国管局、法制办、中科院、气象局、海洋局等。由此基本建立了国家应对气候变化领导小组统一领导、国家发展改革委归口管理（2018 年机构改革后调整为生态环境部归口管理）[①]、有关部门和地方分工负责、全社会广泛参与的应对气候变化管理体制和工作机制。

为提高应对气候变化决策的科学性，2007 年年初成立了由 12 位气候变化科学、经济、生态、林业、农业、能源等领域的院士和高级专家组成的第一届“国家气候变化专家委员会”。专家委员会作为我国应对气候变化工作的重要决策支撑机构，主要任务是统筹国际国内两个大局，做好应对气候变化工作。2010 年、2016 年我国进一步完善了国家气候变化专家委员会的人员组成，扩大了委员会的专业领域和覆盖范围，多角度为应对气候变化工作建言献策。2016 年成立的第三届国家气候变化专家委员会由 42 位委员组成，涵盖大气、海洋、水文、地质、生态、林业、能源、交通、建筑、经济、法律及国际关系等诸多专业领域，将继续在 2050 年低碳发展战略、碳市场机制建设、绿色低碳发展模式、气候变化科学和政策研究等方面开展工作。2012 年，国家发展改革委成立了国家应对气候变化战略研究和国际合作中心（现转隶生态环境部），为国家气候变化决策提供专业支撑。

全国各省（自治区、直辖市）均成立了以政府行政首长为组长的应对气候变化领导机构，建立了部门分工协调机制，明确了应对气候变化职能机构，以有效地在地方贯彻实施中央政策。截至 2016 年年底，全国 30 个地区成立了省级应对气候变化领导小组，北京、新疆等 29 个地区在省（区、市）发展改革委专门增设了应对气候变化处、应对气候变化工作办公室或加挂了应对气候变化牌子，北京、浙江、广东等 14 个地区单独成立或依托高校、研究机构和相关事业单位设立了应对气候变化支撑机构。

2018 年 3 月 17 日上午，第十三届全国人民代表大会第一次会议表决通过了《国务院机构改革方案》，将国家发展改革委的应对气候变化和减排职责划归生态环境部，初步开启了防治大气污染和应对气候变化综合管理的新篇章。

① 2018 年 7 月 19 日国务院办公厅发布《国务院办公厅关于调整国家应对气候变化及节能减排工作领导小组组成人员的通知》（国办发〔2018〕66 号）文件正式调整领导小组承担部门。

第三节　减缓气候变化的政策与行动

一、中国减缓气候变化的政策与措施[1]

2009 年，中国政府确定了到 2020 年单位国内生产总值温室气体排放比 2005 年下降 40%～45% 的宏伟行动目标，并将作为约束性指标纳入国民经济和社会发展中长期规划。这是中国向国际社会做出的郑重承诺，也是中国对全球应对气候变化的重大贡献。2009 年以来，中国持续推动应对气候变化的政策与行动，努力减缓气候变化，大力调整产业结构促经济转型，坚持节约能源与提高能效并举，大力开发绿色低碳能源，增加森林碳汇，启动了国家低碳省和低碳城市的试点工作，努力建设以低碳排放为特征的产业体系和消费模式。我国围绕应对气候变化的目标与任务，通过调整产业结构、节能提高能效、优化能源结构、控制非能源活动温室气体排放、增加碳汇等，在减缓气候变化方面取得了积极的成效。

（一）调整产业结构

1. 推动传统产业改造升级

自 2009 年开始，我国陆续发布实施十大重点产业调整和振兴规划，支持在钢铁、有色、石化、电力等行业加快技术改造，降低能耗并提高资源综合利用水平。国家发展改革委多次组织修订《产业结构调整目录》，通过结构优化升级实现节能减排。国家发展改革委、工业和信息化部等有关部门印发《工业转型升级计划（2011—2015 年）》《关于重点产业布局调整和产业转移的指导意见》《重大环保技术装备与产品产业化工程实施方案》《关于部分产能严重过剩行业在建项目产能置换有关事项的通知》《2014 年工业绿色发展专项行动实施方案》等系列政策文件，实施一批示范工程，促进关键传统产业升级。2015 年，国务院公布《中国制造 2025》，提出要把中国建设成为引领世界制造业发展的制造强国，并提出 9 大任务、10 大重点领域和 5 项重大工程，对传统产业提出提高创新设计能力、提升能效、绿色改造升级、化解过剩产能等战略任务。工业和信息化部推进区域工业绿色转型发展试点，批复包头、张家口等 11 个

① 资料来自《中国应对气候变化的政策与行动 2017 年度报告》《中国应对气候变化的政策与行动 2016 年度报告》。

城市试点实施方案，探索绿色低碳转型路径和模式。

2. 持续推进高耗能行业去产能

中国把淘汰落后产能作为节能减排的重要手段，不断加大工作力度。2010 年，国务院印发了《关于进一步加强淘汰落后产能工作的通知》，以钢铁、水泥、平板玻璃、有色金属、焦炭、造纸、制革、印染等行业为重点，进一步加快淘汰落后产能。2011 年，工业和信息化部联合多部门发布《关于印发淘汰落后产能工作考核实施方案的通知》，加强对淘汰落后产能工作的检查考核。2012 年，工业和信息化部发布《关于下达 19 个工业行业淘汰落后产能目标任务的通知》，并相继在 2013 年和 2014 年公布了第一批和第二批 19 个工业行业淘汰落后产能的企业名单。2013 年，国务院印发了《关于化解产能严重过剩矛盾的指导意见》，围绕控增淘劣、提质增效、转型升级、低碳发展，积极推进化解产能过剩各项工作。2016 年，国务院印发《关于煤炭行业化解过剩产能实现脱困发展的意见》，要求从 2016 年起 3 年内原则上停止审批新建煤矿项目、新增产能的技术改造项目和产能核增项目，确需新建煤矿的，一律实行减量置换。同年发布《政府核准的投资项目目录（2016 年本）》，严格控制钢铁、电解铝、水泥、平板玻璃、船舶等产能严重过剩行业的新增产能，继续推动钢铁和煤炭行业落后产能淘汰力度。据统计，2016 年化解粗钢产能超过 6 500 万 t，化解煤炭过剩产能 2.9 亿 t。

3. 大力发展战略性新兴产业

2009 年以来，我国把大力培育和发展战略性新兴产业作为优化产业结构的突破口，不断加大对战略性新兴产业技术研发和产业化的支持力度。2010 年，国务院发布了《关于加快培育和发展战略性新兴产业的决定》，明确了今后一个时期的发展目标和政策导向。2012 年，国务院印发《“十二五”国家战略性新兴产业发展规划》，明确了 7 个战略性新兴产业的重点领域，并陆续发布七大战略性新兴产业专项规划。2013 年，国务院发布了《关于加快发展节能环保产业的意见》，提出要促进节能环保产业技术水平显著提升。2015 年 4 月，国家发展改革委印发了《战略性新兴产业专项债券发行指引》的通知，加大企业债券对培育和发展战略性新兴产业的支持力度。2015 年工业和信息化部先后印发了《关于进一步优化光伏企业兼并重组市场环境的意见》《2015 年原材料工业转型发展工作要点》，启动实施智能制造试点示范专项行动。2016 年，国务院印发《“十三五”国家战略性新兴产业发展规划》，对“十三五”期间中国战略性新兴产业发展目标、重点任务、政策措施等做出全面部署安排，提出推动新能源汽车、新能源和节能环保等绿色低碳产业成为支柱产业。国务院印发《关于深化制造业与互联网融合发展的指导意见》，协同推进《中国制造 2025》和“互联网 +”行动。国家质检总局、国家标准委、工业和信息化部印发《装备制造业标准化和质量提升规划》。工业和信息化部、国家发展改革委印发《信息产业发展指南》，推动建立具有国际竞争力、安全可控的信息产业生态体系。工业和信息化部印发《软件和信息技术服务业发展规划（2016—2020 年）》。国家发展改革委、工业和信息化部印发实施《关于完善汽车投资项目管理的意见》，在严控新增传统燃油汽车产能的同时大力推动新能源汽车产业发展。

4. 大力发展服务业

2009 年以来，中国大力推动生产性服务业和生活性服务业发展，有关部门先后制定了《关于加快发展养老服务业的意见》《关于加快家政服务业发展的意见》《关于发展家庭服务业的指导意见》《服务业发展“十二五”规划》和《关于加快发展生产性服务业促进产业结构调整升级的指导意见》等政策性文件，营造有利于服务业发展的政策和体制环境。《中国制造 2025》明确提出发展服务型制造、加快生产性服务业发展和强化服务功能区和公共服务平台建设三大重点任务。2014 年 8 月，国务院印发《关于加快发展生产性服务业促进产业结构调整升级的指导意见》，首次对生产性服务业发展做出全面部署，指出要以推动生产性服务业加快发展作为国家产业结构调整的重要任务。2015 年，《政府工作报告》提出“互联网 +”行动计划，切实推进信息化和工业化进程。2016 年，商务部印发《居民生活服务业发展“十三五”规划》，提出到 2020 年初步形成优质安全、便利实惠、城乡协调、绿色环保的城乡居民生活服务体系。分享经济进一步全面繁荣，已经渗透到交通、家政、物流等生产生活相关的多个领域，2017 年 2 月，国家信息中心发布《中国分享经济报告 2017》指出，2016 年全国分享经济市场交易额约为 34 520 亿元。原环境保护部印发通知开展第五批环境服务业试点项目工作。中国人民银行、民政部、银监会、证监会、保监会联合印发《关于金融支持养老服务业加快发展的指导意见》，进一步创新金融产品和服务，促进养老服务业快速发展。2016 年，服务业增加值 384 221 亿元，比上年实际增长 7.8%；服务业对国民经济增长的贡献率为 58.2%，比 2015 年提高 5.3%。整体来看，2016 年中国产业结构进一步优化，第一产业、第二产业和第三产业增加值比重分别为 8.6%、39.8% 和 51.6%，分别比上年下降 0.2%、下降 1.1% 和提高 14%。

（二）节能提高能效

1. 强化目标约束和政策引领

2009年和2010年国务院先后印发了《关于进一步加大工作力度确保实现“十一五”节能减排目标的通知》和主要任务的分工方案，以确保完成“十一五”节能任务。2011年，国务院印发了《“十二五”节能减排综合性工作方案》，向各地方分解下达“十二五”节能目标，实施目标考核评价制度，并按季度发布各地区节能目标完成情况。2014年，国务院印发了《2014—2015年节能减排低碳发展行动方案》，全面安排部署了2014年及2015年节能减排降碳工作。“十二五”期间国家发展改革委会同有关部门组织对省级人民政府进行节能目标责任评价考核，将考核结果作为对地方领导班子和领导干部综合考核评价的参考内容，纳入政府绩效管理。2016年12月20日国务院印发《“十三五”节能减排综合工作方案》，对“十三五”节能工作进行了总体部署，将“十三五”能耗总量和强度“双控”目标分解到各省（区、市）。国家能源局印发《2016年能源工作指导意见》，提出2016年能源消费总量控制目标。2016年，受国务院委托，国家发展改革委会同有关部门组织开展省级人民政府节能目标责任评价考核，各省（区、市）明确了2016年和2017年度能源消费总量和强度控制目标。2017年，受国务院委托，国家发展改革委会同有关部门对2016年度省级人民政府能源消费总量与强度“双控”目标完成情况进行了现场评价考核。2017年1月5日，国家发展改革委、科技部、工业和信息化部、财政部等12个部门联合印发了《“十三五”全民节能行动计划》，提出实施节能产品推广行动等“十大”节能行动，全面推进各领域节能工作。

2. 加强节能管理和制度建设

我国建立了统计监测考核体系，自2009年以来，对全国31个省级政府和千家重点企业节能目标完成情况和节能措施落实情况进行定期评价考核。2016年，国家发展改革委组织召开国务院节能减排工作领导小组成员单位联络员会议，协调推进“十三五”节能工作的有关部署。国家发展改革委制定印发《节能监察办法》，修订出台《固定资产投资项目节能审查办法》，强化节能监察和能评事中事后监管。国家发展改革委、国家标准委联合制定《节能标准体系建设方案》，进一步完善了节能标准体系，强化了节能标准约束。2016年5月，国家发展改革委、国家质检总局共同修订了发布《能源效率标识管理办法》，扩大了能效标识适用范围。

3. 完善节能标准标识

2009 年以来，国家质检总局、国家发展改革委陆续出台高耗能产品能耗限额强制性国家标准，工业和信息化部、交通运输部等有关部门组织开展若干重点行业、重点产品强制性能耗限额标准及内燃机等工业通用设备能效标准制定和修订工作。2012 年深入推进实施“百项能效标准推进工程”，“十二五”期间共发布 221 项国家节能标准。国家认监委、国家发展改革委发布《能源管理体系认证规则》，国家质监总局、国家发展改革委发布《节能低碳产品认证管理办法》，推动节能认证产业发展。2014 年，国家发展改革委等七部门联合发布《关于印发能效“领跑者”制度实施方案的通知》，实施范围包括终端用能产品、高耗能行业和公共机构。2015 年，有关部门制定了能效“领跑者”制度实施细则，开展能效“领跑者”产品及企业评选。

4. 推广节能技术与产品

我国高度重视节能技术和节能产品的推广。自 2009 年以来，陆续发布国家重点节能技术推广目录、《工业节能“十二五”规划》《2013 年工业节能与绿色发展专项行动实施方案》《关于加强内燃机工业节能减排的意见》等文件，大力推进重点行业节能减排技术、新产品推广应用。国家发展改革委印发《节能低碳技术推广管理暂行办法》《国家重点节能低碳技术推广目录（2014 年本）》，发布第四批、第五批《国家重点节能技术推广目录》。工业和信息化部发布《国家重点推广的电机节能先进技术目录》《通信行业节能技术指导目录》等文件，推广相关行业重点节能减排技术。工业和信息化部编制六批《节能机电设备（产品）推荐目录》，发布《“能效之星”产品目录》，实施节能产品惠民工程，推广使用高效节能空调、节能汽车、高效电机、绿色照明产品等节能产品。

5. 加快发展循环经济

2009 年以来，我国积极推进各项试点、示范建设，推进废弃资源的规模利用、循环利用和高值利用。国家发展改革委等部门先后印发了《关于促进生产过程协同资源化处理城市及产业废弃物工作的意见》《重要资源循环利用工程（技术推广及装备产业化）实施方案》，促进城市及产业废弃物的无害化处置、资源化利用，提升我国相关领域的技术装备水平。国务院印发了《循环经济发展战略及近期行动计划》，国家发展改革委印发《2014 年循环经济推进计划》和《2015 年循环经济推进计划》，扎实推进循环经济发展。“十二五”期间，国家发展改革委会同相关部门共确定了

49 个国家“城市矿产”示范基地，100 个园区循环化改造示范试点，100 个餐厨废弃物资源化利用和无害化处理试点城市，101 个国家循环经济示范城市（县），28 个国家循环经济教育示范基地。国家发展改革委联合工业和信息化部等部门开展了第二批再制造试点和产品“以旧换再”推广试点工作，共确定 28 家企业作为再制造试点，10家企业作为产品“以旧换再”推广试点。工业和信息化部发布5批《再制造产品目录》，促进再制造产品推广应用。

6. 深入推进重点领域节能

我国积极、深入推进重点领域的节能工作。“十一五”期间，重点实施工业锅炉(窑炉)改造、热电联产、电机系统节能、余热余压利用等十大重点节能工程，开展千家企业节能行动，加强重点耗能企业节能管理，推动能源审计和能效对标活动。“十二五”期间，从建筑、交通、公共机构节能等多方面持续深化推进节能工作。首先，积极推进建筑领域节能。有关部门出台《“十二五”绿色建筑和绿色生态城区发展规划》《绿色建材评价标识管理办法》《促进绿色建材生产和应用行动方案》《绿色建筑评价标准》《关于进一步推进可再生能源建筑应用的通知》《公共建筑节能设计标准》《绿色商店建筑评价标准》等文件，推动落实绿色建筑行动方案，指导各地绿色建筑发展。同时，深入推动北方采暖地区既有居住建筑供热计量及节能改造，“十二五”期间完成北方采暖地区既有居住建筑供热计量及节能改造 10 万 hm^2，完成夏热冬冷地区既有居住建筑节能改造面积 7 090 hm^2。为推动建筑产业化发展，住房和城乡建设部印发《关于推进建筑业发展和改革的若干意见》《“十二五”建筑节能专项规划》《关于进一步推进公共建筑节能工作的通知》等文件。其次，积极推进交通领域节能。交通运输部印发《2014 年交通运输行业节能减排工作要点》《交通运输节能减排项目节能减排量和节能减排投资额核算细则（2014 年）》《绿色循环低碳交通发展指导意见》《建设低碳交通运输体系指导意见》等文件，落实《关于加快民航行业节能减排工作的指导意见》。财政部会同有关部门发布《关于节约能源、使用新能源车船税优惠政策的通知》。交通运输部开展重点企业能耗统计监测，开展天然气动力车船试点，实施燃料消耗量限值标准和发布燃料消耗量达标车型，开展甩挂运输推荐车型等。科技部组织开展“十城千辆”节能新能源汽车示范推广应用工程。民航节能减排投入不断增加，实施 1 200 余个项目。另外，积极推动公共机构节能。国务院机关事务管理局先后发布了《关于切实加强公共机构能源资源计量工作有关事项的通知》《公共机构能源资源消费统计制度》《公共机构节能节水技术产品参考目录（2015年）》《关于2015年公共机构节约能源资源工作安排的通知》《公共机构节能"十二五"规划》《关于推进公共机构节约能源资源促进生态文明建设的实施意见》等政策，初步建立公共机构节能管理体系，推进"公共机构节能关键技术研发及示范"和"公共机构绿色节能关键技术研究及示范"项目。商务部制定了《绿色商场》行业标准，开展绿色商场示范创建工作。"十二五"期间全国公共机构能源消费总量年均增速较"十一五"期间下降了1.43%，顺利完成节能目标。

2016年，能效"领跑者"行动继续开展，国家发展改革委、质检总局发布了家用电冰箱、平板电视、转速可调型房间空调能效"领跑者"产品目录。国家发展改革委安排中央预算内投资，支持开展重点用能单位能效综合提升、重点行业节能改造、合同能源管理推进、城市道路照明、机场车站码头节能综合改造等节能重点工程。发布《重点用能单位节能管理办法》，推动开展重点用能单位"百千万"行动，推进全国重点用能单位能耗在线监测系统建设。积极开展用能权有偿使用和交易试点。住房和城乡建设部深入开展绿色建筑行动。交通运输部推进现代综合交通体系建设，建立健全绿色交通制度和标准体系。国家机关事务管理局和国家发展改革委联合印发《"十三五"公共机构节约能源资源规划》，开展公共机构节能考核。上海、河南等22个省（区、市）印发公共机构节约能源资源"十三五"规划。

经过各方努力，2016年中国能源消费总量得到有效控制，能源消费总量43.6亿t标准煤，同比增长1.4%，较"十二五"和"十一五"期间年均增速分别下降2.2%和5.3%。全国单位国内生产总值能耗同比下降5%，超额完成2016年目标任务，实现节能量约2.3亿t标准煤，相当于减少CO_2排放约5亿t。

（三）优化能源结构

1. 严格控制煤炭消费

2014年，国务院印发《能源发展战略行动计划（2014—2020年）》，实施煤炭消费减量替代，降低煤炭消费比重，京津冀鲁、长三角和珠三角等要削减区域煤炭消费总量。为贯彻落实《大气污染防治行动计划》，有关部门印发《加强大气污染治理重点城市煤炭消费总量控制工作方案》，提出空气质量相对较差前10位城市煤炭消费总量较上一年度实现负增长的目标。2014年9月，国家发展改革委、环境保护部、国家能源局联合印发《煤电节能减排升级与改造行动计划（2014—2020年）》，提出到2020年煤炭占一次能源消费比重下降到62%以内，电煤占煤炭消费比重提高到60%以上，并对煤电机组供电煤耗提出明确要求。2016年，国家发展改革委发布《关于做好2016年度煤炭消费减量替代有关工作的通知》，提出对钢铁、煤炭、水泥熟料、平板玻璃等产能过剩产业和面临潜在过剩风险的煤电行业，要严控（严禁）新增产能，加快淘汰落后产能和化解过剩产能，严格执法，显著减少产能过剩行业的煤炭消费量。2016年以来，京津冀等地区开展燃煤锅炉节能环保综合改造、利用余热和浅层地热能替代燃煤为居民供暖等重点工程，减少燃煤消费。煤炭减量替代试点范围进一步扩大，由京津冀、长三角、珠三角重点区域逐步扩展到三大重点区域以及辽宁、山东、河南，项目层面逐步由电力项目扩展到非电项目。据最新统计数据，2016年中国煤炭消费量37.8亿t，较2015年减少1.9亿t，下降4.7%。

2. 推动化石能源清洁化利用

自2009年以来，我国大力推进煤炭清洁化利用，引导和鼓励煤矿瓦斯利用和地面煤层气开发。

能源行业严格落实《商品煤质量管理暂行办法》《关于促进煤炭安全绿色开发和清洁高效利用的指导意见》《煤炭清洁高效利用行动计划（2015—2020年）》中提出的各项目标和要求，稳步推进煤炭工业安全、清洁、高效、低碳发展。2014年10月，国家发展改革委会同环境保护部、国家质检总局等印发《燃煤锅炉节能环保综合提升工程实施方案》，以保障燃煤锅炉安全经济运行、提高能效、减少污染物排放。为了促进煤炭清洁利用先进技术和装备的推广应用，2016年国家能源局发布《煤炭安全绿色开发和清洁高效利用先进技术与装备推荐目录（第一批）》。同年，国家发展改革委和国家能源局联合发布《煤炭工业发展"十三五"规划》和年度实施方案，引导煤炭企业提高煤炭洗选比例，从源头提高商品煤质量。快速推进煤层气（煤矿瓦斯）开发利用，2016年煤层气（煤矿瓦斯）产量达到179亿m^3，利用量88亿m^3，与2010年相比分别增长96%和148%。

为推动天然气利用步伐，2014年3月，国家能源局印发《能源行业加强大气污染防治工作方案》，提出天然气增加供应的具体目标及任务。2014年4月，国家发展改革委印发《关于建立保障天然气稳定供应长效机制的若干意见》，提出保障天然气长期稳定供应的任务及措施。2014年11月，国家发展改革委会同有关部门发布了《天然气分布式能源示范项目实施细则》，进一步推动天然气分布式能源发展，2015

年天然气在能源消费总量中的比重接近 6%，利用结构日趋合理，城市燃气和天然气发电比例上升。2016 年国家发展改革委发布《天然气发展"十三五"规划》，提出"十三五"期间天然气行业发展目标和重点任务。2016 年全国天然气产量 1 371 亿 m^3，天然气表观消费量 2 058 亿 m^3，天然气在一次能源消费结构中的比重接近 6.4%。

3. 发展非化石能源

通过国家政策引导和资金投入，自 2009 年以来，我国加强了水能、核能等低碳能源开发利用。2014 年以来，国家发展改革委、国家能源局等先后发布《关于完善抽水蓄能电站价格形成机制有关问题的通知》《关于进一步落实分布式光伏发电有关政策的通知》《关于做好 2015 年度风电并网消纳有关工作的通知》《可再生能源发展专项资金管理暂行办法》等政策文件，支撑可再生能源的发展。财政部、国家发展改革委、国家能源局共同制定并发布了《可再生能源发展基金征收使用管理暂行办法》《可再生能源电价附加补助资金管理暂行办法》，国家发展改革委发布了《可再生能源发电全额保障性收购管理办法》，为可再生能源费用补偿提供政策支撑，保障可再生能源优先发展。国家能源局印发《2016 年能源工作指导意见》，提出进一步加快能源结构调整、推进发展动力转换，实现"十三五"能源发展起好步、开好局。同时，国家发展改革委、财政部等部门发出通知，在全国范围内试行可再生能源绿色电力证书核发和自愿认购。截至 2016 年年底，中国水电发电装机容量 3.3 亿 kW，同比增长 3.92%，发电量 11 748 亿 kW·h，同比增长 5.58%；核电发电装机 3 364 万 kW，同比增长 23.83%，发电量 2 132 亿 kW·h，同比增长 24.39%；并网风电容量 14 747 万 kW，同比增长 12.79%，风电发电 2 409 亿 kW·h，同比增长 29.78%；并网太阳能发电容量 7 631 万 kW，同比增长 80.91%，太阳能发电 665 亿 kW·h，同比增长 68.51%。全国水电、核电、风电、太阳能发电等非化石能源发电装机占全部发电装机的 36.6%，发电量占全国发电总量的 29.14%。

通过采取综合措施，2016 年中国能源结构进一步优化。煤炭消费量已经连续 3 年下降，一次能源消费中，煤炭、石油、天然气和非化石能源消费量比重分别为 62.0%、18.3%、6.4% 和 13.3%，分别比 2015 年下降 1.7%、持平、提高 0.5% 和提高 1.2%。

（四）控制非能源活动温室气体排放

2009 年以来，我国不断强化对工业生产过程、农业活动、废弃物处理等领域的温室气体排放控制。

1. 组织开展HFCs处置核查

2010年以来，我国积极组织开展控制HFCs的重点行动，采用热氧化法等对HFC-23进行捕获和清除。国家发展改革委会同外交部、财政部、原环境保护部等有关部门下发《关于组织开展HFCs处置相关工作的通知》，并于2014年分两批下达了HFCs削减重大示范项目中央预算内投资计划，用于支持有关企业新建三氟甲烷（HFC-23）焚烧装置。原环境保护部制订《蒙特利尔议定书》下加速淘汰含氢氯氟烃的管理计划，积极参与国家三氟甲烷销毁处置的规则制定，并协助国家开展HFC-23销毁处置的核查工作，努力推动臭氧层保护与应对气候变化的协同增效；积极组织开展非CO_2类温室气体相关研究，依托中国环境与发展国际合作委员会平台开展“应对气候变化与大气污染治理协同控制政策研究”项目。同时，国家发展改革委组织地方发展改革委报送了有关企业2016年HFC-23处置情况，并随机安排第三方机构进行了核查，会同有关部门落实相关政策，确保HFC-23销毁装置的正常运行。

2. 控制农业活动温室气体排放

2010年以来，我国加快畜牧业生产方式转变，减少农田种植和畜禽养殖中甲烷和氧化亚氮排放。启动实施土壤有机质提升补贴项目、“到2020年化肥使用量零增长行动”和“到2020年农药使用量零增长行动”，大力推广化肥农药减量增效技术，推进农企合作推广配方肥。推动农村沼气转型升级，提高秸秆综合利用水平，推广省柴节煤炉灶炕，开发农村太阳能和微水电，实施保护性耕作等，减少农业温室气体排放。2016年，《关于下达2016年规模化大型沼气工程中央预算内投资计划的通知》提出，要积极推广秸秆热解气化、秸秆生物气化、秸秆固化成型、秸秆炭化等燃料化利用技术，大力推广节能高效的省柴节煤炉灶炕、农村太阳能利用和小型光伏、小型风力、微型水力发电等。另外，我国积极发展绿色小水电，颁布《绿色小水电评价标准》，在全国范围内启动实施绿色小水电站创建工作。其他控制农业活动温室气体排放的行为还有实施保护性耕作技术创新与集成示范，开展渔业节能减排技术试验示范等。

3. 控制废弃物处理的温室气体排放

2009年以来，国务院先后印发了《“十二五”全国城镇污水处理及再生利用设施建设规划》《“十二五”全国城镇生活垃圾无害化处理设施建设规划》，积极控制城市污水、垃圾处理过程中的CH_4排放，积极完善城市废弃物标准，实施生活垃圾处理收费制度，推广利用先进的垃圾焚烧技术，制定促进填埋气体回收利用的激励政策。

（五）增加碳汇

1. 增加森林碳汇

2009年以来，我国大力推进植树造林、保护森林和改善生态环境，增加碳汇能力。碳汇造林是中国林业应对气候变化的重要举措之一。2010年，国家林业局进一步加强碳汇造林管理工作，对现有碳汇造林项目实施备案管理制度；对新开展的项目实施注册登记制度；进一步规范碳汇造林项目管理工作，促进碳汇林业健康有序发展。近年来，国家林业局组织陆续编制《林业应对气候变化“十三五”行动要点》《全国造林绿化规划纲要（2011—2020年）》《全国造林绿化规划纲要（2016—2020年）》《全民义务植树尽责形式管理办法（试行）》《旱区造林绿化技术模式选编》，颁布《造林技术规程》（修订版）和《旱区造林绿化技术指南》，深入开展全民义务植树，着力推进旱区、京津冀等重点区域造林绿化，加快退耕还林、石漠化综合治理、京津风沙源治理、“三北”及长江流域等重点防护林体系建设、天然林资源保护等林业重点工程。国家林业局全面加强森林经营，出台《全国森林经营规划（2016—2050年）》和《全国森林经营人才培训计划（2015—2020年）》，修订颁布了森林抚育规程、作业设计规定和检查验收办法，稳步推进全国森林经营样板基地建设，强化森林资源保护和林业灾害防控工作，努力减少林业领域碳排放。国家林业局着力推进全国林业碳汇计量监测体系建设，开展土地利用变化与林业碳汇计量监测工作，到2015年年底已覆盖25个省（区市）、新疆生产建设兵团、四大森工集团，建成林业碳汇基础数据库。依据《中国应对气候变化的政策与行动2017年度报告》，2016年，全国完成造林面积7 204万hm^2，完成森林抚育850.04万hm^2；2017年上半年，全国完成造林438.5万hm^2，完成森林抚育390.6万hm^2。

2. 增加草原碳汇

2009年以来，农业部大力加强草原生态保护建设。在草原牧区落实草畜平衡和禁牧、休牧、划区轮牧等草原保护制度，控制草原载畜量，遏止草原退化。扩大退牧还草工程实施范围，加强人工饲草地和灌溉草场的建设。加强草原灾害防治，提高草原覆盖度，增加草原碳汇。2016年，全国草原综合植被盖度达到54.6%，较2011年提高3%。截至2015年年底，累计落实禁牧休牧面积1.02亿hm^2，落实草畜平衡面积2.73亿hm^2，划定基本草原2.35亿hm^2。

二、中国碳市场建设和运行情况

全国碳排放权交易体系是指以控制温室气体排放为目的，以温室气体排放配额或温室气体减排信用为标的物所进行的市场交易。与传统的实物商品市场不同，碳交易看不见摸不着，是通过法律界定人为建立起来的政策性市场，其设计的初衷是在特定范围内合理分配减排资源，降低温室气体减排的成本。

（一）全国碳排放权交易市场

目前，中国碳市场建设主要以“自下而上”和“自上而下”两种方式稳步推进。“自下而上”指的是“两省五市”的排放权交易试点，通过 7 个试点的建设运行积累，碳交易政策在中国实施的经验和教训提供给国家参考，同时通过试点示范培养一批参与机构和企业，在下一阶段发挥其在全国范围内的示范引领作用；“自上而下”指未来全国碳市场的规则制定必须在国家层面统一，比如法律法规、技术标准和基础数据收集、注册登记系统等，而具体工作的实施必须“自上而下”由国家统一领导但在执行过程中对各级政府授权。在实际操作中，国家发展改革委首先推动了“自下而上”的 7 个试点建设，然后根据试点的经验教训，“自上而下”地建设全国碳市场。

根据国家的工作安排，2013 年开始在全国筛选“两省五市”共 7 个地方碳交易试点市场，经过近六年的试点运行，目前 7 个区域试点基本建设成权责明晰、运行顺畅、交易活跃、履约积极的区域碳市场。7 个试点“自下而上”的成功证明了在中国建立碳交易机制是可行的，建设全国碳市场的条件已经成熟。2017 年 12 月 18 日，国家发展改革委印发了《全国碳排放权交易市场建设方案（发电行业）》（以下简称《建设方案》），这标志着我国碳排放交易体系完成了总体设计，并正式启动。《建设方案》要求将发电行业作为首批纳入行业，率先启动碳排放交易，根据《建设方案》目前全国碳市场建设包括三个阶段：2018 年为基础建设期，完成全国统一的数据报送系统、注册登记系统和交易系统建设。深入开展能力建设，提升各类主体参与能力和管理水平。开展碳市场管理制度建设。2019 年为模拟运行期，开展发电行业配额模拟交易，全面检验市场各要素环节的有效性和可靠性，强化市场风险预警与防控机制，完善碳市场管理制度和支撑体系。2019 年之后为深化完善期，发电行业交易主体间开展配额现货交易、逐步扩大覆盖范围、丰富交易品种与方式并尽早完成 CCER 的纳入。

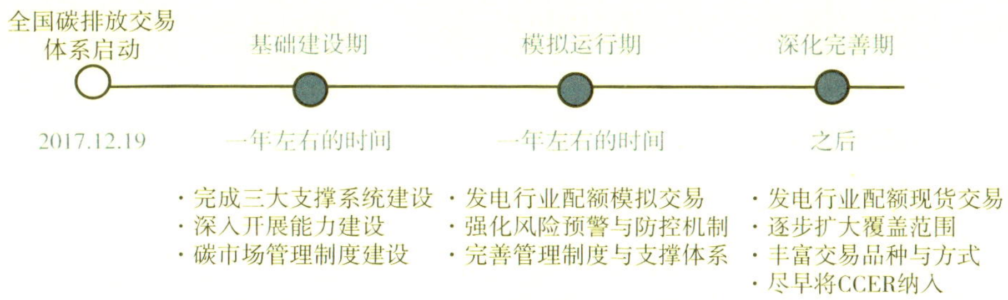

图 5-6　全国碳市场建设路线图

从 2013 年以来，国家发展改革委组织有关部门，在碳交易立法、重点行业排放核算指南、国家重点企业温室气体报送和国家注册登记系统等方面开展了大量工作，全国碳市场建设取得了很大进展。

1. 碳交易立法

国家发展改革委于 2014 年 12 月 26 日颁布了《碳排放权交易管理暂行办法》，明确了全国统一碳排放交易市场的基本框架。未来国家碳排放权交易市场将建立包括国家主管部门和省级主管部门的二级管理体系，国家主管部门主要负责体系内主要标准的制定以及市场的统一监管，省级主管部门主要负责标准的执行、体系在本行政区域内的日常运行与管理。在《碳排放权交易暂行办法》基础上，国家主管部门正在进一步推动由国务院制定《碳排放权交易管理条例》。国务院法制办已提出修订意见，目前正在根据各方反馈意见进行进一步修改完善。

国家顶层制度设计方面。由世界银行资助的 PMR 项目将对中国建设全国统一碳市场提供技术支持，相关研究在 2013 年启动。PMR 项目包括覆盖范围、总量设定、配额分配，管理办法、监管机制，MRV 体系，注册登记系统，央企如何参与碳交易，以及电力企业如何参与碳交易等多项研究内容。目前 MRV 体系以及注册登记系统的研究成果已投入使用，配额分配、管理办法已经基本完成初稿并报主管部门审核，其他相关研究项目也在有序推进中。

2. 覆盖范围

2017 年 12 月 15 日，国家发展改革委印发了《国家发展改革委办公厅关于做好 2016—2017 年度碳排放报告与核查及排放监测计划制定工作的通知》(发改办气候〔2017〕1989 号)。1989 号文的五个附件，对 57 号文的附件内容进行了更新及补充，分别为《覆盖行业及代码》《2016（2017）年企业（或者其他经济组织）碳排放汇总表》《2016（2017）年碳排放补充数据核算报告模板》《排放监测计划模板》和《排放监测计划审核和排放报告核查参考指南》。对于纳入全国碳市场企业（行业代码见表5-7），纳入范围为2013—2017年任一年温室气体排放量达2.6万t CO_2eq（综合能源消费量约1万t标准煤）及以上的自备电厂。除按照相应行业核算与报告指南完成报告内容外，还需要按照1989号文附件3《2016（2017）年碳排放补充数据核算报告模板》的要求，同时核算并报告上述指南中未涉及的其他相关基础数据。

表 5-7　纳入国家碳市场的重点行业

行业	行业分类代码	类别名称	行业子类（主营产品统计代码）
石化	2511	原油加工及石油制品制造	原油加工（2501）
化工	261	基础化学原料制造	无机基础化学原料（2601）
			无机酸制造（2611）：260101 无机酸类 无机碱制造（2612）：260105 烧碱、260106 纯碱类、260107 金属氢氧化物 无机盐制造（2613）：260108-260122 其他无极基础化学原料、2601220101 电石 有机化学原料制造(2614)：有机化学原料(2602)-2602010201 乙烯(按照石化行业指南填写)
	262	肥料制造	化学肥料（2604）：260401 氨及氨水
			氮肥制造（2621）：260411 氮肥（折含氮 100%） 磷肥制造（2622）：260412 磷肥（折五氧化二磷 100%） 钾肥制造（2623）：260413 钾肥（折氯化钾 100%） 复混肥料制造（2624）：260422 复合肥、复混合肥 有机肥料及微生物肥料制造（2625）：2605 有机肥料及微生物肥料 其他肥料（2629）
	263	农药制造	化学农药制造（2631）：2606 化学农药 生物化学农药及微生物农药制造（2632）：2607 生物农药及微生物农药
			有机肥料及微生物肥料（2605）
	265	合成材料制造	合成材料（2613）
			初级形态塑料及合成树脂制造（2651）：261301 初级形态塑料 合成橡胶制造（2652）：261302 合成橡胶 合成纤维单（聚合）体制造（2653）：261303 合成纤维单体、261304 合成纤维聚合物 其他合成材料制造（2659）：2613 中其他类

行业	行业分类代码	类别名称	行业子类（主营产品统计代码）
建材	3011	水泥制造	水泥熟料（310101）
	3041	平板玻璃制造	平板玻璃（311101）
钢铁	3120	炼钢	粗钢（3206）
	3140	钢压延加工	轧制、锻造钢坯（3207）
			钢材（3208）
有色	3216	铝冶炼	电解铝（3316039900）
	3211	铜冶炼	铜冶炼（3311）
造纸	2211	木竹浆制造	纸浆（2201）
	2212	非木竹浆制造	
	2221	机制纸及纸板制造	机制纸和纸板（2202）
电力	4411	火力发电	纯发电、热电联产
	4420	电力供应	电网
民航	5611、5612	航空运输业	航空运输
	5631	—	机场

3. MRV 体系

截至 2017 年年底，国家发展改革委发布了三批共 24 个重点行业温室气体核算方法与报告指南。虽然归属不同的行业，但具有一定的共性，主要体现于每个重点行业均包含了适用范围、引用文件与参考文献、术语与定义、核算边界、核算方法、质量保证与文件存档、报告内容与格式规范 7 部分内容。核算指南的发布，规范了企业与核查机构碳排放数据核算，确保碳市场基础数据的准确性。

4. 配额分配

碳排放配额分配是碳交易制度设计中与企业关系最密切的环节。碳交易体系建立以后，由于配额的稀缺性将形成市场价格，因此配额分配实质上是财产权利的分配，配额分配方式决定了企业参与碳交易体系的成本。配额分配的类型可以分为免费分配和有偿分配两类。免费分配即配额以无偿的方式分给企业，常用的免费分配方法包括祖父法（Grandfathering）和基准分配法（Benchmarking），前者根据历史排放发放配额（因此也被称为“历史法”），历史法经常会出现的问题是“鼓励落后”，即过去在减排控排做的并不好的企业由于其历史排放高而得到了更多的配额，后者根据一定的基准发放配额，这种分配方式可以做到“鼓励先进”，但对于基准的设计和数据基础的科学性和准确性要求很高。配额的有偿分配分为拍卖和固定价格出售两种，前者由购买者竞标决定配额价格，后者由出售者决定配额价格。

国家主管部门委托清华大学总体负责全国统一碳市场配额分配方案，目前已形成分配方案初稿，前期主要以免费分配为主，主要采用基准值法和历史强度法。2016 年配额分配研究团队结合历史排放数据进行配额预分配，并且根据实施情况对分配方法进行修正，目前分配细则已经上报国家主管部门进行审批。2017 年 5 月，全国碳交易市场碳配额分配试算工作[①]培训会上公开了全国碳交易市场的配额分配方案中电力、水泥和电解铝行业的配额分配方案的讨论稿，配额分配的总体思路为“基准线法 + 预分配”的思路。

5. 支撑系统

2017 年 11 月，国家发展改革委在北京召开全国碳排放权注册登记系统和交易系统建设工作会议，宣布两个系统建设方案的评审结果，确定注册登记系统由湖北省承建，交易系统由上海市承办。目前两个系统正在紧张建设中。

6. 抵消机制

允许企业购买项目级的减排信用来抵扣其排放量。引入抵消机制的目的一是降低排放企业的履约成本，二是促进未纳入碳交易体系范围内的企业通过减排项目实现碳减排，相当于通过市场手段为能够产生减排量的项目提供补贴。

中国核证减排量（Chinese Certified Emission Reduction，CCER），是中国碳市场抵消机制的重要组成部分。根据中国自愿减排交易信息平台提供的信息，截至 2018 年 7 月 31 日，中国自愿减排交易信息平台公示的 CCER 审定项目累计达到 2 856 个，备案项目 1 047 个，其中获得减排量备案的项目中挂网公示 254 个，合计备案减排量 5 283 万 t CO_2 eq。从项目类别看，已获得减排量备案且材料公示的 254 个项目中，有第一类项目 139 个，合计备案减排量 1 890 万 t CO_2 eq；第二类项目 17 个，备案减排量 372 万 t CO_2 eq；第三类项目 98 个，备案减排量 3 031 万 t CO_2 eq。可见，无论是项目数量还是签发的减排量，第一类项目已经超过第三类项目，占据主要地位。从

① 分别在四川、江苏进行试算。

项目类型看，风电、光伏、农村户用沼气、水电等项目较多。风电项目 90 个，减排量为 1 246 万 t CO_2 eq；光伏发电项目 48 个，减排量为 274 万 t CO_2 eq；水电项目 32 个，减排量为 134 万 t CO_2 eq；农村户用沼气项目 41 个，减排量为 629 万 t CO_2 eq；其他项目类型还包括余热发电、生物质发电、林业碳汇等，项目数和减排量均相对较少。详细情况如图 5-7 所示。

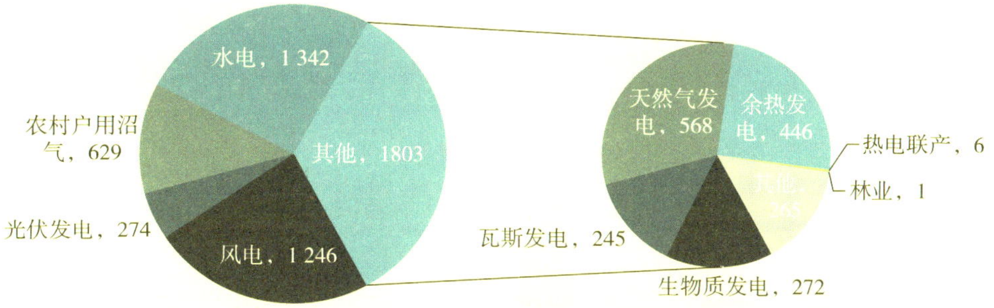

图 5-7　我国 CCER 不同项目类型减排量

资料来源：中国自愿减排交易信息平台 http://cdm.ccchina.gov.cn/ccer.aspx.

（二）区域碳排放权交易市场

2011 年，国家发展改革委办公厅发布《关于开展碳排放权交易试点工作的通知》，正式批准上海、北京、广东、深圳、天津、湖北、重庆 7 省市开展碳交易试点工作。此外，为了贯彻落实《国家生态文明试验区（福建）实施方案》，发挥福建省生态优势，加快林业碳汇和碳金融产品创新，福建省于 2016 年年底启动了福建省碳排放权交易市场。截至目前，8 个区域试点碳交易体系均已陆续启动并稳定运行，其中深圳、上海、北京、广东和天津等 7 个试点在 2018 年已顺利实现第六次排放配额履约，而福建也顺利完成两次配额履约。目前这 8 个区域碳市场已成为全球第二大的碳排放权交易市场。

根据各碳排放权交易所公开数据可知，截至 2018 年 7 月 31 日，8 个区域试点一级、二级现货市场累计成交 2.57 亿 t，成交额 57.25 亿元。其中广东、湖北成交额最高，累计成交额超过 10 亿元，位于第一梯队；深圳、上海、北京位于第二梯队；而天津、重庆、福建的成交额相对较低，均未超过 1 亿元，位于第三梯队。

8 个区域碳市场包括公开交易、协议转让（OTC）和拍卖等不同交易类型的成交量与成交额如图 5-8、图 5-9 所示。可以看出，除重庆只有公开交易外，其他 7 个碳市场都有公开交易和协议转让，广东、湖北、深圳和上海还有拍卖成交量。除湖北、重庆、福建外，其他碳排放权交易试点中的协议转让交易量均高于公开交易量。湖北试点的公开交易量最大（4 143 万 t），广东试点的拍卖成交量最大，占广东总交易量的 27.0%。

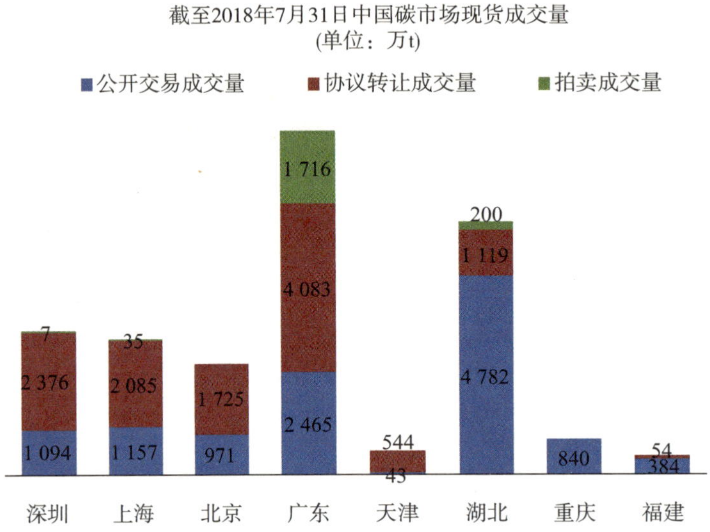

图 5-8　区域碳市场累计公开交易和协议转让成交量

资料来源：各碳排放权交易试点。

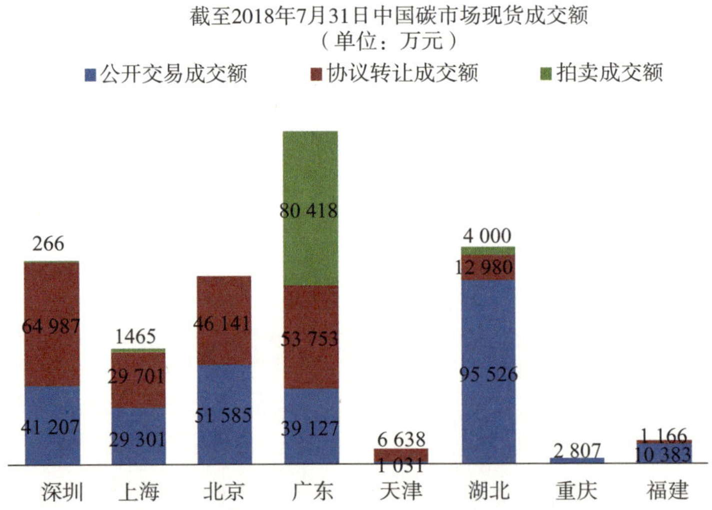

图 5-9　区域碳市场累计公开交易和协议转让成交额

资料来源：各碳排放权交易试点。

截至2018年7月底，8个区域碳市场五年来的公开交易日成交均价走势见图5-11。从图中可以看出，2013年区域试点碳市场启动以来，各碳排放权交易试点的公开交易日成交均价从最初的大幅震荡到周期的逐渐趋于在一定的价格区间波动。其中，北京试点价格持续较高，在60～70元波动；上海试点价格最后稳定在40元左右；广东、天津和湖北试点近期价格较接近，集中在15元左右；重庆碳市场一直震荡幅度较大，最高达60元最低不到1元/t，创出碳市场最低价格纪录。总体来说由于区域试点市场规模有限，碳配额市场整体依然缺乏足够的有效需求，还未形成一个成熟的排放权交易市场。

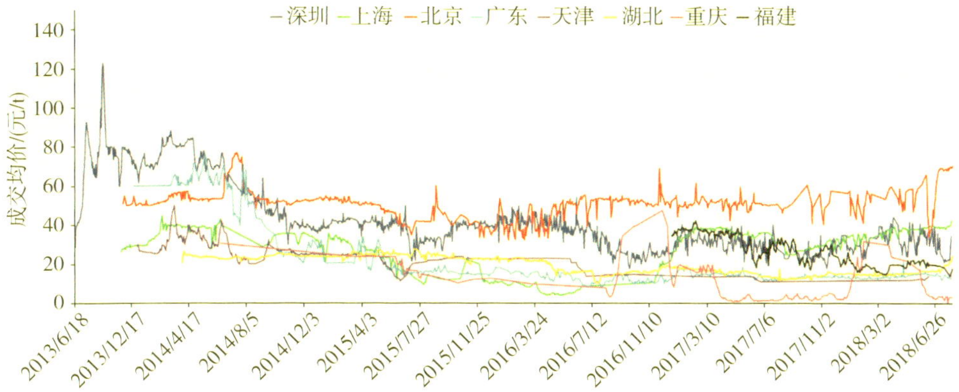

图5-10　区域碳市场公开交易日成交均价走势（截至2018年7月31日）

资料来源：各碳排放权交易试点。

国家核证自愿减排量（CCER）作为碳市场重要的抵消机制，在各区域碳市场同样发挥了重要作用。自2015年1月国家自愿减排交易注册登记系统正式上线后，CCER交易条件已经成熟，试点各交易所纷纷启动开户工作，部分交易所为在今后的竞争中占据优势地位而提出各种形式的优惠或奖励措施，如简化开户手续、享受年费减免、交易经手费返还、培训赠送等。随着注册登记系统开户数量的增加，从2015年3月开始，CCER交易开始活跃起来。截至2018年7月31日，全国9个备案的交易所CCER累计交易量达1.47亿t，其中上海成交6 843万t，占比47%。CCER主要交易方式包括协议转让和线上交易两种，其中协议转让是最主要的交易方式，约占交易量的80%。

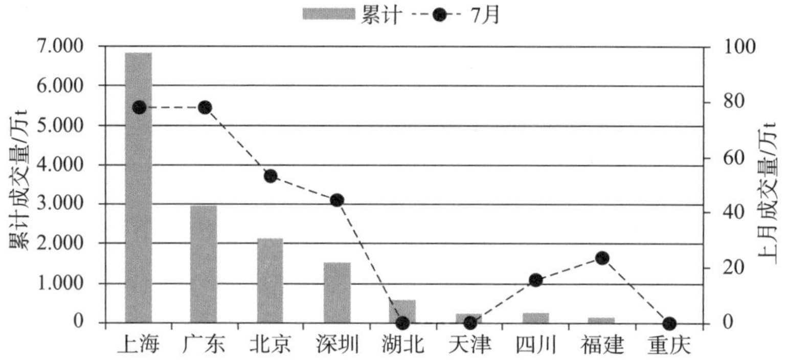

图 5-11 各试点交易所 CCER 交易信息（截至 2018 年 7 月 31 日）

资料来源：中国自愿减排交易信息平台 http://cdm.ccchina.gov.cn/ccer.aspx.

根据图 5-11 中的统计信息，上海环境能源交易所的 CCER 交易量最大，其次为广州碳排放权交易所，北京环境交易所排第三。上海环境能源交易所则从 2015 年 4 月底开始，截至 2018 年 7 月底累计成交量已经超过 6 800 万 t，是各试点 CCER 交易表现最为活跃的碳市场，主要原因是上海碳市场抵消规则限制条件较少，相对较为开放，已备案 CCER 进入上海碳市场相对容易。另外，上海碳市场的控排企业对 CCER 接受度较高，据悉，在 2015 年履约期间仅上海市 4 家电力企业就购买了超过 50 万 t 的 CCER，占履约期内 CCER 总成交量的 1/4。上海市 CCER 交易价格总体呈上涨趋势，且交易频率较大，在 2017 年履约期，收盘价格约为 21 元 /t。北京市 CCER 价格波动较大，价格范围为 4～20 元 /t。相比于配额交易市场，目前我国 CCER 交易市场还不成熟，交易价格不够稳定，价格波动范围较大，一方面是因为全国碳市场 CCER 方面的政策一直不明确，控排企业和投资者对 CCER 心存疑虑；另一方面部分地区（如湖北）每年 CCER 抵消规则变化较大，不利于形成稳定的投资预期。

三、低碳试点

2009 年国务院确定了到 2020 年单位国内生产总值温室气体排放比 2005 年下降 40%～45% 的宏伟行动目标。党的十八大确立了要大力推进生态文明建设、着力推动绿色低碳发展的总体要求。党的十八届五中全会进一步提出“创新、协调、绿色、开放、共享”五大发展理念，绿色发展上升为国家发展战略，成为治国理政的重要理念，将引领我国未来发展全局。我国《“十二五”规划纲要》《“十二五”控制温室气体排放工作方案》《“十三五”规划纲要》《国家应对气候变化规划（2014—2020 年）》和《“十三五”控制温室气体排放工作方案》均提出要推进生态文明建设，推动绿色低碳发展，推进低碳试点示范，确保实现我国控制温室气体排放行动目标。

为加快推进绿色低碳发展，妥善应对气候变化，我们必须坚持以我为主、从实际出发的方针，立足国情、统筹兼顾、综合规划，加大改革力度、完善体制机制，依靠科技进步、加强示范推广，努力建设以低碳排放为特征的产业体系和消费模式。开展低碳试点，有利于充分调动各方面积极性，有利于积累对不同地区和行业分类指导的工作经验，是推动落实我国控制温室气体排放行动目标的重要抓手。因此，自 2009 年以来我国深入开展低碳省区、城市 / 城镇、园区、社区等试点工作，在工业、建筑、交通等相关领域开展低碳试点示范，从不同层次、不同方面积极探索各具特色的低碳发展路径和模式，全社会应对气候变化和低碳发展意识不断提高。截至 2018 年 7 月，国家发展改革委分三批公布了 6 个省区 81 个国家低碳省区和低碳城市试点、首批 8 个国家低碳城（镇）试点。

（一）低碳省市试点

2010 年 7 月 19 日，国家发展改革委发布了《国家发展改革委关于开展低碳省区和低碳城市试点工作的通知》（发改气候〔2010〕1587 号），通知中明确了国家发展改革委将组织开展低碳省区和低碳城市试点工作，首先在广东、辽宁、湖北、陕西、云南五省和天津、重庆、深圳、厦门、杭州、南昌、贵阳、保定八市开展试点工作。具体任务是：编制低碳发展规划、制定支持低碳绿色发展的配套政策、加快建立以低碳排放为特征的产业体系、建立温室气体排放数据统计和管理体系、积极倡导低碳绿色生活方式和消费模式。

为落实党的十八大关于大力推进生态文明建设、着力推动绿色低碳发展的总体要求和《“十二五”规划纲要》关于开展低碳试点的任务部署，加快经济发展方式转变和经济结构调整，确保实现我国 2020 年控制温室气体排放行动目标，根据国务院印发的《“十二五”控制温室气体排放工作方案》（国发〔2011〕41 号），国家发展改革委于 2012 年 12 月 5 日印发了《关于开展第二批国家低碳省区和低碳城市试点工作的通知》（发改气候〔2012〕3760 号）。国家发展改革委确定在北京市、上海市、海南省和石家庄市、秦皇岛市、晋城市、呼伦贝尔市、吉林市、大兴安岭地区、苏州市、淮安市、镇江市、宁波市、温州市、池州市、南平市、景德镇市、赣州市、青岛市、济源市、武汉市、广州市、桂林市、广元市、遵义市、昆明市、延安市、金昌市、乌鲁木齐市共3个省（直辖市）26个城市开展第二批国家低碳省区和低碳城市试点工作。

2017年1月24日，国家发展改革委印发了《关于开展第三批国家低碳城市试点工作的通知》（发改气候〔2017〕66号），确定在内蒙古自治区乌海市等45个城市（区、县）开展第三批低碳城市试点。具体任务包括：明确目标和原则、编制低碳发展规划、建立控制温室气体排放目标考核制度、积极探索创新经验和做法、提高低碳发展管理能力。试点工作的时间安排为：2017年2月，启动试点，修改完善试点方案，推进试点工作；2017—2019年，试点任务取得阶段性成果，形成可复制、可推广的经验；2020年，逐步在全国范围内推广试点地区的成功经验。第三批低碳城市试点名单及峰值目标、创新重点见表5-8。

表5-8 第三批低碳城市试点名单及峰值目标、创新重点

序号	省（自治区、直辖市）	城市	峰值年	创新重点
1	内蒙古	乌海市	2025	1. 建立碳管理制度 2. 探索重点单位温室气体排放直报制度 3. 建立低碳科技创新机制 4. 推进现代低碳农业发展机制 5. 建立低碳与生态文明建设考评机制
2	辽宁	沈阳市	2027	1. 建立重点耗能企业碳排放在线监测体系 2. 完善碳排放中央管理平台
3	辽宁	大连市	2025	1. 制定推广低碳产品认证评价技术标准 2. 建立“碳标识”制度 3. 建立绿色低碳供应链制度
4	辽宁	朝阳市	2025	1. 建立碳排放总量控制制度 2. 建立低碳交通运行体系
5	黑龙江	逊克县	2024	探索低碳农业发展模式和支撑体系
6	江苏	南京市	2022	1. 建立碳排放总量和强度“双控”制度 2. 建立碳排放权有偿使用制度 3. 建立低碳综合管理体系
7	江苏	常州市	2023	1. 建立碳排放总量控制制度 2. 建立低碳示范企业创建制度 3. 建立促进绿色建筑发展及技术推广的机制
8	浙江	嘉兴市	2023	探索低碳发展多领域协同制度创新
9	浙江	金华市	2020前后	探索重点耗能企业减排目标责任评估制度

序号	省（自治区、直辖市）	城市	峰值年	创新重点
10	浙江	衢州市	2022	1. 建立碳生产力评价考核机制 2. 探索区域碳评和项目碳排放准入机制 3. 建立光伏扶贫创新模式与机制
11	安徽	合肥市	2024	1. 建立碳数据管理制度 2. 探索低碳产品和技术推广制度
12	安徽	淮北市	2025	1. 建立新增项目碳核准准入机制 2. 建立评估机制和目标考核机制 3. 建立节能减碳监督管理机制 4. 探索碳金融制度创新 5. 推进低碳关键技术创新
13	安徽	黄山市	2020	1. 实施总量控制和分解落实机制 2. 发展“低碳 + 智慧旅游”特色产业
14	安徽	六安市	2030	1. 开展低碳发展绩效评价考核 2. 健全绿色低碳和生态保护市场体系
15	安徽	宣城市	2025	探索低碳技术和产品推广制度创新
16	福建	三明市	2027	1. 建立碳数据管理机制 2. 探索森林碳汇补偿机制
17	江西	共青城市	2027	建立低碳城市规划制度
18	江西	吉安市	2023	探索在农村创建低碳社区及碳中和示范工程
19	江西	抚州市	2026	在资溪县创建碳中和示范区工程
20	山东	济南市	2025	1. 探索碳排放数据管理制度 2. 探索碳排放总量控制制度 3. 探索重大项目碳评价制度
21	山东	烟台市	2017	1. 探索碳排放总量控制制度 2. 探索固定资产投资项目碳排放评价制度 3. 制定低碳技术推广目录
22	山东	潍坊市	2025	1. 建立“四碳合一”制度 2. 建设碳数据信息平台
23	湖北	长阳土家族自治县	2023	在清江画廊旅游区、长阳创新产业园、龙舟坪郑家榜村创建碳中和示范工程
24	湖南	长沙市	2025	1. 推进试点“三协同”发展机制 2. 建立碳积分制度
25	湖南	株洲市	2025	1. 推进城区老工业基地低碳转型 2. 创建城市低碳智慧交通体系
26	湖南	湘潭市	2028	探索老工业基地城市低碳转型示范
27	湖南	郴州市	2027	建设绿色金融体系
28	广东	中山市	2023—2025	深化碳普惠制度体系

序号	省（自治区、直辖市）	城市	峰值年	创新重点
29	广西	柳州市	2026	1. 建立跨部门协同的碳数据管理制度 2. 建立碳排放总量控制制度 3. 建立温室气体清单编制常态化工作机制
30	海南	三亚市	2025	选择独立小岛区域创建碳中和示范工程
31	海南	琼中黎族苗族自治县	2025	1. 建立低碳乡村旅游开发模式 2. 探索低碳扶贫模式和制度
32	四川	成都市	2025 之前	1. 实施“碳惠天府”计划 2. 探索碳排放达峰追踪制度
33	云南	玉溪市	2028	1. 建立重点企业排放数据报送监督与分析预警机制 2. 制定园区 / 社区排放数据的统计分析工作规范
34	云南	普洱市思茅区	2025 之前	建设温室气体排放基础数据统计管理体系
35	西藏	拉萨市	2024	创建碳中和示范工程
36	陕西	安康市	2028	1. 试点实施“多规合一” 2. 建立碳汇生态补偿机制 3. 建立低碳产业扶贫机制
37	甘肃	兰州市	2025	1. 探索多领域协同共建低碳城市 2. 建设跨部门发展和工作管理平台
38	甘肃	敦煌市	2019	全面建设碳中和示范工程
39	青海	西宁市	2025	建立居民生活碳积分制度
40	宁夏	银川市	2025	1. 健全低碳技术与产品推广的优惠政策和激励机制 2. 推进低碳技术与产品平台建设 3. 建立发掘、评价、推广低碳产品和低碳技术的机制
41	宁夏	吴忠市	2020	在金积工业园区创建碳中和示范工程
42	新疆	昌吉市	2025	1. 创建碳排放总量控制联动机制 2. 建设碳排放数据管理平台和数据库 3. 建立固定资产投资碳排放评价制度 4. 创建碳排放管理综合服务平台
43	新疆	伊宁市	2021	1. 开展政府部门低碳绿色示范 2. 探索创建低碳技术推广服务平台 3. 建立碳汇补偿机制
44	新疆	和田市	2025	1. 建立碳排放总量控制制度 2. 建立企业碳排放总量考评管理制度 3. 建立重大建设项目碳评制度 4. 创建碳排放管理综合服务平台
45	新疆生产建设兵团	第一师阿拉尔市	2025	1. 探索总量控制和碳数据管理制度 2. 推广低碳产品和技术 3. 探索新建项目碳评估制度

（二）低碳城镇试点

党的十八大把生态文明建设放在更加突出重要的位置，提出坚持走中国特色新型工业化、信息化、城镇化、农业现代化道路，推动信息化和工业化深度融合、工业化和城镇化良性互动、城镇化和农业现代化相互协调，促进工业化、信息化、城镇化、农业现代化同步发展。2012 年年底的中央经济工作会议进一步提出，要走集约、智能、绿色、低碳的新型城镇化道路，为我国城镇化指明了方向。

为深入贯彻落实党的十八大、十八届三中全会和四中全会关于大力推进态文明建设的总体要求，积极探索我国新型工业化、城镇化进程中的绿色低碳发展道路，加快推进国家低碳城（镇）试点工作。国家发展改革委于 2015 年 8 月下发了《关于加快推进国家低碳城（镇）试点工作的通知》（发改气候〔2015〕1770 号）。该通知指出，统筹考虑各地工作基础和代表性，在各地推荐的基础上，选定广东深圳国际低碳城、广东珠海横琴新区、山东青岛中德生态园、江苏镇江官塘低碳新城、江苏无锡中瑞低碳生态城、云南昆明呈贡低碳新区、湖北武汉华山生态新城、福建三明生态新城作为首批 8 个国家低碳城（镇）试点。提出争取用三年左右时间，建成一批产业发展和城区建设融合、空间布局合理、资源集约综合利用、基础设施低碳环保、生产低碳高效、生活低碳宜居的国家低碳示范城（镇）。

在首批 8 个国家低碳城（镇）试点中，深圳国际低碳城位于龙岗区坪地街道，是中欧可持续城镇化合作旗舰项目，被财政部、国家发展改革委列为节能减排财政综合奖励项目。2014 年，深圳国际低碳城获得由中国国际经济交流中心和美国保尔森基金会共同发起的“2014 可持续发展规划项目奖”，成为国内唯一获得该奖项的项目，其低碳发展模式的优势以及可复制性、可推广性获得低碳生态城市（区）规划领域认可。

深圳国际低碳城空间总体规划致力于融合城市低碳生态建设及城市“以人为本”的环境营造，提出五大空间发展战略，旨在实现空间框架的低碳生态化，城市环境的丰富活力化，城市综合效益的最大化。

（三）低碳工业园区试点

2013 年 9 月 29 日，工业和信息化部、国家发展和改革委员会发布了《关于组织开展国家低碳工业园区试点工作的通知》（工信部联节〔2013〕408 号）。《国家低碳工业园区试点工作方案》明确提出了低碳工业园区试点的工作目标是到 2015 年，创建 80 个特色鲜明、示范意义强的国家低碳工业园区试点，打造一批掌握低碳核心技术、具有先进低碳管理水平的低碳企业，形成一批园区低碳发展模式。试点园区单位工业增加值碳排放大幅下降，传统产业低碳化改造和新型低碳产业发展取得显著成效，引领和带动工业低碳发展。

2014 年 7 月 7 日，工业和信息化部、国家发展和改革委员会印发了《关于国家低碳工业园区试点名单（第一批）的通知》（工信部联节〔2014〕287 号），该通知公布了第一批 55 家国家低碳工业园区试点名单（表 5-9），要求各试点依据通知中的附件《国家低碳工业园区试点实施方案编制指南》编制低碳工业园区试点实施方案，并报工业和信息化部（节能与综合利用司）、国家发展改革委（应对气候变化司，现转隶生态环境部）。

表 5-9　国家低碳工业园区试点名单（第一批）

序号	省（自治区、直辖市）	园区名称	产业特色
1	北京	中关村永丰产业基地	新材料、电子信息、新能源、生物医药等
2	北京	北京采育经济开发区	装备制造
3	天津	天津滨海高新技术产业开发区华苑科技园	信息产业、现代服务业
4	天津	天津经济技术开发区	通信、汽车、装备制造、石油化工等
5	河北	唐山高新技术产业开发区	机器人、汽车零部件、智能仪器仪表、新材料等
6	山西	山西太原高新技术产业开发区	煤化工、电子信息、光电、生命科学等

序号	省（自治区、直辖市）	园区名称	产业特色
7	内蒙古	内蒙古乌海经济开发区	煤焦化工、新型建材
8	内蒙古	内蒙古鄂托克经济开发区	煤炭、电力、冶金、化工、建材
9	内蒙古	赤峰洪山经济开发区	有色、医药、装备制造、纺织、能源电力
10	辽宁	沈阳经济技术开发区	装备制造、汽车及零部件、医药化工
11	吉林	吉林市化学工业循环经济示范园区	石油化工
12	吉林	长春经济技术开发区	汽车及配件、生物化工
13	吉林	延吉国家高新技术产业开发区	生物制药、软件与信息业、卷烟
14	黑龙江	齐齐哈尔高新技术产业开发区	重型装备制造、农业
15	黑龙江	大庆高新技术产业开发区	新兴装备制造、石化
16	上海	上海化学工业区	化工业
17	上海	上海金桥经济技术开发区	汽车、信息通信、现代家电、生物医药及食品
18	江苏	中国宜兴环保科技工业园	节能环保产业
19	江苏	苏州工业园区	电子信息
20	江苏	泰州医药高新技术产业开发区	现代医药产业
21	浙江	浙江嘉兴秀洲工业园区	纺织、装备制造、新能源与新材料等产业
22	浙江	杭州经济技术开发区	机械制造、汽车及零配件、电子通信、生物制药等
23	浙江	温州经济技术开发区	先进装备制造业、汽车零部件制造、物流业和轻纺服装业
24	安徽	合肥经济技术开发区	家电、装备制造、汽车等
25	安徽	池州经济技术开发区	有色、建材行业、电子信息、高端装备制造
26	福建	长泰经济开发区	文体用品、光电照明、高端装备、生物医药
27	江西	新余高新技术产业开发区	光伏、风电、新材料、节能环保、钢铁深加工
28	江西	南昌高新技术产业开发区	生物制药、光伏光电、航空、新材料、电子信息
29	山东	临沂经济技术开发区	工程机械、化工、新能源
30	山东	日照经济技术开发区	汽车及配件、造纸、粮油加工
31	河南	郑州高新技术产业开发区	电子信息、新材料、生物医药、新能源、节能环保
32	河南	洛阳高新区	生物医药、新材料、节能环保、智能装备制造
33	湖北	青山经济开发区	重化工、钢铁

序号	省（自治区、直辖市）	园区名称	产业特色
34	湖北	孝感高新技术产业开发区（孝感园区）	电子信息、汽车及零部件、先进装备制造、纺织服装、造纸
35	湖北	黄金山工业园区	新材料、装备制造、电子信息、生物医药
36	湖南	湘潭高新技术产业开发区	新能源装备
37	湖南	湖南岳阳绿色化工产业园	精细化工、化工新材料
38	湖南	益阳高新技术产业开发区	电子信息
39	广东	东莞松山湖高新技术产业开发区	电子信息
40	广西	南宁高新技术产业开发区	生物工程及医药、电子信息产品制造、汽车零部件、机电产品制造
41	海南	海南老城经济开发区	电子信息、新材料、能源和石化
42	重庆	重庆璧山工业园区	电子信息、食品医药、装备制造（含汽摩产业）、制鞋业
43	重庆	重庆双桥工业园区	汽车整车及零部件、现代机械制造、再生资源循环经济产业
44	四川	达州经济开发区	能源化工、冶金建材、汽车机械、生产性服务业
45	贵州	贵阳国家高新技术产业开发区	新能源、新材料、高端装备制造、生物医药、电子信息、光电
46	贵州	遵义经济技术开发区	装备制造、特色轻工、电子信息
47	陕西	西安高新技术产业开发区	电子信息、先进制造、生物医药
48	甘肃	嘉峪关经济技术开发区（工业园区）	钢铁及上下游加工
49	青海	青海省格尔木昆仑经济开发区（格尔木业园）	盐湖化工、油气化工、新能源
50	青海	西宁（国家级）经济技术开发区甘河工业园区	有色金属、黑色金属、化工、水泥
51	宁夏	宁夏石嘴山高新技术产业园区	新材料、汽车及零部件制造、机械制造
52	新疆	乌鲁木齐高新技术产业开发区（新市区）	新能源、新材料、装备制造、煤炭与石油化工、电子信息、生物医药
53	辽宁大连	大连经济技术开发区	石油化工、先进装备制造业、电子信息、航空冶金新材料、生物制药等
54	山东青岛	青岛国家高新技术产业开发区	石油化工、先进装备制造产业（含汽车）、电子信息、航空冶金新材料、海洋船舶工程
55	浙江宁波	宁波经济技术开发区	石化、钢铁、汽车及零配件、能源等

2015年8月29日，工业和信息化部、国家发展和改革委员会发布了《关于同意国家低碳工业园区试点实施方案的批复》（工信部联节函〔2015〕450号），原则同意天津经济技术开发区等39家国家低碳工业园区试点实施方案（表5-10），试点期为3年。

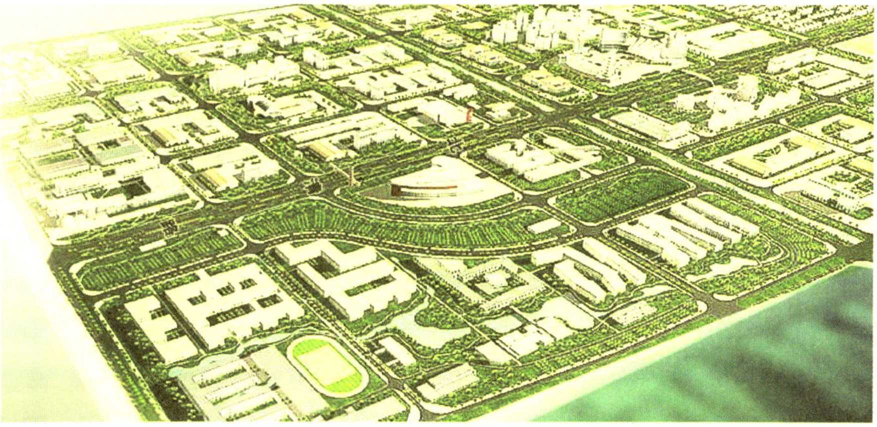

中关村永丰产业基地示意图

表5-10 实施方案论证通过的国家低碳工业园区试点名单（第一批）

序号	园区名称
1	天津经济技术开发区
2	天津滨海高新技术产业开发区华苑科技园
3	内蒙古自治区乌海经济开发区
4	内蒙古自治区鄂托克经济开发区
5	内蒙古自治区赤峰红山经济开发区
6	辽宁沈阳经济技术开发区
7	辽宁大连经济技术开发区
8	吉林吉林化学工业循环经济示范园区
9	吉林长春经济技术开发区
10	吉林延吉国家高新技术产业开发区
11	黑龙江齐齐哈尔高新技术产业开发区
12	江苏宜兴环保科技工业园
13	江苏苏州工业园区
14	江苏泰州医药高新技术产业开发区
15	浙江嘉兴秀洲工业园区

序号	园区名称
16	浙江杭州经济技术开发区
17	浙江温州经济技术开发区
18	浙江宁波经济技术开发区
19	安徽合肥经济技术开发区
20	安徽池州经济技术开发区
21	江西南昌国家高新技术产业开发区
22	山东临沂经济技术开发区
23	山东日照经济技术开发区
24	山东青岛国家高新技术产业开发区
25	湖北武汉青山经济开发区
26	湖北孝感高新技术产业开发区
27	湖北黄金山工业园区
28	湖南湘潭国家高新技术产业开发区
29	湖南岳阳绿色化工产业园
30	湖南益阳高新技术产业开发区
31	广西壮族自治区南宁高新技术产业开发区
32	海南老城经济开发区
33	重庆璧山工业园区
34	重庆双桥工业园区
35	四川达州经济开发区
36	贵州贵阳国家高新技术产业开发区
37	甘肃嘉峪关经济技术开发区
38	青海格尔木昆仑经济技术开发区
39	青海西宁经济技术开发区甘河工业园区

2015 年 12 月 16 日，工业和信息化部、国家发展和改革委员会发布了《关于同意国家低碳工业园区试点（第二批）实施方案的批复》（工信部联节函〔2015〕603 号），原则同意北京中关村永丰高新技术产业基地等 12 家国家低碳工业园区试点实施方案（表 5-11），试点期为 3 年。

表 5-11　实施方案论证通过的国家低碳工业园区试点名单（第二批）

序号	低碳工业园区试点
1	北京中关村永丰高新技术产业基地
2	北京采育经济开发区
3	河北唐山国家高新技术产业开发区
4	山西太原高新技术产业开发区
5	上海化学工业区
6	上海金桥经济技术开发区
7	福建长泰经济开发区
8	江西新余国家高新技术产业开发区
9	河南洛阳国家高新技术产业开发区
10	贵州遵义经济技术开发区
11	宁夏石嘴山高新技术产业开发区
12	新疆乌鲁木齐高新技术产业开发区

（四）低碳社区试点

2014 年 3 月 21 日，国家发展改革委印发了《关于开展低碳社区试点工作的通知》（发改气候〔2014〕489 号）。该通知中明确了低碳社区的定义为“通过构建气候友好的自然环境、房屋建筑、基础设施、生活方式和管理模式，降低能源资源消耗，实现低碳排放的城乡社区”。低碳社区重点在地级以上城市开展试点工作，国家低碳试点省市要率先垂范，大力推动低碳社区试点工作。到“十二五”末，全国开展的低碳社区试点争取达到 1 000 个左右，择优建设一批国家级低碳示范社区。

2015 年 2 月 12 日，为指导和推进低碳社区试点建设工作，国家发展改革委印发了关于《低碳社区试点建设指南》的通知（发改办气候〔2015〕362 号）。该指南中明确了将低碳社区试点划分为城市新建社区试点、城市既有社区试点和农村社区试点三大类，分别从社区的试点选取、建设指标、规划引导、设施建设、运营管理和低碳生活 6 个方面为各类低碳社区试点的建设工作提供了指导。

2014 年 7 月 17 日，上海市发展和改革委员会发布了《关于开展上海市低碳社区创建工作的通知》（沪发改环资〔2014〕124 号），计划重点在中心城区和郊区城市化地区开展低碳社区试点工作，推动低碳发展理念、行为和管理方式向社区延伸。力争到“十二五”末，全市开展试点的低碳社区达到 20 个左右。在试点工作基础上，授予一批成效显著的社区为“上海市低碳示范社区”、推荐申报“国家低碳示范社区”。2017年6月2日，《关于公布上海市首批低碳发展实践区验收评价结果的通知》（沪发改环资〔2017〕56号）确定了8个低碳发展实践区：虹桥商务区、金桥经济技术开发区、长宁虹桥地区、黄浦外滩—滨江地区、徐汇滨江地区、崇明区、奉贤南桥新城、临港地区。2017年5月26日，《关于公布上海市首批低碳社区试点创建工作验收评价结果的通知》（沪发改环资〔2017〕48号）中确定了4个上海市低碳示范社区（第一批）：徐汇区凌云街道梅陇三村、虹口区凉城新村街道凉城新村、杨浦区四平路街道鞍山四村、普陀区曹杨新村街道南梅园社区；7个上海市低碳社区（第一批）：杨浦区延吉新村街道延吉七村、黄浦区半淞园街道耀江社区、长宁区江苏路街道曹家堰社区、金山石化街道山龙新村、青浦区盈浦街道绿洲—怡澜社区、宝山区友谊路街道住友—宝莲社区、青浦区夏阳街道青平社区。目前，上海市发改委已启动了第二批低碳社区试点创建工作，于2017年5月26日发布了《上海市发展改革委关于开展本市第二批低碳社区试点创建工作的通知》。

2014年11月27日，广西壮族自治区发展和改革委员会发布了《关于开展全区低碳社区试点创建工作的通知》（桂发改气候〔2014〕1496号），并公布了《广西壮族自治区低碳社区试点实施方案编制指南》以及《低碳社区试点综合评价评分表》。2015年12月24日，《广西壮族自治区发展和改革委员会关于确定第一批“省级低碳社区试点”的通知及名单》确定了10个省级低碳社区试点：① 4个省级城市社区试点：南宁市青秀区丹凤社区、南宁市青秀区新竹社区、柳州市鱼峰区鱼峰社区、玉林市玉州区江滨社区；② 6个省级农村低碳社区试点：桂林市全州县天湖社区、桂林市恭城瑶族自治县红岩村、桂林市恭城瑶族自治县黄岭村、钦州市钦南区茅坡社区、河池市屏南乡合寨村、河池市刘三姐镇流河社区。

2014年12月29日，甘肃省发展和改革委员会发布了《关于开展低碳社区试点工作的通知》（甘发改环资〔2014〕1694号）。2016年5月11日，《关于印发甘肃省低碳社区试点工作方案的通知》中提出甘肃省低碳社区试点建设工作的主要目标：重点在地级市开展低碳社区试点工作，经过3～5年的努力，着力打造一批环境友好、房屋建筑及公共交通等基础设施节能低碳、居民生活方式和社区运营管理绿色高效、社区能源资源消耗及碳排放明显下降的城乡社区。省级低碳社区试点争取达到30个左右，各市、州开展数量3个左右，并择优申报一批国家级低碳示范社区。2016年

12 月 22 日，《甘肃省发展和改革委员会关于开展甘肃省第一批省级低碳社区通知和名单》（甘发改气候〔2016〕1108 号）中公布了 12 个低碳社区试点：①金昌市 3 个低碳社区：金川区双湾镇陈家沟社区、永昌县城关镇昌宁苑社区、永昌县河西堡镇金河路社区；②白银市 4 个低碳社区：白银区水川镇顾家善村、平川区电力路街道水沟沿社区、靖远县乌兰镇新城社区、平川区电力路街道靖电社区；③定西市 5 个低碳社区：通渭县马营镇华川村、安定区中华路街道体育公园社区、临洮县洮阳镇北片社区（原北关社区）、临洮县洮阳镇老庄村、陇西县巩昌镇西郊社区。

2015 年 12 月 30 日，福建省发展和改革委员会发布了《关于公布福建省第一批省级低碳示范社区试点的通知》（闽发改区域〔2015〕867 号），确定了 5 个低碳示范社区：厦门市思明区鼓浪屿社区、龙岩市长汀县汀州镇新民社区、漳州市长泰县马洋溪十里村、三明市沙县凤岗街道西郊村、莆田市秀屿区东峤镇湖柄村。

2016 年 3 月 3 日，湖北省发展和改革委员会发布了《关于印发湖北省开展低碳社区试点工作方案的通知》（鄂发改气候〔2016〕87 号），计划在全省组织开展 50 个低碳社区进行试点，其中：农村社区 10 个，城市社区 40 个。2017 年 4 月 18 日，《关于湖北省 2017 年省级低碳社区试点名单的公示》中确定了湖北省 13 个省级低碳社区：咸宁市车站路社区、宜昌市郑家榜社区、襄阳市埠口社区、武汉市江欣苑社区、武汉市当代社区、鄂州市万秀社区、孝感市希望、百合、邱聂连片社区、咸宁市青泉社区、宜昌市双路社区、荆门市季河社区、宜昌市白龙井社区、武汉市周铺社区、天门市健康社区。

低碳社区设计

表 5-12　国家和部分省份公布的关于低碳社区试点的通知

序号	时间	发布单位	文件名称	文号
1	2014 年 3 月 21 日	国家发展和改革委员会	《关于开展低碳社区试点工作的通知》	发改气候〔2014〕489 号
2	2015 年 2 月 12 日	国家发展和改革委员会	关于印发《低碳社区试点建设指南》的通知	发改办气候〔2015〕362 号
3	2014 年 7 月 17 日	上海市发展和改革委员会	《关于开展上海市低碳社区创建工作的通知》	沪发改环资〔2014〕124 号
4	2017 年 6 月 2 日	上海市发展和改革委员会	《关于公布上海市首批低碳发展实践区验收评价结果的通知》	沪发改环资〔2017〕56 号
5	2017 年 5 月 26 日	上海市发展和改革委员会	《关于公布上海市首批低碳社区试点创建工作验收评价结果的通知》	沪发改环资〔2017〕48 号
6	2017 年 5 月 26 日	上海市发展和改革委员会	《关于开展本市第二批低碳社区试点创建工作的通知》	沪发改环资〔2017〕47 号
7	2014 年 11 月 27 日	广西壮族自治区发展和改革委员会	《关于开展全区低碳社区试点创建工作的通知》	桂发改气候〔2014〕1496 号
8	2015 年 12 月 24 日	广西壮族自治区发展和改革委员会	《关于确定第一批“省级低碳社区试点”的通知及名单》	—
9	2015 年 12 月 24 日	广西壮族自治区发展和改革委员会	关于印发《广西低碳社区试点建设评价指标》的通知	—
10	2014 年 12 月 29 日	甘肃省发展和改革委员会	《关于开展低碳社区试点工作的通知》	甘发改环资〔2014〕1694 号
11	2016 年 5 月 11 日	甘肃省发展和改革委员会	《关于印发甘肃省低碳社区试点工作方案的通知》	甘发改气候〔2016〕403 号
12	2016 年 7 月 9 日	甘肃省发展和改革委员会	《关于报送省级低碳社区试点实施方案的通知和名单》	甘发改气候〔2016〕635 号
13	2016 年 12 月 22 日	甘肃省发展和改革委员会	《关于开展甘肃省第一批省级低碳社区通知和名单》	甘发改气候〔2016〕1108 号
14	2015 年 12 月 30 日	福建省发展和改革委员会	《关于公布福建省第一批省级低碳示范社区试点的通知》	闽发改区域〔2015〕867 号
15	2016 年 3 月 3 日	湖北省发展和改革委员会	《关于印发湖北省开展低碳社区试点工作方案的通知》	鄂发改气候〔2016〕87 号
16	2017 年 4 月 18 日	湖北省发展和改革委员会	《关于湖北省 2017 年省级低碳社区试点名单的公示》	—

第四节　适应气候变化的政策与行动

适应气候变化由气候变化影响与风险、适应技术研发、适应技术应用与保障组成，最终目标是有序适应气候变化。此过程中包含三个主要步骤：第一，明晰适应起点，即之前介绍的气候变化对不同领域的影响与风险评估，通过明确不同区域、不同领域面临的气候变化关键问题，为有针对性地确定适应技术奠定基础；第二，适应技术研发，结合脆弱性与风险评估结果，梳理农业、水资源、生态系统、海岸带等不同领域适应气候变化技术清单，对这些技术的适用性进行分析，并对未来需求开展评估，构建不同领域适应气候变化综合技术体系；第三，构建技术应用示范与保障体系，针对不同领域、不同区域的气候变化影响与风险，提出具体而明确的适应气候变化技术应用示范方案，建立应对气候变化试点示范基地，并从法制、机制、体制等方面加强适应气候变化的制度建设。

由于气候变化适应机理研究薄弱，不同领域和区域间适应技术差异也较大，因此近期应以“技术先导”为核心，立足领域和区域适应技术挖掘、研发和应用示范，厘清重点领域和区域适应气候变化技术清单，增强适应技术研发及其领域可用性、区域适用性，重点任务包括：极端天气气候事件预测预警技术；干旱地区水资源开发与高效利用、合理配置与优化调度技术；植物抗旱耐高温品种选育与病虫害防治技术；典型气候敏感生态系统的保护与修复技术；气候变化的影响与风险评估技术；人体健康综合适应技术；典型海岸带综合适应技术；应对极端天气气候事件的城市生命线工程安全保障技术；重点行业适应气候变化的标准与规范修订；人工影响天气技术（表 5-13）。

表 5-13　重点任务及其对应的适应技术

重点任务	适应技术
气候变化影响、脆弱性、风险基础研究	极端天气、气候事件预测预警技术，气候变化影响与风险评估技术，人工影响天气技术
重点领域气候变化适应技术	干旱地区水资源开发与高效利用、合理配置与优化调度技术，植物抗旱耐高温品种选育与病虫害防治技术，典型气候敏感生态系统的保护与修复技术，人体健康适应技术，典型海岸带综合适应技术，应对极端天气气候事件的城市生命线工程安全保障技术
重大工程和基础设施气候论证	重点行业适应技术变化的标准与规范修订
社会经济系统适应能力提升	人体健康综合适应技术，典型海岸带综合适应技术，应对极端天气气候事件的城市生命线工程安全保障技术

我国是受气候变化影响较为严重的国家之一，已经在各个领域采取了一系列技术措施、实施了相关的工程来适应气候变化，达到趋利避害的目的。

一、农业领域

（一）适应政策与行动

出台了一系列法规和政策文件。2009 年以来，中国各级政府制定了一系列有利于农业领域适应气候变化的政策法规。如农业部出台了《热带作物种质资源保护项目资金管理暂行办法》《热带作物病虫害疫情监测与防治项目资金管理暂行办法》《植物新品种保护项目管理暂行办法》《农业转基因生物安全项目管理暂行办法》《超级稻新品种选育与示范项目管理办法》《关于做好旱作农业技术推广工作的通知》《关于推进节水农业发展的意见》《关于做好旱作农业技术推广工作的通知》等文件。

加快促进农业生产方式转变和现代化建设。农业部鼓励开展农田基本建设、土壤培肥改良、病虫害防治等工作，推动在品种选育、栽培模式、田间工程、设施设备、化学制剂等方面开展系统研究，应用垄沟种植、集雨池窖、地膜（秸秆）覆盖、深耕深松、膜下滴灌、免耕栽培、生物篱、坐水种和抗旱制剂等旱作节水农业技术，加大草场改良、饲草基地以及草地畜牧业等基础设施建设，鼓励农牧区合作，推行易地育肥模式，合理调整水产养殖品种、密度，加强渔业基础设施和装备设施的建设。此外，农业部制定了《科学应对厄尔尼诺防灾救灾保丰收预案》，指导各地提早做好防灾减灾各项准备。并多次下发洪涝、台风等灾害防御紧急通知，安排部署农业防汛抗洪工作。同时联合财政部紧急安排农业生产救灾资金，支持重灾省用于种子 / 种苗补贴、灾后病虫防控等工作，支持灾后生产。

开展农田基本建设和水利建设。积极推广节水灌溉、旱作农业、抗旱保墒与保护性耕作等适应技术，在华北、西北和西南 11 个省（区、市）建设 11 个高标准节水农业示范区。实施大型和重点中型灌区续建配套和节水改造，加快东北节水增粮、华北节水压采、西北节水增效等区域规模化高效节水灌溉，2016 年完成高效节水灌溉面积约 145 万 hm^2。开展四批小型农田水利重点县建设，实现农业大县全覆盖。广泛推广地膜覆盖、膜下滴灌、水肥一体化等旱作农业技术。印发《推进水肥一体化实施方案（2016—2020 年）》，统筹谋划、全面推动水肥一体化工作。实施保护性耕作技术创新与集成示范，支持推广应用保护性耕作技术。2016 年全年新增保护性耕作面积 80 万 hm^2，机械化免耕播种 60 万 hm^2，机械化秸秆还田 300 万 hm^2，实施机械深松面积 0.1 亿 hm^2。

（二）示范工程

1. 吉林粮食主产区黑土地保护治理适应试点示范工程

针对吉林中西部黑土地水土流失、肥力下降等威胁粮食生产的问题开展试点示范，以治理水土流失、恢复土壤肥力等综合性措施为重点，推广黑土地适应气候变化的经验。

开展农田保育建设，通过增施有机肥、培肥土壤和恢复地力，建设高标准基本农田和有机肥加工厂，全面提升黑土地耕地质量。开展生态修复建设，加强坡耕地治理和生态防护林建设，科学配置工程、技术、生物措施，控制水土流失，恢复和重建植被，维护黑土地可持续耕种。开展农田水利建设，加快灌区续建配套与节水改造，全面推进节水型农业建设，提高黑土地耕种水平。

2. 黑龙江农业利用气候变化有利因素适应试点示范工程

针对黑龙江积温增加、作物生长期延长等气候变化有利影响开展试点示范，以调整种植结构和选育作物品种、推广应用抗旱保墒技术等农业适应技术为重点，推广农业生产利用气候变化有利因素的经验。

开展种植结构调整与新品种选育，重新进行积温带划分，调整农作物种植结构与品种布局；选育耐干旱、耐高温的适应性作物新品种，拓宽品种资源；建立并完善新品种选育、引进、繁殖、推广紧密衔接的现代种子产业体系。开展农业适应技术研发推广，采取适应气候变化的作物栽培集成技术，调整以适应抽穗期变动为核心的“生产技术规程”，开发综合配套生产技术。积极推行农田抗旱保墒措施和具有保水、保土、培肥、增产综合作用的保护性耕作技术，加大生物有机肥料投入。

3. 内蒙古典型草原畜牧业发展适应试点示范工程

针对内蒙古典型草原受气候暖干化影响产生的退化和沙化等问题开展试点示范工程，以退化草原的修复与保护为重点，采取政策、经济、工程等措施，综合治理退化草原，推广气候变化条件下基于草畜平衡的草原畜牧业发展经验。

结合退牧还草工程和草原生态保护补助奖励机制，开展退化草地生态恢复建设，加强草地资源与环境监测、水资源利用与管理，采取耐旱牧草与适应性牲畜品种推广等措施，推进草地畜牧业适度规模经营与合作牧场制度建设。开展牧区基础设施建设与民生建设，加强牧场饮水点、饲草料库、高效节水灌溉饲草料基地、牧户太阳能、风能利用等基础设施建设，完善极端天气气候事件监测预警信息服务等系统建设。

二、水资源领域

（一）适应政策与行动

出台了一系列法规和政策文件。2009 年以来，中国出台了一系列政策文件，强化对水资源的统一管理和保护。为加强流域管理和水资源调度工作，国务院陆续批复了《全国江河湖泊水功能区划》《全国农村饮水安全工程“十二五”规划》和《水利发展规划（2011—2015 年）》等文件。同时水利部也自 2009 年起先后颁布了《海河独流减河永定新河河口管理办法》《黑河干流水量调度管理办法》《小型水库安全管理办法》等文件，并于 2012 年完成《全国地下水利用与保护》等多项水利规划。

加强河湖管理与水资源保护。推进重要江河流域水量分配，基本完成全国第一批 25 条主要江河流域水量分配工作技术审查。全面完成第一次全国水利普查工作，摸清了中国江河湖泊及水土资源条件的基本情况。强化建设项目水资源论证管理，开展能源开发、城市建设、工业园区等重要规划的水资源论证。加强水资源监控能力建设，基本建成重要取水户、重要水功能区和大江大河省界断面三大监控体系。加强江河治理骨干工程建设，完善大江大河防洪减灾体系。编制《水功能区监督管理办法》，制定全国重要江河湖泊水功能区限制排污总量意见，出台了重要饮用水水源地达标评估技术指南，对 175 个全国重要饮用水水源地开展安全保障达标建设。原环境保护部出台《水污染防治行动计划》，全力保障水生态环境安全。

推进水生态文明建设。2012 年，国务院发布了《关于实行最严格水资源管理制度的意见》，提出实行最严格的水资源管理制度要求，确立水资源开发利用、用水效率控制、水功能区限制纳污控制的“红线”，严格执行取水许可、水资源有偿使用、水资源论证制度，全面推行节水型社会建设，成为指导我国一个时期水资源管理工作的纲领性文件。2016 年水利部联合国家发展改革委等部门，应用“十二五”最严格水资源管理制度考核，实现对31个省（区、市）考核工作的全覆盖。

加强防汛抗旱工作。根据2009年国务院颁布《中华人民共和国抗旱条例》、2011年国务院批复的《全国抗旱规划》和2013年国务院第20次常务会议的要求，水利部会同国家发展改革委、财政部、农业部编制完成了《全国抗旱规划实施方案(2014—2016年）》，加强重大骨干水源工程和重点旱区抗旱应急工程建设。

深化试点建设。水利部积极推进农业、工业和生活服务业节水，强化用水定额和计划管理，完成100个全国节水型社会试点建设，开展7个水权试点，制定《全国水生态文明城市试点建设管理办法》，启动105个全国水生态文明城市试点建设，河南等11省率先开展水生态文明创建。

加快推进水土流失综合治理。我国在水土流失严重区域，实施坡耕地水土流失综合治理工程、小水电代燃料生态保护工程、丹江口库区及上游水土保持项目、国家水土保持重点建设等工程；开展大规模农田水利设施建设，实施大型和重点中型灌区续建配套和节水改造，加快东北节水增粮、华北节水压采、西北节水增效等区域规模化高效节水灌溉；强化水土流失的综合治理。“十二五”期间累计完成水土流失综合治理面积26.6万km^2。

建设“十三五”节水型社会。水利部、国家发展改革委推进大型灌区骨干灌排工程改造、大型灌排泵站更新改造、规模化高效节水灌溉工程建设等项目。水利部大力推进国家水土保持重点工程建设，印发《“十三五”水资源消耗总量和强度双控行动方案》，启动实施双控行动。编制完成《节水型社会建设“十三五”规划》，明确“十三五”节水型社会建设的总体思路、区域布局、重点任务和重点领域。印发《全民节水行动计划》，提出开展农业节水增产、工业节水增效、城镇节水降耗等十大节水行动。水利部印发《水生态文明城市建设评价导则》《水生态保护与修复关键技术及应用》，支持实施62个河湖水系连通建设项目，连通200多条河湖水系。编制完成《河湖水系连通工程技术指南》，指导地方开展河湖水系连通工程建设。并联合国家发展改革委、工业和信息化部等六部门印发《水效领跑者引领行动实施方案》，在灌区、用水企业、用水产品三大领域部署实施。

（二）示范工程

1. 江西鄱阳湖水资源保护适应试点示范工程

针对江西鄱阳湖流域旱涝灾害频发、生态功能退化等问题开展试点示范工程，以合理规划、配置和保护水资源为重点，改善鄱阳湖的生态环境，推广提高流域适应气候变化综合能力的经验。开展水利建设，加快推进峡江、浯溪口水利枢纽工程建设，实施“五河”重点河段治理工程，新建白梅、四方井、井山等水库，加快推进鄱阳湖区蓄滞洪区建设。开展流域综合生态保护与恢复，综合整治城市沿河环境与湖泊生态环境，巩固退田还湖、还泽、还滩成果，完善引水设施体系，实施水位和水文周期调节，恢复流域植被；建立自然湿地恢复区，加强库区、小型湖泊、山塘、港汊、农田、溪流的自然生态保护。在滨湖控制开发带建设防护林，在“五河”沿岸建设绿化带，推进农田林网工程建设，重点加强“五河”及一级、二级支流源头保护区的水源涵养林、水土保持林以及森林公园建设。

2. 新疆融雪型洪水灾害综合防治适应试点示范工程

针对新疆融雪型洪水发生频次增多、洪峰流量增大等问题开展试点示范，以融雪型洪水防治体系建设、监测预警和工程性防治措施为重点，在气候条件相似地区推广新疆增强防汛能力的经验。开展监测预警体系建设，加强融雪型洪水监测网络建设，开展气象水文监测填空加密工程与洪水灾害临近预报系统工程的建设，加强重点区域中小尺度精细化气象水文协同预报能力建设。开展针对性水利工程建设，因地制宜建设大中型水库，在重要河流上建设山区控制性水利工程；加强病险水库除险加固工程、河道护岸及堤防工程、排洪渠工程和沟道疏浚工程等的建设。开展综合防御体系建设，在融雪型洪水灾害的监测预防、预报预警、灾后应急等方面制定相应的政策法规；编制灾害风险区划图，制定综合防治规划；对处于灾害危险区，生存条件恶劣、地势低洼与治理困难地方的居民实施永久搬迁。

三、林业和生态系统

（一）适应政策与行动

出台了一系列法规和政策文件。自 2011 年以来，国家林业局先后发布《林业应对气候变化“十二五”行动要点》《林业适应气候变化行动方案（2016—2020 年）》，明确了各阶段林业领域适应气候变化的目标措施。

加强林业自然保护区建设和湿地保护。2014 年，我国实施湿地保护恢复工程和湿地保护补助项目，完成第二次全国湿地资源调查，提升湿地生态系统适应能力，启动国家沙漠公园建设试点。强化气候变化对生物多样性的影响评估，环境保护部提出生物多样性与气候变化相互影响的评价指标体系，组织东北地区、青藏高原等典型区域气候变化对生物多样性影响的评估。同时，国家林业局加强生态观测研究平台建设，截至2015年年底，加入国家陆地生态系统定位观测研究站的数量达到166个。

强化草原生态保护。我国积极落实草原生态保护补助奖励机制，启动并指导实施南方现代草地畜牧业推进行动，推动实施退牧还草等草原保护建设重大工程。2016年通过实施退牧还草工程，建设草原围栏233.4万hm^2，改良退化草地17.3万hm^2。河北、内蒙古等5省（自治区）实施京津风沙源草地治理工程，治理草原20.1万hm^2。重庆、贵州等7省（市）实施岩溶地区石漠化综合治理工程草原建设。四川、云南等10省份启动南方现代草地畜牧业推进行动，保护和改善南方草地生态环境。2016年农业部组织编制《耕地草原河湖休养生息规划（2016—2030年）》和《“十三五”草原保护建设利用规划》，印发《推进草原保护制度建设工作方案》，开展全国草原生态环境专项整治，进一步落实草原禁牧和草畜平衡制度。

（二）示范工程

1. 四川森林保护和经营适应试点示范工程

针对四川造林难度加大、森林质量不高、林业生物灾害和森林火灾损失加剧等问题开展试点示范，以森林抚育经营、森林灾害监测预警和应急防控体系建设为重点，推广气候变化条件下森林经营和森林灾害控制的经验。开展造林和森林抚育经营，选择乡土树种，营造混交林；加强森林抚育和低效林改造，调整林分结构，促进形成异龄、复层、混交林分，提高森林生态系统适应气候变化和抵抗灾害的能力。开展监测预警体系建设，建设林业有害生物和森林火灾遥感监测、数据采集与传输、预警信息处理与发布等基础信息平台；建立森林火险预警系统，改进林火监测系统，加强林业有害生物和森林火险等级的实时监测、预报、预警等应急信息管理。开展应急防控体系建设，加强林业有害生物和森林防火综合防控设施等建设；强化省、市、县三级森林灾害应急指挥系统建设。

2. 宁夏生态移民适应试点示范工程

针对宁夏生态环境脆弱、干旱面积大、水土流失严重、土地人口承载力低、贫困人口生计困难等问题开展试点示范工程，以开展生态移民、减轻人口压力为重点，推广生态脆弱地区适应气候变化和保护生态系统的经验。开展迁入区绿色家园建设，鼓励并支持移民发展设施农业、节水种植、高效养殖和特色产业；组织安排劳务输出技能和种植养殖技能培训，使特色农牧业收入和劳务收入成为移民的主体收入；因地制宜发展经济林、庭院经济、生态循环农业等，打造特色生态安置区。开展迁出区生态建设，在六盘山地区营造水源涵养林，实行乔灌草植被合理配置，综合运用工程、生物和耕作措施整治坡耕地水土流失；优化种植结构，推广保护性耕作；针对不同沙漠化土地类型，坚持工程措施与生物措施相结合、人工治理与自然修复相结合以防治土地沙化。落实草原生态保护补助奖励机制；加大退化草场补播改良力度。

3. 广西石漠化防治适应试点示范工程

针对广西岩溶地貌分布广泛、石漠化严重、土地承载力低、生态环境脆弱等特点开展试点示范工程，以石漠化生态治理和生产生活改善为重点，总结推广石漠化地区适应气候变化的经验。开展生态环境治理建设，积极采取生物、工程等措施控制水土流失；实施退耕还林、封山育林以及森林生态效益补偿等治理工程，降低石漠化地区开发强度；在典型石漠化地区构建基于天—地—空的生态环境立体监测体系，开展气候变化对石漠化地区的影响评估，遏制石漠化扩展趋势，恢复岩溶地区生态环境。开展生产生活改善工程，因地制宜发展以沼气为纽带的生态农业和复合农林牧立体农业；坚持小流域综合治理，改善蓄水池、排灌沟渠等农田基础设施，提高农业综合生产能力；实施坡改梯、培肥沃土等工程，提高耕地质量；在综合条件特别恶劣的地区实行易地搬迁，与城镇化、工业化建设相结合拓宽石漠化地区适应气候变化的途径。

四、海岸带及相关海域

（一）适应政策与行动

出台了一系列法规和政策文件。自2009年以来，国务院先后批准了《全国海洋功能区划（2011—2020年）》和沿海各省（自治区、直辖市）省级海洋功能区划，对中国管辖海域的开发利用和环境保护作出了全面部署。国家海洋局印发《海洋生态文明建设实施方案》，扩大海洋生态红线制度实施范围，加大沿海地区海洋生态修复力度；出台《关于加强滨海湿地管理与保护工作的指导意见》，与财政部共同实施“蓝色”海湾整治修复行动，支持大连等 18 个城市开展滨海湿地修复等工作；并组织编制了《全国海洋经济发展规划（2016—2020 年）》《全国海岛保护“十三五”规划》《中国海平面公报》《中国海洋灾害公报》《海洋灾害风险评估和区划技术导则》《沿海大型工程海洋灾害风险排查技术规程》等文件。

加强海洋灾害观测预警和应急管理。国家海洋局积极推进海洋观测预报体系建设，开展海洋碳循环监测与评估，强化海洋预报预警。开展海平面变化监测，开展了面向沿海重点保障目标的精细化预报，进一步完善海洋渔业生产安全环境保障服务系统，向中国 53 个渔场 28 万余条渔船提供海浪和风场预报警报信息。

加强建设项目用海和区域用海规划审查。国家海洋局严格限制建设项目用海对重点海湾、重要滨海湿地等生态红线区以及自然岸线等重要海洋生态空间资源的占用。截至 2017 年 7 月共建立各级、各类海洋保护区约 260 处，总面积约 12 万 km^2，约占中国管辖海域总面积的 4.13%。

加强海岛地区防灾减灾和应对气候变化基础设施建设。利用中央专项资金支持修复保护项目 30 余个，在江苏、上海、浙江和海南等地所辖海岛修建防风、防浪和防潮工程，建设沿海防护林工程，有效地改善了海岛防灾减灾基础设施，提高了海岛应对气候变化的能力。

积极推动海洋减灾综合示范区建设。选取山东寿光、浙江温州、福建连江和广东惠州大亚湾等海洋灾害频发的地区开展海洋减灾综合示范区建设，推动建立健全海洋减灾综合管理体系。

（二）海南生态修复与海洋灾害应急适应试点示范工程

针对海南海岸带侵蚀、海洋灾害频发、海岸生态系统脆弱等问题开展试点示范工程，以海洋生态修复、灾害防御工程建设和沿岸土地治理为重点，推广海岸带和岛屿适应气候变化的经验。

组织海岸带脆弱性评估，开展海岛生态修复，保护和修复海口东寨港等红树林、三亚蜈支洲等珊瑚礁、陵水黎安港等海草床生态系统。开展防御风暴潮设施系统建设，完善海洋灾害观测系统；健全海岛防风、防浪、防潮工程，加强避风港、渔港、锚地、防波堤、海堤、护岸等设施建设；开展城区防潮防洪排涝，建设一批对海岛地区发展具有全局性、基础性、关键性的防灾减灾工程。加强沿岸土地治理和海岸带土地侵蚀与盐渍化整治，阻挡海水入侵，防治海岸带土壤质量下降。

五、气象领域

（一）适应政策与行动

出台了一系列法规和政策文件。2009 年以来我国先后印发《关于推进防灾减灾救灾体制机制改革的意见》《国家综合防灾减灾规划》《城市适应气候变化行动方案》《城市气象防灾减灾体系和公共气象服务体系建设纲要》，并编制《国家突发事件预警信息发布系统管理办法》《气象灾害信息管理系统建设实施方案》《台风灾害风险区划技术指南》，每年发布《中国气候公报》和《中国气候变化监测公报》等一系列文件，加强气象领域适应气候变化的能力。

开展生态和环境气象服务。围绕《国家适应气候变化战略》，在气象领域开展我国 7 个大气本底站温室气体观测站网能力建设。开展了华北、东北、华东和华南区域的雾霾数值预报，更新了国家级环境气象模式污染源清单，开展了全国空气污染气象条件预报业务。通过卫星环境气象监测平台开展逐日霾监测业务，开展了大气环境容量评估，建立了重点城市空气污染人群健康影响基础数据库。

组织开展全国所有区县气象灾害风险普查。累计完成 5 425 条中小河流、19 279 条山洪沟、11 947 个泥石流点、57 597 个滑坡隐患点的风险普查和数据整理入库，完成全国 1/3 以上中小河流洪水、山洪风险区划图谱的编制和应用，完成气象灾害风险信息管理系统一期建设，建立统一的气象灾害风险管理数据库。

积极开展生态气象监测与评价服务。对 2016 年全国草原植被生产力、牧草产量、草原生态质量进行了动态监测估测。环境气象服务业务能力不断提升，建立常态化的大气污染气象条件评估业务，组织研发环境气象指数。组织编制《全国大气环境气象公报》，开展减排效果评估以及重污染天气预测等工作。

开展重点区域、特色产业气候变化影响评估。开展干旱对农业和水资源影响实时定量评估，开展有针对性的风力发电气候影响评估。编写出版《三峡工程气候效应评估》报告，编制了《中国极端天气气候事件和灾害风险管理与适应国家评估报告》。发布《气候变化对中国农业影响评估报告》蓝皮书。在九省实施农业与粮食安全、灾害风险管理、水资源、能源、城镇化、人体健康六大优先领域适应气候变化示范项目，取得阶段性进展。

提升防汛抗旱防灾减灾能力。全面开展了山洪灾害防治、洪水风险图编制、抗旱应急水源工程和国家应对气候变化的政策与行动防汛抗旱指挥系统工程建设，国务院批复了长江、黄河和松花江防御洪水方案，初步建成 2 058 个县级山洪灾害监测预警系统和群测群防体系，全国报汛站点增加到 9.7 万个，有力地应对了频发重发的水旱灾害，防汛抗旱防灾减灾能力不断提高。

（二）示范工程

1. 上海城市基础设施极端天气气候事件防御适应试点示范工程

针对上海极端天气气候事件损失加大、海平面上升等问题开展试点示范工程，以气象、海洋灾害防护标准修订及配套设施建设为重点，推广大城市加强基础设施防御极端天气气候事件能力的经验。

在城市规划建设中充分考虑气候变化因素，开展城市防护标准修订，重点修订上海的城市防洪、排水、供电、供水、供气和通信等基础设施的气象灾害防护标准，对已有和在建基础设施，按照新标准进行改造。

2. 广东城市灾害应急系统建设适应试点示范工程

针对广东台风、风暴潮等灾害影响更为复杂、损害更为严重等问题开展试点示范工程，以加强城市灾害的监测预警和风险管理、减轻灾害影响为重点，推广城市防御极端天气气候事件应急系统建设的经验。开展台风监测预警，完善卫星、雷达、海上浮标、沿岸海洋站、地面气象站、应急机动观测设施等组成的台风监测系统，研发台风数值预报和综合预报技术系统，增强台风预警预报能力，加强台风信息的及时发布。健全应急指挥和社会联动的台风响应机制，建立多部门协作应急防御体系，编制城市防御台风预案，落实到学校、街道、社区等，向市民普及防御台风知识。

3. 云南农村灾害应急系统建设适应试点示范工程

针对云南山洪、滑坡、泥石流等灾害发生风险增大、灾害损失增加等问题开展试点示范工程，以农村监测预警体系、灾害应急响应系统、防治灾害信息化等系统建设为重点，推广农村防御极端天气气候事件应急系统建设的经验。

完善灾害监测、预报与预警体系，建设灾害应急响应信息服务平台，编制和修订乡镇级、村级灾害应急预案并组织演练。加强灾害应急救援和抢险队伍建设，建立应急设备与物资贮备制度，建设布局合理的灾害应急避难场所。建立灾害风险评估体系，加强灾害发生信息、动态管理数据库、灾害防治技术库和专家库等的建设。

4. 河北城市水系统建设适应试点示范工程

针对河北城市供水系统能力薄弱、地下水严重超采、地面沉降、海水入侵等问题开展试点示范工程，以开展河湖水系连通和水源优化配置、引黄补淀、地下水回灌等工程措施为重点，推广气候变化条件下城市综合配置水资源的经验。开展环城水系综合配置工程，调整改造城市水系，在城市周边合理兴建必要的蓄水河道、人工湿地、防洪生态工程及防风防沙绿色屏障等，优化调整人工河湖规模；开展城市集雨工程建设。开展地下水回灌工程，利用雨洪泄水等回灌补充地下水，利用现有石津渠和沙河灌区等灌溉渠道补充城市和生态环境用水，在总干渠七里河、白马河、滹沱河、沙河和濮阳河利用退水闸补充地下水。

六、人体健康

（一）适应政策与行动

自 2009 年以来，我国通过开展与气候变化密切相关的疾病防控工作、加强应对气候变化卫生应急保障工作、加强适应气候变化及气候变化相关的健康问题研究等方式开展人体健康与适应气候的相关工作。例如，加强传染病监测、报告和处置，进一步完善传染病网络直报系统。加强与气候变化密切相关的登革热等虫媒传染病和手足口病等肠道传染病防控工作，印发《中东呼吸综合征疫情防控方案（第二版）》《人感染 H7N9 禽流感疫情防控方案》等技术方案，指导地方开展重点传染病防控工作。国家卫生计生委会同气象局等部门对我国极端天气及自然灾害发生形势进行分析预判。印发《关于做好当前登革热防治工作的通知》和《关于做好高温天气医疗卫生服务工作的通知》，开展防汛、抗旱、防台风卫生应急督导检查，组织做好自然灾害卫生应急和高温天气医疗卫生服务工作。国家卫生计生委积极开展适应政策指标研究，与世界卫生组织（WHO）合作开展全球环境基金项目“适应气候变化保护人类健康”。

（二）重庆人体健康防控体系建设适应试点示范工程

针对重庆热浪频发和媒介传播疾病上升等问题开展试点示范工程，以媒介传播疾病防控、高温热浪预防应急响应和人体健康监测预警为重点，推广气候变化条件下保护人体健康的经验。

开展三峡库区媒介传播疾病防控体系建设，完善三峡库区卫生设施配置，特别是在病原微生物、理化、消杀、毒理实验室和现场检测仪器设备配置方面；加强媒介传播疾病的监测、预警和防控。开展高温热浪预防和应急响应系统建设，针对夏季高温热浪频发，修订职业劳动防护标准；完善相关疾病的救治设施，重点加强化工、冶金、建筑等气候敏感产业的医疗救治能力建设；加强热浪和极端气候条件下健康教育和风险沟通体系建设，建立健康保护知识和技能健康教育资源库。开展人体健康监测预警，建立极端天气气候事件与人体健康监测预警网络，实时进行监测评估；编制和修订应对极端天气气候事件的卫生应急预案，建立应急物资储备库。

七、试点城市

为积极应对全球气候变化，落实《国家适应气候变化战略》的要求，有效提升我国城市的适应气候变化能力，统筹协调城市适应气候变化相关工作，国家发展改革委于 2016 年 2 月 4 日印发了关于《城市适应气候变化行动方案》的通知（发改气候〔2016〕245 号）。该方案提出了“到 2020 年，普遍实现将适应气候变化相关指标纳入城乡规划体系、建设标准和产业发展规划，建设 30 个适应气候变化试点城市，典型城市适应气候变化治理水平显著提高，绿色建筑推广比例达到 50%。到 2030 年，适应气候变化科学知识广泛普及，城市应对内涝、干旱缺水、高温热浪、强风、冰冻灾害等问题的能力明显增强，城市适应气候变化能力全面提升”的目标。

2016 年 8 月 2 日，国家发展改革委、住房和城乡建设部联合发布了《关于开展气候适应型城市建设试点工作的通知》（发改气候〔2016〕1687 号），要求各省、自治区、直辖市及计划单列市和新疆生产建设兵团发展改革委，住房城乡建设厅（委）依据该通知中的《气候适应型城市建设试点工作方案》组织推荐试点城市，并于 2016 年 9 月 30 日前将试点方案报国家发展改革委（应对气候变化司，现转隶生态环境部）和住房城乡建设部（建筑节能与科技司）。

2017 年 2 月 21 日，国家发展改革委、住房城乡建设部印发了《关于气候适应型城市建设试点工作的通知》（发改气候〔2017〕343 号），公布了内蒙古自治区呼和浩特市、辽宁省大连市、辽宁省朝阳市、浙江省丽水市、安徽省合肥市、安徽省淮北市、江西省九江市、山东省济南市、河南省安阳市、湖北省武汉市、湖北省十堰市、湖南省常德市、湖南省岳阳市、广西壮族自治区百色市、海南省海口市、重庆市璧山区、重庆市潼南区、四川省广元市、贵州省六盘水市、贵州省毕节市（赫章县）、陕西省商洛市、陕西省西咸新区、甘肃省白银市、甘肃省庆阳市（西峰区）、青海省西宁市（湟中县）、新疆维吾尔自治区库尔勒市、新疆维吾尔自治区阿克苏市（拜城县）、新疆生产建设兵团石河子市等28个地区作为气候适应型城市建设试点。确立的工作目标是，到2020年，试点地区适应气候变化基础设施得到加强，适应能力显著提高，公众意识显著增强，打造一批具有国际先进水平的典型范例城市，形成一系列可复制、可推广的试点经验。要求各级发展改革、住房城乡建设部门要加强对试点工作的指导，会同有关部门研究出台支持政策，在资金、项目上予以倾斜；成立试点工作领导小组，统筹推进试点建设工作，落实各项试点任务；每年12月底前通过省级发展改革委、住房城乡建设厅（委）向国家发展改革委（应对气候变化司，现转隶生态环境部）和住房城乡建设部（建筑节能与科技司）提交试点工作进展报告。

第五节　应对气候变化基础能力建设

在应对气候变化基础能力建设方面，中国政府通过加强国家低碳发展顶层设计、健全应对气候变化法律监管体系、强化科技支撑，加强温室气体统计核算体系建设和人才队伍建设，在提升国家应对气候变化执政监管能力、统计核算体系、科研能力以及人才队伍建设等方面开展了一系列卓有成效的工作，提高了全国应对气候变化的基础能力。

一、加强温室气体统计核算体系建设

（一）健全国家温室气体排放基础统计制度

2009年8月，全国人民代表大会常务委员会做出关于积极应对气候变化的决议，要求从基本国情和发展的阶段性特征出发，采取有力的政策措施，积极应对气候变化。2013年，国家发展改革委会同国家统计局制定并印发《关于加强应对气候变化统计工作的意见》，明确提出应建立应对气候变化统计指标体系，完善温室气体排放基础统计工作。国管局印发了《公共机构能源资源消费统计制度》，进一步规范公共机构能源资源消费统计工作，并组织完成了 2011 年和 2012 年全国公共机构能源资源消耗情况汇总分析，纳入直接统计范围的公共机构扩大到 69 万家。国家林业局以各省历次森林资源清查结果为基础，结合各类林业统计数据，完成了各省森林面积和蓄积量变化的测算。2014 年以来，国家统计局印发《应对气候变化统计指标体系》《应对气候变化部门统计报表制度（试行）》和《政府综合统计系统应对气候变化统计数据需求表》等文件，正式建立应对气候变化统计报表制度，并收集和审核了 2013 年应对气候变化统计数据。成立了由国家发展改革委、统计局等 23 个部门组成的应对气候变化统计工作领导小组，建立了以政府综合统计为核心、相关部门分工协作的工作机制。积极开展各地区统计部门从事应对气候变化统计人员的专业能力建设。随后，国家发展改革委、国家统计局等开展应对气候变化统计指标体系和绿色发展指标体系构建，建立健全相关调查制度，建立日常工作机制。国家发展改革委组织开展中国非 CO_2 温室气体排放情况及政策行动研究；组织开展地方碳排放强度测算能力建设研讨会，提高省级机构开展碳强度计算和碳强度下降形势分析能力。27 省（区、市）统计部门配备了专职人员负责应对气候变化相关统计核算工作，21 省（区、市）利用省级财政资金支持应对气候变化相关的统计工作。出版《中国温室气体排放基础统计制度和能力建设研究》。国家应对气候变化战略研究和国际合作中心编制并发布《中国应对气候变化数据手册 2016》。

（二）推进温室气体清单编制和排放核算

国家温室气体排放清单编制来源于《联合国气候变化框架公约》中第 4 条第 1 款所有缔约方规定了应该履行的义务中的第一条：提供所有温室气体各种排放源和吸收汇的国家清单（即《国家信息通报》）。中国是缔约国，所以有义务提交排放清单。因此，中国从 2000 年开始，历时四年时间，编制了中国 1994 年的温室气体排放清单（即《第一次国家信息通报》）。作为非附件 1 国家，《联合国气候变化框架公约》并未要求中国需要更新国家温室气体排放清单。但是随着中国对温室气体排放的重视以及对设定减排目标打下基础，国家发展改革委在 2008 年 12 月 23 日启动了第二次国家信息通报编制工作，并于 2012 年完成中国 2005—2008 年的温室气体排放清单即《第二次国家信息通报》的编制工作。这次通报相对于第一次通报将更加全面与精确。第三次国家信息通报的编制申报工作目前正在进行，拟启动编制 2010 年和 2012 年国家温室气体清单。全国31个省（自治区、直辖市）开展了温室气体清单编制，初步摸清了本地区的温室气体排放状况，并进行了年度碳强度下降核算工作。组织编制了化工、水泥、钢铁、有色、电力、航空、陶瓷等行业生产企业的温室气体排放核算方法与报告指南；开展碳排放权交易试点的省市已经或正在开展企业碳排放核算工作，并初步建立了第三方碳排放核查体系。在第一次和第二次气候变化信息通报编制工作基础上，国家发展改革委组织开展2012年中国能源活动、工业生产过程、农业活动、土地利用变化和林业、废弃物处理温室气体清单编制，组织领导小组成员单位及相关专家开展广泛讨论，最终形成2012年国家温室气体清单总报告。根据国家温室气体清单等研究成果，编制完成《中华人民共和国气候变化第一次两年更新报告》（中、英文），并于2017年1月向《联合国气候变化框架公约》秘书处正式提交。25省（区、市）完成了省级温室气体清单的编制工作，17个地区开展并完成了市/区级温室气体清单的编制工作。

（三）推动企业温室气体排放数据直报系统建设

国家发展改革委组织国家应对气候变化战略研究和国际合作中心等研究机构实施“企业温室气体排放数据直报系统的研究及建设”项目，完成了中国企业温室气体排放数据报告制度研究、企业温室气体排放直报系统的总体框架设计以及企业温室气体排放数据直报平台软件开发，实现了对碳排放权交易制度下企业排放数据报告和管理的支撑。目前，河南、新疆和海南等地400余家企业已在国家直报系统填报，系统各模块功能和系统运维保障能力得到了运行检验。项目组建成并运营“企业温报国家工作室”微信公众平台，提供系统使用帮助与咨询答疑服务。

二、强化应对气候变化科技支撑

（一）开展基础科学研究

作为国家科学技术研究项目管理的主管部门，科学技术部（以下简称“科技部”）2009年以来，实施了应对全球气候变化科技专项，开展了应对气候变化基础与应用科学研究项目，加大了重大减缓与适用技术的研发，加强了重大战略与政策研究，有效地提高了气候变化领域的科学研究实力。科技部通过“十二五”国家重点基础研究发展计划、“应对气候变化科技专项”和全球变化研究国家重大科学研究计划，大力支持气候变化领域基础科学研究工作。科技部、外交部、国家发展改革委等16个部门联合组织开展第三次《气候变化国家评估报告》编制工作，系统总结中国气候变化科研最新成果。中国气象局组织完成《IPCC第五次评估报告》的专家提名及报告的编写和评审工作。中国科学院开展了“应对气候变化的碳收支认证及相关问题”等战略性科技先导专项研究。中国工程院组织开展气候变化对重大工程的影响研究。有关部门和各地方先后启动多项研究课题并取得重要进展。2016年，科技部通过国家重点研发计划“全球变化及应对”和“典型脆弱生态修复与保护研究”重点专项部署了一系列气候变化领域基础科学研究项目，设立“巴黎会议后应对气候变化急迫重大问题研究”项目，支持气候变化领域基础研究工作。2016年中国气象局共向IPCC推荐《全球1.5℃增暖》《气候变化中的海洋和冰冻圈》《气候变化与土地》三份特别报告。中科院完成“应对气候变化的碳收支认证及相关问题”研究，在能源消费碳排放、生态系统固碳、气候敏感性、气候变化的影响和适应、绿色发展政策设计等方面取得了系列原创性成果。

（二）开展适应气候变化研究

科技部组织实施“重点领域气候变化影响与风险评估技术研发与应用”“沿海地区适应气候变化技术开发与应用”等科技支撑计划项目课题实施方案论证工作。中国科学院积极推进青藏高原地区农牧民增收与生态环境评估，推进野外站、中国生态系统研究网络和高寒区地表过程与环境监测网络相关科技支撑平台建设。水利部组织开展“气候变化对我国水安全影响及对策研究”等重大项目研究。国家林业局积极推进森林对气候变化的响应研究，林业生态网络定位观测站总数达到166个，网络布局更趋完善。农业部加快推进草原生态环境监测工作，已建设国家级草原固定监测点162个。国家海洋局建立中国近海短期气候预测系统，加强海洋领域应对气候变化能力。

（三）加快低碳节能技术研发应用

2012年，科技部联合外交部、国家发展改革委等16个部门发布《“十二五”国家应对气候变化科技发展专项规划》，指导全国各部门、地方开展应对气候变化科技工作。国家发展改革委组织开展低碳技术的征集、筛选和评定，2014年和2015年分别发布两批《国家重点推广的低碳技术目录》，加快低碳技术推广和使用。科技部编制发布了《节能减排与低碳技术成果转化与推广应用清单（第一批）》，加快低碳技术成果转化，助力重点排放行业技术升级。交通运输部组织开展“十二五”期间两批全国重点推广公路水路交通运输节能产品（技术）的推选工作。住房和城乡建设部组织开展应对气候变化创新项目研究与示范，2013 年以来组织实施了“建筑行业低碳技术创新及产业化示范工程项目”等。2016 年，商务部开展了《流通领域节能环保技术产品推广目录》的征集和制定，促进绿色销售。国家发展改革委分别于 2017 年 1 月和 2017 年 3 月发布《国家重点节能低碳技术推广目录》（2016 年本，节能部分）和《国家重点节能低碳技术推广目录》（2017 年本，低碳部分）。2017 年，科技部、环境保护部和中国气象局联合制定并发布《应对气候变化领域“十三五”科技创新专项规划》，明确“十三五”应对气候变化科技创新的发展思路、发展目标、重点技术发展方向、重点任务和保障措施。交通运输部继续开展交通运输节能减排技术筛选及推广工作，与财政部联合发布靠港船舶使用岸电设施设备补助政策、技术指南。2016 年 1 月，国家能源局发布《煤炭安全绿色开发和清洁高效利用先进技术与装备拟推荐目录（第一批）》。

三、加强人才队伍和学科建设

（一）人才队伍和机构建设

有关部门通过组织应对气候变化能力培训，全面提升相关领域应对气候变化工作能力，如国家发展改革委先后举办了多期全国发展改革系统应对气候变化专题培训和中德应对气候变化能力建设培训，国管局举办了多期全国公共机构节能管理干部和高校节能干部培训，民航局组织开展航空公司节能减排量化管理培训，科技部组织开展应对气候变化能力建设培训，中国气象局开设科学应对气候变化和生态文明相关课程及举办培训班等。多个科研院所、高校纷纷设立应对气候变化和低碳发展相关的研究机构，不断提升相关领域的科技支撑能力和专业研究水平，如北京大学中国低碳发展研究中心、清华大学气候变化国际政策研究中心、北京交通大学低碳研究与教育中心等。

（二）气候变化相关学科建设

教育部鼓励高校根据经济社会发展需要和学校办学能力自主设置与应对气候变化相关专业，加快培养社会需要的人才。中、高等院校加强环境和气候变化教育科研基地建设，为培养气候变化领域专业人才发挥了积极作用。2017 年，新成立的上海交大中英国际低碳学院、华北电力大学低碳学院分别将碳捕集与封存技术、近零碳排放技术纳入学科专业设置。中国社会科学院将气候变化经济学纳入学科建设“登峰战略”

的优势学科。到 2015 年，全国大气科学类专业布点数 22 个、环境科学与工程类专业布点数 719 个、新能源领域相关专业布点数 367 个、节能环保领域相关专业布点数 242 个，北京大学、南京大学和中国农业科学院等学位授予单位自主设置了 222 个与气候变化、环境保护相关的二级学科，培养了大批与应对气候变化相关的专业人才。截至 2016 年年底，全国大气科学类专业布点数达到 22 个、节能环保领域相关专业布点数超过 42 个。

第六节　应对气候变化意识提高

面对气候变化的挑战，中国注重发挥各方面的积极性，提高公众应对气候变化的意识，以实际行动减缓和适应气候变化。近年来，通过中央及地方各级政府引导，利用多元化媒体广泛宣传，充分发挥企业和公众的积极性，有效提升了我国全民应对气候变化和绿色低碳意识，逐步形成了全社会共同关注、广泛参与的绿色低碳发展格局。

一、政府加强引导

2009 年以来，中国各级政府通过举办节能宣传周、环境主题日科普活动、论坛、展览等内容丰富、形式多样的活动，普及和传播气候变化的科学知识，不断提高公众的气候变化意识，取得明显效果。自 2013 年首次设立“全国低碳日”后，国家发展改革委会同有关部门每年组织开展“全国低碳日”宣传活动，在全国各地举办应对气候变化主题展览，组织低碳活动“进社区”“进校园”等活动，积极开展低碳宣传。在全国“节能宣传周”“低碳日”“环境日”等主题节日期间，充分动员各地方结合实际开展丰富多样的宣传活动，提高公众节能环保和绿色低碳发展意识。开展“低碳中国行”活动，组织新闻媒体、院士专家赴地方开展实地调研，在北京、上海、重庆、广州、杭州、保定等地举办多种形式的低碳主题活动，为地方低碳发展建言献策。在历届联合国气候变化大会期间组织举办“中国角”边会等系列宣传活动，向国际社会展示中国应对气候变化的政策与成效；通过深圳国际低碳城论坛、生态文明贵阳国际论坛、中美气候智慧型 / 低碳城市峰会和低碳能源城市论坛等系列活动，强调绿色低碳发展理念，发出全民践行低碳理念的倡议，扩大应对气候变化和低碳发展的群众基础和社会影响力。由原国家发展改革委应对气候变化司（现转隶生态环境部）委托，中国气象局组织制作了《应对气候变化—中国在行动》系列电视宣传片和画册，向世界展示了中国为减缓和适应气候变化做出的努力和采取的实际行动。原环境保护部依托“六五”世界环境日、世界地球日等活动，组织媒体开展气候变化新闻专题报道，组织开展“国际青少年绿色低碳实践交流营”等活动。中国气象局积极利用“3·23”世界气象日活动开展气候变化科普宣传。民政部依托“全国减灾日”和“国际减灾日”等活动，积极发放各类宣传材料 1.6 亿份，举办培训及讲座 4.5 万场，促进全民防灾减灾意识显著提升，并举办党政领导干部应急救灾专题研究班，强化县级领导干部应急处置和决策能力。水利部依托“3·22”世界水日组织主题宣传周活动，增强全社会节水、护水意识。住房和城乡建设部组织开展以“绿色交通·城市未来”为主题的中国城市无车日活动。交通运输部组织开展了多次低碳交通运输体系试点经验交流会与工作推进会以及 “公交出行宣传周”活动。国管局组织开展全国公共机构节能宣传周活动，通过网络远程和面授方式培训各级各类节能管理人员。国家海洋局每年在 6 月 8 日世界海洋日开展海洋与气候变化科普宣传。教育部在高校实施节能减排社会实践与科技竞赛。商务部开展流通领域节能宣传等行动。

图 5-12　2017 年全国节能宣传周及全国低碳日宣传画

图片来源：生态环境部网站。

二、媒体广泛宣传

《人民日报》、新华社、《经济日报》、中央人民广播电台、中国国际广播电台、中央电视台、《中国日报》和中国新闻社等中央主要新闻媒体及互联网媒体，对联合国气候峰会、联合国气候变化大会、中美气候变化联合声明、中国发布国家自主贡献等应对气候变化领域的重大新闻事件给予高度关注，利用图片、文字、视频等多种形式进行全方位报道，对低碳领域重要战略规划及政策文件的出台进行及时宣传报道和深入解读，引导公众关注，形成良好的舆论氛围。国内媒体机构编写并出版了一系列气候变化与气象灾害防御的科普宣传画册，制作了《面对气候变化》《变暖的地球》《关注气候变化》《环球同此凉热》等影视片，并在“全国低碳日”期间制作播出公益广告。中国气象局和人民网联合主办“绿镜头·发现中国”系列采访活动，深入各地发现和报道我国生态文明建设的探索和实践，为国家推动形成生态文明建设提供舆论支持。中国经济导报社等机构连续多年举办“中国应对气候变化和低碳发展十大新闻”的评选活动，推广绿色环保理念。中华环保联合会与北京人民广播电台联合录制了“倡导低碳生活，宣传节能减排”的广播节目。人民网、新华网、CCTV 组织系列专题报道“砥砺奋进的五年”，通过“绿色发展绿色生活”专栏报道各省市生态文明的案例、绿色发展案例。中宣部和中央电视台拍摄专题片《将改革进行到底》，并在《守住绿水青山》中明确提出中国将一如既往地做应对气候变化进程中的“行动派”。中央电视台等播出气候变化科普相关节目近 800 期。运用新媒体“互联网 +”、微博话题、微信公众号等多种渠道，向公众推送应对气候变化相关科普。2017 第二届中国（深圳）国际气候影视大会在深圳召开，以“气候变化与绿色传播”为主题，传播气候变化知识。

三、企业积极行动

企业全面贯彻落实国家应对气候变化及节能减排有关政策，加快绿色、低碳转型发展。积极优化产业结构，如中国宝武钢铁集团公司全面完成上海市下达的控煤目标，中国石油化工集团公司积极推动合同能源管理。积极推进节能优先，如中央发电企业积极开展燃煤发电机组节能升级改造，石油石化企业不断完善能源管理。

积极推进低碳技术研发，如石油石化企业开展“低碳关键技术研究”重大科技研究，发电企业积极开展碳捕集、利用与封存技术研发和工程应用。稳步推进应对气候变化基础能力建设，如中国移动通信集团公司按照碳排放信息披露的要求组织建立碳排放核算体系。

四、公众广泛参与

应对气候变化教育、宣传工作稳步推进，公众主动选择低碳出行、低碳居住等低碳生活方式，践行低碳理念。伴随着应对气候变化教育、培训及宣传工作的持续开展，公众更为积极自觉地选择低碳出行、低碳饮食、低碳居住、购买节能低碳产品等低碳生活方式。在机关、学校、社区、军营和企业等领域，通过千名青年环境友好使者行动等活动，向公众倡导低碳生活的绿色消费理念。上海、重庆、天津等城市开展“酷中国——全民低碳行动”，倡导大众追求简约、低碳的生活方式。中国低碳联盟组织开展低碳企业及人物征集评选活动，营造全民关注低碳、践行低碳的良好社会氛围。中国国际民间组织合作促进会、广州公益组织发展合作促进会、石家庄低碳协会等合作开展全国中学教师应对气候变化培训。世界自然基金会发起“地球一小时”倡议，国内多个城市积极参与，通过熄灯一小时来表达对环境问题的关注。青年应对气候变化行动网络举办第七届国际青年能源与气候变化峰会。中华环保联合会面向全国发起“守护蓝天碧水”的倡议活动。2016 年的《政府工作报告》中提出，“以体制机制创新促进分享经济发展，建设共享平台”，分享经济渗透公众生活的各方面，诸如共享单车、租车等，为公众选择低碳出行提供了高效解决方案。2016 年，气候组织与“爱回收”组织共同发起“减法生活行动”，鼓励公众以环保的方式积极处理闲置或废旧的电子产品，高效、循环地使用资源。中国气候传播项目中心组织开展了第二次全国范围的公众气候变化认知度调查，调查结果显示，96.8% 的受访者支持中国政府努力开展气候变化领域的国际合作，95% 的受访者支持政府采取的一系列减缓气候变化相关的政策措施，96.9% 的受访者支持政府对 CO_2 等温室气体排放要实行总量控制，98.7% 的受访者支持学校开展气候变化相关的教育，公众在自觉采取应对气候变化行动方面有了明显提升。

第七节 应对气候变化国际合作

一、国际交流与合作

中国政府本着“互利共赢、务实有效”的原则，与各有关国际机构、发达国家及发展中国家积极开展气候变化和绿色低碳发展领域务实合作，为促进全球合作应对气候变化发挥了积极建设性作用。多年以来，中国国家领导人多次参加全球气候变化领域全球峰会及高层论坛，在包括联合国气候变化峰会、美国“气候行动”峰会、G20首脑峰会、东亚峰会、中欧工商峰会、亚欧峰会等重大多边外交活动中，我国历任国家领导人就深化应对气候变化国际交流与合作、发展绿色经济等问题多次阐述中国采取的行动，呼吁加强气候变化技术和管理方面的国际合作，加深了各方对彼此立场的理解。2015年11月30日，中国国家主席习近平在法国巴黎出席联合国气候变化大会开幕式并发表题为《携手构建合作共赢、公平合理的气候变化治理机制》的重要讲话，强调各方要展现诚意、坚定信心、齐心协力，推动建立公平有效的全球应对气候变化机制，实现更高水平全球可持续发展，构建合作共赢的国际关系。

（一）推动与国际组织的交流合作

广泛开展与国际组织的务实合作，积极参与相关国际会议与行动倡议。积极开展与世界银行、亚洲开发银行、全球环境基金会等多边机构的合作，与亚洲开发银行签署双边气候变化合作谅解备忘录，共同组织召开“城市适应气候变化国际研讨会”。与世界银行共同启动全球环境基金“通过国际合作促进中国清洁绿色低碳城市发展”项目。

参加由联合国基金会、全球清洁炉灶联盟秘书处召开的“全球清洁炉灶联盟”相关会议并开展国内试点活动，与全球碳捕集和封存研究院等相关组织举办碳捕集、利用与封存技术现场研讨会和实施考察活动。参加《联合国气候变化框架公约》下的绿色气候基金、适应基金、技术执行委员会等相关会议，参与全球CH_4行动倡议、国际区域气候行动组织等多边组织的活动等。

（二）加强与发达国家的交流合作

中国政府利用领导高层互访契机，加强与发达国家在气候变化领域的交流与合作，分别与美国、欧盟、英国等国家发表气候变化联合声明，赢得国际社会积极反响，在应对气候变化领域与各国增进理解，进一步扩大共识，为推动气候变化谈判多边进程做出重要贡献。国家发展改革委与新西兰外交贸易部签署《关于加强气候变化合作的实施安排》，积极拓展双边合作范围。与美国、澳大利亚、新西兰、欧盟、法国、俄罗斯、韩国、德国等多个国家和地区举行气候变化双边合作机制会议，举行中美气候智慧 / 低碳城市峰会，就各自气候政策行动，加强气候变化双边合作交换意见，巩固加强现有合作机制。国家发展改革委与瑞典环境与能源部签署气候变化合作谅解备忘录，与德国在“国际气候倡议框架”下开展涵盖城市区域低碳经济、建筑节能改造、气候融资、交通需求管理等领域的合作，与英国在适应气候变化、碳市场、低碳发展、碳捕集、利用和封存等方面开展务实合作。与欧盟、法国、德国、英国、意大利、加拿大、日本等多个国家和地区在碳市场、能效、低碳城市、适应气候变化等领域开展了卓有成效的合作，加强同发达国家低碳技术联合研发，进一步深化双边务实合作。科技部实施“中欧燃煤发电近零排放”二期合作项目，推动中国科技部—联合国环境规划署—非洲水行动项目。住房城乡建设部与美国、德国、加拿大等国开展低碳生态城市国际合作试点。

（三）深化与发展中国家的合作

中国政府积极推动应对气候变化的“南南合作”，通过开展低碳示范区建设、赠送节能低碳物资和监测预警设备、开展应对气候变化“南南合作”培训班等多种方式帮助其他发展中国家提高应对气候变化能力。国家发展改革委与塞舌尔就低碳示范区建设签署了合作备忘录，先后与 28 个发展中国家签署物资赠送谅解备忘录，赠送节能灯、户用太阳能发电系统等应对气候变化物资，并根据发展中国家需求扩大赠送产品种类，向玻利维亚提供其急需的气象监测预报预警设备。在能力建设方面，举办多期应对气候变化“南南合作”培训班，为有关发展中国家培训应对气候变化领域官员和专家。“十二五”期间，累计举办了 40 余期应对气候变化“南南合作”培训班，帮助其他发展中国家培训 2 000 余名应对气候变化领域官员和专家。商务部通过实施技术援助、提供物资和现汇等方式累计援助 70 多个发展中国家，涉及清洁能源、低碳示范、农业抗旱技术、水资源利用和管理、粮食种植、智能电网、绿色港口、水土保持、紧急救灾等领域。并加强“基础四国”“立场相近发展中国家”等磋商机制，与发展中国家加强对话沟通，开展务实合作。积极开展东亚地区区域性对话与交流，参与和关注东亚低碳增长伙伴计划；与非洲、拉丁美洲、南太平洋地区有关发展中国家在紧急救灾、农业抗旱、清洁能源开发等多领域实施技术合作，提供援助。

二、积极参与全球气候治理

2009 年以来，中国政府高度重视全球气候变化问题，以高度负责任的态度，在气候变化国际谈判中发挥了积极建设性作用，努力推动各方就气候变化问题深化相互理解，广泛凝聚共识，为推动建立公平合理的国际气候制度做出了积极贡献。

（一）参与应对气候变化谈判进程

中国政府始终高度重视气候变化国际谈判工作，坚持建设性地积极参与国际合作进程。1993 年，中国批准了《联合国气候变化框架公约》，成为正式缔约方，并于 1998 年签署、2002 年核准了《京都议定书》，成为非附件 1 国家。中国认真履行本国在《联合国气候变化框架公约》和《京都议定书》下的义务，于 2004 年提交了《中华人民共和国气候变化初始国家信息通报》，并于 2007 年 6 月发布《应对气候变化国家方案》和《中国应对气候变化科技专项行动》。

2007 年，在印度尼西亚巴厘岛举行的联合国气候变化大会上，中国提出的三项建议得到与会各方的认可，并最终被采纳到巴厘路线图中，为巴厘路线图的形成做出了实质性贡献。

2009 年，中国积极参加哥本哈根气候大会谈判，展现了最大的诚意和灵活性，为打破谈判僵局、推动各方形成共识发挥了关键性作用。时任国家总理温家宝出席领导人会议，并在会议期间与各国领导人展开了密集的磋商，推动最终形成《哥本哈根协议》，凝聚了政治共识，为推动气候变化国际谈判进程做出了突出贡献。

2010 年，中国全面参与墨西哥坎昆会议谈判与磋商，坚持维护谈判进程的公开透明、广泛参与和协商一致，就各个谈判议题提出建设性方案，为坎昆会议取得务实成果、谈判重回正轨做出了重要贡献。2011 年，中国继续坚持全面参与德班会议谈判，为《京都议定书》第二承诺期的延续、双轨谈判机制的维系和 2020 年后全球应对气候变化框架的设计做出了积极贡献。

2011 年，中国继续积极参与联合国进程下的气候变化国际谈判，全面参与南非德班会议的谈判与磋商，坚持维护谈判进程的公开透明、广泛参与和协商一致，以认真、负责、开放、务实的姿态，为德班会议最终取得“一揽子”平衡成果、确保谈判沿正轨前进做出了重要贡献。为配合德班会议谈判，首次在联合国气候变化大会期间以中国代表团名义举办了为期9天、包含23场主题活动的“中国角”系列边会活动。

2012年，中国继续积极参与联合国进程下的气候变化国际谈判，与各国加强沟通，增进理解，扩大共识，为多哈会议取得成功作出积极努力。在中国等广大发展中国家努力下，多哈会议取得了“一揽子”平衡成果，既全面落实了巴厘路线图的谈判任务，基本确定2020年前应对气候变化国际合作行动相关安排，又对德班平台的谈判进行了规划设计，明确了2020年后进一步强化行动所应遵循的原则，维护了联合国多边谈判进程的有效性，提振了国际社会合作应对气候变化的信心。

2015年，中国制定并在发展中国家中率先向联合国提交中国国家自主贡献文件。习近平主席出席了巴黎会议并发表重要讲话，全面阐述全球气候治理中国方案，为推动会议成功做出了历史性贡献。中国在巴黎会议谈判中促进各方凝聚共识，积极宣传介绍中国应对气候变化的政策行动，发挥了积极建设性的作用，为会议取得成功做出了突出贡献。巴黎会议最终取得成功，达成了以《巴黎协定》为核心的系列成果。《巴黎协定》确定了2020年后气候变化国际合作的体制框架，也成为公约进程的里程碑。2016年，中国政府积极参加了公约下各次谈判会议，加强与各方沟通交流，旨在与各方一道推动《巴黎协定》尽快生效与有效实施，构建2020年后公平合理、合作共赢的全球气候治理体系。

2016年4月，国务院副总理张高丽作为习近平主席特使赴纽约联合国总部参加《巴黎协定》高级别签署仪式，中国成为第一批签署《巴黎协定》的国家。同年9月中国在杭州举行的G20峰会上还举行了批准《巴黎协定》法律文书交存仪式，国家主席习近平和时任美国总统奥巴马向联合国秘书长分别交存了各自的批准文书。在中国等国家的积极推动下，多数缔约方加快了批准《巴黎协定》的法律进程，最终促成《巴黎协定》于2016年11月4日正式生效。

2016年以来，中国继续以高度负责任的态度，在气候变化国际谈判中发挥积极、建设性作用，中国代表团积极参加包括联合国气候变化马拉喀什会议、2017年波恩气候变化大会等历届谈判大会，就国家自主贡献、适应、透明度、全球盘点、遵约机制、气候资金等各项议题加强与各国在气候变化领域的多层次磋商与对话，促进各方凝聚共识，为推动全球气候治理进程、落实《巴黎协定》各项约定条款、引导应对气候变化国际合作发挥了重要和积极的作用。

（二）加强与各国磋商和对话

中国重视继续巩固加强与“基础四国”和“立场相近发展中国家”沟通协调，主办并参加历次“基础四国”部长级会议和“立场相近发展中国家”会议。2015 年，中国与印度、巴西分别发表气候变化联合声明。继续开展与小岛国、最不发达国家和非洲集团对话，积极维护发展中国家利益。同时，中国继续深化与发达国家沟通交流，增进理解，扩大共识。中美元首于 2014 年 11 月、2015 年 9 月和 2016 年 3 月三度发表气候变化联合声明，并于 2016 年 9 月二十国集团杭州峰会期间共同发表中美气候变化合作成果文件。此外，2016 年中国与欧盟、韩国、俄罗斯等国开展气候变化对话磋商，举行气候变化合作机制双边会议，进一步加强了政策对话，深化了务实合作。2017 年 9 月，加拿大、中国、欧盟共同举办第一次气候行动部长会议，进一步凝聚各方共识，为气候变化多边进程注入新的政治推动力。

2017 年 9 月加拿大蒙特利尔第一次气候行动部长级会议

图片来源：网络 http://www.ndrc.gov.cn/gzdt/201709/t20170922_861280.html.

在全球应对气候变化进程不确定性增加的背景下，中国领导人多次发表重要讲话，阐述中方坚定支持《巴黎协定》和全球气候治理进程的主张立场。2017 年年初，习近平主席在达沃斯论坛 2017 年年会开幕式上表示，《巴黎协定》符合全球发展大方向，成果来之不易，应该共同坚守，不能轻言放弃，这是对我们子孙后代必须担负的责任。2017 年 6 月，李克强总理访问德国期间再次强调，应对气候变化不仅是中国作为发展中大国承担的国际责任，也是中国转变发展方式的内在需求。中国将继续履行承诺，努力走绿色、低碳、可持续发展之路。中国积极推进气候政策行动的坚定态度，彰显了中国作为负责任大国的担当，为多边进程发展注入了重要推动力，获得各方赞誉。

（三）应对气候变化联合声明

2014 年 6 月 17 日，中国政府和大不列颠及北爱尔兰联合王国政府在伦敦发表《中英气候变化联合声明》。中英两国认识到必须共同努力来建立应对气候变化行动的全球框架，这将支持本国实现低碳转型。两国认识到，2015 年的《联合国气候变化框架公约》巴黎缔约方大会为这一全球努力提供了一个至关重要的契机。双方必须加倍努力建立全球共识，以在巴黎通过一个在《联合国气候变化框架公约》下适用于所有缔约方的议定书、其他法律文书或具有法律效力的议定成果。中英两国承诺共同努力，支持联合国秘书长将于 2014 年 9 月召开的领导人峰会的相关工作，并维持这一强劲势头直至 2015 年巴黎会议。中英两国均已采取切实行动实施了控制或减少排放、推动低碳发展的政策，并表示欢迎双方已有的在低碳合作方面的紧密关系，这也将巩固双方的国际关系。双方同意，通过中英气候变化工作组加强双边政策对话和务实合作。

2014 年 11 月 12 日，中国政府与美国政府在北京联合发表了《中美气候变化联合声明》，并在声明中宣布了两国各自 2020 年后应对气候变化行动，认识到这些行动是向低碳经济转型长期努力的组成部分并考虑到 2℃全球温升目标。美国计划于 2025 年实现在 2005 年基础上减排 26%～28% 的全经济范围减排目标并将努力减排 28%。中国计划 2030 年前后 CO_2 排放达到峰值且将努力早日达峰，并计划到 2030 年非化石能源占一次能源消费比重提高到 20% 左右。双方均计划继续努力并随时间而提高力度。

2015 年 5 月 15 日，中国与印度在北京发表了《中印气候变化联合声明》，称两国正在全力准备与 2015 年协议相关的各自国家自主决定贡献，争取在巴黎会议前尽早提交。双方表示全力支持2015年年底的巴黎会议取得成功。双方忆及2009年签署的《中华人民共和国政府和印度共和国政府关于应对气候变化合作的协定》和2010年签署的《中华人民共和国政府和印度共和国政府关于绿色技术合作的谅解备忘录》（以下简称“备忘录”）。双方决定通过本联合声明及备忘录、协定的实施，进一步加强双边气候变化伙伴关系，并提升该伙伴关系在双方整体战略合作伙伴关系中的地位。双方相信其气候变化伙伴关系是互利的，并为全球应对气候变化努力做出贡献。为此，双方决定加强关于各自国内气候政策和多边谈判进程的高层双边对话，进一步深化双方在清洁能源技术、节能、能效、可再生能源、包括电动汽车在内的可持续交通、低碳城市和适应等领域的务实合作。

2015年6月29日，中国和欧盟在布鲁塞尔发表《中欧气候变化联合声明》，双方议及2005年《中欧气候变化联合宣言》、2010年《中欧气候变化对话与合作联合声明》、2013年《中欧合作2020战略规划》及其中关于可持续发展、气候变化和环境保护的章节，并致力于在过去十年成功合作的基础上，进一步推动中欧气候变化伙伴关系取得显著进展。双方致力于携手努力推动2015年巴黎气候大会达成一项富有雄心、具有法律约束力的协议，加强《联合国气候变化框架公约》的实施。双方注意到其各自宣布的到2030年的应对气候变化强化行动，作为中国为一方、欧盟及其成员国为另一方实现《联合国气候变化框架公约》第2条所规定目标而计划做出的国家自主决定贡献。双方的自主贡献与其他各方宣布的自主贡献一起，构成实现全世界所必需的绿色低碳发展长期努力的重要步骤。双方计划继续在《联合国气候变化框架公约》下共同努力于未来提高力度，并达成了发展低碳经济、加强绿色低碳、气候适应型经济和社会转型的政策对话与务实合作等13项合作意向。

2015年9月，中美双方于华盛顿重申《中美气候变化联合声明》，并明确表示全国碳排放权交易市场将于2017年正式启动，覆盖钢铁、电力、化工、建材、造纸和有色金属等重点工业行业。这是中国最高领导人首次明确全国碳市场时间表，对政府部门组织建设以及市场参与者做好准备工作有着重要的指导作用。

2015年11月2日，中国与法国在北京联合发表了《中法元首气候变化联合声明》。中法双方强调有必要通过巴黎协议表明减缓和适应气候变化在政治上同等重要。双方强调巴黎协议需为有效加强适应能力做出贡献；制订和实施国家适应计划、将应对气候变化考虑纳入国家经济社会发展规划和活动、采取多样化适应行动和项目的重要性；加强发展中国家适应计划和行动国际支持的重要性，同时考虑到那些特别脆弱国家的需要。此次联合声明启动了中法绿色低碳经济工作组，明确将加强在能效、可再生能源、低碳城市、低碳交通、技术研发、绿色金融等领域的务实合作。

2017 年 12 月 4 日，国务院总理李克强在人民大会堂同加拿大总理特鲁多举行第二次中加总理年度对话。双方一致同意发表《中国—加拿大气候变化和清洁增长联合声明》，主要内容有：一是双方承诺采取务实行动，并展现其鼓励向具有竞争力、低碳和气候适应型经济和社会转型的决心，并推动清洁增长。二是双方重申《巴黎协定》不可逆转，且不能被重新谈判。三是建立气候变化部长级对话，由中国国家发展改革委和加拿大环境和气候变化部牵头。四是建立清洁能源部长级对话，由中国国家能源局和加拿大自然资源部牵头。

2018 年 7 月 16 日，由中国国务院总理李克强与欧洲理事会主席图斯克、欧盟委员会主席容克共同主持第二十次中国欧盟领导人会晤，并在会上共同发表《中欧领导人气候变化和清洁能源联合声明》，再次确认其在《巴黎协定》下所作的承诺，并呼吁其他签署国进一步加强合作。

表 5-14　中外历次重大应对气候变化联合声明

序号	文件名称	发布时间
1	中英气候变化联合声明	2014 年 6 月 17 日
2	中美气候变化联合声明	2014 年 11 月 12 日
3	中印气候变化联合声明	2015 年 5 月 15 日
4	中欧气候变化联合声明	2015 年 6 月 29 日
5	中美元首气候变化联合声明	2015 年 9 月 25 日
6	中法元首气候变化联合声明	2015 年 11 月 2 日
7	中美元首气候变化联合声明	2016 年 3 月 31 日
8	中国—加拿大气候变化和清洁增长联合声明	2017 年 12 月 4 日
9	中欧领导人气候变化和清洁能源联合声明	2018 年 7 月 16 日

中国向来重视应对气候变化问题，积极探索有中国特色的绿色低碳发展之路。2009 年以来，中国有序推进应对气候变化战略和规划制定，积极落实一系列减缓气

候变化和适应气候变化的政策与行动，应对气候变化的基础能力、公众参与意识逐步提高，应对气候变化各项工作均取得积极成效。与此同时，中国广泛推进气候变化的国际交流与合作，气候变化领域的国际话语权逐渐提升，为应对全球气候变化做出了重要贡献。

思考题

（1）近年来我国为应对和适应气候变化都做了哪些努力？

（2）我们应该从哪些方面加强应对气候变化基础能力建设？

（3）为提高公众意识和参与程度，作为政府、媒体、企业、研究机构等不同角色定位分别应该如何做？

（4）为加强国际合作，作为世界最大的发展中国家的中国应该如何做？

附　录

附录一　联合国气候变化框架公约

本公约各缔约方，

承认地球气候的变化及其不利影响是人类共同关心的问题，

感到忧虑的是，人类活动已大幅增加大气中温室气体的浓度，这种增加增强了自然温室效应，平均而言将引起地球表面和大气进一步增温，并可能对自然生态系统和人类产生不利影响，

注意到历史上和目前全球温室气体排放的最大部分源自发达国家；发展中国家的人均排放仍相对较低；发展中国家在全球排放中所占的份额将会增加，以满足其社会和发展需要，

意识到陆地和海洋生态系统中温室气体汇和库的作用和重要性，

注意到在气候变化的预测中，特别是在其时间、幅度和区域格局方面，有许多不确定性，

承认气候变化的全球性，要求所有国家根据其共同但有区别的责任和各自的能力及其社会和经济条件，尽可能开展最广泛的合作，并参与有效和适当的国际应对行动，

回顾 1972 年 6 月 16 日于斯德哥尔摩通过的《联合国人类环境会议宣言》的有关规定，

又回顾各国根据《联合国宪章》和国际法原则，拥有主权权利按自己的环境和发展政策开发自己的资源，也有责任确保在其管辖或控制范围内的活动不对其他国家的环境或国家管辖范围以外地区的环境造成损害，

重申在应对气候变化的国际合作中的国家主权原则，

认识到各国应当制定有效的立法；各种环境方面的标准、管理目标和优先顺序应当反映其所适用的环境和发展方面情况；并且有些国家所实行的标准对其他国家特别是发展中国家可能是不恰当的，并可能会使之承担不应有的经济和社会代价，

回顾联合国大会关于联合国环境与发展会议的 1989 年 12 月 22 日第 44/228 号决议的决定，以及关于为人类当代和后代保护全球气候的 1988 年 12 月 6 日第 43/53 号、1989 年 12 月 22 日第 44/207 号、1990 年 12 月 21 日第 45/212 号和 1991 年 12 月 19 日第 46/169 号决议，

又回顾联合国大会关于海平面上升对岛屿和沿海地区特别是低洼沿海地区可能产生的不利影响的1989年12月22日第44/206号决议各项规定，以及联合国大会关于防治沙漠化行动计划实施情况的1989年12月19日第44/172号决议的有关规定，

并回顾1985年《保护臭氧层维也纳公约》和于1990年6月29日调整和修正的1987年《关于消耗臭氧层物质的蒙特利尔议定书》，

注意到1990年11月7日通过的第二次世界气候大会部长宣言，

意识到许多国家就气候变化所进行的有价值的分析工作，以及世界气象组织、联合国环境规划署和联合国系统的其他机关、组织和机构及其他国际和政府间机构对交换科学研究成果和协调研究工作所做的重要贡献，

认识到了解和应对气候变化所需的步骤只有基于有关的科学、技术和经济方面的考虑，并根据这些领域的新发现不断加以重新评价，才能在环境、社会和经济方面最为有效，

认识到应对气候变化的各种行动本身在经济上就能够是合理的，而且还能有助于解决其他环境问题，

又认识到发达国家有必要根据明确的优先顺序，立即灵活地采取行动，以作为形成考虑到所有温室气体并适当考虑它们对增强温室效应的相对作用的全球、国家和可能议定的区域性综合应对战略的第一步，

并认识到地势低洼国家和其他小岛屿国家、拥有低洼沿海地区、干旱和半干旱地区或易受水灾、旱灾和沙漠化影响地区的国家以及具有脆弱的山区生态系统的发展中国家特别容易受到气候变化的不利影响，

认识到其经济特别依赖于矿物燃料的生产、使用和出口的国家特别是发展中国家由于为了限制温室气体排放而采取的行动所面临的特殊困难，

申明应当以统筹兼顾的方式把应对气候变化的行动与社会和经济发展协调起来，以免后者受到不利影响，同时充分考虑到发展中国家实现持续经济增长和消除贫困的正当的优先需要，

认识到所有国家特别是发展中国家需要得到实现可持续的社会和经济发展所需的资源；发展中国家为了迈向这一目标，其能源消耗将需要增加，虽然考虑到有可能包括通过在具有经济效益和社会效益的条件下应用新技术来提高能源效率和一般地控制温室气体排放，

决心为当代和后代保护气候系统，兹协议如下：

第一条　定义①

本公约的目的：

1.“气候变化的不利影响”指气候变化所造成的自然环境或生物区系的变化，这些变化对自然的和管理下的生态系统的组成、复原力或生产力，或对社会经济系统的运作，或对人类的健康和福利产生重大的有害影响。

2.“气候变化”指除在类似时期内所观测的气候的自然变异之外，由于直接或间接的人类活动改变了地球大气的组成而造成的气候变化。

3.“气候系统”指大气圈、水圈、生物圈和地圈的整体及其相互作用。

4.“排放”指温室气候和/或其前体在一个特定地区和时期内向大气的释放。

5.“温室气体”指大气中那些吸收和重新放出红外辐射的自然的和人为的气态成分。

6.“区域经济一体化组织”指一个特定区域的主权国家组成的组织，有权处理本公约或其议定书所规定的事项，并经按其内部程序获得正式授权签署、批准、接受、核准或加入有关文书。

7.“库”指气候系统内存储温室气体或其前体的一个或多个组成部分。

8.“汇”指从大气中清除温室气体、气溶胶或温室气体前体的任何过程、活动或机制。

9.“源”指向大气排放温室气体、气溶胶或温室气体前体的任何过程或活动。

第二条　目标

本公约以及缔约方会议可能通过的任何相关法律文书的最终目标是：根据本公约的各项有关规定，将大气中温室气体的浓度稳定在防止气候系统受到危险的人为干扰的水平上。这一水平应当在足以使生态系统能够自然地适应气候变化、确保粮食生产免受威胁并使经济发展能够可持续地进行的时间范围内实现。

第三条　原则

各缔约方在为实现本公约的目标和履行其各项规定而采取行动时，除其他外，应以下列作为指导：

1.各缔约方应当在公平的基础上，并根据它们共同但有区别的责任和各自的能力，

---

① 各条加上标题纯粹是为了对读者有所帮助。

为人类当代和后代的利益保护气候系统。因此，发达国家缔约方应当率先应对气候变化及其不利影响。

2. 应当充分考虑到发展中国家缔约方尤其是特别易受气候变化不利影响的那些发展中国家缔约方的具体需要和特殊情况，也应当充分考虑到那些按本公约必须承担不成比例或不正常负担的缔约方特别是发展中国家缔约方的具体需要和特殊情况。

3. 各缔约方应当采取预防措施，预测、防止或尽量减少引起气候变化的原因并缓解其不利影响。当存在造成严重或不可逆转的损害的威胁时，不应当以科学上没有完全的确定性为理由推迟采取这类措施，同时考虑到应对气候变化的政策和措施应当讲求成本效益，确保以尽可能最低的费用获得全球效益。为此，这种政策和措施应当考虑到不同的社会经济情况，并且应当具有全面性，包括所有有关的温室气体源、汇和库及适应措施，并涵盖所有经济部门。应对气候变化的努力可由有关的缔约方合作进行。

4. 各缔约方有权并且应当促进可持续的发展。保护气候系统免遭人为变化的政策和措施应当适合每个缔约方的具体情况，并应当结合到国家的发展计划中去，同时考虑到经济发展对于采取措施应对气候变化是至关重要的。

5. 各缔约方应当合作促进有利的和开放的国际经济体系，这种体系将促成所有缔约方特别是发展中国家缔约方的可持续经济增长和发展，从而使它们有能力更好地应对气候变化的问题。为应对气候变化而采取的措施，包括单方面措施，不应当成为国际贸易上的任意或无理的歧视手段或者隐蔽的限制。

第四条　承诺

1. 所有缔约方，考虑到它们共同但有区别的责任，以及各自具体的国家和区域发展优先顺序、目标和情况，应：

（a）用待由缔约方会议议定的可比方法编制、定期更新、公布并按照第十二条向缔约方会议提供关于《蒙特利尔议定书》未予管制的所有温室气候的各种源的人为排放和各种汇的清除的国家清单；

（b）制订、执行、公布和经常地更新国家的以及在适当情况下区域的计划，其中包含从《蒙特利尔议定书》未予管制的所有温室气候的源的人为排放和汇的清除来着手减缓气候变化的措施，以及便利充分地适应气候变化的措施；

（c）在所有有关部门，包括能源、运输、工业、农业、林业和废物管理部门，促进和合作发展、应用和传播（包括转让）各种用来控制、减少或防止《蒙特利尔议定书》未予管制的温室气体的人为排放的技术、做法和过程；

(d) 促进可持续地管理，并促进和合作酌情维护和加强《蒙特利尔议定书》未予管制的所有温室气体的汇和库，包括生物质、森林和海洋以及其他陆地、沿海和海洋生态系统；

(e) 合作为适应气候变化的影响做好准备；拟订和详细制定关于沿海地区的管理、水资源和农业以及关于受到旱灾和沙漠化及洪水影响的地区特别是非洲的这种地区的保护和恢复的适当的综合性计划；

(f) 在它们有关的社会、经济和环境政策及行动中，在可行的范围内将气候变化考虑进去，并采用由本国拟订和确定的适当办法，例如进行影响评估，以期尽量减少它们为了减缓或适应气候变化而进行的项目或采取的措施对经济、公共健康和环境质量产生的不利影响；

(g) 促进和合作进行关于气候系统的科学、技术、工艺、社会经济和其他研究、系统观测及开发数据档案，目的是增进对气候变化的起因、影响、规模和发生时间以及各种应对战略所带来的经济和社会后果的认识，和减少或消除在这些方面尚存的不确定性；

(h) 促进和合作进行关于气候系统和气候变化以及关于各种应对战略所带来的经济和社会后果的科学、技术、工艺、社会经济和法律方面的有关信息的充分、公开和迅速的交流；

(i) 促进和合作进行与气候变化有关的教育、培训和提高公众意识的工作，并鼓励人们对这个过程最广泛参与，包括鼓励各种非政府组织的参与；

(j) 依照第十二条向缔约方会议提供有关履行的信息。

2. 附件一所列的发达国家缔约方和其他缔约方具体承诺如下所规定：

(a) 每一个此类缔约方应制定国家[①]政策和采取相应的措施，通过限制其人为的温室气体排放以及保护和增强其温室气体库和汇，减缓气候变化。这些政策和措施将表明，发达国家是在带头依循本公约的目标，改变人为排放的长期趋势，同时认识到至本10年末使二氧化碳和《蒙特利尔议定书》未予管制的其他温室气体的人为排放恢复到较早的水平，将会有助于这种改变，并考虑到这些缔约方的起点和

① 其中包括区域经济一体化组织制定的政策和采取的措施。

做法、经济结构和资源基础方面的差别、维持强有力和可持续经济增长的需要、可以采用的技术以及其他个别情况，又考虑到每一个此类缔约方都有必要对为了实现该目标而作的全球努力做出公平和适当的贡献。这些缔约方可以同其他缔约方共同执行这些政策和措施，也可以协助其他缔约方为实现本公约的目标特别是本项的目标做出贡献；

（b）为了推动朝这一目标取得进展，每一个此类缔约方应依照第十二条，在本公约对其生效后 6 个月内，并在其后定期地就其上述（a）项所述的政策和措施，以及就其由此预测在（a）项所述期间内《蒙特利尔议定书》未予管制的温室气体的源的人为排放和汇的清除，提供详细信息，目的在个别地或共同地使二氧化碳和《蒙特利尔议定书》未予管制的其他温室气体的人为排放恢复到 1990 年的水平。按照第七条，这些信息将由缔约方会议在其第一届会议上以及在其后定期地加以审评；

（c）为了上述（b）项的目的而计算各种温室气体源的排放和汇的清除时，应该参考可以得到的最佳科学知识，包括关于各种汇的有效容量和每一种温室气体在引起气候变化方面的作用的知识。缔约方会议应在其第一届会议上考虑和议定进行这些计算的方法，并在其后经常地加以审评；

（d）缔约方会议应在其第一届会议上审评上述（a）项和（b）项是否充足。进行审评时应参照可以得到的关于气候变化及其影响的最佳科学信息和评估，以及有关的工艺、社会和经济信息。在审评的基础上，缔约方会议应采取适当的行动，其中可以包括通过对上述（a）项和（b）项承诺的修正。缔约方会议第一届会议还应就上述（a）项所述共同执行的标准作出决定。对（a）项和（b）项的第二次审评应不迟于 1998 年 12 月 31 日进行，其后按由缔约方会议确定的定期间隔进行，直至本公约的目标达到为止；

（e）每一个此类缔约方应：

（一）酌情同其他此类缔约方协调为了实现本公约的目标而开发的有关经济和行政手段；

（二）确定并定期审评其本身有哪些政策和做法鼓励了导致《蒙特利尔议定书》未予管制的温室气候的人为排放水平因而更高的活动。

（f）缔约方会议应最迟在 1998 年 12 月 31 日之前审评可以得到的信息，以便经有关缔约方同意，作出适当修正附件一和附件二内名单的决定；

(g) 不在附件一之列的任何缔约方，可以在其批准、接受、核准或加入的文书中，或在其后任何时间，通知保存人其有意接受上述（a）项和（b）项的约束。保存人应将任何此类通知通报其他签署方和缔约方。

3. 附件二所列的发达国家缔约方和其他发达缔约方应提供新的和额外的资金，以支付经议定的发展中国家缔约方为履行第十二条第 1 款规定的义务而招致的全部费用。它们还应提供发展中国家缔约方所需要的资金。包括用于技术转让的资金，以支付经议定的为执行本条第 1 款所述并经发展中国家缔约方同第十一条所述那个或那些国际实体依该条议定的措施的全部增加费用。这些承诺的履行应考虑到资金流量应充足和可以预测的必要性，以及发达国家缔约方间适当分摊负担的重要性。

4. 附件二所列的发达国家缔约方和其他发达缔约方还应帮助特别易受气候变化不利影响的发展中国家缔约方支付适应这些不利影响的费用。

5. 附件二所列的发达国家缔约方和其他发达缔约方应采取一切实际可行的步骤，酌情促进、便利和资助向其他缔约方特别是发展中国家缔约方转让或使它们有机会得到无害环境的技术和专有技术，以使它们能够履行本公约的各项规定。在此过程中，发达国家缔约方应支持开发和增强发展中国家缔约方的自生能力和技术。有能力这样做的其他缔约方和组织也可协助便利这类技术的转让。

6. 对于附件一所列正在朝市场经济过渡的缔约方，在履行其在上述第 2 款下的承诺时，包括在《蒙特利尔议定书》未予管制的温室气体人为排放的可资参照的历史水平方面，应由缔约方会议允许它们有一定程度的灵活性，以增强这些缔约方应对气候变化的能力。

7. 发展中国家缔约方能在多大程度上有效履行其在本公约下的承诺，将取决于发达国家缔约方对其在本公约下所承担的有关资金和技术转让的承诺的有效履行，并将充分考虑到经济和社会发展及消除贫困是发展中国家缔约方的首要和压倒一切的优先事项。

8. 在履行本条各项承诺时，各缔约方应充分考虑按照本公约需要采取哪些行动，包括与提供资金、保险和技术转让有关的行动，以满足发展中国家缔约方由于气候变化的不利影响和 / 或执行应对措施所造成的影响，特别是对下列各类国家的影响，而产生的具体需要和关注：

（a）小岛屿国家；

（b）有低洼沿海地区的国家；

（c）有干旱和半干旱地区、森林地区和容易发生森林退化的地区的国家；

（d）有易遭自然灾害地区的国家；

（e）有容易发生旱灾和沙漠化的地区的国家；

（f）有城市大气严重污染的地区的国家；

（g）有脆弱生态系统包括山区生态系统的国家；

（h）其经济高度依赖于矿物燃料和相关的能源密集产品的生产、加工和出口所带来的收入，和/或高度依赖于这种燃料和产品的消费的国家；

（i）内陆国和过境国。

此外，缔约方会议可酌情就本款采取行动。

9. 各缔约方在采取有关提供资金和技术转让的行动时，应充分考虑到最不发达国家的具体需要和特殊情况。

10. 各缔约方应按照第十条，在履行本公约各项承诺时，考虑到其经济容易受到执行应付气候变化的措施所造成的不利影响之害的缔约方、特别是发展中国家缔约方的情况。这尤其适用于其经济高度依赖于矿物燃料和相关的能源密集产品的生产、加工和出口所带来的收入，和/或高度依赖于这种燃料和产品的消费，和/或高度依赖于矿物燃料的使用，而改用其他燃料又非常困难的那些缔约方。

第五条　研究

在履行第四条第1款（g）项下的承诺时，各缔约方应：

（a）支持并酌情进一步制订旨在确定、进行、评估和资助研究、数据收集和系统观测的国际和政府间计划和站网或组织，同时考虑到有必要尽量减少工作重复；

（b）支持旨在加强尤其是发展中国家的系统观测及国家科学和技术研究能力的国际和政府间努力，并促进获取和交换从国家管辖范围以外地区取得的数据及其分析；

（c）考虑发展中国家的特殊关注和需要，并开展合作提高它们参与上述（a）项和（b）项中所述努力的自生能力。

第六条　意识

在履行第四条第1款（i）项下的承诺时，各缔约方应：

（a）在国家一级并酌情在次区域和区域一级，根据国家法律和规定，并在各自的能力范围内，促进和便利：

（一）拟订和实施有关气候变化及其影响的教育及提高公众意识的计划；

（二）公众获取有关气候变化及其影响的信息；

（三）公众参与应付气候变化及其影响和拟订适当的对策；

（四）培训科学、技术和管理人员。

（b）在国际一级，酌情利用现有的机构，在下列领域进行合作并促进：

（一）编写和交换有关气候变化及其影响的教育及提高公众意识的材料；

（二）拟订和实施教育和培训计划，包括加强国内机构和交流或借调人员来特别是为发展中国家培训这方面的专家。

第七条　缔约方会议

1. 兹设立缔约方会议。

2. 缔约方会议作为本公约的最高机构，应定期审评本公约和缔约方会议可能通过的任何相关法律文书的履行情况，并应在其职权范围内作出为促进本公约的有效履行所必要的决定。为此目的，缔约方会议应：

（a）根据本公约的目标、在履行本公约过程中取得的经验和科学与技术知识的发展，定期审评本公约规定的缔约方义务和机构安排；

（b）促进和便利就各缔约方为应付气候变化及其影响而采取的措施进行信息交流；

（c）应两个或更多的缔约方的要求，便利将这些缔约方为应付气候变化及其影响而采取的措施加以协调，同时考虑到各缔约方不同的情况、责任和能力以及各自在本公约下的承诺；

（d）依照本公约的目标和规定，促进和指导发展和定期改进由缔约方会议议定的，除其他外，用来编制各种温室气体源的排放和各种汇的清除的清单，和评估为限制这些气体的排放及增进其清除而采取的各种措施的有效性的可比方法；

（e）根据依本公约规定获得的所有信息，评估各缔约方履行公约的情况和依照公约所采取措施的总体影响，特别是环境、经济和社会影响及其累计影响，以及当前在实现本公约的目标方面取得的进展；

（f）审议并通过关于本公约履行情况的定期报告，并确保予以发表；

（g）就任何事项作出为履行本公约所必需的建议；

（h）按照第四条第 3 款、第 4 款和第 5 款及第十一条，设法动员资金；

(i) 设立其认为履行公约所必需的附属机构；

(j) 审评其附属机构提出的报告，并向它们提供指导；

(k) 以协商一致方式议定并通过缔约方会议和任何附属机构的议事规则和财务规则；

(l) 酌情寻求和利用各主管国际组织和政府间及非政府机构提供的服务、合作和信息；

(m) 行使实现本公约目标所需的其他职能以及依本公约所赋予的所有其他职能。

3. 缔约方会议应在其第一届会议上通过其本身的议事规则以及本公约所设立的附属机构的议事规则，其中应包括关于本公约所述各种决策程序未予规定的事项的决策程序。这类程序可包括通过具体决定所需的特定多数。

4. 缔约方会议第一届会议应由第二十一条所述的临时秘书处召集，并应不迟于本公约生效日期后 1 年举行。其后，除缔约方会议另有决定外，缔约方会议的常会应每年举行。

5. 缔约方会议特别会议应在缔约方会议认为必要的其他时间举行，或应任何缔约方的书面要求而举行，但须在秘书处将该要求转达给各缔约方后 6 个月内得到至少 1/3 缔约方的支持。

6. 联合国及其专门机构和国际原子能机构，以及它们的非为本公约缔约方的会员国或观察员，均可作为观察员出席缔约方会议的各届会议。任何在本公约所涉事项上具备资格的团体或机构，不管其为国家或国际的、政府或非政府的，经通知秘书处其愿意作为观察员出席缔约方会议的某届会议，均可予以接纳，除非出席的缔约方至少有 1/3 反对。观察员的接纳和参加应遵循缔约方会议通过的议事规则。

第八条　秘书处

1. 兹设立秘书处。

2. 秘书处的职能应为：

(a) 安排缔约方会议及依本公约设立的附属机构的各届会议，并向它们提供所需的服务；

(b) 汇编和转递向其提交的报告；

(c) 应要求时协助各缔约方特别是发展中国家缔约方汇编和转递依本公约规定所需的信息；

（d）编制关于其活动的报告，并提交给缔约方会议；

（e）确保与其他有关国际机构的秘书处的必要协调；

（f）在缔约方会议的全面指导下订立为有效履行其职能而可能需要的行政和合同安排；

（g）行使本公约及其任何议定书所规定的其他秘书处职能和缔约方会议可能决定的其他职能。

3. 缔约方会议应在其第一届会议上指定一个常设秘书处，并为其行使职能作出安排。

第九条　附属科技咨询机构

1. 兹设立附属科学和技术咨询机构，就与公约有关的科学和技术事项，向缔约方会议并酌情向缔约方会议的其他附属机构及时提供信息和咨询。该机构应开放供所有缔约方参加，并应具有多学科性。该机构应由在有关专门领域胜任的政府代表组成。该机构应定期就其工作的一切方面向缔约方会议报告。

2. 在缔约方会议指导下和依靠现有主管国际机构，该机构应：

（a）就有关气候变化及其影响的最新科学知识提出评估；

（b）就履行公约所采取措施的影响进行科学评估；

（c）确定创新的、有效率的和最新的技术与专有技术，并就促进这类技术的发展和/或转让的途径与方法提供咨询；

（d）就有关气候变化的科学计划和研究与发展的国际合作，以及就支持发展中国家建立自生能力的途径与方法提供咨询；

（e）答复缔约方会议及其附属机构可能向其提出的科学、技术和方法问题。

3. 该机构的职能和职权范围可由缔约方会议进一步制定。

第十条　附属履行机构

1. 兹设立附属履行机构，以协助缔约方会议评估和审评本公约的有效履行。该机构应开放供所有缔约方参加，并由为气候变化问题专家的政府代表组成。该机构应定期就其工作的一切方面向缔约方会议报告。

2. 在缔约方会议的指导下，该机构应：

（a）考虑依第十二条第1款提供的信息，参照有关气候变化的最新科学评估，对各缔约方所采取步骤的总体合计影响作出评估；

(b)考虑依第十二条第2款提供的信息，以协助缔约方会议进行第四条第2款(d)项所要求的审评；

(c) 酌情协助缔约方会议拟订和执行其决定。

第十一条　资金机制

1. 兹确定一个在赠与或转让基础上提供资金、包括用于技术转让的资金的机制。该机制应在缔约方会议的指导下行使职能并向其负责，并应由缔约方会议决定该机制与本公约有关的政策、计划优先顺序和资格标准。该机制的经营应委托一个或多个现有的国际实体负责。

2. 该资金机制应在一个透明的管理制度下公平和均衡地代表所有缔约方。

3. 缔约方会议和受托管资金机制的那个或那些实体应议定实施上述各款的安排，其中应包括：

(a) 确保所资助的应付气候变化的项目符合缔约方会议所制定的政策、计划优先顺序和资格标准的办法；

(b) 根据这些政策、计划优先顺序和资格标准重新考虑某项供资决定的办法；

(c) 依循上述第1款所述的负责要求，由那个或那些实体定期向缔约方会议提供关于其供资业务的报告；

(d) 以可预测和可认定的方式确定履行本公约所必需的和可以得到的资金数额，以及定期审评此一数额所应依据的条件。

4. 缔约方会议应在其第一届会议上作出履行上述规定的安排，同时审评并考虑到第二十一条第3款所述的临时安排，并应决定这些临时安排是否应予维持。在其后四年内，缔约方会议应对资金机制进行审评，并采取适当的措施。

5. 发达国家缔约方还可通过双边、区域性和其他多边渠道提供并由发展中国家缔约方获取与履行本公约有关的资金。

第十二条　提供有关履行的信息

1. 按照第四条第1款，第一缔约方应通过秘书处向缔约方会议提供含有下列内容的信息：

(a) 在其能力允许的范围内，用缔约方会议所将推行和议定的可比方法编成的关于《蒙特利尔议定书》未予管制的所有温室气体的各种源的人为排放和各种汇的清除的国家清单；

（b）关于该缔约方为履行公约而采取或设想的步骤的一般性描述；

（c）该缔约方认为与实现本公约的目标有关并且适合列入其所提供信息的任何其他信息，在可行情况下，包括与计算全球排放趋势有关的资料。

2. 附件一所列每一发达国家缔约方和每一其他缔约方应在其所提供的信息中列入下列各类信息：

（a）关于该缔约方为履行其第四条第 2 款（a）项和（b）项下承诺所采取政策和措施的详细描述；

（b）关于本款（a）项所述政策和措施在第四条第 2 款（a）项所述期间对温室气体各种源的排放和各种汇的清除所产生影响的具体估计。

3. 此外，附件二所列每一发达国家缔约方和每一其他发达缔约方应列入按照第四条第 3 款、第 4 款和第 5 款所采取措施的详情。

4. 发展中国家缔约方可在自愿基础上提出需要资助的项目，包括为执行这些项目所需要的具体技术、材料、设备、工艺或做法，在可能情况下并附上对所有增加的费用、温室气体排放的减少量及其清除的增加量的估计，以及对其所带来效益的估计。

5. 附件一所列每一发达国家缔约方和每一其他缔约方应在公约对该缔约方生效后 6 个月内第一次提供信息。未列入该附件的每一缔约方应在公约对该缔约方生效后或按照第四条第 3 款获得资金后 3 年内第一次提供信息。最不发达国家缔约方可自行决定何时第一次提供信息。其后所有缔约方提供信息的频度应由缔约方会议考虑到本款所规定的差别时间表予以确定。

6. 各缔约方按照本条提供的信息应由秘书处尽快转交给缔约方会议和任何有关的附属机构。如有必要，提供信息的程序可由缔约方会议进一步考虑。

7. 缔约方会议从第一届会议起，应安排向有此要求的发展中国家缔约方提供技术和资金支持，以汇编和提供本条所规定的信息，和确定与第四条规定的所拟议的项目和应对措施相联系的技术和资金需要。这些支持可酌情由其他缔约方、主管国际组织和秘书处提供。

8. 任何一组缔约方遵照缔约方会议制定的指导方针并经事先通知缔约方会议，可以联合提供信息来履行其在本条下的义务，但这样提供的信息须包括关于其中每一缔约方履行其在本公约下的各自义务的信息。

9. 秘书处收到的经缔约方按照缔约方会议制定的标准指明为机密的信息，在提供给任何参与信息的提供和审评的机构之前，应由秘书处加以汇总，以保护其机密性。

10. 在不违反上述第 9 款，并且不妨碍任何缔约方在任何时候公开其所提供信息的能力的情况下，秘书处应将缔约方按照本条提供的信息在其提交给缔约方会议的同时予以公开。

第十三条　解决与履行有关的问题

缔约方会议应在其第一届会议上考虑设立一个解决与公约履行有关的问题的多边协商程序，供缔约方有此要求时予以利用。

第十四条　争端的解决

1. 任何两个或两个以上缔约方之间就本公约的解释或适用发生争端时，有关的缔约方应寻求通过谈判或它们自己选择的任何其他和平方式解决该争端。

2. 非为区域经济一体化组织的缔约方在批准、接受、核准或加入本公约时，或在其后任何时候，可在交给保存人的 1 份文书中声明，关于本公约的解释或适用方面的任何争端，承认对于接受同样义务的任何缔约方，下列义务为当然而具有强制性的，无须另订特别协议：

（a）将争端提交国际法院；

（b）按照将由缔约方会议尽早通过的、载于仲裁附件中的程序进行仲裁。作为区域经济一体化组织的缔约方可就依上述（b）项中所述程序进行仲裁发表类似声明。

3. 根据上述第 2 款所作的声明，在其所载有效期期满前，或在书面撤回通知交存于保存人后的 3 个月内，应一直有效。

4. 除非争端各当事方另有协议，新作声明、作出撤回通知或声明有效期满丝毫不得影响国际法院或仲裁庭正在进行的审理。

5. 在不影响上述第 2 款运作的情况下，如果一缔约方通知另一缔约方它们之间存在争端，12 个月后，有关的缔约方尚未能通过上述第 1 款所述方法解决争端，经争端的任何当事方要求，应将争端提交调解。

6. 经争端一当事方要求，应设立调解委员会。调解委员会应由每一当事方委派的数目相同的成员组成，主席由每一当事方委派的成员共同推选。调解委员会应作出建议性裁决。各当事方应善意考虑之。

7. 有关调解的补充程序应由缔约方会议尽早以调解附件的形式予以通过。

8. 本条各项规定应适用于缔约方会议可能通过的任何相关法律文书，除非该文书另有规定。

第十五条　公约的修正

1. 任何缔约方均可对本公约提出修正。

2. 对本公约的修正应在缔约方会议的一届常会上通过。对本公约提出的任何修正案文应由秘书处在拟议通过该修正的会议之前至少 6 个月送交各缔约方。秘书处还应将提出的修正送交本公约各签署方，并送交保存人以供参考。

3. 各缔约方应尽一切努力以协商一致方式就对本公约提出的任何修正达成协议。如为谋求协商一致已尽了一切努力，仍未达成协议，作为最后的方式，该修正应以出席会议并参加表决的缔约方 3/4 多数票通过。通过的修正应由秘书处送交保存人，再由保存人转送所有缔约方供其接受。

4. 对修正的接受文书应交存于保存人。按照上述第 3 款通过的修正，应于保存人收到本公约至少 3/4 缔约方的接受文书之日后第 90 天起对接受该修正的缔约方生效。

5. 对于任何其他缔约方，修正应在该缔约方向保存人交存接受该修正的文书之日后第 90 天起对其生效。

6. 为本条的目的，"出席并参加表决的缔约方"是指出席并投赞成票或反对票的缔约方。

第十六条　公约附件的通过和修正

1. 本公约的附件应构成本公约的组成部分，除另有明文规定外，凡提到本公约时即同时提到其任何附件。在不妨害第十四条第 2 款（b）项和第 7 款规定的情况下，这些附件应限于清单、表格和任何其他属于科学、技术、程序或行政性质的说明性资料。

2. 本公约的附件应按照第十五条第 2 款、第 3 款和第 4 款中规定的程序提出和通过。

3. 按照上述第 2 款通过的附件，应于保存人向公约的所有缔约方发出关于通过该附件的通知之日起 6 个月后对所有缔约方生效，但在此期间以书面形式通知保存人不接受该附件的缔约方除外。对于撤回其不接受的通知的缔约方，该附件应自保存人收到撤回通知之日后第 90 天起对其生效。

4. 对公约附件修正的提出、通过和生效，应依照上述第 2 款和第 3 款对公约附件的提出、通过和生效规定的同一程序进行。

5. 如果附件或对附件的修正的通过涉及对本公约的修正，则该附件或对附件的修正应待对公约的修正生效之后方可生效。

第十七条　议定书

1. 缔约方会议可在任何一届常会上通过本公约的议定书。

2. 任何拟议的决定书案文应由秘书处在举行该届会议至少六个月之前送交各缔约方。

3. 任何议定书的生效条件应由该文书加以规定。

4. 只有本公约的缔约方才可成为议定书的缔约方。

5. 任何议定书下的决定只应由该议定书的缔约方作出。

第十八条　表决权

1. 除下述第 2 款所规定外，本公约每一缔约方应有 1 票表决权。

2. 区域经济一体化组织在其权限内的事项上应行使票数与其作为本公约缔约方的成员国数目相同的表决权。如果一个此类组织的任一成员国行使自己的表决权，则该组织不得行使表决权，反之亦然。

第十九条　保存人

联合国秘书长应为本公约及按照第十七条通过的议定书的保存人。

第二十条　签署

本公约应于联合国环境与发展会议期间在里约热内卢，其后自 1992 年 6 月 20 日至 1993 年 6 月 19 日在纽约联合国总部，开放供联合国会员国或任何联合国专门机构的成员国或《国际法院规约》的当事国和各区域经济一体化组织签署。

第二十一条　临时安排

1. 在缔约方会议第一届会议结束前，第八条所述的秘书处职能将在临时基础上由联合国大会 1990 年 12 月 21 日第 45/212 号决议所设立的秘书处行使。

2. 上述第 1 款所述的临时秘书处首长将与政府间气候变化专门委员会密切合作，以确保该委员会能够对提供客观科学和技术咨询的要求作出反应。也可以咨询其他有关的科学机构。

3. 在临时基础上，联合国开发计划署、联合国环境规划署和国际复兴开发银行的“全球环境融资”应为受托经营第十一条所述资金机制的国际实体。在这方面，“全球环境融资”应予适当改革，并使其成员具有普遍性，以使其能满足第十一条的要求。

第二十二条　批准、接受、核准或加入

1. 本公约须经各国和各区域经济一体化组织批准、接受、核准或加入。公约应自签署截止日之次日起开放供加入。批准、接受、核准或加入的文书应交存于保存人。

2. 任何成为本公约缔约方而其成员国均非缔约方的区域经济一体化组织应受本公约一切义务的约束。如果此类组织的一个或多个成员国为本公约的缔约方，该组织及其成员国应决定各自在履行公约义务方面的责任。在此种情况下，该组织及其成员国无权同时行使本公约规定的权利。

3. 区域经济一体化组织应在其批准、接受、标准或加入的文书中声明其在本公约所规定事项上的权限。此类组织还应将其权限范围的任何重大变更通知保存人，再由保存人通知各缔约方。

第二十三条　生效

1. 本公约应自第 50 份批准、接受、核准或加入的文书交存之日后第 90 天起生效。

2. 对于在第 50 份批准、接受、核准或加入的文书交存之后批准、接受、核准或加入本公约的每一国家或区域经济一体化组织，本公约应自该国或该区域经济一体化组织交存其批准、接受、核准或加入的文书之日后第 90 天起生效。

3. 为上述第 1 款和第 2 款的目的，区域经济一体化组织所交存的任何文书不应被视为该组织成员国所交存文书之外的额外文书。

第二十四条　保留

对本公约不得做任何保留。

第二十五条　退约

1. 自本公约对一缔约方生效之日起 3 年后，该缔约方可随时向保存人发出书面通知退出本公约。

2. 任何退出应自保存人收到退出通知之日起 1 年期满时生效，或在退出通知中所述明的更后日期生效。

3. 退出本公约的任何缔约方，应被视为亦退出其作为缔约方的任何议定书。

第二十六条　作准文本

本公约正本应交存于联合国秘书长，其阿拉伯文、中文、英文、法文、俄文和西班牙文文本同为作准。

下列签署人，经正式授权，在本公约上签字，以昭信守。

1992 年 5 月 9 日订于纽约。

附件 1　国家

澳大利亚、欧洲共同体、奥地利、爱沙尼亚、白俄罗斯、芬兰、比利时、法国、保加利亚、德国、加拿大、希腊、捷克斯洛伐克、匈牙利、丹麦、冰岛、爱尔兰、罗马尼亚、意大利、俄罗斯联邦、日本、西班牙、拉脱维亚、瑞典、立陶宛、瑞士、卢森堡、土耳其、荷兰、乌克兰、新西兰、大不列颠及北爱尔兰联合王国、挪威、美利坚合众国、波兰、葡萄牙

附件 2　国家

澳大利亚、日本、奥地利、卢森堡、比利时、荷兰、加拿大、新西兰、丹麦、挪威、欧洲共同体、葡萄牙、芬兰、西班牙、法国、瑞典、德国、瑞士、希腊、土耳其、冰岛、大不列颠及北爱尔兰联合王国、爱尔兰、美利坚合众国、意大利

附录二　京都议定书

本议定书各缔约方，作为《联合国气候变化框架公约》缔约方，为实现《联合国气候变化框架公约》第二条所述的最终目标，忆及《联合国气候变化框架公约》的各项规定，在《联合国气候变化框架公约》第三条的指导下，按照《联合国气候变化框架公约》缔约方会议第一届会议在第 1/CP.1 号决定中通过的“柏林授权”，兹协议如下：

第一条

为本议定书的目的，《联合国气候变化框架公约》第一条所载定义应予适用。此外：

1.“缔约方会议”指《联合国气候变化框架公约》缔约方会议。

2.“公约”指 1992 年 5 月 9 日在纽约通过的《联合国气候变化框架公约》。

3.“政府间气候变化专门委员会”指世界气象组织和联合国环境规划署 1988 年联合设立的政府之间气候变化专门委员会。

4.“蒙特利尔议定书”指 1987 年 9 月 16 日在蒙特利尔通过、后经调整和修正的《关于消耗臭氧层物质的蒙特利尔议定书》。

5.“出席并参加表决的缔约方”指出席会议并投赞成票或反对票的缔约方。

6.“缔约方”指本议定书缔约方，除非文中另有说明。

7.“附件一所列缔约方”指《联合国气候变化框架公约》附件一所列缔约方，包括可能作出的修正，或指根据《联合国气候变化框架公约》第四条第 2 款（g）项作出通知的缔约方。

第二条

1. 附件一所列每一缔约方，在实现第三条所述关于其量化的限制和减少排放的承诺时，为促进可持续发展，应：

（a）根据本国情况执行和 / 或进一步制定政策和措施，诸如：

（一）增强本国经济有关部门的能源效率；

（二）保护和增强《蒙特利尔议定书》未予管制的温室气体的汇和库，同时考虑到其依有关的国际环境协议作出的承诺；促进可持续森林管理的做法、造林和再造林；

（三）在考虑到气候变化的情况下促进可持续农业方式；

（四）研究、促进、开发和增加使用新能源和可再生的能源、二氧化碳固碳技术和有益于环境的先进的创新技术；

（五）逐步减少或逐步消除所有的温室气体排放部门违背《联合国气候变化框架公约》目标的市场缺陷、财政激励、税收和关税免除及补贴，并采用市场手段；

（六）鼓励有关部门的适当改革，旨在促进用以限制或减少《蒙特利尔议定书》未予管制的温室气体的排放的政策和措施；

（七）采取措施在运输部门限制和 / 或减少《蒙特利尔议定书》未予管制的温室气体排放；

（八）通过废物管理及能源的生产、运输和分配中的回收和利用限制和 / 或减少甲烷排放。

（b）根据《联合国气候变化框架公约》第四条第 2 款（e）项第（一）目，同其他此类缔约方合作，以增强它们依本条通过的政策和措施的个别和合并的有效性。为此目的，这些缔约方应采取步骤分享它们关于这些政策和措施的经验并交流信息，包括设法改进这些政策和措施的可比性、透明度和有效性。作为本议定书缔约方会议的《联合国气候变化框架公约》缔约方会议，应在第一届会议上或在此后一旦实际可行时，审议便利这种合作的方法，同时考虑到所有相关信息。

2. 附件一所列缔约方应分别通过国际民用航空组织和国际海事组织做出努力，谋求限制或减少航空和航海舱载燃料产生的《蒙特利尔议定书》未予管制的温室气体的排放。

3. 附件一所列缔约方应以下述方式努力履行本条中所指政策和措施，即最大限度地减少各种不利影响，包括对气候变化的不利影响、对国际贸易的影响，以及对其他缔约方尤其是发展中国家缔约方和《联合国气候变化框架公约》第四条第 8 款和第 9 款中所特别指明的那些缔约方的社会、环境和经济影响，同时考虑到《联合国气候变化框架公约》第三条。作为本议定书缔约方会议的《联合国气候变化框架公约》缔约方会议可以酌情采取进一步行动促进本款规定的实施。

4. 作为本议定书缔约方会议的《联合国气候变化框架公约》缔约方会议如断定就上述第 1 款（a）项中所指任何政策和措施进行协调是有益的，同时考虑到不同的国情和潜在影响，应就阐明协调这些政策和措施的方式和方法进行审议。

第三条

1. 附件一所列缔约方应个别地或共同地确保其在附件 A 中所列温室气体的人为二氧化碳当量排放总量不超过按照附件 B 中所载其量化的限制和减少排放的承诺和根据本条的规定所计算的其分配数量，以使其在 2008—2012 年承诺期内这些气体的全部排放量从 1990 年水平至少减少 5%。

2. 附件一所列每一缔约方到 2005 年时，应在履行其依本议定书规定的承诺方面作出可予证实的进展。

3. 自 1990 年以来直接由人引起的土地利用变化和林业活动——限于造林、重新造林和砍伐森林，产生的温室气体源的排放和碳吸收方面的净变化，作为每个承诺期碳贮存方面可核查的变化来衡量，应用以实现附件一所列每一缔约方依本条规定的承诺。与这些活动相关的温室气体源的排放和碳的清除，应以透明且可核查的方式作出报告，并依第七条和第八条予以审评。

4. 在作为本议定书缔约方会议的《联合国气候变化框架公约》缔约方会议第一届会议之前，附件一所列每缔约方应提供数据供附属科技咨询机构审议，以便确定其 1990 年的碳贮存并能对其以后各年的碳贮存方面的变化作出估计。作为本议定书缔约方会议的《联合国气候变化框架公约》缔约方会议，应在第一届会议或在其后一旦实际可行时，就涉及与农业土壤和土地利用变化及林业类各种温室气体源的排放和各种汇的清除方面变化有关的那些因人引起的其他活动，应如何加到附件一所列缔约方的分配数量中或从中减去的方式、规则和指南作出决定，同时考虑到各种不确定性、报告的透明度、可核查性、政府间气候变化专门委员会方法学方面的工作、附属科技咨询机构根据第五条提供的咨询意见以及《联合国气候变化框架公约》缔约方会议的决定。此项决定应适用于第二个和以后的承诺期。一缔约方可为其第一个承诺期这些额外的因人引起的活动选择适用此项决定，但这些活动须自 1990 年以来已经进行。

5. 其基准年或期间系根据《联合国气候变化框架公约》缔约方会议第二届会议第 9/CP.2 号决定确定的、正在向市场经济过渡的附件一所列缔约方在履其本条中的承诺时应以该基准年或期间为准。正在向市场经济过渡但尚未依《联合国气候变化框架公约》第十二条提交其第一次国家信息通报的附件一所列任何其他缔约方，也可通知作为本议定书缔约方会议的《联合国气候变化框架公约》缔约方会议，它有意为履行依本条规定的承诺使用除 1990 年以外的某一历史基准年或期间。作为本议定书缔约方会议的《联合国气候变化框架公约》缔约方会议应就这种通知的接受作出决定。

6. 考虑到《联合国气候变化框架公约》第四条第 6 款，作为本议定书缔约方会议的《联合国气候变化框架公约》缔约方会议，应允许正在向市场经济过渡的附件一所列缔约方在履行其除本条规定的那些承诺以外的承诺方面有一定程度的灵活性。

7. 在 2008—2012 年第一个量化的限制和减少排放的承诺期内，附件一所列每一缔约方的分配数量应等于在附件 B 中对附件 A 所列温室气体在 1990 年或按照上述第 5 款确定的基准年或基准期内其人为二氧化碳当量的排放总量所载的其百分比乘以 5。土地利用变化和林业对其构成 1990 年温室气体排放净源的附件一所列那些缔约方，为计算其分配数量的目的，应在它们 1990 年排放基准年或基准期计入各种源的人为二氧化碳当量排放总量减去 1990 年土地利用变化产生的各种汇的清除。

8. 附件一所列任一缔约方，为上述第 7 款所指计算的目的，可使用 1995 年作为其氢氟碳化物、全氟化碳和六氟化硫的基准年。

9. 附件一所列缔约方对以后期间的承诺应在对本议定书附件 B 的修正中加以确定，此类修正应根据第二十一条第 7 款的规定予以通过。作为本议定书缔约方会议的《联合国气候变化框架公约》缔约方会议应至少在上述第 1 款中所指第一个承诺期结束之前七年开始审议此类承诺。

10. 一缔约方根据第六条或第十七条的规定从另一缔约方获得的任何减少排放单位或一个分配数量的任何部分，应计入获得缔约方的分配数量。

11. 一缔约方根据第六条和第十七条的规定转让给另一缔约方的任何减少排放单位或一个分配数量的任何部分，应从转让缔约方的分配数量中减去。

12. 一缔约方根据第十二条的规定从另一缔约方获得的任何经证明的减少排放，应记入获得缔约方的分配数量。

13. 如附件一所列一缔约方在一承诺期内的排放少于其依本条确定的分配数量，此种差额，应该缔约方要求，应记入该缔约方以后的承诺期的分配数量。

14. 附件一所列每一缔约方应以下述方式努力履行上述第一款的承诺，即最大限度地减少对发展中国家缔约方，尤其是《联合国气候变化框架公约》第四条第 8 款和第 9 款所特别指明的那些缔约方不利的社会、环境和经济影响。依照《联合国气候变化框架公约》缔约方会议关于履行这些条款的相关决定，作为本议定书缔约方会议的

《联合国气候变化框架公约》缔约方会议，应在第一届会议上审议可采取何种必要行动以尽量减少气候变化的不利后果和/或对应措施对上述条款中所指缔约方的影响。须予审议的问题应包括资金筹措、保险和技术转让。

第四条

1. 凡订立协定共同履行其依第三条规定的承诺的附件一所列任何缔约方，只要其依附件 A 中所列温室气体的合并的人为二氧化碳当量排放总量不超过附件 B 中所载根据其量化的限制和减少排放的承诺和根据第三条规定所计算的分配数量，就应被视为履行了这些承诺。分配给该协定每一缔约方的各自排放水平应载明于该协定。

2. 任何此类协定的各缔约方应在它们交存批准、接受或核准本议定书或加入本议定书之日将该协定内容通知秘书处。其后秘书处应将该协定内容通知《联合国气候变化框架公约》缔约方和签署方。

3. 任何此类协定应在第三条第 7 款所指承诺期的持续期间内继续实施。

4. 如缔约方在一区域经济一体化组织的框架内并与该组织一起共同行事，该组织的组成在本议定书通过后的任何变动不应影响依本议定书规定的现有承诺。该组织在组成上的任何变动只应适用于那些继该变动后通过的依第三条规定的承诺。

5. 一旦该协定的各缔约方未能达到它们的总的合并减少排放水平，此类协定的每一缔约方应对该协定中载明的其自身的排放水平负责。

6. 如缔约方在一个本身为议定书缔约方的区域经济一体化组织的框架内并与该组织一起共同行事，该区域经济一体化组织的每一成员国单独地并与按照第二十四条行事的区域经济一体化组织一起，如未能达到总的合并减少排放水平，则应对依本条所通知的其排放水平负责。

第五条

1. 附件一所列每一缔约方，应在不迟于第一个承诺期开始前一年，确立一个估算《蒙特利尔议定书》未予管制的所有温室气体的各种源的人为排放和各种汇的清除的国家体系。应体现下述第 2 款所指方法学的此类国家体系的指南，应由作为本议定书缔约方会议的《联合国气候变化框架公约》缔约方会议第一届会议予以决定。

2. 估算《蒙特利尔议定书》未予管制的所有温室气体的各种源的人为排放和各种汇的清除的方法学。如不使用这种方法学，则应根据作为本议定书缔约方会议的《联合国气候变化框架公约》缔约方会议第一届会议所议定的方法学作出适当调整。作为本议定书缔约方会议的《联合国气候变化框架公约》缔约方会议，除其他外，应基于政府间气候变化专门委员会的工作和附属科技咨询机构提供的咨询意见，定期审评和酌情修订这些方法学和作出调整，同时充分考虑到《联合国气候变化框架公约》缔约方会议作出的任何有关决定。对方法学的任何修订或调整，应只用于为了在继该修订后通过的任何承诺期内确定依第三条规定的承诺的遵守情况。

3. 用以计算附件 A 所列温室气体的各种源的人为排放和各种汇的清除的全球升温潜能值，应是由政府间气候变化专门委员会所接受并经《联合国气候变化框架公约》缔约方会议第三届会议所议定者。作为本议定书缔约方会议的《联合国气候变化框架公约》缔约方会议，定期审评和酌情修订每种此类温室气体的全球升温潜能值，同时充分考虑到《联合国气候变化框架公约》缔约方会议作出的任何有关决定。对全球升温潜能值的任何修订，应只适用于继该修订后所通过的任何承诺期依第三条规定的承诺。

第六条

1. 为履行第三条的承诺的目的，附件一所列任一缔约方可以向任何其他此类缔约方转让或从它们获得由任何经济部门旨在减少温室气体的各种源的人为排放或增强各种汇的人为清除的项目所产生的减少排放单位，但：

（a）任何此类项目须经有关缔约方批准；

（b）任何此类项目须能减少源的排放，或增强汇的清除，这一减少或增强对任何以其他方式发生的减少或增强是额外的；

（c）缔约方如果不遵守其依第五条和第七条规定的义务，则不可以获得任何减少排放单位；

（d）减少排放单位的获得应是对为履行依第三条规定的承诺而采取的本国行动的补充。

2. 作为本议定书缔约方会议的《联合国气候变化框架公约》缔约方会议，可在第一届会议或在其后一旦实际可行时，为履行本条、包括为核查和报告进一步制定指南。

3. 附件一所列一缔约方可以授权法律实体在该缔约方的负责下参加可导致依本条产生、转让或获得减少排放单位的行动。

4. 如依第八条的有关规定查明附件一所列一缔约方履行本条所指的要求有问题，减少排放单位的转让和获得在查明问题后可继续进行，但在任何遵守问题获得解决之前，一缔约方不可使用任何减少排放单位来履行其依第三条的承诺。

第七条

1. 附件一所列每一缔约方应在其根据《联合国气候变化框架公约》缔约方会议的相关决定提交的《蒙特利尔议定书》未予管制的温室气体的各种源的人为排放和各种汇的清除的年度清单内，载列将根据下述第 4 款确定的为确保遵守第三条的目的而必要的补充信息。

2. 附件一所列每一缔约方应在其依《联合国气候变化框架公约》第十二条提交的国家信息通报中载列根据下述第 4 款确定的必要的补充信息，以示其遵守本议定书所规定承诺的情况。

3. 附件一所列每一缔约方应自本议定书对其生效后的承诺期第一年根据《联合国气候变化框架公约》提交第一次清单始，每年提交上述第 1 款所要求的信息。每一此类缔约方应提交上述第 2 款所要求的信息，作为在本议定书对其生效后和在依下述第 4 款规定通过指南后应提交的第一次国家信息通报的一部分。其后提交本条所要求的信息的频度，应由作为本议定书缔约方会议的《联合国气候变化框架公约》缔约方会议予以确定，同时考虑到《联合国气候变化框架公约》缔约方会议就提交国家信息通报所决定的任何时间表。

4. 作为本议定书缔约方会议的《联合国气候变化框架公约》缔约方会议，应在第一届会议上通过并在其后定期审评编制本条所要求信息的指南，同时考虑到《联合国气候变化框架公约》缔约方会议通过的附件一所列缔约方编制国家信息通报的指南。作为本议定书缔约方会议的《联合国气候变化框架公约》缔约方会议，还应在第一个承诺期之前就计算分配数量的方式作出决定。

第八条

1. 附件一所列每一缔约方依第七条提交的国家信息通报，应由专家审评组根据《联合国气候变化框架公约》缔约方会议相关决定并依照作为本议定书缔约方会议的《联合国气候变化框架公约》缔约方会议依下述第 4 款为此目的所通过的指南予以审评。附件一所列每一缔约方依第七条第 1 款提交的信息，应作为排放清单和分配数量的年度汇编和计算的一部分予以审评。此外，附件一所列每一缔约方依第七条第 2 款提交的信息，应作为信息通报审评的一部分予以审评。

2. 专家审评组应根据《联合国气候变化框架公约》缔约方会议为此目的提供的指导，由秘书处进行协调，并由从《联合国气候变化框架公约》缔约方和在适当情况下政府间组织提名的专家中遴选出的成员组成。

3. 审评过程应对一缔约方履行本议定书的所有方面作出彻底和全面的技术评估。专家审评组应编写一份报告提交作为本议定书缔约方会议的《联合国气候变化框架公约》缔约方会议，在报告中评估该缔约方履行承诺的情况并指明在实现承诺方面任何潜在的问题以及影响实现承诺的各种因素。此类报告应由秘书处分送《联合国气候变化框架公约》的所有缔约方。秘书处应列明此类报告中指明的任何履行问题，以供作为本议定书缔约方会议的《联合国气候变化框架公约》缔约方会议予以进一步审议。

4. 作为本议定书缔约方会议的《联合国气候变化框架公约》缔约方会议，应在第一届会议上通过并在其后定期审评关于由专家审评组审评本议定书履行情况的指南，同时考虑到《联合国气候变化框架公约》缔约方会议的相关决定。

5. 作为本议定书缔约方会议的《联合国气候变化框架公约》缔约方会议，应在附属履行机构并酌情在附属科技咨询机构的协助下审议：

（a）缔约方按照第七条提交的信息和按照本条进行的专家审评的报告；

（b）秘书处根据上述第 3 款列明的那些履行问题，以及缔约方提出的任何问题。

6. 根据对上述第 5 款所指信息的审议情况，作为本议定书缔约方会议的《联合国气候变化框架公约》缔约方会议，应就任何事项作出为履行本议定书所要求的决定。

第九条

1. 作为本议定书缔约方会议的《联合国气候变化框架公约》缔约方会议，应参照可以得到的关于气候变化及其影响的最佳科学信息和评估，以及相关的技术、社会和经济信息，定期审评本议定书。

这些审评应同依《联合国气候变化框架公约》、特别是《联合国气候变化框架公约》第四条第 2 款（d）项和第七条第 2 款（a）项所要求的那些相关审评进行协调。在这些审评的基础上，作为本议定书缔约方会议的《联合国气候变化框架公约》缔约方会议应采取适当行动。

2. 第一次审评应在作为本议定书缔约方会议的《联合国气候变化框架公约》缔

约方会议第二届会议上进行，进一步的审评应定期适时进行。

第十条

所有缔约方，考虑到它们的共同但有区别的责任以及它们特殊的国家和区域发展优先顺序、目标和情况，在不对未列入附件一的缔约方引入任何新的承诺、但重申依《联合国气候变化框架公约》第四条第1款规定的现有承诺并继续促进履行这些承诺以实现可持续发展的情况下，考虑到《联合国气候变化框架公约》第四条第3款、第5款和第7款，应：

(a) 在相关时并在可能范围内，制定符合成本效益的国家的方案以及在适当情况下区域的方案，以改进可反映每一缔约方社会经济状况的地方排放因素、活动数据和/或模式的质量，用以编制和定期更新《蒙特利尔议定书》未予管制的温室气体的各种源的人为排放和各种汇的清除的国家清单，同时采用将由《联合国气候变化框架公约》缔约方会议议定的可比方法，并与《联合国气候变化框架公约》缔约方会议通过的国家信息通报编制指南相一致；

(b) 制定、执行、公布和定期更新载有减缓气候变化措施和有利于充分适应气候变化措施的国家的方案以及在适当情况下区域的方案：

(一) 此类方案，除其他外，将涉及能源、运输和工业部门以及农业、林业和废物管理。此外，旨在改进地区规划的适应技术和方法也可改善对气候变化的适应；

(二) 附件一所列缔约方应根据第七条提交依本议定书采取的行动、包括国家方案的信息；其他缔约方应努力酌情在它们的国家信息通报中列入载有缔约方认为有助于对付气候变化及其不利影响的措施、包括减缓温室气体排放的增加以及增强汇和汇的清除、能力建设和适应措施的方案的信息；

(c) 合作促进有效方式用以开发、应用和传播与气候变化有关的有益于环境的技术、专有技术、做法和过程，并采取一切实际步骤促进、便利和酌情资助将此类技术、专有技术、做法和过程特别转让给发展中国家或使它们有机会获得，包括制定政策和方案，以便利有效转让公有或公共支配的有益于环境的技术，并为私有部门创造有利环境以促进和增进转让和获得有益于环境的技术；

(d) 在科学技术研究方面进行合作，促进维持和发展有系统的观测系统并发展数据库，以减少与气候系统相关的不确定性、气候变化的不利影响和各种应对战略的经济和社会后果，并促进发展和加强本国能力以参与国际及政府间关于研究和系统观测方面的努力、方案和网络，同时考虑到《联合国气候变化框架公约》第五条；

(e) 在国际一级合作并酌情利用现有机构，促进拟订和实施教育及培训方案，包括加强本国能力建设，特别是加强人才和机构能力、交流或调派人员培训这一领域的专家，尤其是培训发展中国家的专家，并在国家一级促进公众意识和促进公众获得有关气候变化的信息。应发展适当方式通过《联合国气候变化框架公约》的相关机构实施这些活动，同时考虑到《联合国气候变化框架公约》第六条；

(f) 根据《联合国气候变化框架公约》缔约方会议的相关决定，在国家信息通报中列入按照本条进行的方案和活动；

(g) 在履行依本条规定的承诺方面，充分考虑到《联合国气候变化框架公约》第四条第 8 款。

第十一条

1. 在履行第十条方面，缔约方应考虑到《联合国气候变化框架公约》第四条第 4 款、第 5 款、第 7 款、第 8 款和第 9 款的规定。

2. 在履行《联合国气候变化框架公约》第四条第 1 款的范围内，根据《联合国气候变化框架公约》第四条第 3 款和第十一条的规定，并通过受托经营《联合国气候变化框架公约》资金机制的实体，《联合国气候变化框架公约》附件二所列发达国家缔约方和其他发达缔约方应：

(a) 提供新的和额外的资金，以支付经议定的发展中国家为促进履行第十条 (a) 项所述《联合国气候变化框架公约》第四条第 1 款 (a) 项规定的现有承诺而招致的全部费用；

(b) 并提供发展中国家缔约方所需要的资金，包括技术转让的资金，以支付经议定的为促进履行第十条所述依《联合国气候变化框架公约》第四条第 1 款规定的现有承诺并经一发展中国家缔约方与《联合国气候变化框架公约》第十一条所指那个或那些国际实体根据该条议定的全部增加费用。

这些现有承诺的履行应考虑到资金流量应充足和可以预测的必要性，以及发达国家缔约方间适当分摊负担的重要性。《联合国气候变化框架公约》缔约方会议相关决定中对受托经营《联合国气候变化框架公约》资金机制的实体所作的指导，包括本议定书通过之前议定的那些指导，应比照适用于本款的规定。

3.《联合国气候变化框架公约》附件二所列发达国家缔约方和其他发达缔约方也

可以通过双边、区域和其他多边渠道提供并由发展中国家缔约方获取履行第十条的资金。

第十二条

1. 兹此确定一种清洁发展机制。

2. 清洁发展机制的目的是协助未列入附件一的缔约方实现可持续发展和有益于《联合国气候变化框架公约》的最终目标，并协助附件一所列缔约方实现遵守第三条规定的其量化的限制和减少排放的承诺。

3. 依清洁发展机制：

（a）未列入附件一的缔约方将获益于产生经证明的减少排放的项目活动；

（b）附件一所列缔约方可以利用通过此种项目活动获得的经证明的减少排放，促进遵守由作为本议定书缔约方会议的《联合国气候变化框架公约》缔约方会议确定的依第三条规定的其量化的限制和减少排放的承诺之一部分。

4. 清洁发展机制应置于由作为本议定书缔约方会议的《联合国气候变化框架公约》缔约方会议的权力和指导之下，并由清洁发展机制的执行理事会监督。

5. 每一项目活动所产生的减少排放，须经作为本议定书缔约方会议的《联合国气候变化框架公约》缔约方会议指定的经营实体根据以下各项作出证明：

（a）经每一有关缔约方批准的自愿参加；

（b）与减缓气候变化相关的实际的、可测量的和长期的效益；

（c）减少排放对于在没有进行经证明的项目活动的情况下产生的任何减少排放而言是额外的。

6. 如有必要，清洁发展机制应协助安排经证明的项目活动的筹资。

7. 作为本议定书缔约方会议的《联合国气候变化框架公约》缔约方会议，应在第一届会议上拟订方式和程序，以期通过对项目活动的独立审计和核查，确保透明度、效率和可靠性。

8. 作为本议定书缔约方会议的《联合国气候变化框架公约》缔约方会议，应确保经证明的项目活动所产生的部分收益用于支付行政开支和协助特别易受气候变化不利影响的发展中国家缔约方支付适应费用。

9. 对于清洁发展机制的参与，包括对上述第 3 款（a）项所指的活动及获得经证明的减少排放的参与，可包括私有和 / 或公有实体，并须遵守清洁发展机制执行理事会可能提出的任何指导。

10. 在自 2000 年起至第一个承诺期开始这段时期内所获得的经证明的减少排放，可用以协助在第一个承诺期内的遵约。

第十三条

1.《联合国气候变化框架公约》缔约方会议是《联合国气候变化框架公约》的最高机构，应作为本议定书缔约方会议。

2. 非为本议定书缔约方的《联合国气候变化框架公约》缔约方，可作为观察员参加作为本议定书缔约方会议的《联合国气候变化框架公约》缔约方会议任何届会的议事工作。在《联合国气候变化框架公约》缔约方会议作为本议定书缔约方会议行使职能时，在本议定书之下的决定只应由为本议定书缔约方作出。

3. 在《联合国气候变化框架公约》缔约方会议作为本议定书缔约方会议行使职能时，《联合国气候变化框架公约》缔约方会议主席团中代表《联合国气候变化框架公约》缔约方但在当时非为本议定书缔约方的任何成员，应由本议定书缔约方从本议定书缔约方中选出的另一成员替换。

4. 作为本议定书缔约方会议的《联合国气候变化框架公约》缔约方会议，应定期审评本议定书的履行情况，并应在其权限内作出为促进本议定书有效履行所必要的决定。缔约方会议应履行本议定书赋予它的职能，并应：

(a) 基于依本议定书的规定向它提供的所有信息，评估缔约方履行本议定书的情况及根据本议定书采取的措施的总体影响，尤其是环境、经济、社会的影响及其累积的影响，以及在实现《联合国气候变化框架公约》目标方面取得进展的程度；

(b) 根据《联合国气候变化框架公约》的目标、在履行中获得的经验及科学技术知识的发展，定期审查本议定书规定的缔约方义务，同时适当顾及《联合国气候变化框架公约》第四条第 2 款（d）项和第七条第 2 款所要求的任何审评，并在此方面审议和通过关于本议定书履行情况的定期报告；

(c) 促进和便利就各缔约方为对付气候变化及其影响而采取的措施进行信息交流，同时考虑到缔约方的有差别的情况、责任和能力，以及它们各自依本议定书规定的承诺；

(d) 应两个或更多缔约方的要求，以便将这些缔约方为对付气候变化及其影响而采取的措施加以协调；

(e) 依照《联合国气候变化框架公约》的目标和本议定书的规定，并充分考虑到《联合国气候变化框架公约》缔约方会议的相关决定，促进和指导发展和定期改进由作为本议定书缔约方会议的《联合国气候变化框架公约》缔约方会议议定的、旨在有效履行本议定书的可比较的方法学；

(f) 就任何事项作出为履行本议定书所必需的建议；

(g) 根据第十一条第 2 款，设法动员额外的资金；

(h) 设立为履行本议定书而被认为必要的附属机构；

(i) 酌情寻求和利用各主管国际组织和政府间及非政府机构提供的服务、合作和信息；

(j) 行使为履行本议定书所需的其他职能，并审议《联合国气候变化框架公约》缔约方会议的决定所导致的任何任务。

5.《联合国气候变化框架公约》缔约方会议的议事规则和依照《联合国气候变化框架公约》规定采用的财务规则，应在本议定书下比照适用，除非作为本议定书缔约方会议的《联合国气候变化框架公约》缔约方会议以协商一致方式可能另外作出决定。

6. 作为本议定书缔约方会议的《联合国气候变化框架公约》缔约方会议第一届会议，应由秘书处结合本议定书生效后预定举行的《联合国气候变化框架公约》缔约方会议第一届会议召开。其后作为本议定书缔约方会议的《联合国气候变化框架公约》缔约方会议常会，应每年并且与《联合国气候变化框架公约》缔约方会议常会结合举行，除非作为本议定书缔约方会议的《联合国气候变化框架公约》缔约方会议另有决定。

7. 作为本议定书缔约方会议的《联合国气候变化框架公约》缔约方会议的特别会议，应在作为本议定书缔约方会议的《联合国气候变化框架公约》缔约方会议认为必要的其他时间举行，或应任何缔约方的书面要求而举行，但须在秘书处将该要求转达给各缔约方后六个月内得到至少 1/3 缔约方的支持。

8. 联合国及其专门机构和国际原子能机构，以及它们的非为《联合国气候变化框架公约》缔约方的成员国或观察员，均可派代表作为观察员出席作为本议定书缔约方会议的《联合国气候变化框架公约》缔约方会议的各届会议。任何在本议定书所涉事项上具备资格的团体或机构，无论是国家或国际的、政府或非政府的，经通知秘书处其愿意派代表作为观察员出席作为本议定书缔约方会议的《联合国气候变化框架公约》缔约方会议的某届会议，均可予以接纳，除非出席的缔约方至少1/3反对。观察员的接纳和参加应遵循上述第5款所指的议事规则。

第十四条

1. 依《联合国气候变化框架公约》第八条设立的秘书处，应作为本议定书的秘书处。

2. 关于秘书处职能的《联合国气候变化框架公约》第八条第2款和关于就秘书处行使职能作出的安排的《联合国气候变化框架公约》第八条第3款，应比照适用于本议定书。秘书处还应行使本议定书所赋予它的职能。

第十五条

1.《联合国气候变化框架公约》第九条和第十条设立的附属科技咨询机构和附属履行机构，应作为本议定书的附属科技咨询机构和附属履行机构。《联合国气候变化框架公约》关于该两个机构行使职能的规定应比照适用于本议定书。本议定书的附属科技咨询机构和附属履行机构的届会，应分别与《联合国气候变化框架公约》的附属科技咨询机构和附属履行机构的会议结合举行。

2. 非为本议定书缔约方的《联合国气候变化框架公约》缔约方可作为观察员参加附属机构任何届会的议事工作。在附属机构作为本议定书附属机构时，在本议定书之下的决定只应由本议定书缔约方作出。

3.《联合国气候变化框架公约》第九条和第十条设立的附属机构行使它们的职能处理涉及本议定书的事项时，附属机构主席团中代表《联合国气候变化框架公约》缔约方但在当时非为本议定书缔约方的任何成员，应由本议定书缔约方从本议定书缔约方中选出的另一成员替换。

第十六条

作为本议定书缔约方会议的《联合国气候变化框架公约》缔约方会议，应参照《联合国气候变化框架公约》缔约方会议可能作出的任何有关决定，在一旦实际可行时审议对本议定书适用并酌情修改《联合国气候变化框架公约》第十三条所指的多边协商程序。适用于本议定书的任何多边协商程序的运作不应损害依第十八条所设立的程序和机制。

第十七条

《联合国气候变化框架公约》缔约方会议应就排放贸易，特别是其核查、报告和责任确定相关的原则、方式、规则和指南。为履行其依第三条规定的承诺的目的，附件 B 所列缔约方可以参与排放贸易。

任何此种贸易应是对为实现该条规定的量化的限制和减少排放的承诺之目的而采取的本国行动的补充。

第十八条

作为本议定书缔约方会议的《联合国气候变化框架公约》缔约方会议，应在第一届会议上通过适当且有效的程序和机制，用以继定和处理不遵守本议定书规定的情势，包括就后果列出一个示意性清单，同时考虑到不遵守的原因、类别、程度和频度。依本条可引起具拘束性后果的任何程序和机制应以本议定书修正案的方式予以通过。

第十九条

《联合国气候变化框架公约》第十四条的规定应比照适用于本议定书。

第二十条

1. 任何缔约方均可对本议定书提出修正。

2. 对本议定书的修正应在作为本议定书缔约方会议的《联合国气候变化框架公约》缔约方会议常会上通过。对本议定书提出的任何修正案文，应由秘书处在拟议通过该修正的会议之前至少六个月送交各缔约方。秘书处还应将提出的修正送交《联合国气候变化框架公约》的缔约方和签署方，并送交保存人以供参考。

3. 各缔约方应尽一切努力以协商一致方式就对本议定书提出的任何修正达成协议。如为谋求协商一致已尽一切努力但仍未达成协议，作为最后的方式，该项修正应以出席会议并参加表决的缔约方 3/4 多数票通过。通过的修正应由秘书处送交保存人，再由保存人转送所有缔约方供其接受。

4. 对修正的接受文书应交存于保存人，按照上述第 3 款通过的修正，应于保存人收到本议定书至少 3/4 缔约方的接受文书之日后第 90 天起对接受该项修正的缔约方生效。

5. 对于任何其他缔约方，修正应在该缔约方向保存人交存其接受该项修正的文书之日后第 90 天起对其生效。

第二十一条

1. 本议定书的附件应构成本议定书的组成部分，除非另有明文规定，凡提及本议定书时即同时提及其任何附件。本议定书生效后通过的任何附件，应限于清单、表格和属于科学、技术、程序或行政性质的任何其他说明性材料。

2. 任何缔约方可对本议定书提出附件提案并可对本议定书的附件提出修正。

3. 本议定书的附件和对本议定书附件的修正应在作为本议定书缔约方会议的《联合国气候变化框架公约》缔约方会议的常会上通过。提出的任何附件或对附件的修正的案文应由秘书处在拟议通过该项附件或对该附件的修正的会议之前至少 6 个月送交各缔约方。秘书处还应将提出的任何附件或对附件的任何修正的案文送交《联合国气候变化框架公约》缔约方和签署方，并送交保存人以供参考。

4. 各缔约方应尽一切努力以协商一致方式就提出的任何附件或对附件的修正达成协议。如为谋求协商一致已尽一切努力但仍未达成协议，作为最后的方式，该项附件或对附件的修正应以出席会议并参加表决的缔约方 3/4 多数票通过。通过的附件或对附件的修正应由秘书处送交保存人，再由保存人送交所有缔约方供其接受。

5. 除附件 A 和附件 B 之外，根据上述第 3 款和第 4 款通过的附件或对附件的修正，应于保存人向本议定书的所有缔约方发出关于通过该附件或通过对该附件的修正的通知之日起 6 个月后对所有缔约方生效，但在此期间书面通知保存人不接受该项附件或对该附件的修正的缔约方除外。对于撤回其不接受通知的缔约方，项附件或对该附件的修正应自保存人收到撤回通知之日后第 90 天起对其生效。

6. 如附件或对附件的修正的通过涉及对本议定书的修正，则该附件或对附件的修正应待对本议定书的修正生效之后方可生效。

7. 对本议定书附件 A 和附件 B 的修正应根据第二十条中规定的程序予以通过并生效，但对附件 B 的任何修正只应以有关缔约方书面同意的方式通过。

第二十二条

1. 除下述第 2 款所规定外，每一缔约方应有一票表决权。

2. 区域经济一体化组织在其权限内的事项上应行使票数与其作为本议定书缔约方的成员国数目相同的表决权。如果一个此类组织的任一成员国行使自己的表决权，则该组织不得行使表决权，反之亦然。

第二十三条

联合国秘书长应为本议定书的保存人。

第二十四条

1. 本议定书应开放供属于《联合国气候变化框架公约》缔约方的各国和区域经济一体化组织签署并须经其批准、接受或核准。本议定书应自 1998 年 3 月 16 日至

1999 年 3 月 15 日在纽约联合国总部开放供签署。本议定书应自其签署截止日的次日起开放供加入。批准、接受、核准或加入的文书应交存于保存人。

2. 任何成为本议定书缔约方而其成员国均非缔约方的区域经济一体化组织应受本议定书各项义务的约束。如果此类组织的一个或多个成员国为本议定书的缔约方，该组织及其成员国应决定各自在履行本议定书义务方面的责任。在此种情况下，该组织及其成员国无权同时行使本议定书规定的权利。

3. 区域经济一体化组织应在其批准、接受、核准或加入的文书中声明其在本议定书所规定事项上的权限。这些组织还应将其权限范围的任何重大变更通知保存人，再由保存人通知各缔约方。

第二十五条

1. 本议定书应在不少于 55 个《联合国气候变化框架公约》缔约方、包括其合计的二氧化碳排放量至少占附件一所列缔约方 1990 年二氧化碳排放总量的 55% 的附件一所列缔约方已经交存其批准、接受、核准或加入的文书之日后第 90 天起生效。

2. 为本条的目的，“附件一所列缔约方 1990 年二氧化碳排放总量”指在通过本议定书之日或之前附件一所列缔约方在其按照《联合国气候变化框架公约》第十二条提交的第一次国家信息通报中通报的数量。

3. 对于在上述第 1 款中规定的生效条件达到之后批准、接受、核准或加入本议定书的每一国家或区域经济一体化组织，本议定书应自其批准、接受、核准或加入的文书交存之日后第 90 天起生效。

4. 为本条的目的，区域经济一体化组织交存的任何文书，不应被视为该组织成员国所交存文书之外的额外文书。

第二十六条

对本议定书不得做任何保留。

第二十七条

1. 自本议定书对一缔约方生效之日起三年后，该缔约方可随时向保存人发出书面通知退出本议定书。

2. 任何此种退出应自保存人收到退出通知之日起一年期满时生效，或在退出通知中所述明的变更后日期生效。

3. 退出《联合国气候变化框架公约》的任何缔约方，应被视为也退出本议定书。

第二十八条

本议定书正本应交存于联合国秘书长，其阿拉伯文、中文、英文、法文、俄文和西班牙文文本同等作准。

1997 年 12 月 11 日订于京都

附录三　巴黎协定

本协定缔约方，

作为《联合国气候变化框架公约》缔约方，

按照《联合国气候变化框架公约》缔约方会议第十七届会议第 1/CP.17 号决定建立的德班加强行动平台，

根据《联合国气候变化框架公约》目标，并遵循其原则，包括以公平为基础并体现共同但有区别的责任和各自能力的原则，同时要根据不同的国情，

认识到必须根据现有的最佳科学知识，对气候变化的紧迫威胁作出有效和逐渐的应对，

又认识到《联合国气候变化框架公约》所述的发展中国家缔约方的具体需要和特殊情况，特别是那些对气候变化不利影响特别脆弱的发展中国家缔约方的具体需要和特殊情况，

充分考虑到最不发达国家在筹资和技术转让行动方面的具体需要和特殊情况，

认识到缔约方不仅可能受到气候变化的影响，而且还可能受到为应对气候变化而采取的措施的影响，

强调气候变化行动、应对和影响与平等获得可持续发展和消除贫困有着内在的关系，

认识到保障粮食安全和消除饥饿的根本性优先事项，以及粮食生产系统对气候变化不利影响的特殊脆弱性，

考虑到务必根据国家制定的发展优先事项，实现劳动力公正转型以及创造体面工作和高质量就业岗位，

承认气候变化是人类共同关注的问题，缔约方在采取行动处理气候变化时，应当尊重、促进和考虑它们各自对人权、健康权、土著人民权利、当地社区权利、移徙者权利、儿童权利、残疾人权利、弱势人权利、发展权，以及性别平等、妇女赋权和代际公平等的义务，

认识到必须酌情养护和加强《联合国气候变化框架公约》所述的温室气体的汇和库，

注意到必须确保包括海洋在内的所有生态系统的完整性，保护被有些文化认作大地母亲的生物多样性，并注意到在采取行动处理气候变化时关于“气候公正”的某些概念的重要性，

申明必须就本协定处理的事项在各级开展教育、培训、宣传，公众参与和公众获得信息和合作，认识到在本协定处理的事项方面让各级参与的重要性，

认识到按照缔约方各自的国内立法使各级政府和各行为方参与处理气候的重要性，

又认识到在发达国家缔约方带头下的可持续生活方式以及可持续的消费和生产模式，对处理气候变化所发挥的重要作用，

协定如下：

第一条

为本协定的目的，《联合国气候变化框架公约》第一条所载的定义都应适用。此外：

1.“公约”指 1992 年 5 月 9 日在纽约通过的《联合国气候变化框架公约》；

2.“缔约方会议”指《联合国气候变化框架公约》缔约方会议；

3.“缔约方”指本协定缔约方。

第二条

1. 本协定在加强《联合国气候变化框架公约》，包括其目标的执行方面，旨在联系可持续发展和消除贫困的努力，加强对气候变化威胁的全球应对，包括：

（a）把全球平均气温升幅控制在工业化前水平以上低于 2℃之内，并努力将气温升幅限制在工业化前水平以上 1.5℃之内，同时认识到这将大大减少气候变化的风险和影响；

（b）提高适应气候变化不利影响的能力并以不威胁粮食生产的方式增强气候抗御力和温室气体低排放发展；

（c）使资金流动符合温室气体低排放和气候适应型发展的路径。

2. 本协定的执行将按照不同的国情体现平等以及共同但有区别的责任和各自的原则。

第三条

作为全球应对气候变化的国家自主贡献，所有缔约方将保证并通报第四条、第七条、第九条、第十条、第十一条和第十三条所界定的有力度的努力，以实现本协定

第二条所述的目的。所有缔约方的努力将随着时间的推移而逐渐增加，同时认识到需要支持发展中国家缔约方，以有效执行本协定。

第四条

1. 为了实现第二条规定的长期气温目标，缔约方旨在尽快达到温室气体排放的全球峰值，同时认识到达峰对发展中国家缔约方来说需要更长的时间；此后利用现有的最佳科学迅速减排，以联系可持续发展和消除贫困，在平等的基础上，在 21 世纪下半叶实现温室气体源的人为排放与汇的清除之间的平衡。

2. 各缔约方应编制、通报并保持它打算实现的下一次国家自主贡献。缔约方应采取国内减缓措施，以实现这种贡献的目标。

3. 各缔约方下一次的国家自主贡献将按不同的国情，逐步增加缔约方当前的国家自主贡献，并反映其尽可能大的力度，同时反映其共同但有区别的责任和各自能力。

4. 发达国家缔约方应当继续带头，努力实现全经济绝对减排目标。发展中国家缔约方应当继续加强它们的减缓努力，应鼓励它们根据不同的国情，逐渐实现全经济绝对减排或限排目标。

5. 应向发展中国家缔约方提供支助，以根据本协定第九条、第十条和第十一条执行本条，同时认识到增强对发展中国家缔约方的支助，将能够加大它们的行动力度。

6. 最不发达国家和小岛屿发展中国家可编制和通报反映它们特殊情况的关于温室气体低排放发展的战略、计划和行动。

7. 从缔约方的适应行动和 / 或经济多样化计划中获得的减缓共同收益，能促进本条下的减缓成果。

8. 在通报国家自主贡献时，所有缔约方应根据第 1/CP.21 号决定和作为《巴黎协定》缔约方会议的《联合国气候变化框架公约》缔约方会议的任何有关决定，为清晰、透明和了解而提供必要的信息。

9. 各缔约方应根据第 1/CP.21 号决定和作为《巴黎协定》缔约方会议的《联合国气候变化框架公约》缔约方会议的任何有关决定，并参照第十四条所述的全球总结的结果，每五年通报一次国家自主贡献。

10. 作为《巴黎协定》缔约方会议的《联合国气候变化框架公约》缔约方会议应在第一届会议上审议国家自主贡献的共同时间框架。

11. 缔约方可根据作为《巴黎协定》缔约方会议的《联合国气候变化框架公约》

缔约方会议通过的指导，随时调整其现有的国家自主贡献，以加强其力度水平。

12. 缔约方通报的国家自主贡献应记录在秘书处保持的一个公共登记册上。

13. 缔约方应核算它们的国家自主贡献。在核算相当于它们国家自主贡献中的人为排放量和清除量时，缔约方应促进环境完整性、透明、精确、完整、可比和一致性，并确保根据作为《巴黎协定》缔约方会议的《联合国气候变化框架公约》缔约方会议通过的指导避免双重核算。

14. 在国家自主贡献方面，当缔约方在承认和执行人为排放和清除方面的减缓行动时，应当按照本条第 13 款的规定，酌情考虑《联合国气候变化框架公约》下的现有方法和指导。

15. 缔约方在执行本协定时，应考虑那些经济受应对措施影响最严重的缔约方，特别是发展中国家缔约方关注的问题。

16. 缔约方，包括区域经济一体化组织及其成员国，凡是达成了一项协定，根据本条第 2 款联合采取行动的，均应在它们通报国家自主贡献时，将该协定的条款秘书处，包括有关时期内分配给各缔约方的排放量。再应由秘书处向《联合国气候变化框架公约》的缔约方和签署方通报该协定的条款。

17. 以上第 16 款提及的这种协定的各缔约方应根据本条第 13 款和第 14 款以及第十三条和第十五条对该协定为它规定的排放水平承担责任。

18. 如果缔约方在一个其本身是本协定缔约方的区域经济一体化组织的框架内与该组织一起，采取联合行动开展这项工作，那么该区域经济一体化组织的各国单独并与该区域经济一体化组织一起，应根据本条第 13 款和第 14 款以及第十三条和第十五条，对根据本条第 16 款通报的协定为它规定的排放量承担责任。

19. 所有缔约方应努力拟定并通报长期温室气体低排放发展战略，同时注意第二条，根据不同国情，考虑它们共同但有区别的责任和各自能力。

第五条

1. 缔约方应当采取行动酌情养护和加强《联合国气候变化框架公约》第四条第 1 款（d）项所述的温室气体的汇和库，包括森林。

2. 鼓励缔约方采取行动，包括通过基于成果的支付，执行和支持在《联合国气候变化框架公约》下已确定的有关指导和决定中提出的有关以下方面的现有框架：为减少毁林和森林退化造成的排放所涉及活动采取的政策方法和积极奖励措施，以及发展中国家养护、可持续管理森林和增强森林碳储量的作用；执行和支持替代政策方法，如关于综合和可持续森林管理的联合减缓和适应方法，同时重申酌情奖励与这种方法相关的非碳收益的重要性。

第六条

1. 缔约方认识到，有些缔约方选择自愿合作执行它们的国家自主贡献，以能够提高它们减缓和适应行动的力度，并促进可持续发展和环境完整。

2. 缔约方如果在自愿的基础上采取合作方法，并使用国际转让的减缓成果来实现国家自主贡献，就应促进可持续发展，确保环境完整和透明，包括在治理方面，并应运用稳健的核算，以主要作为《巴黎协定》缔约方会议的《联合国气候变化框架公约》缔约方会议通过的指导确保避免双重核算。

3. 使用国际转让的减缓成果来实现本协定下的国家自主贡献，应是自愿的，并得到参加的缔约方允许的。

4. 兹在作为《巴黎协定》缔约方会议的《联合国气候变化框架公约》缔约方会议的授权和指导下，建立一个机制，供缔约方自愿使用，以促进温室气体排放的减缓，支持可持续发展。它应受作为《巴黎协定》缔约方会议的《联合国气候变化框架公约》缔约方会议指定的一个机构的监督，应旨在：

（a）促进减缓温室气体排放，同时促进可持续发展；

（b）奖励和便利缔约方授权下的公私实体参与减缓温室气体排放；

（c）促进东道缔约方减少排放量，以便从减缓活动导致的减排中受益，这也可以被另一缔约方用来履行其国家自主贡献；

（d）实现全球排放的全面减缓。

5. 从本条第 4 款所述的机制产生的减排，如果被另一缔约方用作表示其国家自主贡献的实现情况，则不应再被用作表示东道缔约方自主贡献的实现情况。

6. 作为《巴黎协定》缔约方会议的《联合国气候变化框架公约》缔约方会议应确保本条第 4 款所述机制下开展的活动所产生的一部分收益用于负担行政开支，以及援助对气候变化不利影响特别脆弱的发展中国家缔约方支付适应费用。

7. 作为《巴黎协定》缔约方会议的《联合国气候变化框架公约》缔约方会议应在第一届会议上通过本条第 4 款所述机制的规则、模式和程序。

8. 缔约方认识到，在可持续发展和消除贫困方面，必须以协调和有效的方式向缔约方提供综合、整体和平衡的非市场方法，包括酌情主要通过减缓、适应、融资、技术转让和能力建设，协助执行它们的国家自主贡献。这些方法应旨在：

（a）提高减缓和适应力度；

（b）加强公私部门参与执行国家自主贡献；

（c）创造各种手段和有关体制安排之间协调的机会。

9. 兹确定一个本条第 8 款提及的可持续发展非市场方法的框架，以推广非市场方法。

第七条

1. 缔约方兹确立关于提高适应能力、加强抗御力和减少对气候变化的脆弱性的全球适应目标，以促进可持续发展，并确保在第二条所述气温目标方面采取适当的适应对策。

2. 缔约方认识到，适应是所有各方面临的全球挑战，具有地方、次国家、国家、区域和国际层面，它是为保护人民、生计和生态系统而采取的气候变化长期全球应对措施的关键组成部分和促进因素，同时也要考虑到对气候变化不利影响特别脆弱的发展中国家迫在眉睫的需要。

3. 应根据作为《巴黎协定》缔约方会议的《联合国气候变化框架公约》缔约方会议第一届会议通过的模式承认发展中国家的适应努力。

4. 缔约方认识到，当前的适应需要很大，提高减缓水平能减少对额外适应努力的需要，增大适应需要可能会增加适应成本。

5. 缔约方承认，适应行动应当遵循一种国家驱动、注重性别问题、参与型和充分透明的方法，同时考虑到脆弱群体、社区和生态系统，并应当基于和遵循现有的最佳科学，以及适当的传统知识、土著人民的知识和地方知识系统，以期将适应酌情纳入相关的社会经济和环境政策以及行动中。

6. 缔约方认识到必须支持适应努力并开展适应努力方面的国际合作，必须考虑发展中国家缔约方的需要，特别是对气候变化不利影响特别脆弱的发展中国家的需要。

7. 缔约方应当加强它们在增强适应行动方面的合作，同时考虑到《坎昆适应框架》，包括在下列方面：

(a) 交流信息、良好做法、获得的经验和教训，酌情包括与适应行动方面的科学、规划、政策和执行等相关的信息、良好做法、获得的经验和教训；

（b）加强体制安排，包括《联合国气候变化框架公约》下服务于本协定的体制安排，以支持相关信息和知识的综合，并为缔约方提供技术支助和指导；

（c）加强关于气候的科学知识，包括研究、对气候系统的系统观测和预警系统，以便为气候服务提供参考，并支持决策；

（d）协助发展中国家缔约方确定有效的适应做法、适应需要、优先事项、为适应行动和努力提供和得到的援助、挑战和差距，其方式应符合鼓励良好做法；

（e）提高适应行动的有效性和持久性。

8. 鼓励联合国专门组织和机构支持缔约方努力执行本条第 7 款所述的行动，同时考虑到本条第 5 款的规定。

9. 各缔约方应酌情开展适应规划进程并采取各种行动，包括制订或加强相关的计划、政策和 / 或贡献，其中可包括：

（a）落实适应行动、任务和 / 或努力；

（b）关于制订和执行国家适应计划的进程；

（c）评估气候变化影响和脆弱性，以拟订国家制定的优先行动，同时考虑到处于脆弱地位的人民、地方和生态系统；

（d）监测和评价适应计划、政策、方案和行动并从中学习；

（e）建设社会经济和生态系统的抗御力，包括通过经济多样化和自然资源的可持续管理。

10. 各缔约方应当酌情定期提交和更新一项适应信息通报，其中可包括其优先事项、执行和援助需要、计划和行动，同时不对发展中国家缔约方造成额外负担。

11. 本条第 10 款所述适应信息通报应酌情定期提交和更新，纳入或结合其他信息通报或文件提交，其中包括国家适应计划、第四条第 2 款所述的一项国家自主贡献和 / 或一项国家信息通报。

12. 本条第 10 款所述的适应信息通报应记录在一个由秘书处保持的公共登记册上。

13. 根据本协定第九条、第十条和第十一条的规定，发展中国家缔约方在执行本条第 7 款、第 9 款、第 10 款和第 11 款时应得到持续和加强的国际支持。

14. 第十四条所述的全球总结，除其他外应：

（a）承认发展中国家缔约方的适应努力；

（b）加强开展适应行动，同时考虑本条第 10 款所述的适应信息通报；

（c）审评适应的适足性和有效性以及对适应提供的援助情况；

（d）审评在实现本条第 1 款所述的全球适应目标方面所取得的总体进展。

第八条

1. 缔约方认识到避免、尽量减轻和处理与气候变化（包括极端气候事件和缓发不利影响，相关的损失和损害的重要性，以及可持续发展对于减少损失和损害的作用。

2. 气候变化影响相关损失和损害华沙国际机制应受作为《巴黎协定》缔约方的《联合国气候变化框架公约》缔约方会议的领导和指导，并由作为《巴黎协定》缔约方会议的缔约方会议决定予以加强。

3. 缔约方应当在合作和提供便利的基础上，包括酌情通过华沙国际机制，在变化不利影响所涉损失和损害方面加强理解、行动和支持。

4. 据此，为加强理解、行动和支持而开展合作和提供便利的领域包括以下方面：

（a）预警系统；

（b）应急准备；

（c）缓发事件；

（d）可能涉及不可逆转和永久性损失和损害的事件；

（e）综合性风险评估和管理；

（f）风险保险设施，气候风险分担安排和其他保险方案；

（g）非经济损失；

（h）社区的抗御力、生计和生态系统。

5. 华沙国际机制应与本协定下现有机构和专家小组以及本协定以外的有关组织和专家机构协作。

第九条

1. 发达国家缔约方应为协助发展中国家缔约方减缓和适应两方面提供资金，以便继续履行在《联合国气候变化框架公约》下的现有义务。

2. 鼓励其他缔约方自愿提供或继续提供这种支助。

3. 作为全球努力的一部分，发达国家缔约方应继续带头，从各种大量来源、手段及渠道调动气候资金，同时注意到公共基金通过采取各种行动，包括支持国家驱动战略而发挥的重要作用，并考虑发展中国家缔约方的需要和优先事项。对气候资金的这一调动应当逐步超过先前的努力。

4. 提供规模更大的资金资源，应旨在实现适应与减缓之间的平衡，同时考虑国家驱动战略以及发展中国家缔约方的优先事项和需要，尤其是那些对气候变化不利影响特别脆弱和受到严重的能力限制的发展中国家缔约方，如最不发达国家、小岛屿发展中国家的优先事项和需要，同时也考虑为适应提供公共资源和基于赠款的资源的需要。

5. 发达国家缔约方应适当根据情况，每两年对与本条第 1 款和第 3 款相关的指示性定量定质信息进行通报，包括向发展中国家缔约方提供的公共财政资源方面可获得的预测水平。鼓励其他提供资源的缔约方也自愿每两年通报一次这种信息。

6. 第十四条所述的全球总结应考虑发达国家缔约方和 / 或本协定的机构提供的关于气候资金所涉努力方面的有关信息。

7. 发达国家缔约方应按照作为《巴黎协定》缔约方会议的《联合国气候变化框架公约》缔约方会议第一届会议根据第十三条第 13 款的规定通过的模式、程序和指南，就通过公共干预措施向发展中国家提供和调动资助的情况，每两年提供透明一致的信息。鼓励其他缔约方也这样做。

8. 《联合国气候变化框架公约》的资金机制，包括其经营实体，应作为本协定的资金机制。

9. 为本协定服务的机构，包括《联合国气候变化框架公约》资金机制的经营实体，应旨在通过精简审批程序和提供进一步准备援助发展中国家缔约方，尤其是最不发达国家和小岛屿发展中国家，来确保它们在国家气候战略和计划方面有效地获得资金。

第十条

1. 缔约方共有一个长期愿景，即必须充分落实技术开发和转让，以改善对气候变化的抗御力和减少温室气体排放。

2. 注意到技术对于执行本协定下的减缓和适应行动的重要性，并认识到现有的技术部署和推广工作，缔约方应加强技术开发和转让方面的合作行动。

3. 《联合国气候变化框架公约》下设立的技术机制应为本协定服务。

4. 兹建立一个技术框架，为技术机制在促进和便利技术开发和转让的强化行动方面的工作提供总体指导，以根据本条第 1 款所述的长期愿景，支持本协定的执行。

5. 加快、鼓励和扶持创新，对有效、长期的全球应对气候变化，以及促进经济增长和可持续发展至关重要。应对这种努力酌情提供援助，包括由技术机制和由《联合国气候变化框架公约》资金机制通过资金手段提供资助，以便采取协作性方法开展研究和开发，以及便利获得技术，特别是在技术周期的早期阶段便利发展中国家缔约方获得技术。

6. 应向发展中国家缔约方提供支助，包括提供资金资助，以执行本条，包括在技术周期不同阶段的技术开发和转让方面加强合作行动，从而在支助减缓和适应之间实现平衡。第十四条提及的全球总结应考虑为发展中国家缔约方的技术开发和转让提供援助方面的现有信息。

第十一条

1. 本协定下的能力建设应当加强发展中国家缔约方，特别是能力最弱的国家，如最不发达国家，以及对气候变化不利影响特别脆弱的国家，如小岛屿发展中国家等的能力，以便采取有效的气候变化行动，其中主要包括执行适应和减缓行动，并应当便利技术开发、推广和部署、获得气候资金、教育、培训和公共宣传的有关方面，以及透明、及时和准确的信息通报。

2. 能力建设，尤其是针对发展中国家缔约方的能力建设，应当由国家驱动，依据并响应国家需要，并促进缔约方的本国自主，包括在国家、次国家和地方层面。能力建设应当以获得的经验教训为指导，包括从《联合国气候变化框架公约》下能力建设活动中获得的经验教训，并应当是一个参与型、贯穿各领域和注重性别问题的有效和叠加的进程。

3. 所有缔约方应当合作，以加强发展中国家缔约方执行本协定的能力。发达国家缔约方应当加强对发展中国家缔约方能力建设行动的援助。

4. 所有缔约方，凡在加强发展中国家缔约方执行本协定的能力，包括采取区域、双边和多边方式的，均应定期就这些能力建设行动或措施进行通报。发展中国家缔约方应当定期通报为执行本协定而落实能力建设计划、政策、行动或措施的进展情况。

5. 应通过适当的体制安排，包括《联合国气候变化框架公约》下为服务于本协定所建立的有关体制安排，加强能力建设活动，以支持对本协定的执行。作为《巴黎协定》缔约方会议的《联合国气候变化框架公约》缔约方会议应在第一届会议上审议并就能力建设的初始体制安排通过一项决定。

第十二条

缔约方应酌情合作采取措施，加强气候变化教育、培训、公共宣传、公众参与和公众获取信息，同时认识到这些步骤对于加强本协定下的行动的重要性。

第十三条

1. 为建立互信并促进有效执行，兹设立一个关于行动和支助的强化透明度框架，并内置一个灵活机制，以考虑进缔约方能力的不同，并以集体经验为基础。

2. 透明度框架应为发展中国家缔约方提供灵活性，以利于由于其能力问题而需要这种灵活性的那些发展中国家缔约方执行本条规定。本条第 13 款所述的模式、程序和指南应反映这种灵活性。

3. 透明度框架应依托和加强在《联合国气候变化框架公约》下设立的透明度安排，同时认识到最不发达国家和小岛屿发展中国家的特殊情况，以促进性、非侵入性、非惩罚性和尊重国家主权的方式实施，并避免对缔约方造成不当负担。

4. 《联合国气候变化框架公约》下的透明度安排，包括国家信息通报、两年期报告和两年期更新报告、国际评估和审评以及国际协商和分析，应成为制定本条第 13 款下的模式、程序和指南时加以借鉴的经验的一部分。

5. 行动透明度框架的目的是按照《联合国气候变化框架公约》第二条所列目标，明确了解气候变化行动，包括明确和追踪缔约方在第四条下实现各自国家自主贡献方面所取得进展；以及缔约方在第七条之下的适应行动，包括良好做法、优先事项、需要和差距，以便为第十四条下的全球总结提供参考。

6. 支助透明度框架的目的是明确各相关缔约方在第四条、第七条、第九条、第十条和第十一条下的气候变化行动方面提供和收到的支助，并尽可能反映所提供的累计资金支助的全面概况，以便为第十四条下的全球总结提供参考。

7. 各缔约方应定期提供以下信息：

(a) 利用政府间气候变化专门委员会接受并由作为《巴黎协定》缔约方会议的《联合国气候变化框架公约》缔约方会议商定的良好做法而编写的一份温室气体源的人为排放量和汇的清除量的国家清单报告；

(b) 跟踪在根据第四条执行和实现国家自主贡献方面取得的进展所必需的信息。

8. 各缔约方还应当酌情提供与第七条下的气候变化影响和适应相关的信息。

9. 发达国家缔约方应提供援助的其他缔约方应当就根据第九条、第十条和第十一条向发展中国家缔约方提供资金、技术转让和能力建设支助的情况提供信息。

10. 发展中国家缔约方应当就在第九条、第十条和第十一条下需要和接受的资金、技术转让和能力建设援助情况提供信息。

11. 应根据第 1/CP.21 号决定对各缔约方根据本条第 7 款和第 9 款提交的信息进行技术专家审评。对于那些由于能力问题而对此有需要的发展中国家缔约方，这一审评进程应包括查明能力建设需要方面的援助。此外，各缔约方应参与促进性的多方审议，以对第九条下的工作以及各自执行和实现国家自主贡献的进展情况进行审议。

12. 本款下的技术专家审评应包括适当审议缔约方提供的援助，以及执行和实现国家自主贡献的情况。审评也应查明缔约方需改进的领域，并包括审评这种信息是否与本条第 13 款提及的模式、程序和指南相一致，同时考虑在本条第 2 款下给予缔约方的灵活性。审评应特别注意发展中国家缔约方各自的国家能力和国情。

13. 作为《巴黎协定》缔约方会议的《联合国气候变化框架公约》缔约方会议应在第一届会议上根据《联合国气候变化框架公约》下透明度相关安排取得的经验，详细拟定本条的规定，酌情为行动和支助的透明度通过通用的模式、程序和指南。

14. 应为发展中国家执行本条提供援助。

15. 应为发展中国家缔约方建立透明度相关能力提供持续援助。

第十四条

1. 作为《巴黎协定》缔约方会议的《联合国气候变化框架公约》缔约方会议应定期总结本协定的执行情况，以评估实现本协定宗旨和长期目标的集体进展情况（称为“全球总结”）。评估工作应以全面和促进性的方式开展，同时考虑减缓、适应问题以及执行和援助的方式问题，并顾及公平和利用现有的最佳科学。

2. 作为《巴黎协定》缔约方会议的《联合国气候变化框架公约》缔约方会议应在 2023 年进行第一次全球总结，此后每五年进行一次，除非作为《巴黎协定》缔约方会议的《联合国气候变化框架公约》缔约方会议另有决定。

3. 全球总结的结果应为缔约方提供参考，以国家自主的方式根据本协定的有关规定更新和加强它们的行动和援助，以及加强气候行动的国际合作。

第十五条

1. 兹建立一个机制，以促进执行和遵守本协定的规定。

2. 本条第 1 款所述的机制应由一个委员会组成，应以专家为主，并且是促进性的，行使职能时采取透明、非对抗的、非惩罚性的方式。委员会应特别关心缔约方各自的国家能力和情况。

3. 该委员会应在作为《巴黎协定》缔约方会议的《联合国气候变化框架公约》缔约方会议第一届会议通过的模式和程序下运作，每年向作为《巴黎协定》缔约方会议的《联合国气候变化框架公约》缔约方会议提交报告。

第十六条

1. 《联合国气候变化框架公约》缔约方会议——《联合国气候变化框架公约》的最高机构，应作为本协定缔约方会议。

2. 非本协定缔约方的《联合国气候变化框架公约》缔约方，可作为观察员参加作为本协定缔约方会议的《联合国气候变化框架公约》缔约方会议的任何届会的议事工作。在《联合国气候变化框架公约》缔约方会议作为本协定缔约方会议时，在本协定之下的决定只应由为本协定缔约方者做出。

3. 在《联合国气候变化框架公约》缔约方会议作为本协定缔约方会议时，《联合国气候变化框架公约》缔约方会议主席团中代表《联合国气候变化框架公约》缔约方但在当时非为本协定缔约方的任何成员，应由本协定缔约方从本协定缔约方中选出的另一成员替换。

4. 作为《巴黎协定》缔约方会议的《联合国气候变化框架公约》缔约方会议应定期审评本协定的执行情况，并应在其授权范围内作出为促进本协定有效执行所必要的决定。作为《巴黎协定》缔约方会议的《联合国气候变化框架公约》缔约方会议应履行本协定赋予它的职能，并应：

(a) 设立为履行本协定而被认为必要的附属机构；

(b) 行使为履行本协定所需的其他职能。

5. 《联合国气候变化框架公约》缔约方会议的议事规则和依《联合国气候变化框架公约》规定采用的财务规则，应在本协定下比照适用，除非作为《巴黎协定》缔约方会议的《联合国气候变化框架公约》缔约方会议以协商一致方式可能另外作出决定。

6. 作为《巴黎协定》缔约方会议的《联合国气候变化框架公约》缔约方会议第一届会议，应由秘书处结合本协定生效之日后预定举行的《联合国气候变化框架公约》缔约方会议第一届会议召开。其后作为《巴黎协定》缔约方会议的《联合国气候变化框架公约》缔约方会议常会，应与《联合国气候变化框架公约》缔约方会议常会结合举行，除非作为《巴黎协定》缔约方会议的《联合国气候变化框架公约》缔约方会议另有决定。

7. 作为《巴黎协定》缔约方会议的《联合国气候变化框架公约》缔约方会议特别会议，将在作为《巴黎协定》缔约方会议的《联合国气候变化框架公约》缔约方会议认为必要的其他任何时间举行，或应任何缔约方的书面请求而举行，但须在秘书处将该要求转达给各缔约方后六个月内得到至少 1/3 缔约方的支持。

8. 联合国及其专门机构和国际原子能机构，以及它们的非为《联合国气候变化框架公约》缔约方的成员国或观察员，均可派代表作为观察员出席作为《巴黎协定》缔约方会议的《联合国气候变化框架公约》缔约方会议的各届会议。任何在本协定所涉事项上具备资格的团体或机构，无论是国家或国际的、政府的或非政府的，经通知秘书处其愿意派代表作为观察员出席作为《巴黎协定》缔约方会议的《联合国气候变化框架公约》缔约方会议的某届会议，均可予以接纳，除非出席的缔约方至少 1/3 反对。观察员的接纳和参加应遵循本条第 5 款所指的议事规则。

第十七条

1. 依《联合国气候变化框架公约》第八条设立的秘书处，应作为本协定的秘书处。

2. 关于秘书处职能的《联合国气候变化框架公约》第八条第 2 款和关于就秘书处行使职能作出的安排的《联合国气候变化框架公约》第八条第 3 款，应比照适用于本协定。秘书处还应行使本协定和作为《巴黎协定》缔约方会议的《联合国气候变化框架公约》缔约方会议所赋予它的职能。

第十八条

1. 《联合国气候变化框架公约》第九条和第十条设立的附属科学技术咨询机构和附属履行机构，应分别作为本协定附属科学技术咨询机构和附属履行机构。《联合国气候变化框架公约》关于这两个机构行使职能的规定应比照适用于本协定。本协定的附属科学技术咨询机构和附属履行机构的届会，应分别与《联合国气候变化框架公约》的附属科学技术咨询机构和附属履行机构的会议结合举行。

2. 非为本协定缔约方的《联合国气候变化框架公约》缔约方可作为观察员参加附属机构任何届会的议事工作。在附属机构作为本协定附属机构时，本协定下的决定只应由本协定缔约方作出。

3. 《联合国气候变化框架公约》第九条和第十条设立的附属机构行使它们的职

能处理涉及本协定的事项时，附属机构主席团中代表《联合国气候变化框架公约》缔约方但当时非为本协定缔约方的任何成员，应由本协定缔约方从本协定缔约方中选出的另一成员替换。

第十九条

1. 除本协定提到的附属机构和体制安排外，根据《联合国气候变化框架公约》或在《联合国气候变化框架公约》下设立的附属机构或其他体制安排按照作为《巴黎协定》缔约方会议的《联合国气候变化框架公约》缔约方会议的决定，应为本协定服务。作为《巴黎协定》缔约方会议的《联合国气候变化框架公约》缔约方会议应明确规定此种附属机构或安排所要行使的职能。

2. 作为《巴黎协定》缔约方会议的《联合国气候变化框架公约》缔约方会议可为这些附属机构和体制安排提供进一步指导。

第二十条

1. 本协定应开放供属于《联合国气候变化框架公约》缔约方的各国和区域经济一体化组织签署并须经其批准、接受或核准。本协定应自 2016 年 4 月 22 日至 2017 年 4 月 21 日在纽约联合国总部开放供签署。此后，本协定应自签署截止日之次日起开放供加入。批准、接受、核准或加入的文书应交存保存人。

2. 任何成为本协定缔约方而其成员国均非缔约方的区域经济一体化组织应受本协定一切义务的约束。如果区域经济一体化组织的一个或多个成员国为本协定的缔约方，该组织及其成员国应决定各自在履行本协定义务方面的责任。在此种情况下，该组织及其成员国无权同时行使本协定规定的权利。

3. 区域经济一体化组织应在其批准、接受、核准或加入的文书中声明其在本协定所规定的事项方面的权限。此类组织还应将其权限范围的任何重大变更通知保存人，保存人应再通知各缔约方。

第二十一条

1. 本协定应在不少于 55 个《联合国气候变化框架公约》缔约方，包括其合计共占全球温室气体总排放量的至少约 55% 的《联合国气候变化框架公约》缔约方交存其批准、接受、核准或加入文书之日后第 30 天起生效。

2. 只为本条第 1 款的有限目的，“全球温室气体总排放量”指在《联合国气候变化框架公约》缔约方通过本协定之日或之前最新通报的数量。

3. 对于在本条第 1 款规定的生效条件达到之后批准、接受、核准或加入本协定的每一国家或区域经济一体化组织，本协定应自该国家或区域经济一体化组织批准、接受、核准或加入的文书交存之日后第 30 天起生效。

4. 为本条第 1 款的目的，区域经济一体化组织交存的任何文书，不应被视为其成员国所交存文书之外的额外文书。

第二十二条

《联合国气候变化框架公约》第十五条关于通过对《联合国气候变化框架公约》的修正的规定应比照适用于本协定。

第二十三条

1. 《联合国气候变化框架公约》第十六条关于《联合国气候变化框架公约》附件的通过和修正的规定应比照适用于本协定。

2. 本协定的附件应构成本协定的组成部分，除另有明文规定外，凡提及本协定，即同时提及其任何附件。这些附件应限于清单、表格和属于科学、技术、程序或行政性质的任何其他说明性材料。

第二十四条

《联合国气候变化框架公约》关于争端解决的第十四条的规定应比照适用于本协定。

第二十五条

1. 除本条第 2 款所规定外，每个缔约方应有一票表决权。

2. 区域经济一体化组织在其权限内的事项上应行使票数与其作为本协定缔约方的成员国数目相同的表决权。如果一个此类组织的任一成员国行使自己的表决权，则该组织不得行使表决权，反之亦然。

第二十六条

联合国秘书长应为本协定的保存人。

第二十七条

对本协定不得做任何保留。

第二十八条

1. 自本协定对一缔约方生效之日起三年后，该缔约方可随时向保存人发出书面通知退出本协定。

2. 任何此种退出应自保存人收到退出通知之日起一年期满时生效，或在退出通知中所述明的更后日期生效。

3. 退出《联合国气候变化框架公约》的任何缔约方，应被视为亦退出本协定。

第二十九条

本协定正本应交存于联合国秘书长，其阿拉伯文、中文、英文、法文、俄文和西班牙文文本同等作准。

2015 年 12 月 12 日订于巴黎

附录四　国家应对气候变化规划（2014—2020年）（节选）

……

控制温室气体排放

第一节　调整产业结构

抑制高碳行业过快增长。控制高耗能、高排放行业产能扩张，修订产业结构调整指导目录，提高新建项目准入门槛，制定重点行业单位产品温室气体排放标准，优化品种结构。优化工业空间布局，在符合国家产业政策的前提下，鼓励高碳行业通过区域有序转移、集群发展、改造升级降低碳排放。

推动传统制造业优化升级。运用高新技术和先进适用技术改造提升传统制造业，支持企业提升产品节能环保性能，打造绿色低碳品牌。加快淘汰落后产能，争取超额完成“十二五”淘汰落后产能目标任务。

大力发展战略性新兴产业和服务业。实施产业创新发展工程，2020年战略性新兴产业增加值占国内生产总值比重达到15%左右。提高服务业增加值占国内生产总值的比重，2020年达到52%以上。

第二节　优化能源结构

调整化石能源结构。合理控制煤炭消费总量，加强煤炭清洁利用，优化煤炭利用方式，制定煤炭消费区域差别化政策，大气污染防治重点地区实现煤炭消费负增长。加快石油、天然气资源勘探开发力度，推进页岩气等非常规油气资源调查评价与勘探开发利用。积极开发利用海外油气资源。继续推进煤层气（煤矿瓦斯）开发利用。2020年天然气消费量在一次能源消费中的比重达到10%以上，利用量达到3 600亿 m^3。

有序发展水电。科学规划建设抽水蓄能电站。2020年常规水电装机容量力争达到3.5亿kW，年发电量1.2万亿kW·h。

安全高效发展核电。在确保安全的基础上高效发展核电，提升核电厂安全水平，稳步有序推进核电建设。2020年总装机容量达到5 800万kW。

大力开发风电。加快建设“三北”地区和沿海地区的八大千万千瓦级风电基地，因地制宜建设内陆中小型风电和海上风电项目，加强各类并网配套工程建设。2020年并网风电装机容量达到2亿kW。

推进太阳能多元化利用。建设一批“万千瓦级”大型光伏电站。开展以分布式太阳能光伏为主的新能源城市和微网系统示范建设，加快实施光伏发电建筑一体化应用项目。扩大太阳能热利用技术的应用领域，支持开展太阳能热发电项目示范。2020年太阳能发电装机容量达到1亿kW，太阳能热利用安装面积达到8万hm^2。

发展生物质能。优先建设生物质多联产项目，加快发展沼气发电，推动城市垃圾焚烧和填埋气发电。实现生物质成型燃料产业化，加快生物质液体燃料产业化进程，积极发展生物质供气。2020年全国生物质能发电装机容量达到3 000万kW，生物质成型燃料年利用量5 000万kW，沼气年利用量440亿m^3，生物液体燃料年利用量1 300亿m^3。

推动其他可再生能源利用。提高地热、海洋能等开发利用水平。建设地热能发电示范项目。鼓励因地制宜推进浅层地温能冬季供暖、夏季制冷示范。建设一批潮汐能、潮流能示范电站，结合海岛用能需求，建设海洋能与风能、太阳能发电等多能互补独立示范电站。

第三节 加强能源节约

控制能源消费总量。按照目标明确、责任落实、措施到位、奖惩分明的总体要求，建立能源消费总量控制和评价考核制度，强化政府责任和政策导向，严格执行固定资产投资项目节能评估和审查制度，实施终端用能产品强制性能效标识制度，制定和完善高耗能产品能耗限额标准。到2020年，一次能源消费总量控制在48亿kW标准煤左右。

加强重点领域节能。重点推进电力、钢铁、建材、有色、化工等行业节能。强化新建建筑节能，加大既有建筑节能改造力度，实施绿色建筑行动方案。推进交通运输节能，加快构建绿色低碳安全高效的综合交通运输体系。推进商业和民用、农业和农村以及公共机构节能。实施节能改造工程、节能产品惠民工程、合同能源管理推广工程、节能技术产业化示范工程等重大节能工程。继续开展万家企业节能低碳行动。

大力发展循环经济。在农业、工业、建筑、商贸服务等重点领域推进循环经济发展，从源头和全过程控制温室气体产生和排放。健全资源循环利用回收体系，制定循环经济技术和产品目录。

第四节 增加森林及生态系统碳汇

增加森林碳汇。实施应对气候变化林业专项行动计划，统筹城乡绿化，加快荒山造林，推进“身边增绿”和城市园林绿化，深入开展全民义务植树活动，继续实施天然林保护、退耕还林、防护林建设、石漠化治理等林业生态重点工程。强化现有森林资源保护，切实加强森林抚育经营和低效林改造，减少毁林排放。

增加农田、草原和湿地碳汇。加强农田保育和草原保护建设，提升土壤有机碳储量，增加农业土壤碳汇。推广秸秆还田、精准耕作技术和少免耕等保护性耕作措施。建立草原生态补偿长效机制，进一步在草原牧区落实草畜平衡和禁牧、休牧、划区轮牧等草原保护制度，控制草原载畜量，遏制草场退化；继续实施退牧还草、京津风沙源草地治理等生态工程建设，恢复草原植被，提高草原覆盖度。加强湿地保护，增强湿地储碳能力，开展滨海湿地固碳试点。

第五节 控制工业领域排放

实施工业应对气候变化行动计划，到 2020 年，单位工业增加值二氧化碳排放比 2005 年下降 50% 左右。

能源工业。在电力行业加快建立温室气体排放标准，到 2015 年大型发电企业集团单位供电二氧化碳排放水平控制在 650 g/kW 时。优先发展高效热电联产机组，以及大型坑口燃煤电站和低热值煤炭资源、煤矿瓦斯等综合利用电站，鼓励采用清洁高效、大容量超超临界燃煤机组。开展整体煤炭气化燃气—蒸汽联合循环发电和燃煤电厂碳捕集、利用和封存示范工程建设。2015 年全国火电单位供电二氧化碳排放比 2010 年下降 3% 左右。在石油天然气行业推广放空天然气和油田伴生气回收利用技术、油气密闭集输综合节能技术、利用二氧化碳驱油等技术。禁止新开发二氧化碳气田，逐步关停现有气井。煤炭行业要加快采用高效采掘、运输、洗选工艺和设备，加快煤层气抽采利用，推广应用二氧化碳驱煤层气技术。

钢铁工业。严格控制产能规模，推动产品升级，推广高温高压干熄焦、焦炉煤调湿烧结余热发电、高炉炉顶余压余热发电、资源综合利用等技术。建设废钢回收、加工、配送体系，积极发展以废钢为原料的电炉短流程工艺，建设循环型钢铁工厂。2020 年钢铁行业二氧化碳排放总量基本稳定在“十二五”末的水平。

建材工业。优化品种结构，进一步降低单位产品二氧化碳排放强度。水泥行业要鼓励采用电石渣、造纸污泥、脱硫石膏、粉煤灰、冶金渣尾矿等工业废渣和火山灰等非碳酸盐原料替代传统石灰石原料，加快推广纯低温余热发电技术和水泥窑协同处置废弃物技术，发展散装灰泥、高等级水泥和新型低碳水泥。玻璃行业要加快开发低辐射玻璃、光伏发电用太阳能玻璃等新型低碳产品，推广先进的浮法工艺、玻璃熔窑富氧燃烧、余热回收利用等技术。陶瓷行业加快发展薄形化、减量化、节水型产品，研究推广干法制粉等工艺技术，加快高效节能窑炉、耐火材料和新型燃料的开发利用。2020 年水泥行业二氧化碳排放总量基本稳定在“十二五”末的水平。

化学工业。重点发展高端石化产品。合成氨行业要重点推广先进煤气化技术、高效脱硫脱碳、低位能余热吸收制冷等技术。乙烯行业要优化原料结构，重点推广重油催化热裂解等新技术。电石行业要加快采用大型密闭式电石炉，重点推广炉气利用、空心电极等低碳技术。己二酸、硝酸和含氢氯氟烃行业要通过改进生产工艺，采用控排技术显著减少氧化亚氮和氢氟碳化物的排放。加大氢氟碳化物替代技术和替代品的研发投入，鼓励使用六氟化硫混合气和回收六氟化硫。

有色工业。电解铝行业要推广大型预焙电解槽技术，重点推广新型阴极结构、新型导流结构、高阳极电流密度超大型铝电解槽等先进低碳工艺。铜熔炼行业要采用先进的富氧闪速及富氧熔池熔炼工艺，铅熔炼行业要采用氧气底吹炼铅新工艺及其他氧气直接炼铅技术，锌冶炼行业要发展新型湿法工艺，镁冶炼行业要积极推广新型竖窑煅烧技术。

轻纺工业。造纸工业要推进林纸一体化，加大废纸资源综合利用，科学合理使用非木纤维。食品、医药等行业要加快生物酶催化和应用等关键技术推广。纺织工业要优化工艺路线，加强新型纺纱织造工艺技术及设备应用。

第六节 控制城乡建设领域排放

优化城市功能布局。加强城市低碳发展规划，优化城市组团和功能布局，提高建成区人口密度和基础设施使用效率，降低城市远距离交通出行需求。城市新区建设规划要探索进行碳排放评估。

强化城市低碳化建设和管理。建设以节能低碳为特征的煤、气、电、热等能源供应设施、给排水设施、生活污水和垃圾处理等城市基础设施。研究制定建筑物使用年限管理的法律法规，建立建筑使用全寿命周期管理制度，严格建筑拆除管理。改进工程技术标准，通过广泛应用高强度、高性能混凝土和钢材，提高工程建筑质量。

延长使用寿命。因地制宜适度发展木结构建筑。推广屋顶和墙体绿化。统筹城市低碳发展和绿色转型，协同治理城市大气污染物和温室气体排放。加强城市照明管理，实施城市绿色照明专项行动，创建绿色照明示范城市，推进供热计量改革，实施供热计量收费和能耗定额管理，开展“节能暖房”工程。

发展绿色建筑。采用先进的节能减碳技术和建筑材料，因地制宜推动太阳能、地热能、浅层地温能等可再生能源建筑一体化应用。太阳能富集地区要出台强制性太阳能推广应用措施。加强建筑节能管理，提升并严格执行新建建筑节能标准，推广绿色建筑标准。力争到 2020 年城镇绿色建筑占新建建筑比重达到 50%。加快公共建筑节能改造，对重点能耗建筑实行动态监测。鼓励农村新建节能建筑和既有建筑的节能改造，引导农民建设可再生能源和节能型住房。

第七节 控制交通领域排放

城市交通。合理配置城市交通资源。逐步建立特大城市机动车保有总量调控机制。积极发展城市公共交通，完善城市步行和自行车交通系统，加快建设公交专用道、公交场站等设施和公共自行车服务系统。积极推广天然气动力汽车、纯电动汽车等新能源汽车。2020 年，大中城市公交出行分担比率达到 30%。

公路运输。完善公路交通网络。推广应用温拌沥青、沥青路面材料再生利用等低碳铺路技术和养护技术，推广隧道通风照明智能控制技术，对高速公路服务区等进行节能低碳改造，推广应用电子不停车收费、检测、信息传输系统。重点推进公路集装箱多式联运、甩挂运输等高效运输组织方式。研究建立新车碳排放标准，提高燃油经济性，加快淘汰老旧车辆，鼓励发展低排放车辆。2020 年，单位客运周转量二氧化碳排放比 2010 年降低 5%，单位货运周转量二氧化碳排放比 2010 年降低 13%。

铁路运输。完善铁路运输网络，加快铁路电气化改造，提高电力机车承担铁路客货运输工作量比重，提升铁路运输能力，推行铁路节能调度。积极发展集装箱海铁联运，加快淘汰老旧机车，发展节能低碳机车、动车组。加强车站等设施低碳化改造和运营管理。2020 年铁路单位运输工作量二氧化碳排放比 2010 年降低 15%。

水路运输。促进运输船舶向大型化、专业化方向发展。加快推进内河船型标准化。完善老旧船舶强制报废制度。推进船舶混合动力、替代能源技术和太阳能、风能、天然气、热泵等船舶生活用能技术研发应用。在有条件的港口逐步推广液化天然气及新能源利用，积极推进靠港船舶使用岸电。加强港口、码头低碳化改造和运营管理。2020 年，单位客货运周转量二氧化碳排放比 2010 年降低 13%。

航空运输。完善空中交通网络，优化机队结构。积极推动航空生物燃料使用，加快应用节油技术和措施。加强机场低碳化改造和运营管理。2020 年，民用航空单位客货运周转量的二氧化碳排放比 2010 年降低 11% 左右。

第八节 控制农业、商业和废弃物处理领域排放

控制农业生产活动排放。积极推广低排放高产水稻品种，改进耕作技术，控制稻田甲烷和氧化亚氮排放。开展低碳农业发展试点。鼓励使用有机肥，因地制宜推广"猪—沼—果"等低碳循环生产方式。发展规模化养殖。推动农作物秸秆综合利用、农林废物资源化利用和牲畜粪便综合利用。积极推进地热能在设施农业和养殖业中的应用。控制林业生产活动温室气体排放。加快发展节油、节电、节煤等农业机械和渔业机械、渔船。加强农机农艺结合，优化耕作环节，实行少耕、免耕、精准作业和高效栽培。

控制商业和公共机构排放。开展低碳机关、低碳校园、低碳医院、低碳场馆、低碳军营等建设。针对商店、宾馆、饭店、旅游景区等商业机构，通过加强节能、可再生能源等新技术应用，加强资源节约和综合循环利用，加强运营管理，有效控制商业机构二氧化碳排放。严格执行夏季、冬季空调温度设置标准等用能管理制度。加强国家机关办公区和大型公共建筑节能管理。

控制废弃物处理领域排放。加大生活垃圾无害化处理设施建设力度。健全生活垃圾分类、资源化利用、无害化处理相衔接的收转运体系，对生活垃圾进行统一收集和集中处理。推进餐厨垃圾无害化处理和资源化利用，鼓励残渣无害化处理后制作肥料。在具有甲烷收集利用价值的垃圾填埋场开展甲烷收集利用及再处理工作。在具备条件的地区鼓励发展垃圾焚烧发电。

第九节 倡导低碳生活

鼓励低碳消费。抑制不合理消费，限制商品过度包装，减少一次性用品使用。各级国家机关、事业单位、团体组织等公共机构要率先践行勤俭节约和低碳消费理念。鼓励使用节能低碳产品，加快建设高效快捷的低碳产品物流体系，拓宽低碳产品销售渠道，设立低碳产品销售专区和低碳产品超市，建立节能、低碳产品信息发布和查询平台。

开展低碳生活专项行动。开展"低碳饮食行动"，推进餐饮点餐适量化，公务接待简约化，遏制食品浪费。倡导消费者减少不必要的衣物消费，加快衣物再利用。

制定合理的住房消费标准，引导消费者使用绿色建筑。深入开展低碳家庭创建活动，提倡公众在日常生活中养成节水、节电、节气、垃圾分类等低碳生活方式。倡导公众参与造林增汇活动。

倡导低碳出行。积极倡导“135”绿色出行方式(1 km以内步行，3 km以内骑自行车，5 km左右乘坐公共交通工具）。鼓励公众采用公共交通出行方式，支持购买小排量汽车、节能汽车和新能源车辆。向公众提供专业信息服务。倡导“每周少开一天车”“低碳出行”等活动，鼓励共乘交通和低碳旅游。

实施试点示范工程

第一节 深化低碳省区和城市试点

低碳省区试点。落实试点省区低碳发展规划和实施方案，加大财政投入和政策支持力度，鼓励体制机制创新，率先形成绿色低碳发展模式。2020 年试点省区碳强度下降幅度超过全国平均水平。积极利用“两型”社会建设试验区、可持续发展实验区等开展低碳试点示范工作。

低碳城市试点。制定低碳发展路线图和时间表。加快建立以低碳为特征的城市工业、建筑、交通、能源体系，倡导绿色低碳的生活方式和消费模式。开展低碳城（镇）试点，从规划、建设、运营、管理全过程探索产业低碳发展与城市低碳建设相融合的新模式，为全国新型城镇化和低碳发展提供有益经验。扎实推进绿色低碳重点小城镇试点示范工作。部分新建低碳城（镇）试点如下：

广东深圳国际低碳城：以低碳服务业和低碳技术应用为重点，构建完整的低碳产业链，打造以智能交通、无线网络、智能电网、绿色建筑等基础设施为支撑的低碳发展示范区。建成低碳技术研发中心、低碳技术集成应用示范中心、低碳产业和人才集聚中心和低碳发展服务中心。

山东青岛中德生态园：以泛能网为平台，发展分布式能源和绿色建筑，加强可再生能源应用，大力发展绿色建材、绿色金融、高端制造业、职业教育等，打造具有可持续发展示范意义的生态低碳产业园区。

江苏镇江官塘低碳新城：通过强化园区低碳规划、优化园区产业链，发展商贸、物流、旅游等现代服务业，抓好可再生能源、绿色建筑、碳汇、低冲击开发雨水收集处理、绿道慢行系统、智慧管理六大工程建设，探索园区低碳化公共服务管理模式，打造新型示范城区。

云南昆明呈贡低碳新区：切实转变城市经济发展方式，大力发展第三产业和都市型低碳农业，坚持产城融合和公交引导开发的建设理念，通过科学的城区低碳规划，优化城市空间布局，加强可再生能源应用，大力发展低碳建筑，建设集湖光山色，融人文景观和自然景观于一体的环保型、园林化、可持续发展的现代化城市。

湖北武汉花山生态新城：重点发展软件研发、港口与保税物流、旅游与养生等低碳产业，建设花山生态艺术馆，加强光伏发电示范应用，新能源利用率超过 15%，实现绿色建筑全覆盖，绿色交通出行率大于 40%，中水回用率达 40%，建成国际一流生态城、新型城镇化示范区。

江苏无锡中瑞低碳生态城：按照可持续城市功能、可持续生态环境、可持续能源利用、可持续水资源利用、可持续固废处理、可持续绿色交通和可持续建筑设计等原则要求，重点建设低碳展示中心、垃圾收集系统、生态住宅小区等低碳项目，打造具有完全自我平衡开发建设运营能力、可示范、可推广的低碳生态示范区。

第二节 开展低碳园区、商业和社区试点

低碳园区试点。深入开展低碳产业园区和低碳工业园区试点，高标准新建一批低碳产业示范园区。加强园区低碳规划，优化园区产业链和生产组织模式，建设园区低碳能源供应和利用、低碳物流、低碳建筑支撑体系，积极探索低碳产业园区管理模式，试点园区碳排放强度达到同类园区先进水平，新建园区达到领先水平。到 2020 年，建成 150 家左右低碳产业示范园区。制定低碳产业园区试点评价指标体系和建设规范。

低碳商业试点。选择具有代表性的商店、宾馆、饭店、旅游景区等商业机构开展试点，通过加强节能、可再生能源等新技术应用，加强运营和供应链管理，显著降低试点商业机构二氧化碳排放。2020 年前创建低碳商业试点 1 000 个左右。部分低碳商业试点如下：

低碳商贸试点：开展低碳商场试点，在设计、建设、运营、物流和废弃物处理等方面，坚持安全、环保、健康、低碳理念，加强低碳管理，通过在商场内采用高效节能照明、空调、冷柜等设备，设定各类用电设备开启和关闭时间，限制专柜单位面积用电量，禁止销售过度包装商品，鼓励销售低碳产品等措施，建立绿色低碳供应链，显著降低试点商场碳排放强度。开展低碳配送中心试点和低碳会展试点。

低碳宾馆试点：选择具有代表性的宾馆开展低碳宾馆试点，在宾馆设计、建筑装饰、节约用水、能源管理、餐饮娱乐和废弃物处理等方面，加强低碳管理和服务，显著降低试点宾馆碳排放强度。

低碳餐饮试点：选择具有代表性的餐饮机构开展低碳餐饮试点，在餐饮机构设计、建设、运营等方面，使用环保建筑装修材料、节能空调、节能冰箱、节能灯具和节能灶具，拒绝或逐步减少一次性餐具，推广使用电子菜谱，引导顾客理性消费、适度消费。通过开展试点工作，显著降低试点餐饮机构碳排放强度。

低碳旅游试点：选择具有代表性的旅游景区开展低碳旅游试点，在景区规划设计、建设、运营和废弃物处理等方面践行低碳，鼓励景区照明使用太阳能、生物能等清洁能源，景区内交通使用电瓶车、自行车等交通工具，提倡游客入住舒适、便捷的经济型酒店，拒绝或逐步减少一次性餐具。通过开展试点工作，显著降低试点旅游景区碳排放强度。

低碳社区试点。结合新型城镇化建设和社会主义新农村建设，扎实推进低碳社区试点。在社区规划设计、建筑材料选择、供暖供冷供电供热水系统、社区照明、社区交通、建筑施工等方面，实现绿色低碳化。推广绿色建筑，加快绿色建筑节能整装配套技术、室内外环境健康保障技术、绿色建造和施工关键技术和绿色建材成套应用技术研发应用，推广住宅产业化成套技术，鼓励建立高效节能、可再生能源利用最大化的社区能源、交通保障系统，积极利用地热、浅层地温能、工业余热为社区供暖供冷供热水，积极探索土地节约利用、水资源和本地资源综合利用，加强社区生态建设，建立社区节电节水、出行、垃圾分类等低碳行为规范，倡导建立社区二手生活用品交换市场，引导社区居民普遍接受绿色低碳的生活方式和消费模式，建立社区生活信息化管理系统。重点城市制订低碳社区建设规划，明确工作任务和实施方案。鼓励军队开展低碳营区试点。“十二五”末全国开展的低碳社区试点争取达到 1 000 个左右。

第三节 实施减碳示范工程

低碳产品推广工程。研究制定低碳产品推广目录，“十二五”时期优先推广低碳空调、冰箱和电视以及带有低碳标识的平板玻璃、通用硅酸盐水泥和电动机等产品。高排放产品节约替代示范工程。实施水泥、钢铁、石灰、电石等高耗能、高排放产品替代工程。鼓励开发和使用高性能、低成本、低消耗的新型材料替代传统钢材，大力开展建筑材料替代。鼓励使用缓控释肥产品、有机肥等替代传统化肥。

工业生产过程温室气体控排示范工程。在水泥、石灰、有色金属、钢铁、电石、己二酸、硝酸、含氢氯氟烃、输配电设备、家电等行业重点企业，加强原料替代，通过改进生产工艺，采用控排技术，减少工业生产过程温室气体排放。

碳捕集、利用和封存示范工程。在火电、化工、油气开采、水泥、钢铁等行业中实施碳捕集试验示范项目，在地质条件适合的地区，开展封存试验项目，实施二氧化碳捕集、驱油、封存一体化示范工程。积极探索二氧化碳资源化利用的途径、技术和方法。

第四节 实施适应气候变化试点工程

城市气候灾害防治试点工程。开展内涝、高温、干旱等灾害的综合防治试点，评估气候变化对我国不同区域城市的影响，探索城市在气候变化条件下加强灾害监测预警、提高规划建设标准、保障生命线系统等方面的有效措施与做法。

海岸带综合管理和灾害防御试点工程。通过加强海岸带管理和生态保护，采取营造沿海防护林、加强沿海设施建设、水资源调配以淡压咸等针对性措施，保护和修复海岸带生态系统，提高沿海地区防御风暴潮灾害的能力，探索防治咸潮入侵和海水侵入地下含水层的有效方法。

草原退化综合治理试点工程。通过加强草地资源与环境监测、水资源利用与管理，采取退牧还草、围栏封育、人工饲草基地建设、耐旱牧草与适应性牲畜品种推广等措施，综合治理退化草原，促进基于草畜平衡的草原畜牧业发展。

城市人群健康适应气候变化试点工程。编制和修订应对极端天气气候事件的卫生应急预案，建立极端天气气候事件与人体健康监测预警网络，修订职业劳动防护标准，加强气候变化敏感行业的医疗救治能力建设；完善卫生设施配置，加强媒介传播疾病的监测、预警和防控，探索气候变化条件下保障人群健康的有效途径。

森林生态系统适应气候变化试点工程。通过营造乡土树种混交林，加强森林抚育和低效林改造，调整林分结构，促进形成异龄、复层、混交林分，加强林业有害生物和森林火灾等森林灾害监测预警和应急防控体系建设，提高森林生态系统适应气候变化和抵御灾害能力。

湿地保护与恢复试点工程。在长江、黄河、太湖等重点领域、沿海地区、重要生态功能区选择典型湿地，开展湿地保护和恢复试点工程，恢复退化湿地，提高相应区域、流域适应气候变化能力。

健全激励约束机制

第一节 健全法规标准

制定应对气候变化法规。研究制定应对气候变化法律法规，建立应对气候变化总体政策框架和制度安排，明确各方权利义务关系，为相关领域工作提供法律基础。研究制定应对气候变化部门规章和地方法规。

完善应对气候变化相关法规。根据需要进一步修改完善能源、节能、可再生能源、循环经济、环保、林业、农业等相关领域法律法规，发挥相关法律法规对推动应对气候变化工作的保障作用，保持各领域政策与行动的一致性，形成协同效应。

建立低碳标准体系。研究制定电力、钢铁、有色、建材、石化、化工、交通、建筑等重点行业温室气体排放标准。研究制定低碳产品评价标准及低碳技术、温室气体管理等相关标准。鼓励地方、行业开展相关标准化探索。

第二节 建立碳交易制度

推动自愿减排交易活动。实施《温室气体自愿减排交易管理办法》，建立自愿减排交易登记注册系统和信息发布制度，推动开展自愿减排交易活动。探索建立基于项目的自愿减排交易与碳排放权交易之间的抵消机制。

深化碳排放权交易试点。深入开展北京、天津、上海、重庆、湖北、广东、深圳等碳排放权交易试点，研究制定相关配套政策，总结评估试点工作经验，完善试点实施方案。

加快建立全国碳排放交易市场。总结温室气体自愿减排交易和碳排放权交易试点工作，研究制订碳排放交易总体方案，明确全国碳排放交易市场建设的战略目标、工作思路、实施步骤和配套措施。做好碳排放权分配、核算核证、交易规则、奖惩机制、监管体系等方面制度设计，制定全国碳排放交易管理办法。培育和规范交易平台，在重点发展好碳交易现货市场的基础上，研究有序开展碳金融产品创新。

健全碳排放交易支撑体系。制定不同行业减排项目的减排量核证方法学。制定工作规范和认证规则，开展温室气体排放第三方核证机构认可。研究制定相关法律法规、配套政策及监管制度。建立碳排放交易登记注册系统和信息发布制度。统筹规划碳排放交易平台布局，加强资质审核和监督管理。加快碳排放交易专业人才培养。

研究与国外碳排放交易市场衔接。积极参与全球性和行业性多边碳排放交易规则和制度的制定。密切跟踪其他国家（地区）碳交易市场发展情况。根据我国国情，研究我国碳排放交易市场与国外碳排放交易市场衔接可行性。在条件成熟的情况下，探索我国与其他国家（地区）开展双边和多边碳排放交易活动相关合作机制。

第三节　建立碳排放认证制度

建立碳排放认证制度。研究产品、服务、组织、项目、活动等层面碳排放核算方法和评价体系。加快建立完整的碳排放基础数据库。建立低碳产品认证制度，制定相应技术规范、评价标准、认证模式、认证程序和认证监管方式。推进各种低碳标准、标识的国际交流和互认。

推广低碳产品认证。选择碳排放量大、应用范围广的汽车、电器等用能产品，日用消费品及重要原材料行业典型产品，率先开展低碳产品认证。选择部分地区开展低碳产品推广试点。开展低碳认证宣传活动。

加强碳排放认证能力建设。加强认证机构能力建设和资质管理，规范第三方认证机构服务市场。在产品、服务、组织、项目、活动等层面建立低碳荣誉制度。支持出口企业建立产品碳排放评价数据库，提高企业应对新型贸易壁垒的能力。

第四节　完善财税和价格政策

加大财政投入。进一步加大财政支持应对气候变化工作力度。在财政预算中安排资金，支持应对气候变化试点示范、技术研发和推广应用、能力建设和宣传教育；加快低碳产品和设备的规模化推广使用，对购买低碳产品和服务的消费者提供补贴。积极创新财政资金使用方式。

完善税收政策。综合运用免税、减税和税收抵扣等多种税收优惠政策，促进低碳技术研发应用。研究对低碳产品（企业）的增值税（所得税）优惠政策。企业购进或者自制低碳设备发生的进项税额，符合相关规定的，允许从销项税额中抵扣。实行鼓励先进节能低碳技术设备进口的税收优惠政策。落实促进新能源和可再生能源发展的税收优惠政策。在资源税、环境税、消费税、进出口税等税制改革中，积极考虑应对气候变化需要。研究符合我国国情的碳税制度。

完善政府采购政策。逐步建立完善强制性政府绿色低碳采购政策体系，有效增加绿色低碳产品市场需求。在低碳产品标识、认证工作基础上，研究编制低碳产品政府采购目录。财政资金优先采购低碳产品。研究将专业化节能服务纳入政府采购。

完善价格政策。加快推进能源资源价格改革，建立和完善反映资源稀缺程度、市场供求关系和环境成本的价格形成机制。逐步理顺天然气与可替代能源比价关系、煤电价格关系。积极推行差别电价、惩罚性电价、居民阶梯电价、分时电价，引导用户合理用电。深化供热体制改革，全面推进供热计量收费。积极推进水价改革，促进水资源节约合理配置。完善城市停车收费政策，建立分区域、分时段的差别收费政策。完善生活垃圾处理收费制度。

第五节 完善投融资政策

完善投资政策。研究建立重点行业碳排放准入门槛。探索运用投资补助、贷款贴息等多种手段，引导社会资本广泛投入应对气候变化领域，鼓励拥有先进低碳技术的企业进入基础设施和公用事业领域。支持外资投入低碳产业发展、适应气候变化重点项目及低碳技术研发应用。

强化金融支持。引导银行业金融机构建立和完善绿色信贷机制，鼓励金融机构创新金融产品和服务方式，拓宽融资渠道，积极为符合条件的低碳项目提供融资支持。提高抵抗气候变化风险的能力。根据碳市场发展情况，研究碳金融发展模式。引导外资进入国内碳市场开展交易活动。

发展多元投资机构。完善多元化资金支持低碳发展机制，研究建立支持低碳发展的政策性投融资机构。吸引社会各界资金特别是创业投资基金进入低碳技术的研发推广、低碳发展重大项目建设领域。积极发挥中国清洁发展机制基金和各类股权投资基金在低碳发展中的作用。

国家发展和改革委员会

2014 年 9 月

附录五　国家适应气候变化战略

前言

全球气候变化是人类共同面临的巨大挑战。应对气候变化，不仅要减少温室气体排放，也要采取积极主动的适应行动，通过加强管理和调整人类活动，充分利用有利因素，减轻气候变化对自然生态系统和社会经济系统的不利影响。

根据最新科学研究报告，1880—2012 年，全球陆地和海洋表面平均温度上升了 0.85℃，气候变化导致极端天气气候事件频发，冰川和积雪融化加剧，水资源分布失衡，生态系统受到威胁。气候变化还引起海平面上升，海岸带遭受洪涝、风暴等自然灾害影响更为严重，一些海岛和沿海低洼地区甚至面临被淹没的风险。气候变化对农、林、牧、渔等经济活动和城镇运行都会产生不利影响，加剧疾病传播，威胁社会经济发展和人民群众身体健康。

根据政府间气候变化专门委员会报告，温度上升超过 2.5℃时，全球所有区域都可能遭受不利影响；温度上升超过 4℃时，则可能对全球生态系统带来不可逆的损害，造成全球经济重大损失，发展中国家所受损失将更为严重。

我国是发展中国家，人口众多、气候条件复杂、生态环境整体脆弱，正处于工业化、信息化、城镇化和农业现代化快速发展的历史阶段，气候变化已对粮食安全、水安全、生态安全、能源安全、城镇运行安全以及人民生命财产安全构成严重威胁，适应气候变化任务十分繁重，但全社会适应气候变化的意识和能力还普遍薄弱。

《中华人民共和国国民经济和社会发展第十二个五年规划纲要》明确提出要增强适应气候变化能力，制定国家适应气候变化战略。中国共产党第十八次全国代表大会把生态文明建设放在突出地位，对适应气候变化工作提出了新的要求。本战略在充分评估气候变化当前和未来对我国影响的基础上，明确国家适应气候变化工作的指导思想和原则，提出适应目标、重点任务、区域格局和保障措施，为统筹协调开展适应工作提供指导。本战略目标期到 2020 年，在具体实施中将根据形势变化和工作需要适时调整修订。

一、面临形势

（一）影响和趋势

我国气候类型复杂多样，大陆性季风气候特点显著，气候波动剧烈。与全球气候变化整体趋势相对应，我国平均气温明显上升。

近 100 年来，年平均气温上升幅度略高于同期全球升温平均值，近 50 年变暖尤其明显。降水和水资源时空分布更加不均，区域降水变化波动加大，极端天气气候事件危害加剧。20 世纪 90 年代以来，我国平均每年因极端天气气候事件造成的直接经济损失超过 2 000 多亿元，死亡 2 000 多人。气候变化已经和持续影响到我国许多地区的生存环境和发展条件。区域性洪涝和干旱灾害呈增多增强趋势，北方干旱更加频繁，南方洪涝灾害、台风危害和季节性干旱更趋严重，低温冰雪和高温热浪等极端天气气候事件频繁发生。基础设施的建设和运行安全受到影响，农业生产的不稳定性和成本增加，水资源短缺日益严重，海平面不断上升，风暴潮、巨浪、海岸侵蚀、土壤盐渍化、咸潮等对海岸带和相关海域造成的损失更为明显，森林、湿地和草原等生态系统发生退化，生物多样性受到威胁，多种疾病特别是灾后传染性疾病发生和传播风险增大，对人体健康威胁加大。预计未来气温上升趋势更加明显，不利影响将进一步加剧，如不采取有效应对措施，极端天气气候事件引起的灾害损失将更为严重。

（二）工作现状

我国政府重视适应气候变化问题，结合国民经济和社会发展规划，采取了一系列政策和措施，取得了积极成效。

适应气候变化相关政策法规不断出台。1994 年颁布的《中国 21 世纪议程》首次提出适应气候变化的概念，2007 年制定实施的《中国应对气候变化国家方案》系统阐述了各项适应任务，2010 年发布的《中华人民共和国国民经济和社会发展第十二个五年规划纲要》明确要求“在生产力布局、基础设施、重大项目规划设计和建设中，充分考虑气候变化因素。提高农业、林业、水资源等重点领域和沿海、生态脆弱地区适应气候变化水平”。农业、林业、水资源、海洋、卫生、住房和城乡建设等领域也制定实施了一系列与适应气候变化相关的重大政策文件和法律法规。

基础设施建设取得进展。“十一五”期间，新增水库库容 381 亿 m^3，新增供水能力 285 亿 m^3，新建和加固堤防 17 080 km，完成专项规划内 6 240 座大中型及重点小型病险水库除险加固任务。开展农田水利基本建设与旱涝保收标准农田建设，净增农田有效灌溉面积 333 万 hm^2。

相关领域适应工作有所进展。推广应用农田节水技术 0.27 亿 hm^2 以上，“十一五”期间全国农田灌溉用水有效利用系数提高到 0.50。

推广保护性耕作技术面积约 567 万 hm^2 以上，培育并推广高产优质抗逆良种，推广农业减灾和病虫害防治技术。开展造林绿化，全国完成造林面积 2 529 万 hm^2，森林面积达到 1.95 亿 hm^2，森林覆盖率达到 20.36%，草原综合植被盖度达到 53%，新增城市公园绿地面积 15.8 万 hm^2，城市建成区绿地率达到 34.47%，城市建成区绿化覆盖率达到 38.62%。加强城乡饮用水卫生监督监测，保障居民饮用水安全。出台自然灾害卫生应急预案，基本建立了快速响应和防控框架。开展气象灾害风险区划、气候资源开发利用等系列工作，建立了较完善的人工增雨体系。开展生态移民，加强气候敏感脆弱区域的扶贫开发。

生态修复和保护力度得到加强。保护森林、草原、湿地、荒漠生态系统和生物多样性。“十一五”期间，退耕还林工程完成造林 542 万 hm^2，退牧还草工程累计实施围栏建设 3 240 万 hm^2，草原综合植被盖度达到 53%，新增湿地保护面积 150 万 hm^2，恢复各类湿地 8 万 hm^2，新增水土流失治理面积 23 万 km^2，治理小流域 2 万多个。建立各级各类自然保护区和野生动物疫源疫病监测站。开展红树林栽培移种、珊瑚礁保护、滨海湿地退养还滩等海洋生态恢复工作。

监测预警体系建设逐步开展。开展极端天气气候事件及其次生衍生灾害的综合观测、监测预测及预警。开展全国沿海海平面变化影响调查和海平面观测。

（三）薄弱环节

我国适应气候变化工作尽管取得了一些成绩，但基础能力仍待提高，工作中还存在许多薄弱环节。

适应工作保障体系尚未形成。适应气候变化的法律法规不够健全，各类规划制定过程中对气候变化因素的考虑普遍不足。应急管理体系亟须加强，各类灾害综合监测系统建设与适应需求之间还有较大差距，部分地区灾害监测、预报、预警能力不足。适应资金机制尚未建立，政府财政投入不足。科技支撑能力不足，国家、部门、产业和区域缺乏可操作性的适应技术清单，现有技术对于气候变化因素的针对性不强。

基础设施建设不能满足适应要求。基础设施建设、运行、调度、养护和维修的技术标准尚未充分考虑气候变化的影响，供电、供热、供水、排水、燃气、通信等城市生命线系统应对极端天气气候事件的保障能力不足。农业、林业基础设施建设滞后，部分农田水利基础设施老化失修，水利设施的建设和运行管理对气候变化的因素考虑不足，渔港建设明显滞后，难以满足渔港避风需要。

敏感脆弱领域的适应能力有待提升。农业产业化、规模化和现代化程度不够，种植制度和品种布局不尽合理，农情监测诊断能力不足，现有技术和装备防控能力不足以应对农业灾害复杂化和扩大化趋势。一些区域水资源战略配置格局尚未形成，城乡供水保障能力不高，大江大河综合防洪减灾体系尚不完善，主要易涝区排涝能力不足。森林火灾与林业有害生物监测预警系统、林火阻隔系统以及应急处置系统建设有待提升，湿地、荒漠生态系统适应气候变化能力和抗御灾害能力有待加强。采矿、建筑、交通、旅游等行业部门防范极端天气气候事件能力不足。人体健康受气候变化影响的监测、评估和预警系统尚未建立，现有传染病防控体系不能满足进一步遏制媒介传播疾病的需求。

生态系统保护措施亟待加强。土地沙化、水土流失、生物多样性减少、草原退化、湿地萎缩等趋势尚未得到根本性扭转，区域生态安全风险加大。对沿海低洼地区和海岛海礁淹没及海岸带侵蚀风险缺乏有效应对措施，滨海湿地面积减少、红树林浸淹死亡、珊瑚礁白化等生态问题未能得到有效遏制。

二、总体要求

（一）指导思想和原则

以邓小平理论、“三个代表”重要思想、科学发展观为指导，贯彻落实党的十八大精神，大力推动生态文明建设，坚持以人为本，加强科技支撑，将适应气候变化的要求纳入我国经济社会发展的全过程，统筹并强化气候敏感脆弱领域、区域和人群的适应行动，全面提高全社会适应意识，提升适应能力，有效维护公共安全、产业安全、生态安全和人民生产生活安全。

我国适应气候变化工作应坚持以下原则：

突出重点。在全面评估气候变化影响和损害的基础上，在战略规划制定和政策执行中充分考虑气候变化因素，重点针对脆弱领域、脆弱区域和脆弱人群开展适应行动。

主动适应。坚持预防为主，加强监测预警，努力减少气候变化引起的各类损失，并充分利用有利因素，科学合理地开发利用气候资源，最大限度地趋利避害。

合理适应。基于不同区域的经济社会发展状况、技术条件以及环境容量，充分考虑适应成本，采取合理的适应措施，坚持提高适应能力与经济社会发展同步，增强适应措施的针对性。

协同配合。全面统筹全局和局部、区域和局地以及远期和近期的适应工作，加强分类指导，加强部门之间、中央和地方之间的协调联动，优先采取具有减缓和适应协同效益的措施。

广泛参与。提高全民适应气候变化的意识，完善适应行动的社会参与机制。积极开展多渠道、多层次的国际合作，加强“南南合作”。

（二）主要目标

适应能力显著增强。主要气候敏感脆弱领域、区域和人群的脆弱性明显降低；社会公众适应气候变化的意识明显提高，适应气候变化科学知识广泛普及，适应气候变化的培训和能力建设有效开展；气候变化基础研究、观测预测和影响评估水平明显提升，极端天气气候事件的监测预警能力和防灾减灾能力得到加强。适应行动的资金得到有效保障，适应技术体系和技术标准初步建立并得到示范和推广。

重点任务全面落实。基础设施相关标准初步修订完成，应对极端天气气候事件能力显著增强。农业、林业适应气候变化相关的指标任务得到实现，产业适应气候变化能力显著提高。森林、草原、湿地等生态系统得到有效保护，荒漠化和沙化土地得到有效治理。

水资源合理配置与高效利用体系基本建成，城乡居民饮水安全得到全面保障。

海岸带和相关海域的生态得到治理和修复。适应气候变化的健康保护知识和技能基本普及。

适应区域格局基本形成。根据适应气候变化的要求，结合全国主体功能区规划，在不同地区构建科学合理的城市化格局、农业发展格局和生态安全格局，使人民生产生活安全、农产品供给安全和生态安全得到切实保障。

三、重点任务

针对各领域气候变化的影响和适应工作基础，制定实施重点适应任务，选择有条件的地区开展试点示范，探索和推广有效的经验做法，逐步引导和推动各项适应工作。

（一）基础设施

加强风险管理。建立气候变化风险评估与信息共享机制，制定灾害风险管理措施和应对方案，开展应对方案的可行性论证，提高气候变化风险管理水平。在项目申请报告或规划内的“环境和生态影响分析”等篇章中，考虑将气候变化影响和风险作为单独内容进行分析。

修订相关标准。根据气候条件的变化修订基础设施设计建设、运行调度和养护维修的技术标准。对有关重大水利工程进行必要的安全复核，考虑地温、水分和冻土变化完善铁路路基等建设标准，根据气温、风力与冰雪灾害的变化调整输电线路、设施建造标准与电杆间距，根据海平面变化情况调整相关防护设施的设计标准。 完善灾害应急系统。建立和完善保障重大基础设施正常运行的灾害监测预警和应急系统。向大中型水利工程提供暴雨、旱涝、风暴潮和海浪等预警，向通信及输电系统提供高温、冰雪、山洪、滑坡、泥石流等灾害的预警，向城市生命线系统提供内涝、高温、冰冻的动态信息和温度剧变的预警，向交通运输等部门提供大风、雷电、浓雾、暴雨、洪水、冰雪、风暴潮、海浪、海冰等灾害的预警等。完善相应的灾害应急响应体系。科学规划城市生命线系统。科学规划建设城市生命线系统和运行方式，根据适应需要提高建设标准。按照城市内涝及热岛效应状况，调整完善地下管线布局、走向以及埋藏深度。根据气温变化调整城市分区供暖、供水调度方案，提高地下管线的隔热防潮标准等。

（二）农业加强监测预警和防灾减灾措施。运用现代信息技术改进农情监测网络，建立健全农业灾害预警与防治体系。构建农业防灾减灾技术体系，编制专项预案。加强气候变化诱发的动物疫病的监测、预警和防控，大力提升农作物病虫害监测预警与防控能力，加强病虫害统防统治，推广普及绿色防控与灾后补救技术，增加农业备灾物资储备。

提高种植业适应能力。继续开展农田基本建设、土壤培肥改良、病虫害防治等工作，大力推广节水灌溉、旱作农业、抗旱保墒与保护性耕作等适应技术。到 2020 年，农作物重大病虫害统防统治率达到 50% 以上，农田灌溉用水有效利用系数提高到 0.55 以上，作物水分利用效率提高到 1.1 kg/m^3 以上。 利用气候变暖增加的热量资源，细化农业气候区划，适度调整种植北界、作物品种布局和种植制度。在熟制过渡地区适度提高复种指数，使用生育期更长的品种。加强农作物育种能力建设，培育高光效、耐高温和抗寒抗旱作物品种，建立抗逆品种基因库与救灾种子库。引导畜禽和水产养殖业合理发展。按照草畜平衡的原则，实行划区轮牧、季节性放牧与冬春舍饲。加大草场改良、饲草基地以及草地畜牧业等基础设施建设，鼓励农牧区合作，推行易地育肥模式。

修订畜舍与鱼池建造标准，构建主要农区畜牧养殖适应技术体系。合理调整水产养殖品种、密度、饲养周期，合理布局海洋捕捞业，加强水环境保护、鱼病防控和泛塘预警。加强渔业基础设施和装备建设。加强农业发展保障力度。促进农业适度规模经营，提高农业集约化经营水平。扩大农业灾害保险试点与险种范围，探索适合国情的农业灾害保险制度。加强农民适应技术培训，到 2020 年农村劳动力实用适应技术培训普及率达到 70%。

（三）水资源

加强水资源保护与水土流失治理。加强水功能区管理和水源地保护，合理确定主要江河、湖泊生态用水标准，保证合理的生态流量和水位。加强水环境监测与水生态保护。在全面规划的基础上，将预防、保护、监督、治理和修复相结合，因地制宜、因害设防，优化配置工程、生物和农业等措施，构建科学完善的水土流失综合防治体系。“十二五”期间，新增水土流失治理面积 2 500 万 hm^2。构建水资源配置格局。加大节水型社会建设力度，因地制宜修建各种蓄水、引水和提水工程，完善骨干水源工程和灌溉工程，加快南水北调东线、中线一期工程建设和西线工程前期论证。实行最严格的水资源管理制度，严格规划管理、水资源论证和取水许可制度，强化用水总量控制和定额管理。限制缺水地区城市无序扩展和高耗水产业发展。合理开发利用雨洪、海水、苦咸水、再生水和矿井水等非常规水资源。

健全防汛抗旱体系。加快江河干支流控制性枢纽建设，加强重要江河堤防建设和河道整治。调整城镇发展和产业布局，科学设置并合理运用蓄滞洪区，严禁盲目围垦、设障侵占河滩及行洪通道，加强洪水风险管理。健全各级防汛抗旱指挥系统，完善应急机制，加强灾害监测、预测、预报和预警。

（四）海岸带和相关海域合理规划涉海开发活动。建设覆盖海岸带地区及海岛的气候变化影响评估系统，开展海洋灾害风险评估与区划工作。新编或修编各类涉海规划时，充分考虑气候变化因素，引导各类沿海开发活动有序开展。

加强沿海生态修复和植被保护。选划建设海洋保护区，实施典型海岛、海岸带及近海生态系统修复工程。保护现有海岸森林，加强海岸绿化和海岛植被修复，加大沿海防护林营造力度。

加强海洋灾害监测预警。依托现有海洋环境保障项目，完善覆盖全国海岸带和相关海域的海平面变化和海洋灾害监测系统，重点加强风暴潮、海浪、海冰、赤潮、咸潮、海岸带侵蚀等海洋灾害的立体化监测和预报预警能力，强化应急响应服务能力。

（五）森林和其他生态系统

完善林业发展规划。完善覆盖全国主要生态区的林业观测站网，加强气候变化对林业影响的监测评估。完善林业建设工程规划，加强天然林保护、退耕还林以及“三北”、长江、沿海等防护林体系、京津风沙源治理等林业重点工程建设。

加强森林经营管理。根据气温、降水变化合理调整与配置造林树种和林种，优化林分结构，选择优良乡土树种，构建适应性强的人工林系统。全面开展森林抚育经营，提升森林整体质量，构建健康稳定、抗逆性强的森林生态系统。到 2020 年，森林覆盖率达到 23%，森林蓄积量达到 150 亿 m^3 以上。

有效控制森林灾害。提高森林火灾防控能力，减少火灾发生次数，控制火灾影响范围，降低火灾造成的损失。加强林业有害生物监测预警工作和测报点建设，提高森林有害生物监测防控力度，防控外来有害生物入侵。到 2020 年，森林火灾受害率控制在 1‰以下，林业有害生物成灾率控制在 4‰以下。

促进草原生态良性循环。恢复和提高草原涵养水源、保持水土和防风固沙能力，提高草原火灾防控能力，加大草原虫鼠害监控和防治力度，控制天然草原的毒害草危害，有效保护草地资源。继续推进草原保护建设工程，提高草原综合植被盖度，到 2020 年，“三化”草原治理率达到 55.6%。

加强生态保护和治理。完善自然保护区网络、基础设施和管理机构，加强野生动植物栖息地环境和生物多样性保护。大力推进生态清洁小流域建设，加强对重点生态功能区湿地、荒漠等生态系统的保护，人工促进退化生态系统的功能恢复。适时开展生态移民，减轻脆弱地区环境压力。到 2020 年，自然湿地有效保护率达到 60% 以上，沙化土地治理面积达到可治理面积的 50% 以上，95% 以上的国家重点保护野生动物和 90% 以上极小野生植物种类得到有效保护，荒漠化、石漠化治理取得较大成效。

（六）人体健康

完善卫生防疫体系建设。加强疾病防控体系、健康教育体系和卫生监督执法体系建设，提高公共卫生服务能力。修订居室环境调控标准和工作环境保护标准，普及公众适应气候变化健康保护知识和极端事件应急防护技能。加强饮用水卫生监测和安全保障服务。

开展监测评估和公共信息服务。开展气候变化对敏感脆弱人群健康的影响评估，建立和完善人体健康相关的天气监测预警网络和公共信息服务系统，重点加强对极端天气敏感脆弱人群的专项信息服务。

加强应急系统建设。加强卫生应急准备，制定和完善应对高温中暑、低温雨雪冰冻、雾霾等极端天气气候事件的卫生应急预案，完善相关工作机制。

（七）旅游业和其他产业

维护产业安全。加强极端天气气候事件增多条件下的劳动保护，及时发布气象预警信息，强化旅游、采矿、建筑、交通等产业的安全事故防控，制定应急预案，建立应急救援机制，提升服务设施的抗风险能力。

合理开发和保护旅游资源。综合评估气候、水文、土地、生物等自然禀赋状况开发旅游资源，调整旅游设施建设与项目设计，利用和整合伴随气候变化而新出现的气象景观、植物景观、地貌景观等开发新的旅游资源。采取必要的保护性措施，防止水、热、雨、雪等气候条件变化造成旅游资源进一步恶化，加强对受气候变化威胁的风景名胜资源以及濒危文化和自然遗产的保护。

利用有利条件推动旅游产业发展。把握气候变化条件下新的旅游市场需求特征，加快推动特色民俗、文化表演、时尚休闲、展览展会、美食购物等受气候条件影响较小业态的创新性发展，增强冰雪旅游、滨海旅游等自然依托型业态的应对能力。利用气候变暖延长适游时间的机遇，充实旅游产品和项目，丰富旅游内容。

四、区域格局

按照全国主体功能区规划有关国土空间开发的内容，统筹考虑不同区域人民生产生活受到气候变化的不同影响，具体提出各有侧重的适应任务，将全国重点区域格局划分为城市化、农业发展和生态安全三类适应区。

（一）城市化地区

城市化地区是指人口密度较高，已形成一定规模城市群的主要人口集聚区。按照不同气候和区位条件划分为东部城市化地区、中部城市化地区和西部城市化地区。重点任务是在推进城镇化进程的同时提升城市基础设施适应能力，改善人居环境，保障人民生产生活安全。

1. 东部城市化地区

合理规划和完善城市河网水系，改善城市建筑布局，缓解城市热岛效应；改造原有排水系统，增强城市排涝能力，构建和完善城市排水防涝和集群区域防洪减灾工程布局；减少不透水地面面积，逐步扩大城市绿地和水体面积，结合城市湿地公园，充分截蓄雨洪，明确排水出路，减轻城市内涝。

加强沿海城市化地区应对海平面上升的措施，提高城市基础设施的防护标准，加高、加固海堤工程；采取河流水库调节下泄水量、以淡压咸和生态保护建设等措施应对河口海水倒灌和咸潮上溯；完善海港、渔港规划布局，加强防灾型海港和渔港建设。

加强对台风、风暴潮、局地强对流等灾害性、转折性重大天气气候事件的监测预警能力，做到实时监测、准确预报、及时预警、广泛发布；重点加强对城市生命线系统、交通运输及海岸带重要设施的安全保障。

根据资源承载力和环境容量，充分考虑气候变化的影响，科学编制城市规划，疏解中心城市人口压力，使城市群与周围腹地的资源环境实现优化配置；逐步调整产业结构，发展节水型经济，建设节水型城市。

2. 中部城市化地区

要求工业生产和城市建设量水而行，建设一批防洪抗旱骨干调蓄工程，加强原有排水系统改造及排水防涝设施建设，增强城市排水防涝能力。加强应对气象灾害能力建设。

建立并完善城市健康保障体系，加强对血吸虫等媒介传播疾病的防控；加强对南水北调中线工程的水质监控；合理规划城市群建设，预留适当比例的城市绿地及水体，保护并恢复城市周边湿地；完善城市基础设施和公共服务，提高城市的人口承载能力。

3. 西部城市化地区

限制缺水城市的无序扩张和高耗水产业发展，保护并合理开发利用水资源，采用透水铺装，建设下沉式集雨绿地，补充地下水，促进节水型城市建设；合理考虑城市建设和人口布局，宜建则建、宜迁则迁；加强西北地区城市周边防风固沙生态屏障建设。建立健全西南地区城市气象、地质灾害的应急防范机制；构建综合监测网，实现部门间信息共享，建立及时高效的城市地质、气象灾害预警系统。

（二）农业发展地区

农业发展地区指人口密度相对较小、尚未形成大规模的城市群，同时具备较好农业生产条件的主要农产品主产区。按不同气候和区位条件划分为东北平原区、黄淮海平原区、长江流域区、汾渭平原区、河套地区、甘肃新疆区和华南区。重点任务是保障农产品安全供给和人民安居乐业。

1. 东北平原区

充分利用热量资源增加的有利条件，在统筹协调农业生产与湿地保护的基础上适度发展水稻种植；建设优质玉米、大豆种植带，着力提高单产；适度提早播种和改用生育期更长的品种，调整种植结构和品种布局；大力推广农田节水技术；加强林业生态建设，减少水土流失；保护土壤肥力，促进黑土地的可持续利用。加强流域水资源管理，在有条件的地区修建必要的水资源配置工程；控制在城市和水稻产区的地下水超采，推广普及节水灌溉栽培技术；加强农作物病虫草害统防统治。加大农村土地整治力度，综合考虑田、水、路、林、村优化布局；加强湿地保护，完成三江平原、东部地区土地整理等重大工程，促进农村环境改善。

2. 黄淮海平原区

加快灌区节水改造，完善田间灌排体系，因地制宜推广管灌、喷灌、滴灌等节水灌溉技术，充分利用雨洪、中水、微咸水等非传统水资源；提高农村居民生活节水意识，加大农村饮用水工程建设力度；控制地下水资源的过度开采；利用雨季回补地下水。调整种植结构，扩大耐旱节水作物品种，北部适当扩大小麦、玉米两茬复种；针对小麦冬旱和春季霜冻加剧，加强保墒防冻管理；充分利用冬春变暖，扩大节水型保护地生产。大力推进重大病虫草鼠害的统防、统治；优化农区土地利用，分区整治盐渍化土地；统筹提高农地利用效率，改善农民居住条件。

3. 长江流域区

加强长江中上游水土保持与中游退田还湖力度，推进干支流骨干水库与堤防工程建设，加强蓄滞洪区的建设管理，减轻洪涝灾害损失。加强农田水利建设，因地制宜调整种植制度，提高抗御季节性干旱与冬春湿害的能力。修订养殖设施建设标准，加强防暑降温设施改造，推广健康养殖模式，强化动物疫病防控，加强水产养殖业的水环境保护。加快推进农村房屋改造和洪水灾害高风险区移民工作；加强血吸虫等疫病的防控工作。

4. 汾渭平原区

加强灌区节水设施配套建设，维修完善水利工程；统筹工业、农业和生活用水管理，推广农田节水灌溉和栽培技术，积极推进农村饮水安全项目建设。适度扩大小麦、玉米两茬平作，提高复种指数；加强病虫害综合防治；缺水地区减少小麦面积，扩大耐旱作物种植；提高农村防灾减灾能力。

5. 河套地区

完善灌区水利工程和灌溉调度；调整种植结构，压缩水稻和小麦等耗水作物，扩大耐旱节水作物种植；推广节水灌溉技术，充分利用秋季其他农区需水不多的时机，及时引水灌溉增加底墒。加强冬末气温预报，适度提早小麦播种期以避开潮塌，适当提早玉米、向日葵播种期和改用生育期更长的品种；充分利用冬季变暖的光热条件适度扩大冬春保护地生产；加强早春凌汛预警，及时破冰泄洪。

6. 甘肃新疆区

充分利用有利的光热条件，在稳定粮食生产的基础上发展棉花、瓜果等特色农业；加强流域水资源综合管理，统筹协调上游、中游、下游用水矛盾，控制上、中游的过度垦荒规模，超采地区适度关井压田，退耕还林还草；大力推广膜下滴灌、地膜覆盖、垄膜沟灌等农田节水技术；修建拦蓄工程，减轻融雪性洪水灾害，增加可利用水资源。

甘肃东部推广集雨补灌与农田节水技术，扩大种植杂交谷子、马铃薯等耐旱高产作物以及特色林果。加强农林有害生物防控；保护与恢复森林植被；采取综合措施防沙治沙，加强边境地区野生动物疫源疫病联防联控；加快“安民富民兴牧工程”建设力度，改善贫困人口生活状况。

7. 华南区

充分利用华南气候优势，在稳定粮食生产的基础上扩大热带、亚热带经济作物、果树和冬季蔬菜生产；根据冬季变暖和气候波动状况，合理确定热带、亚热带作物种植北界；加强华南中北部的作物寒害防御；开展迁飞性、流行性病虫害的监控。鼓励山区发展立体农业，农、林、牧、渔业合理梯度布局；加强沿海台风与山区暴雨山洪灾害的预警和防范。宣传普及登革热等媒介传播疾病防控知识，提高农村基层医疗机构防治能力。

（三）生态安全地区

生态安全地区是指人类活动较少，开发相对有限，但对国家或区域生态安全具有重大意义的典型生态区域。按不同气候和区位条件划分为东北森林带、北方防沙带、黄土高原—川滇生态屏障区、南方丘陵山区、青藏高原生态屏障区。重点任务是保障国家生态安全和促进人与自然和谐相处。

1. 东北森林带

加强高温、干旱、大风、雷电等林火致灾因素和寒潮低温天气的监测预警，充分利用航空航天遥感、雷电监测等高科技手段，及时提供监测预警信息，排除火灾、冻害隐患。增强森林火灾、冻害防控力度；选用耐火树种营造防火隔离带，提高森林防火道路网密度，完善森林防火设施设备。选用耐旱树种，培育人工混交林，节约生态用水量，提高造林成活率。加强森林抚育经营，调整森林结构，提高森林质量，增强森林生态系统稳定性、适应性和抗逆性。建立森林和湿地退化评估机制，严格控制商业采伐和湿地开垦。

2. 北方防沙带

控制生态脆弱地区的人口规模，制止滥开垦、滥放牧、滥樵采，对暂不具备治理条件的连片沙化土地逐步实行封禁保护；统筹流域水资源配置，保障下游生态用水。保护沙区现有植被，加快沙化土地和退耕地植被恢复，营造防沙林，综合治理退化草原，综合运用生物和工程措施治理沙化土地。

3. 黄土高原—川滇生态屏障区

加强对水土流失、植被状况、湿地面积变化、森林火灾、山地灾害的监测。加强黄土高原丘陵地区和秦巴山区水土流失治理，重点实施25°以上陡坡退耕还林（草）和林分改造。加强黄土高原区和秦巴山区小流域综合治理，加大坡改梯和淤地坝工程建设力度，推广集雨补灌、保墒耕作等土壤增湿措施。川滇高原山地实行草原封育禁牧；若尔盖草原湿地和甘南黄河水源补给区采取严格的湿地面积管控措施，适度发展生态旅游。

4. 南方丘陵山区

加强封山育林和抚育经营。强化山区地质灾害监测预警，综合开展防治工程，加快山区避险设施建设。结合生态扶贫工程，加大崩岗、岩溶区水土流失和石漠化综合治理力度，继续实施退耕还林，对生态破坏严重、不宜居住的地区实行生态移民。加强西南地区干旱监测预警，适时采取人工增雨等手段降低森林火险，减少火灾发生隐患。利用有利地形兴建拦蓄工程，减轻汛期洪水与季节性干旱的威胁。

5. 青藏高原生态屏障区

加强高原区草原载畜能力评估，严格控制畜牧业范围和规模；阿尔金草原实施封禁管护；藏西北羌塘地区以修复草原草甸为重点，以草定畜，促进草原植被恢复。强化冰川监测，建立冰川—湿地—荒漠综合管理系统。加大高原植被、湿地和特有物种保护力度；加强天然林保护，开展退耕还林和沙化土地综合治理。充分利用气候变暖有利条件，发展高原河谷农业。

五、保障措施

本战略为适应气候变化领域各项政策及其制度安排提供指导。各有关地方和部门要根据本战略调整完善现行政策和制度安排，建立健全保障适应行动的体制机制、资金政策、技术支撑和国际合作体系。

（一）完善体制机制

1. 健全适应气候变化的法律体系，加快建立相配套的法规和政策体系。研究制定适应能力评价综合指标体系，健全必要的管理体系和监督考核机制。

2. 把适应气候变化的各项任务纳入国民经济与社会发展规划，作为各级政府制定中长期发展战略和规划的重要内容，并制定各级适应气候变化方案。

3. 建立健全适应工作组织协调机制，统筹气候变化适应工作，鼓励相邻区域、同一流域或气候条件相近的区域建立交流协调机制，在防汛抗旱、防灾减灾、扶贫开发、科技教育、医疗卫生、森林防火、病虫害防治、重大工程建设等议事协调机构中增加适应气候变化工作内容，成立多学科、多领域的适应气候变化专家委员会。

（二）加强能力建设

1. 开展重点领域气候变化风险分析，建设多灾种综合监测、预报、预警工程，健全气候观测系统和预警系统；建立极端天气气候事件预警指数与等级标准，实现各类预警信息的共享，为风险决策提供依据；重点做好大中城市、重要江河流域、重大基础设施、地质灾害易发区、海洋灾害高风险区的监测预警工作。

2. 加强灾害应急处置能力建设，建立气象灾害及其次生、衍生灾害应急处置机制，加强灾害防御协作联动；制定气候敏感脆弱领域和区域适应气候变化应急方案；加强人工影响天气作业能力建设，提高对干旱、冰雹等灾害的作业水平；加强专业救援队伍和专家队伍建设，发展壮大志愿者队伍；提高全社会预防与规避极端天气气候事件及其次生衍生灾害的能力。

3. 建立健全管理信息系统建设，提高适应气候变化的信息化水平，深入推广信息技术在适应重点领域中的应用，推进跨部门适应信息共享和业务协同，提升政府适应气候变化的公共服务能力和管理水平。

4. 加大科普教育和公众宣传，在基础教育、高等教育和成人教育中纳入适应气候变化的内容，提升公众适应意识和能力；广泛开展适应知识的宣传普及，举办针对各级政府、行业企业、咨询机构、科研院所等的气候变化培训班和研修班，提高对适应重要性和紧迫性的认识，营造全民参与的良好环境。

（三）加大财税和金融政策支持力度

1. 发挥公共财政资金的引导作用，保证国家适应行动有可靠的资金来源；加大财政在适应能力建设、重大技术创新等方面的支持力度；增加财政投入，保障重点领域和区域适应任务的完成；划分适应气候变化的事权范围，确定中央与地方的财政支出责任；通过现有政策和资金渠道，适当减轻经济落后地区在适应行动上的财政支出负担；落实并完善相关税收优惠政策，鼓励各类市场主体参与适应行动。

2. 推动气候金融市场建设，鼓励开发气候相关服务产品。探索通过市场机构发行巨灾债券等创新性融资手段，完善财政金融体制改革，发挥金融市场在提供适应资金中的积极作用。建立健全风险分担机制，支持农业、林业等领域开发保险产品和开展相关保险业务，开展和促进“气象指数保险”产品的试点和推广工作。搭建国际适应资金承接平台，提高国际合作资金的使用与管理能力。

（四）强化技术支撑

1. 围绕国家重大战略需求，统筹现有资源和科技布局，加强适应气候变化领域相关研究机构建设，系统开展适应气候变化科学基础研究，加强气候变化监测、预测预估、影响与风险评估以及适应技术的开发。

2. 鼓励适应技术研发与推广，积极示范推广简单易行、可操作性强的高效适应技术，选择典型区域开展适应技术集成示范。

3. 加强行业与区域科研能力建设，建立基础数据库，构建跨学科、跨行业、跨区域的适应技术协作网络；编制国家、行业和区域适应技术清单并定期发布，逐步构建适应技术体系，发布适应行动指南和工具手册。

（五）开展国际合作

1. 加强适应气候变化国际合作，积极引导和参与全球性、区域性合作和国际规则设计，构建信息交流和国际合作平台，开展典型案例研究，与各方开展多渠道、多层次、多样化的合作。引导和支持国内外企业和民间机构间的适应合作，鼓励中方人员到国际适应气候变化相关机构中任职。

2. 继续要求发达国家切实履行《联合国气候变化框架公约》下的义务，向发展中国家提供开展适应行动所需的资金、技术和能力建设；积极参与公约内外资金机制及其他国际组织的项目合作，充分利用各种国际资金开展适应行动。

3. 通过国际技术开发和转让机制，推动关键适应技术的研发，在引进、消化、吸收的基础上鼓励自主创新，促进我国适应技术的进步。

4. 综合运用能力建设、联合研发、扶贫开发等方式，与其他发展中国家深入开展适应技术和经验交流，在农业生产、荒漠化治理、水资源综合管理、气象与海洋灾害监测预警预报、有害生物监测与防治、生物多样性保护、海岸带保护和防灾减灾等领域广泛开展“南南合作”。

（六）做好组织实施

发展改革部门牵头负责本战略实施的组织协调，与国务院有关部门协调配合，依据本战略编制部门分工方案，明确各部门的职责。国务院有关部门要依据部门分工方案落实相关工作，编制本部门、本领域的适应气候变化方案，严格贯彻执行。各省、自治区、直辖市及新疆生产建设兵团发展改革部门要根据本战略确定的原则和任务，编制省级适应气候变化方案并会同有关部门组织实施，监督检查方案的实施情况，保证方案的有效落实。

国家发展改革委
财政部
交通运输部
水利部
农业部
林业局
气象局
海洋局
2013 年 11 月 18 日

附录六 “十二五”控制温室气体排放工作方案

一、总体要求和主要目标

（一）总体要求。坚持以科学发展为主题，以加快转变经济发展方式为主线，牢固树立绿色、低碳发展理念，统筹国际国内两个大局，把积极应对气候变化作为经济社会发展的重大战略、作为加快转变经济发展方式、调整经济结构和推进新的产业革命的重大机遇，坚持走新型工业化道路，合理控制能源消费总量，综合运用优化产业结构和能源结构、节约能源和提高能效、增加碳汇等多种手段，开展低碳试验试点，完善体制机制和政策体系，健全激励和约束机制，更多地发挥市场机制作用，加强低碳技术研发和推广应用，加快建立以低碳为特征的工业、能源、建筑、交通等产业体系和消费模式，有效控制温室气体排放，提高应对气候变化能力，促进经济社会可持续发展，为应对全球气候变化做出积极贡献。

（二）主要目标。大幅降低单位国内生产总值二氧化碳排放，到 2015 年全国单位国内生产总值二氧化碳排放比 2010 年下降 17%。控制非能源活动二氧化碳排放和甲烷、氧化亚氮、氢氟碳化物、全氟化碳、六氟化硫等温室气体排放取得成效。应对气候变化政策体系、体制机制进一步完善，温室气体排放统计核算体系基本建立，碳排放交易市场逐步形成。通过低碳试验试点，形成一批各具特色的低碳省区和城市，建成一批具有典型示范意义的低碳园区和低碳社区，推广一批具有良好减排效果的低碳技术和产品，控制温室气体排放能力得到全面提升。

二、综合运用多种控制措施

（三）加快调整产业结构。抑制高耗能产业过快增长，进一步提高高耗能、高排放和产能过剩行业准入门槛，健全项目审批、核准和备案制度，严格控制新建项目。加快淘汰落后产能，完善落后产能退出机制，制定并落实重点行业“十二五”淘汰落后产能实施方案和年度计划，加大淘汰落后产能工作力度。严格落实《产业结构调整指导目录》，加快运用高新技术和先进实用技术改造提升传统产业，促进信息化和工业化深度融合。大力发展服务业和战略性新兴产业，到 2015 年服务业增加值和战略性新兴产业增加值占国内生产总值比例分别提高到 47% 和 8% 左右。

（四）大力推进节能降耗。完善节能法规和标准，强化节能目标责任考核，加强固定资产投资项目节能评估和审查。实施节能重点工程，加强重点用能单位节能管理，突出抓好工业、建筑、交通、公共机构等领域节能，加快节能技术开发和推广应用。健全节能市场化机制，完善能效标识、节能产品认证和节能产品政府强制采购制度，加快节能服务业发展。大力发展循环经济，加强节能能力建设。到2015年，形成3亿吨标准煤的节能能力，单位国内生产总值能耗比2010年下降16%。

（五）积极发展低碳能源。调整和优化能源结构，推进煤炭清洁利用，鼓励开发利用煤层气和天然气，在确保安全的基础上发展核电，在做好生态保护和移民安置的前提下积极发展水电，因地制宜大力发展风电、太阳能、生物质能、地热能等非化石能源。促进分布式能源系统的推广应用。到2015年，非化石能源占一次能源消费比例达到11.4%。

（六）努力增加碳汇。加快植树造林，继续实施生态建设重点工程，巩固和扩大退耕还林成果，开展碳汇造林项目。深入开展城市绿化，抓好铁路、公路等通道绿化。加强森林抚育经营和可持续管理，强化现有森林资源保护，改造低产低效林，提高森林生长率和蓄积量。完善生态补偿机制。“十二五”时期，新增森林面积1 250万公顷，森林覆盖率提高到21.66%，森林蓄积量增加6亿立方米。积极增加农田、草地等生态系统碳汇。加强滨海湿地修复恢复，结合海洋经济发展和海岸带保护，积极探索利用藻类、贝类、珊瑚等海洋生物进行固碳，根据自然条件开展试点项目。在火电、煤化工、水泥和钢铁行业中开展碳捕集试验项目，建设二氧化碳捕集、驱油、封存一体化示范工程。

（七）控制非能源活动温室气体排放。控制工业生产过程温室气体排放，继续推广利用电石渣、造纸污泥、脱硫石膏、粉煤灰、矿渣等固体工业废渣和火山灰等非碳酸盐原料生产水泥，加快发展新型低碳水泥，鼓励使用散装水泥、预拌混凝土和预拌砂浆；鼓励采用废钢电炉炼钢—热轧短流程生产工艺；推广有色金属冶炼短流程生产工艺技术；减少石灰土窑数量；通过改进生产工艺，减少电石、制冷剂、己二酸、硝酸等行业工业生产过程温室气体排放。通过改良作物品种、改进种植技术，努力控制农业领域温室气体排放；加强畜牧业和城市废弃物处理和综合利用，控制甲烷等温室气体排放增长。积极研发并推广应用控制氢氟碳化物、全氟化碳和六氟化硫等温室气体排放技术，提高排放控制水平。

（八）加强高排放产品节约与替代。加强需求引导，强化工程技术标准，通过广泛应用高强度、高韧性建筑用钢材和高性能混凝土，提高建设工程质量，延长使用寿命。实施水泥、钢铁、石灰、电石等高耗能、高排放产品替代工程。鼓励开发和使用高性能、低成本、低消耗的新型材料替代传统钢材。鼓励使用缓释肥、有机肥等替代传统化肥，减少化肥使用量和温室气体排放量。选择具有重要推广价值的替代产品或工艺，进行推广示范。

三、开展低碳发展试验试点

（九）扎实推进低碳省区和城市试点。各试点地区要编制低碳发展规划，积极探索具有本地区特色的低碳发展模式，率先形成有利于低碳发展的政策体系和体制机制，加快建立以低碳为特征的工业、建筑、交通体系，践行低碳消费理念，成为低碳发展的先导示范区。逐步扩大试点范围，鼓励国家资源节约型和环境友好型社会建设综合配套改革试验区等开展低碳试点。各省（区、市）可结合实际，开展低碳试点工作。

（十）开展低碳产业试验园区试点。依托现有高新技术开发区、经济技术开发区等产业园区，建设以低碳、清洁、循环为特征，以低碳能源、物流、建筑为支撑的低碳园区，采用合理用能技术、能源资源梯级利用技术、可再生能源技术和资源综合利用技术，优化产业链和生产组织模式，加快改造传统产业，集聚低碳型战略性新兴产业，培育低碳产业集群。

（十一）开展低碳社区试点。结合国家保障性住房建设和城市房地产开发，按照绿色、便捷、节能、低碳的要求，开展低碳社区建设。在社区规划设计、建材选择、供暖供冷供电供热水系统、照明、交通、建筑施工等方面，实现绿色低碳化。大力发展节能低碳建材，推广绿色低碳建筑，加快建筑节能低碳整装配套技术、低碳建造和施工关键技术及节能低碳建材成套应用技术研发应用，鼓励建立节能低碳、可再生能源利用最大化的社区能源与交通保障系统，积极利用地热地温、工业余热，积极探索土地节约利用、水资源和本地资源综合利用的方式，推进雨水收集和综合利用。开展低碳家庭创建活动，制定节电节水、垃圾分类等低碳行为规范，引导社区居民普遍接受绿色低碳的生活方式和消费模式。

（十二）开展低碳商业、低碳产品试点。针对商场、宾馆、餐饮机构、旅游景区等商业设施，通过改进营销理念和模式，加强节能、可再生能源等新技术和产品应用，加强资源节约和综合利用，加强运营管理，加强对顾客消费行为引导，显著减少试点商业机构二氧化碳排放。研究产品“碳足迹”计算方法，建立低碳产品标准、标识和认证制度，制定低碳产品认证和标识管理办法，开展相应试点，引导低碳消费。

（十三）加大对试验试点工作的支持力度。加强对试验试点工作的统筹协调和指导，建立部门协作机制，研究制定支持试点的财税、金融、投资、价格、产业等方面的配套政策，形成支持试验试点的整体合力。研究提出低碳城市、园区、社区和商业等试点建设规范和评价标准。加快出台试验试点评价考核办法，对试验试点目标任务完成情况进行跟踪评估。开展试验试点经验交流，推进相关国际合作。

四、加快建立温室气体排放统计核算体系

（十四）建立温室气体排放基础统计制度。将温室气体排放基础统计指标纳入政府统计指标体系，建立健全涵盖能源活动、工业生产过程、农业、土地利用变化与林业、废弃物处理等领域，适应温室气体排放核算的统计体系。根据温室气体排放统计需要，扩大能源统计调查范围，细化能源统计分类标准。重点排放单位要健全温室气体排放和能源消费的台账记录。

（十五）加强温室气体排放核算工作。制定地方温室气体排放清单编制指南，规范清单编制方法和数据来源。研究制定重点行业、企业温室气体排放核算指南。建立温室气体排放数据信息系统。定期编制国家和省级温室气体排放清单。加强对温室气体排放核算工作的指导，做好年度核算工作。加强温室气体计量工作，做好排放因子测算和数据质量监测，确保数据真实准确。构建国家、地方、企业三级温室气体排放基础统计和核算工作体系，加强能力建设，建立负责温室气体排放统计核算的专职工作队伍和基础统计队伍。实行重点企业直接报送能源和温室气体排放数据制度。

五、探索建立碳排放交易市场

（十六）建立自愿减排交易机制。制定温室气体自愿减排交易管理办法，确立自愿减排交易机制的基本管理框架、交易流程和监管办法，建立交易登记注册系统和信息发布制度，开展自愿减排交易活动。

（十七）开展碳排放权交易试点。根据形势发展并结合合理控制能源消费总量的要求，建立碳排放总量控制制度，开展碳排放权交易试点，制定相应法规和管理办法，研究提出温室气体排放权分配方案，逐步形成区域碳排放权交易体系。

（十八）加强碳排放交易支撑体系建设。制定我国碳排放交易市场建设总体方案。研究制定减排量核算方法，制定相关工作规范和认证规则。加强碳排放交易机构和第三方核查认证机构资质审核，严格审批条件和程序，加强监督管理和能力建设。在试点地区建立碳排放权交易登记注册系统、交易平台和监管核证制度。充实管理机构，培养专业人才。逐步建立统一的登记注册和监督管理系统。

六、大力推动全社会低碳行动

（十九）发挥公共机构示范作用。各级国家机关、事业单位、团体组织等公共机构要率先垂范，加快设施低碳化改造，推进低碳理念进机关、校园、场馆和军营。逐步建立低碳产品政府采购制度，将低碳认证产品列入政府采购清单，完善强制采购和优先采购制度，逐步提高低碳产品比重。

（二十）推动行业开展减碳行动。钢铁、建材、电力、煤炭、石油、化工、有色、纺织、食品、造纸、交通、铁路、建筑等行业要制定控制温室气体排放行动方案，按照先进企业的排放标准对重点企业要提出温室气体排放控制要求，研究确定重点行业单位产品（服务量）温室气体排放标准。选择重点企业试行“碳披露”和“碳盘查”，开展“低碳标兵活动”。

（二十一）提高公众参与意识。利用多种形式和手段，全方位、多层次加强宣传引导，研究设立“全国低碳日”，大力倡导绿色低碳、健康文明的生活方式和消费模式，宣传低碳生活典型，弘扬以低碳为荣的社会新风尚，树立绿色低碳的价值观、生活观和消费观，使低碳理念广泛深入人心，成为全社会的共识和自觉行动，营造良好的舆论氛围和社会环境。

七、广泛开展国际合作

（二十二）加强履约工作。按照《联合国气候变化框架公约》及其《京都议定书》的要求，及时编制和提交国家履约信息通报，继续推动清洁发展机制项目实施。广泛宣传我国控制温室气体排放的政策、行动与成效。坚持“共同但有区别的责任”原则和公平原则，建设性参与气候变化国际谈判进程，推动公约和议定书的全面、有效、持续实施。

（二十三）强化务实合作。加强气候变化领域国际交流和对话，积极开展多渠道项目合作。在科学研究、技术研发和能力建设等方面开展务实合作，积极引进并消化吸收国外先进技术，学习借鉴国际成功经验。积极支持小岛屿国家、最不发达国家和非洲国家加强应对气候变化能力建设，结合实施“走出去”战略，促进与其他发展中国家开展低碳项目合作。

八、强化科技与人才支撑

（二十四）强化科技支撑。加强控制温室气体排放基础研究。统筹技术研发和项目建设，在重点行业和重点领域实施低碳技术创新及产业化示范工程，重点发展经济适用的低碳建材、低碳交通、绿色照明、煤炭清洁高效利用等低碳技术；开发高性价比太阳能光伏电池技术、太阳能建筑一体化技术、大功率风能发电、天然气分布式能源、地热发电、海洋能发电、智能及绿色电网、新能源汽车和储电技术等关键低碳技术；研究具有自主知识产权的碳捕集、利用和封存等新技术。推进低碳技术国家重点实验室和国家工程中心建设。编制低碳技术推广目录，实施低碳技术产业化示范项目。完善低碳技术成果转化机制，依托科研院所、高校和企业建立低碳技术孵化器、中介服务机构。

（二十五）加强人才队伍建设。加强应对气候变化教育培训，将其纳入国民教育和培训体系，完善相关学科体系。积极开展应对气候变化科学普及，加强应对气候变化基础研究和科技研发队伍、战略与政策专家队伍、国际谈判专业队伍和低碳发展市场服务人才队伍建设。

九、保障工作落实

（二十六）加强组织领导和评价考核。各省（区、市）要将大幅度降低二氧化碳排放强度纳入本地区经济社会发展规划和年度计划，明确任务，落实责任，确保完成本地区目标任务。要将二氧化碳排放强度下降指标完成情况纳入各地区（行业）经济社会发展综合评价体系和干部政绩考核体系，完善工作机制。有关部门要根据职责分工，按照相关专项规划和工作方案，切实抓好落实。各省级人民政府和相关部门要对本地区、本部门控制温室气体排放工作负总责。加强对各省（区、市）“十二五”二氧化碳排放强度下降目标完成情况的评估、考核。对控制温室气体排放工作实行问责和奖惩。对做出突出贡献的单位和个人按国家有关规定给予表彰奖励。

（二十七）健全管理体制。加强应对气候变化工作机构建设，逐步健全国家温室气体排放控制监管体制。推动建立应对气候变化领域的相关服务、咨询机构。强化应对气候变化工作与优化产业结构和能源结构、节能提高能效、生态保护等工作的协同作用，完善部门间的沟通协调机制，深化相关领域改革，加强财税、金融、价格、产业等政策的协调配合。

（二十八）落实资金保障。各地区、有关部门要围绕实现“十二五”控制温室气体排放目标，切实加大资金投入，确保各项工作落实。从节能减排和可再生能源发展等财政资金中安排资金，支持应对气候变化相关工作。充分利用中国清洁发展机制基金资金，拓宽多元化投融资渠道，积极引导社会资金、外资投入低碳技术研发、低碳产业发展和控制温室气体排放重点工程。调整和优化信贷结构，积极做好控制温室气体排放、促进低碳产业发展的金融支持和配套服务工作。在利用国际金融组织和外国政府优惠贷款安排中，加大对控制温室气体排放项目的支持力度。

中华人民共和国国务院

2011年12月1日

附录七 “十三五”控制温室气体排放工作方案

为加快推进绿色低碳发展，确保完成“十三五”规划纲要确定的低碳发展目标任务，推动我国二氧化碳排放2030年前后达到峰值并争取尽早达峰，特制订本工作方案。

一、总体要求

（一）指导思想。全面贯彻党的十八大和十八届三中、四中、五中、六中全会精神，紧紧围绕统筹推进“五位一体”总体布局和协调推进“四个全面”战略布局，牢固树立创新、协调、绿色、开放、共享的发展理念，按照党中央、国务院决策部署，统筹国内国际两个大局，顺应绿色低碳发展国际潮流，把低碳发展作为我国经济社会发展的重大战略和生态文明建设的重要途径，采取积极措施，有效控制温室气体排放。加快科技创新和制度创新，健全激励和约束机制，发挥市场配置资源的决定性作用和更好地发挥政府作用，加强碳排放和大气污染物排放协同控制，强化低碳引领，推动能源革命和产业革命，推动供给侧结构性改革和消费端转型，推动区域协调发展，深度参与全球气候治理，为促进我国经济社会可持续发展和维护全球生态安全做出新贡献。

（二）主要目标。到2020年，单位国内生产总值二氧化碳排放比2015年下降18%，碳排放总量得到有效控制。氢氟碳化物、甲烷、氧化亚氮、全氟化碳、六氟化硫等非二氧化碳温室气体控排力度进一步加大。碳汇能力显著增强。支持优化开发区域碳排放率先达到峰值，力争部分重化工业2020年前后实现率先达峰，能源体系、产业体系和消费领域低碳转型取得积极成效。全国碳排放权交易市场启动运行，应对气候变化法律法规和标准体系初步建立，统计核算、评价考核和责任追究制度得到健全，低碳试点示范不断深化，减污减碳协同作用进一步加强，公众低碳意识明显提升。

二、低碳引领能源革命

（一）加强能源碳排放指标控制。实施能源消费总量和强度双控，基本形成以低碳能源满足新增能源需求的能源发展格局。到2020年，能源消费总量控制在50亿kW标准煤以内，单位国内生产总值能源消费比2015年下降15%，非化石能源比重达到

15%。大型发电集团单位供电二氧化碳排放控制在 550 g CO_2/（kW•h）以内。

（二）大力推进能源节约。坚持节约优先的能源战略，合理引导能源需求，提升能源利用效率。严格实施节能评估审查，强化节能监察。推动工业、建筑、交通、公共机构等重点领域节能降耗。实施全民节能行动计划，组织开展重点节能工程。健全节能标准体系，加强能源计量监管和服务，实施能效领跑者引领行动。推行合同能源管理，推动节能服务产业健康发展。

（三）加快发展非化石能源。积极有序推进水电开发，安全高效发展核电，稳步发展风电，加快发展太阳能发电，积极发展地热能、生物质能和海洋能。到 2020 年，力争常规水电装机达到 34 亿 kW，风电装机达到 2 亿 kW，光伏装机达到 1 亿 kW，核电装机达到 5 800 万 kW，在建容量达到 3 000 万 kW 以上。加强智慧能源体系建设，推行节能低碳电力调度，提升非化石能源电力消纳能力。

（四）优化利用化石能源。控制煤炭消费总量，2020 年控制在 42 亿 kW 左右。推动雾霾严重地区和城市在 2017 年后继续实现煤炭消费负增长。加强煤炭清洁高效利用，大幅削减散煤利用。加快推进居民采暖用煤替代工作，积极推进工业窑炉、采暖锅炉“煤改气”，大力推进天然气、电力替代交通燃油，积极发展天然气发电和分布式能源。在煤基行业和油气开采行业开展碳捕集、利用和封存的规模化产业示范，控制煤化工等行业碳排放。积极开发利用天然气、煤层气、页岩气，加强放空天然气和油田伴生气回收利用，到 2020 年天然气占能源消费总量比重提高到 10% 左右。

三、打造低碳产业体系

（一）加快产业结构调整。将低碳发展作为新常态下经济提质增效的重要动力，推动产业结构转型升级。依法、依规有序淘汰落后产能和过剩产能。运用高新技术和先进适用技术改造传统产业，延伸产业链、提高附加值，提升企业低碳竞争力。转变出口模式，严格控制“两高一资”产品出口，着力优化出口结构。加快发展绿色低碳产业，打造绿色低碳供应链。积极发展战略性新兴产业，大力发展服务业，2020 年战略性新兴产业增加值占国内生产总值的比重力争达到 15%，服务业增加值占国内生产总值的比重达到 56%。

（二）控制工业领域排放。2020 年单位工业增加值二氧化碳排放量比 2015 年下降 22%，工业领域二氧化碳排放总量趋于稳定，钢铁、建材等重点行业二氧化碳排放总量得到有效控制。积极推广低碳新工艺、新技术，加强企业能源和碳排放管理体系建设，强化企业碳排放管理，主要高耗能产品单位产品碳排放达到国际先进水平。实施低碳标杆引领计划，推动重点行业企业开展碳排放对标活动。积极控制工业过程温室气体排放，制定实施控制氢氟碳化物排放行动方案，有效控制三氟甲烷，基本实现达标排放，“十三五”期间累计减排二氧化碳当量11亿kW以上，逐步减少二氟一氯甲烷受控用途的生产和使用，到2020年在基准线水平（2010年产量）上产量减少35%。推进工业领域碳捕集、利用和封存试点示范，并做好环境风险评价。

（三）大力发展低碳农业。坚持减缓与适应协同，降低农业领域温室气体排放。实施化肥使用量零增长行动，推广测土配方施肥，减少农田氧化亚氮排放，到2020年实现农田氧化亚氮排放达到峰值。控制农田甲烷排放，选育高产低排放良种，改善水分和肥料管理。实施耕地质量保护与提升行动，推广秸秆还田，增施有机肥，加强高标准农田建设。因地制宜建设畜禽养殖场大中型沼气工程。控制畜禽温室气体排放，推进标准化规模养殖，推进畜禽废弃物综合利用，到2020年规模化养殖场、养殖小区配套建设废弃物处理设施比例达到75%以上。开展低碳农业试点示范。

（四）增加生态系统碳汇。加快造林绿化步伐，推进国土绿化行动，继续实施天然林保护、退耕还林还草、“三北”及长江流域防护林体系建设、京津风沙源治理、石漠化综合治理等重点生态工程；全面加强森林经营，实施森林质量精准提升工程，着力增加森林碳汇。强化森林资源保护和灾害防控，减少森林碳排放。到2020年，森林覆盖率达到23.04%，森林蓄积量达到165亿m^3。加强湿地保护与恢复，稳定并增强湿地固碳能力。推进退牧还草等草原生态保护建设工程，推行禁牧休牧轮牧和草畜平衡制度，加强草原灾害防治，积极增加草原碳汇，到2020年草原综合植被盖度达到56%。探索开展海洋等生态系统碳汇试点。

四、推动城镇化低碳发展

（一）加强城乡低碳化建设和管理。在城乡规划中落实低碳理念和要求，优化城市功能和空间布局，科学划定城市开发边界，探索集约、智能、绿色、低碳的新型城镇化模式，开展城市碳排放精细化管理，鼓励编制城市低碳发展规划。提高基础设施和建筑质量，防止大拆大建。推进既有建筑节能改造，强化新建建筑节能，推广绿色建筑，到2020年城镇绿色建筑占新建建筑比重达到50%。强化宾馆、办公楼、商场等商业和公共建筑低碳化运营管理。在农村地区推动建筑节能，引导生活用能方式向清洁低碳转变，建设绿色低碳村镇。因地制宜推广余热利用、高效热泵、可再生能源、分布式能源、绿色建材、绿色照明、屋顶墙体绿化等低碳技术。推广绿色施工和住宅产业化建设模式。积极开展绿色生态城区和零碳排放建筑试点示范。

（二）建设低碳交通运输体系。推进现代综合交通运输体系建设，加快发展铁路、水运等低碳运输方式，推动航空、航海、公路运输低碳发展，发展低碳物流，到 2020 年，营运货车、营运客车、营运船舶单位运输周转量二氧化碳排放比 2015 年分别下降 8%、2.6%、7%，城市客运单位客运量二氧化碳排放比 2015 年下降 12.5%。完善公交优先的城市交通运输体系，发展城市轨道交通、智能交通和慢行交通，鼓励绿色出行。鼓励使用节能、清洁能源和新能源运输工具，完善配套基础设施建设，到 2020 年，纯电动汽车和插电式混合动力汽车生产能力达到 200 万辆、累计产销量超过 500 万辆。严格实施乘用车燃料消耗量限值标准，提高重型商用车燃料消耗量限值标准，研究新车碳排放标准。深入实施低碳交通示范工程。

（三）加强废弃物资源化利用和低碳化处置。创新城乡社区生活垃圾处理理念，合理布局便捷回收设施，科学配置社区垃圾收集系统，在有条件的社区设立智能型自动回收机，鼓励资源回收利用企业在社区建立分支机构。建设餐厨垃圾等社区化处理设施，提高垃圾社区化处理率。鼓励垃圾分类和生活用品的回收再利用。推进工业垃圾、建筑垃圾、污水处理厂污泥等废弃物无害化处理和资源化利用，在具备条件的地区鼓励发展垃圾焚烧发电等多种处理利用方式，有效减少全社会的物耗和碳排放。开展垃圾填埋场、污水处理厂甲烷收集利用及与常规污染物协同处理工作。

（四）倡导低碳生活方式。树立绿色低碳的价值观和消费观，弘扬以低碳为荣的社会新风尚。积极践行低碳理念，鼓励使用节能低碳节水产品，反对过度包装。提倡低碳餐饮，推行“光盘行动”，遏制食品浪费。倡导低碳居住，推广普及节水器具。倡导“135”绿色低碳出行方式（1 km 以内步行，3 km 以内骑自行车，5 km 左右乘坐公共交通工具），鼓励购买小排量汽车、节能与新能源汽车。

五、加快区域低碳发展

（一）实施分类指导的碳排放强度控制。综合考虑各省（区、市）发展阶段、资源禀赋、战略定位、生态环保等因素，分类确定省级碳排放控制目标。“十三五”期间，北京、天津、河北、上海、江苏、浙江、山东、广东碳排放强度分别下降 20.5%，福建、江西、河南、湖北、重庆、四川分别下降 19.5%，山西、辽宁、吉林、安徽、湖南、贵州、云南、陕西分别下降 18%，内蒙古、黑龙江、广西、甘肃、宁夏分别下降 17%，海南、西藏、青海、新疆分别下降 12%。

（二）推动部分区域率先达峰。支持优化开发区域在 2020 年前实现碳排放率先达峰。鼓励其他区域提出峰值目标，明确达峰路线图，在部分发达省市研究探索开展碳排放总量控制。鼓励“中国达峰先锋城市联盟”城市和其他具备条件的城市加大减排力度，完善政策措施，力争提前完成达峰目标。

（三）创新区域低碳发展试点示范。选择条件成熟的限制开发区域和禁止开发区域、生态功能区、工矿区、城镇等开展近零碳排放区示范工程，到 2020 年建设 50 个示范项目。以碳排放峰值和碳排放总量控制为重点，将国家低碳城市试点扩大到 100 个城市。探索产城融合低碳发展模式，将国家低碳城（镇）试点扩大到 30 个城（镇）。深化国家低碳工业园区试点，将试点扩大到 80 个园区，组织创建 20 个国家低碳产业示范园区。推动开展 1 000 个左右低碳社区试点，组织创建 100 个国家低碳示范社区。组织开展低碳商业、低碳旅游、低碳企业试点。以投资政策引导、强化金融支持为重点，推动开展气候投融资试点工作。做好各类试点经验总结和推广，形成一批各具特色的低碳发展模式。

（四）支持贫困地区低碳发展。根据区域主体功能，确立不同地区扶贫开发思路。将低碳发展纳入扶贫开发目标任务体系，制定支持贫困地区低碳发展的差别化扶持政策和评价指标体系，形成适合不同地区的差异化低碳发展模式。分片区制定贫困地区产业政策，加快特色产业发展，避免盲目接收高耗能、高污染产业转移。建立扶贫与低碳发展联动工作机制，推动发达地区与贫困地区开展低碳产业和技术协作。推进“低碳扶贫”，倡导企业与贫困村结对开展低碳扶贫活动。鼓励大力开发贫困地区碳减排项目，推动贫困地区碳减排项目进入国内外碳排放权交易市场。改进扶贫资金使用方式和配置模式。

六、建设和运行全国碳排放权交易市场

（一）建立全国碳排放权交易制度。出台《碳排放权交易管理条例》及有关实施细则，各地区、各部门根据职能分工制定有关配套管理办法，完善碳排放权交易法规体系。建立碳排放权交易市场国家和地方两级管理体制，将有关工作责任落实至地市级人民政府，完善部门协作机制，各地区、各部门和中央企业集团根据职责制定具体工作实施方案，明确责任目标，落实专项资金，建立专职工作队伍，完善工作体系。制定覆盖石化、化工、建材、钢铁、有色、造纸、电力和航空 8 个工业行业中年能耗 1 万 kW 标准煤以上企业的碳排放权总量设定与配额分配方案，实施碳排放配额管控制度。对重点汽车生产企业实行基于新能源汽车生产责任的碳排放配额管理。

（二）启动运行全国碳排放权交易市场。在现有碳排放权交易试点交易机构和温室气体自愿减排交易机构基础上，根据碳排放权交易工作需求统筹确立全国交易机构网络布局，各地区根据国家确定的配额分配方案对本行政区域内重点排放企业开展配额分配。推动区域性碳排放权交易体系向全国碳排放权交易市场顺利过渡，建立碳排放配额市场调节和抵消机制，建立严格的市场风险预警与防控机制，逐步健全交易规则，增加交易品种，探索多元化交易模式，完善企业上线交易条件，2017 年启动全国碳排放权交易市场。到 2020 年力争建成制度完善、交易活跃、监管严格、公开透明的全国碳排放权交易市场，实现稳定、健康、持续发展。

（三）强化全国碳排放权交易基础支撑能力。建设全国碳排放权交易注册登记系统及灾备系统，建立长效、稳定的注册登记系统管理机制。构建国家、地方、企业三级温室气体排放核算、报告与核查工作体系，建设重点企业温室气体排放数据报送系统。整合多方资源培养壮大碳交易专业技术支撑队伍，编制统一培训教材，建立考核评估制度，构建专业咨询服务平台，鼓励有条件的省（区、市）建立全国碳排放权交易能力培训中心。组织条件成熟的地区、行业、企业开展碳排放权交易试点示范，推进相关国际合作。持续开展碳排放权交易重大问题跟踪研究。

七、加强低碳科技创新

（一）加强气候变化基础研究。加强应对气候变化基础研究、技术研发和战略政策研究基地建设。深化气候变化的事实、过程、机理研究，加强气候变化影响与风险、减缓与适应的基础研究。加强大数据、云计算等互联网技术与低碳发展融合研究。加强生产消费全过程碳排放计量、核算体系及控排政策研究。开展低碳发展与经济社会、资源环境的耦合效应研究。编制国家应对气候变化科技发展专项规划，评估低碳技术研究进展。编制第四次气候变化国家评估报告。积极参与政府间气候变化专门委员会（IPCC）第六次评估报告相关研究。

（二）加快低碳技术研发与示范。研发能源、工业、建筑、交通、农业、林业、海洋等重点领域经济适用的低碳技术。建立低碳技术孵化器，鼓励利用现有政府投资基金，引导创业投资基金等市场资金，加快推动低碳技术进步。

（三）加大低碳技术推广应用力度。定期更新国家重点节能低碳技术推广目录、节能减排与低碳技术成果转化推广清单。提高核心技术研发、制造、系统集成和产业化能力，对减排效果好、应用前景广阔的关键产品组织规模化生产。加快建立“政产学研用”有效结合机制，引导企业、高校、科研院所建立低碳技术创新联盟，形成技术研发、示范应用和产业化联动机制。增强大学科技园、企业孵化器、产业化基地、高新区对低碳技术产业化的支持力度。在国家低碳试点和国家可持续发展创新示范区等重点地区，加强低碳技术集中示范应用。

八、强化基础能力支撑

（一）完善应对气候变化法律法规和标准体系。推动制定应对气候变化法，适时修订完善应对气候变化相关政策法规。研究制定重点行业、重点产品温室气体排放核算标准、建筑低碳运行标准、碳捕集利用与封存标准等，完善低碳产品标准、标识和认证制度。加强节能监察，强化能效标准实施，促进能效提升和碳减排。

（二）加强温室气体排放统计与核算。加强应对气候变化统计工作，完善应对气候变化统计指标体系和温室气体排放统计制度，强化能源、工业、农业、林业、废弃物处理等相关统计，加强统计基础工作和能力建设。加强热力、电力、煤炭等重点领域温室气体排放因子计算与监测方法研究，完善重点行业企业温室气体排放核算指南。定期编制国家和省级温室气体排放清单，实行重点企（事）业单位温室气体排放数据报告制度，建立温室气体排放数据信息系统。完善温室气体排放计量和监测体系，推动重点排放单位健全能源消费和温室气体排放台账记录。逐步建立完善省市两级行政区域能源碳排放年度核算方法和报告制度，提高数据质量。

（三）建立温室气体排放信息披露制度。定期公布我国低碳发展目标实现及政策行动进展情况，建立温室气体排放数据信息发布平台，研究建立国家应对气候变化公报制度。推动地方温室气体排放数据信息公开。推动建立企业温室气体排放信息披露制度，鼓励企业主动公开温室气体排放信息，国有企业、上市公司、纳入碳排放权交易市场的企业要率先公布温室气体排放信息和控排行动措施。

（四）完善低碳发展政策体系。加大中央及地方预算内资金对低碳发展的支持力度。出台综合配套政策，完善气候投融资机制，更好地发挥中国清洁发展机制基金作用，积极运用政府和社会资本合作（PPP）模式及绿色债券等手段，支持应对气候变化和低碳发展工作。发挥政府引导作用，完善涵盖节能、环保、低碳等要求的政府绿色采购制度，开展低碳机关、低碳校园、低碳医院等创建活动。研究有利于低碳发展的税收政策。加快推进能源价格形成机制改革，规范并逐步取消不利于节能减碳的化石能源补贴。完善区域低碳发展协作联动机制。

（五）加强机构和人才队伍建设。编制应对气候变化能力建设方案，加快培养技术研发、产业管理、国际合作、政策研究等各类专业人才，积极培育第三方服务机构和市场中介组织，发展低碳产业联盟和社会团体，加强气候变化研究后备队伍建设。积极推进应对气候变化基础研究、技术研发等各领域的国际合作，加强人员国际交流，实施高层次人才培养和引进计划。强化应对气候变化教育教学内容，开展“低碳进课堂”活动。加强对各级领导干部、企业管理者等培训，增强政策制定者和企业家的低碳战略决策能力。

九、广泛开展国际合作

（一）深度参与全球气候治理。积极参与落实《巴黎协定》相关谈判，继续参与各种渠道气候变化对话磋商，坚持“共同但有区别的责任”原则、公平原则和各自能力原则，推动《联合国气候变化框架公约》的全面、有效、持续实施，推动建立广泛参与、各尽所能、务实有效、合作共赢的全球气候治理体系，推动落实联合国《2030 年可持续发展议程》，为我国低碳转型提供良好的国际环境。

（二）推动务实合作。加强气候变化领域国际对话交流，深化与各国的合作，广泛开展与国际组织的务实合作。积极参与国际气候和环境资金机构治理，利用相关国际机构优惠资金和先进技术支持国内应对气候变化工作。深入务实推进应对气候变化“南南合作”，设立并用好中国气候变化南南合作基金，支持发展中国家提高应对气候变化和防灾减灾能力。继续推进清洁能源、防灾减灾、生态保护、气候适应型农业、低碳智慧型城市建设等领域国际合作。结合实施“一带一路”战略、国际产能和装备制造合作，促进低碳项目合作，推动海外投资项目低碳化。

（三）加强履约工作。做好《巴黎协定》国内履约准备工作。按时编制和提交国家信息通报和两年更新报，参与《联合国气候变化框架公约》下的国际磋商和分析进程。加强对国家自主贡献的评估，积极参与 2018 年促进性对话。研究并向联合国通报我国 21 世纪中叶长期温室气体低排放发展战略。

十、强化保障落实

（一）加强组织领导。发挥好国家应对气候变化领导小组协调联络办公室的统筹协调和监督落实职能。各省（区、市）要将大幅度降低二氧化碳排放强度纳入本地区经济社会发展规划、年度计划和政府工作报告，制定具体工作方案，建立完善工作机制，逐步健全控制温室气体排放的监督和管理体制。各有关部门要根据职责分工，按照相关专项规划和工作方案，切实抓好落实。

（二）强化目标责任考核。要加强对省级人民政府控制温室气体排放目标完成情况的评估、考核，建立责任追究制度。各有关部门要建立年度控制温室气体排放工作任务完成情况的跟踪评估机制。考核评估结果向社会公开，接受舆论监督。建立碳排放控制目标预测预警机制，推动各地方、各部门落实低碳发展工作任务。

（三）加大资金投入。各地区、各有关部门要围绕实现“十三五”控制温室气体排放目标，统筹各种资金来源，切实加大资金投入，确保本方案各项任务的落实。

（四）做好宣传引导。加强应对气候变化国内外宣传和科普教育，利用好全国低碳日、联合国气候变化大会等重要节点和新媒体平台，广泛开展丰富多样的宣传活动，提升全民低碳意识。加强应对气候变化传播培训，提升媒体从业人员报道的专业水平。建立应对气候变化公众参与机制，在政策制定、重大项目工程决策等领域，鼓励社会公众广泛参与，营造积极应对气候变化的良好社会氛围。

国务院

2016 年 10 月 27 日

附录八　工业领域应对气候变化行动方案（2012—2020年）（节选）

……

三、主要任务

（一）积极构建以低碳排放为特征的工业体系

以提高碳生产率为目标，调整优化产业结构和用能结构，强化从生产源头、生产过程到产品的碳排放管理，形成低能耗、低污染、低排放的工业体系，促进工业低碳发展。

加快调整优化产业结构，严格控制高耗能产业过快增长。加强能耗、环保等指标约束作用，探索利用强制性物耗标准、清洁生产水平作为落后产能界定依据，加大淘汰落后产能力度。进一步提高高耗能、高排放行业准入门槛。促进信息化和工业化深度融合，大力培育发展高端装备制造、新一代信息技术、节能环保、新能源汽车等战略性新兴产业，大力发展生产性服务业。积极推动以产业链为纽带、产业资源要素集聚的产业集群建设，提高产业集中度。

大力发展循环经济，推进工业清洁生产。以工业园区、产业集聚区为重点，开发应用源头减量、循环利用、再制造、零排放技术，通过上下游产业优化整合，实现资源集约利用、废物交换利用、废水循环利用、能量梯级利用，构筑链接循环的产业链条。以高能耗、高排放、污染重和资源消耗型行业为重点，集中力量开发一批重大关键共性清洁生产工艺技术和绿色环保原材料（产品），加快建立清洁生产方式，推动工业转型升级。

（二）大力提升工业能效水平

围绕工业生产源头、过程和产品3个重点，实施工业能效提升计划，推动重点节能技术、设备和产品的推广和应用，提高工业能效利用水平。以钢铁、建材、石化和化工、有色等高耗能行业为重点，加强对行业节能减碳的政策指导和规划引导，加快工业节能标准制定，强化重点用能企业节能管理，鼓励工业企业建立能源管理体系，鼓励重化工业延伸产业链，降低单位工业增加值能源消耗。

组织实施工业锅炉窑炉节能改造、内燃机系统节能、电机系统节能改造、余热余压回收利用、热电联产、工业副产煤气回收利用、企业能源管控中心建设、两化融合促进节能减排、节能产业培育九大重点节能工程，提高企业能源利用效率。健全节能市场化机制，完善能效标识、节能产品认证和节能产品政府强制采购制度，加快节能服务业发展，加快推行合同能源管理和电力需求侧管理。

（三）控制工业过程温室气体排放

通过原料替代、改善生产工艺、改进设备使用等措施减少工业过程温室气体排放。推广利用电石渣、造纸污泥、脱硫石膏、粉煤灰、矿渣等固体工业废渣和火山灰等非碳酸盐原料生产水泥，加快发展新型低碳水泥，鼓励采用电炉炼钢—热轧短流程生产工艺，推广有色金属冶炼短流程生产工艺技术，改进电石、石灰生产工艺，减少生产过程二氧化碳排放。改进化肥、己二酸、硝酸、己内酰胺等行业的生产工艺，采用控排技术，减少工业生产过程氧化亚氮的排放。实施高温室效应潜能值气体替代，通过采用合理防护性气体、创新操作工艺、开展替代品研发、改进设备使用等措施，大幅降低工业生产过程含氟气体排放。

（四）加快工业低碳技术开发和推广应用

以先进适用技术和关键共性技术为重点，制定重大低碳技术推广实施方案，促进先进适用低碳新技术、新工艺、新设备和新材料的推广应用，带动重点行业碳排放强度大幅下降。加快推动新一代核能、太阳能、风能、生物质能等能源装备技术的研发与制造，增加工业生产中可再生能源的利用，改善工业用能结构。加快传统生产设备的大型化、数字化、智能化、网络化改造，推进以低碳技术为核心的企业技术改造。推动建立以企业为主体、产学研相结合的技术创新体系，推动建立以市场为导向、多种形式相结合的低碳技术与装备产业联盟。

鼓励重点行业推广应用低碳技术，包括：钢铁工业的煤粉催化强化燃烧、余热、余能等二次能源回收利用等减排关键技术；有色金属工业的高效节能采选设备、冶炼过程中节能降耗的控制与优化技术等；石油与化工工业中的二氧化碳回收与利用技术、新型化工过程强化技术、工业排放气高效利用技术等；建材工业中碳排放减缓技术和装备、低碳排放的凝胶材料等；先进制造工业的低能耗低排放制造工艺及装备技术、制造系统的资源循环利用关键技术等。

（五）促进低碳工业产品生产和消费

完善主要耗能产品能耗限额和产品能效标准，加大高效节能家电、汽车、电机、照明产品等推广力度。推动实施低碳产品标准、标识和认证制度，加快低碳工业标识标准体系建设，优先选择使用量大、普及面广的终端消费产品开展低碳产品标识试点，促进企业开发低碳产品，加快向低碳生产模式转变。采取综合性调控措施，抑制高消耗、高排放产品市场需求，鼓励企业采购绿色低碳产品，刺激低碳产品需求，提高低碳产品社会认知度，倡导低碳消费。

四、重点工程

以实施六大重点工程为抓手，提高工业单位碳排放生产效率，提升碳管理水平，有效控制工业温室气体排放。

（一）工业重大低碳技术示范工程

在钢铁、建材、有色、石化和化工等重点行业，选择一批减排潜力大、成熟度高、先进适用的重大低碳技术示范推广，推进传统产业的工艺和装备改进，带动工业行业碳排放强度大幅度下降。以新能源装备制造、新能源汽车等高端装备制造业为重点，选择一批市场前景广阔、对产业发展具有深远影响的关键与核心技术试点示范，培育战略性新兴产业发展。

（二）工业过程温室气体排放控制示范工程

以控制工业过程二氧化碳、氧化亚氮、氢氟碳化物、全氟化碳、六氟化硫等温室气体排放为目标，以水泥、钢铁、石灰、电石、己二酸、硝酸、化肥、制冷剂生产等为重点，推广示范一批原料替代、生产工艺改善、设备使用改进等温室气体排放控制技术，提高排放控制水平。

（三）高排放工业产品替代示范工程

在水泥、钢铁、化肥、石灰、电石等高排放产品中，选择具有重要推广价值的替代产品或工艺进行推广示范，引导使用新型低碳水泥替代传统水泥、新型钢铁材料或可再生材料替代传统钢材、有机肥或缓释肥产品替代传统化肥，减少高排放产品消费，减少温室气体排放量。

（四）工业碳捕集、利用与封存示范工程

在化工、水泥、钢铁等行业中实施碳捕集、利用与封存一体化示范工程，加快推进拥有自主知识产权的碳捕集与封存技术的示范应用，研发二氧化碳资源化利用的技术和方法，探索适合我国国情的碳捕集、利用与封存技术路线图，不断加强工业碳捕集、利用与封存能力建设。

（五）低碳产业园区建设试点示范工程

选择一批基础好、有特色、代表性强、依法设立的工业产业园区，纳入国家低碳产业试验园区试点，开展工业领域低碳产业园区试点示范。通过低碳产业园区试点建设，加快钢铁、建材、有色、石化和化工等重点用能行业低碳化改造，积聚一批低碳型战略性新兴产业，推广一批适合我国国情的产业园区低碳管理模式，试点园区碳排放强度达到国内行业先进水平，引导和带动工业低碳发展。“十二五”期间，在工业领域力争培育和形成80个国家低碳产业示范园区。

（六）低碳企业试点示范工程

在钢铁、有色、建材、石化和化工、装备制造等重点行业，选择一批在本行业技术领先、有较大影响、减排潜力大的工业企业开展低碳企业试点示范工程。通过低碳工业企业试点示范，培育行业低碳标杆企业，建立低碳企业评价标准、指标体系和激励约束机制，引导工业企业自愿减排。“十二五”期间培育500家示范企业。

五、保障措施

（一）建立健全工业应对气候变化管理体制

各级工业和信息化主管部门，应加强应对气候变化的组织领导，制定工业应对气候变化工作方案，建立有效的工作管理机制。把应对气候变化、推动工业低碳发展作为编制工业行业发展规划、专项规划、区域规划的重要内容，将碳排放下降指标纳入各类规划计划中。加强应对气候变化工作与工业节能、资源综合利用、清洁生产等工作的协调配合，发挥协同效应。

（二）完善工业应对气候变化政策法规

把控制工业温室气体排放和促进工业低碳发展作为制定产业政策的重要目标和主要内容，健全促进低碳发展相关产业政策落实的保障措施。对高消耗、高污染行业制定更为严格的节能低碳准入标准，制定高能耗工业产品能耗限额强制性、超前性国家行业标准。加强财税、金融等政策支持，加大财政资金支持力度，积极探索绿色信贷融资等新模式，引导企业进行设备引进、改造升级以及产业链整合。积极应对低碳贸易障碍，进一步调整进出口贸易政策，鼓励低碳工业产品出口。

（三）建立工业温室气体排放监测体系

完善现有工业企业能源统计报表制度，明确不同用途能源消费量，建立温室气体排放数据信息系统，加强工业企业温室气体排放管理。建立重点用能企业温室气体排放定期报告制度，重点用能企业在编制能源利用状况报告的基础上，加强收集、整理、汇总温室气体排放数据，分析温室气体排放状况。建立工业温室气体排放监测体系，分步推进国家、省、市（县）三级工业温室气体排放监测体系建设。

（四）建立工业碳排放评价标准体系

充分借鉴国际研究成果，加快研究建立符合我国工业发展水平的碳排放测算体系，构建工业产品碳排放评价数据库。研究制定粗钢、水泥、烧碱、铝等高耗能产品的碳排放强制性标准，加紧制定重点用能企业碳排放评价通则，指导和规范企业降低排放。研究制定低碳工业产品标准，推动实施低碳工业产品认证和碳标识。

（五）建立健全促进工业低碳发展的市场机制

以政府为主导，以企业为主体，完善工业应对气候变化的市场机制，发挥碳价格的市场信号和激励作用，降低控制温室气体排放成本。探索建立碳排放自愿协议制度，在钢铁、建材等行业开展减碳自愿协议试点工作，制定减碳自愿协议管理办法和奖励措施，推动企业开展自愿减排行动。推动实施《温室气体自愿减排交易管理暂行办法》，鼓励工业企业参与自愿减排交易，支持钢铁、水泥、石化、化工等行业重点企业开展碳排放交易试点，为建立全国碳交易市场打好基础。

（六）加强工业应对气候变化宣传培训和国际合作

利用多种形式和手段，进行应对气候变化科学知识的普及和宣传，倡导低碳生产方式和消费模式。积极开展工业领域应对气候变化专题培训，加强人才培养，增强企业低碳发展的意识和能力。积极拓展应对气候变化国际合作渠道，建立资金、技术转让和人才引进等机制，构建国际合作平台，有效消化、吸收国外先进的低碳技术，增强工业应对气候变化能力。

工业信息化部

国家发展和改革委员会

科技部

财政部

2012 年 12 月 31 日

附录九　城市适应气候变化行动方案（节选）

……

（一）加强城市规划引领

在城市相关规划中充分考虑气候变化因素。将适应气候变化纳入城市群规划、城市国民经济和社会发展规划、生态文明建设规划、土地利用规划、城市规划等，按照气候风险管理的要求，考虑城市适应气候变化面临的主要风险、优先领域和重点措施，将适应目标纳入城市发展目标，在城市相关规划中充分考虑气候承载力。城市基础设施新建和改造项目规划、设计、审批时考虑气候变化中长期影响，科学布局、合理配置，加强地下空间开发利用。

加强相关领域的规划布局。合理布局公共消防设施、人防设施以及防灾避险场所等设施。合理规划城市道路，调整交通工程建设部署与交通设施布局，加快城市应急通道网络建设，科学规划和建设城市公交专用道网络，构建城市快速应急通道。科学规划城市绿地系统，提高城市绿地率。依托现有城市绿地、道路、河流及其他公共空间，打通城市通风廊道，增加城市的空气流动性，缓解城市"热岛效应"和雾霾等问题。减少城市建筑、交通、供排水、能源等重要生命线系统的风险暴露度。

（二）提高城市基础设施设计和建设标准

提高城市生命线系统标准。针对强降水、高温、台风、冰冻、雾霾等极端天气气候事件，提高城市给排水、供电、供气、交通、信息通信等生命线系统的设计标准，加强稳定性和抗风险能力。根据气候变化对城市降水、温度和土壤地基稳定性的影响，制定或修订城市地下工程在排水、通风、墙体强度和地基稳定等方面的建设标准。根据海平面变化情况调整相关防护设施的设计标准。提高流域、区域性大洪水防洪设计标准。

调整能源设施标准。针对不同城市及城市居民、企业、公共部门等不同用户，评估气候变化对制冷、采暖及节能标准的影响，修订相关设施标准。调整能源工程与供电系统运行的技术标准，如根据气温、风力与冰雪灾害的变化调整输电线路、设施建造标准与电杆间距。

提高交通设施标准。提高沿海、沿江、高寒等台风、洪涝、地质和生态灾害高发地区的交通基础设施设计标准。根据气候变化对城市降水强度的影响，修订道路设计中的排水设计标准要求。将极端天气气候事件监测预警纳入城市交通设施规划与建设中。道路建设采用高抗性材料与结构技法，提升道路耐受气候变化影响的变幅阈值。健全道路照明、标识、警示等指示系统，增强交通车辆、公交站台、停车场和机场等对高温、严寒、强降水和台风的防护能力。

（三）提高城市建筑适应气候变化能力

做好前瞻性布局。在建筑设计、建造以及运行过程中充分考虑气候变化的影响，在新建建筑设计中充分考虑未来气候条件。积极发展被动式超低能耗绿色建筑，通过采用高效、高性能外墙保温系统和门窗，提高建筑气密性，鼓励屋顶花园、垂直绿化等方式增强建筑集水、隔热性能，保障高温热浪、低温冰雪极端气候条件下的室内环境质量。

实施城市更新和老旧小区综合改造。在执行现行标准的基础上，各地城市结合经济社会发展水平，适度提升城市建筑适应气候变化能力，提高既有建筑节能、节水改造标准，加快更换老旧小区落后用水器具，推进建筑中水回用，合理增加小区绿地、植被数量，设置遮阴设施。

加快装配式建筑的产业化推广。推广钢结构、预制装配式混凝土结构及混合结构，在地震多发地区积极发展钢结构和木结构建筑。鼓励大型公共建筑采用钢结构，大跨度工业厂房全面采用钢结构，政府投资的学校、幼托、敬老院、园林景观等新建低层公共建筑采用木结构。

（四）发挥城市生态绿化功能

构建气候友好型城市生态系统。依托各城市的地理、气候、生态和历史人文等特征，充分挖掘传统城市建设、园林设计的经验智慧，通过绿楔、绿道、绿廊等形式加强城市绿地、河湖水系、山体丘陵、农田林网等各自然生态要素的衔接连通，构成“绿色斑块—绿色廊道—生态基质”的系统格局，充分发挥自然生态空间改善城市微气候的功能。

发挥园林绿化改善城市微气候的作用。增强城市绿地、森林、湖泊、湿地等自然系统在涵养水源、调节气温、保持水土以及促进物种多样性等各个方面的生态功能。因地制宜，根据城市生态环境条件及气候变化趋势选择适宜的林草地物种，建设节约型绿地。建设园林绿化信息系统网络平台，提高对极端天气气候事件、林地火险、病虫害发生和物种入侵等各类灾害的监测预警能力。

（五）保障城市水安全

推进海绵城市建设。大力建设屋顶绿化、雨水花园、储水池塘、微型湿地、下沉式绿地、植草沟、生物滞留设施等城市“海绵体”，增强城市海绵能力。因地制宜地建设雨水箱、储水罐等雨水收集设施，实现雨水就地就近收集利用，加大对雨洪资源的利用效率。严格城市河湖水域空间管控，做好对城市河湖、坑塘、湿地等水体自然形态的保护和恢复，加强河湖水系自然连通，构建城市良性水循环系统。

全面建设节水型城市。科学确定水资源承载能力，强化用水需求管理，以水定产、以水定城。加强城市备用水源地和应急供水设施建设，提高城市应对高温、干旱缺水的能力。建立城市水循环利用体系，充分利用河道、湖泊和绿地等生态系统对水资源的调蓄能力，强化地下水涵养与保护。积极发展非常规水源利用，把再生水、雨水、海水等非常规水源纳入区域水资源统一配置。完善多种水源的统一配置和调度系统，提高城市再生水利用率，加强海水淡化技术的开发利用，加强城市备用水源建设。

建设科学合理的城市防洪排涝体系。推进城市防洪堤建设和管理，开展内河整治、河渠排水排污治理和积水易涝点治理，加大城市防洪排涝设施配套力度。妥善安排城市洪涝水滞蓄场所和外排出路，增强雨洪径流调控能力。健全城市防洪排涝应急预案管理，完善城市应对洪涝灾害处置方案。加强河湖管理，推进河湖连通工程，严格河道管理范围内建设项目工程建设方案审查制度。推进城市防洪排涝指挥系统建设，提高居民应对意识，加强城市对洪水的避险自救能力。

（六）建立并完善城市灾害风险综合管理系统

提升城市应急保障服务能力。加强城市极端天气气候事件危险源监控、风险排查和重大风险隐患治理等基础性工作，制定并发布强降水、台风、雷电、冰冻、高温热浪、雾霾等灾害应急管理方案。建立健全城市多部门联防联动的常态化管理体系，完善应急救灾响应机制，明确灾前、灾中和灾后应急管理机构职责，及时储备调拨及合理使用应急救灾物资。加强运行协调和应急指挥系统建设、专业救援队伍建设、社区宣传教育、应急救灾演练等工作，提高对灾害的预防、规避能力和恢复重建能力，降低灾害损失。

加强城市公众预警防护系统建设。建立极端天气气候事件信息管理系统和预警信息发布平台，拓展动态服务网络，及时发布预警信息，并通过各类媒体让城市居民在短时间内接收。完善气候变化对人体健康影响的监测预警系统，加强极端天气气候事件健康预警及流行性疾病预警。加强城市脆弱人群的社会管理和风险防护能力，普及城市应对极端天气气候事件风险知识，掌握儿童、孕妇、各类慢性疾病患者、65岁以上老人、城市贫困人口等信息，并制定具体应急救助预案，加强公众自我防范意识。

建立和完善风险分担机制。逐步建立极端天气气候事件灾害风险分担转移机制，明确家庭、市场和政府在风险分担方面的责任和义务，构建以政府为统领、家庭为主体、市场积极参与的风险分担体系。建立社会保险、社会救助、商业保险和慈善捐赠相结合的多元化灾害风险分担机制。建立健全由灾害保险、再保险、风险准备金和非传统风险转移工具所共同构成的金融管理体系的风险分担和转移机制。

（七）夯实城市适应气候变化科技支撑能力

加强适应基础理论研究。系统开展适应气候变化科学基础研究，加强气候变化监测及未来趋势预估。全面评估气候变化对城市敏感脆弱领域、区域和人群的影响和风险，包括水资源、交通、能源、建筑、卫生、旅游等行业。开展适应气候变化决策、管理及人文社会科学研究。加强对气候变化引发的传染性疾病、慢性疾病等人体健康风险的影响和传播机制研究，建立气候相关疾病的长期监测与评估体系。建立基础数据集，加强不同行业气象等相关数据处理以及应用方法研究。

开发推广关键性适应技术。构建跨学科、跨行业、跨区域的适应技术协作网络，逐步完善适应气候变化的技术支撑体系。大力开展城市适应气候变化技术研发、集成与推广工作，广泛推广简单易行、可操作性强的高效适应技术，积极开展适应技术集成示范。重点推广应用极端天气气候事件预测预警技术、人工影响天气技术、气候变化影响与风险评估技术、应对极端天气气候事件的城市生命线工程安全保障技术、城市生态适宜性评估技术等具有一定普适性的适应气候变化技术。

国家发展改革委

住房城乡建设部

2016年2月4日

参考文献

[1] Adaptation Sub-Commitee (ASC),2014-07-07.Managing climate risks to well-being and the economy.htps/www.thecc.org.uk/publication/managing-climate-risks-to-wel-bcing-and-the-economy-asc-progress-report-2014/.

[2] Arvesen A., and E. G. Hertwich (2012). Assessing the life cycle environmental impacts of wind power: A review of present knowledge and research needs. Renewable and Sustainable Energy Reviews. doi: dx.doi.org / 10.1016 / j.rser. 2012.06.023.

[3] BMBF, 2013. 6th Report of Germany on Systematic Climate Observations in Germany as a contribution to Germany' s 6th National Communication under the UNFCCC. Federal Ministry of Education and Research. http://unfccc.int/files/national reports/annex _i_natcom/submitted_natcom/application/pdf/national_communication_eng_bf.pdf.

[4] Brazil Gov News, 2016a-10-23. Petrobras gets USMYM 5 billion in financing from Chinese bank. http://www.brazilgovnews.gov.br/news/2016/12/petrobras-gets-us-5-billion-in-financing-from-chinese-bank [2016-12-16].

[5] Brazil Gov News, 2016b-09-13. Govermment announces concession of 34 infrastructure projects. http://www.brazilgovnews.gov.br/news/2016/09/government-announces-concession-of-25-infrastructure-projects [2016-12-16].

[6] Brazil Gov News, 2016c-10-27. Brazilian government invests over RMYM 1 billion in water projects. http://www.brazilgovnews.go.br/news/2016/12/government-invests-over-r-1-billion-in-water-projects-throughout-the-country [2016-12-16].

[7] Brazil Gov News, 2016d-10-22. President Temer signs measures to support job creation. http://www.brazilgovnews.gov.br/news/2016/12/president-temer-signs-measures-to-support-job-creation [2016-12-15].

[8] Brenkert A L, Malone E L, 2005. Modeling Vulnerability and Resilience to Climate Change: A Case Study of India and Indian States. Climate Change, 72:57-102.

[9] Bruckner, 2012. Climate change vulnerability and the identification of least developed countries Cdp Background Paper.

[10] Bryan E, Deressa T, Gbetibouo A, et al., 2009. Adaptation to climate change in Ethiopia and South Africa: options and constraints. Environmental Science and Policy, 12:413-426.

[11] Centre for Science and Environment, 2012. Living with changing climate: Impact, vulnerability and adaptation challenges in Indian Sundarbans.

[12] Climate-ADAPT, 2016. EU Funding of Adaptation [EB/OL]. http://climate-adapt.eea.europa.eu/eu-adaptation-policy/funding [2016-08-20].

[13] CNRWG(The Climate and Natural Resources Working Group of the U.S.Council on Climate Preparedness and Resilience),2014.National Action Plan: Priorities for Managing Freshwater Resources in a Changing Climate [EB/OL].https://www.whitehouse.go/sites/default/files/docs/enhancing climate_resilience_of americas_natural_resources.pdf [2016-10-30].

[14] Committee on Climate Change(CCC), 2016-07-15(2016a). UK Climate Change Risk Assessment 2017. https://www.theccc.org.uk/uk-climate-change-risk-assessment-2017/.

[15] Committee on Climate Change(CCC),2016-10-08(2016b). Adaptation Sub-Committee. https:/www.theccc.org.uk/about/structure-and-governance/asc-members/.

[16] DECC (Department of Energy and Climate Change).2014 UK Greenhouse Gas Emissions[R]. DECC. London. February 2016.

[17] EC (European Commission), 2014. Commission Joins Forces with European Cities to Promote Urban Adaptation to Climate Change [EB/OL].http://ec.europa.eu/clima/news/articles/news_2014031901_en.htm [2016-08-30].

[18] EC (European Commission), 2015. Commission Awards 26 Action Grants in First Year of LIFE Climate Action Projects [EB/OL].http://ec.europa.eu/clima/news/articles/news_2015112503_en.htm [2016-10-30].

[19] EC (European Commission), 2016. Financing Adaptation [EB/OL]. http://ec.europa.eu/clima/policies/adaptation/financing/index_en.htm [2016-08-20].

[20] EEA (European Environment Agency), 2012a. Climate Change, Impacts and Vulnerability in Europe 2012[EB/OL]. http://www.eea.europa.eu/publications/climate-impacts-and-vulnerability-2012/download [2016-08-01].

[21] EEA (European Environment Agency), 2012b. Major New Website to Assist with Climate Change Adaptation in Europe [EB/OL]. http://www.eea.europa.eu/highlights/major-new-website-to-assist [2016-08-20].

[22] EEA (European Environment Agency), 2013. Adaptation in Europe-Addressing Risks and Opportunities from Climate Change in the Context of Socio-economic Developments [EB/OL]. http://www.eea.europa.ceu/publications/adaptation-in-europe/download [2016-08-01].

[23] EEA (European Environment Agency), 2015. National Monitoring, Reporting and Evaluation of Climate Change Adaptation in Europe [EB/OL]. http://www.eea.europa.eu/publications/national-monitoring-reporting-and-evaluation [2016-08-20].

[24] EEA, 2016-12-20. European Climate Adaptation Platform. http://climate-adapt.eea.europa.euw/countries/germany.

[25] Elliott D. Renewable energy R&D in the UK: a strategic overview[R]. Technology Analysis & Strategic Management, 1989,1(2):223–37.

[26] EU (European Union), 2016. Regional and Local Adaptation in the EU since the Adoption of the EU Adaptation Strategy in 2013 [EB/OL], http://ecologic.eu/sites/files/publication/2016/lukat_2016local_and_regional_adaptation_cor.pdf [2016-08-01].

[27] European Commission：*COMMISSION REGULATION (EU) No 601/2012 on the monitoring*

and reporting of greenhouse gas emissions pursuant to Directive 2003/87/EC of the European Parliament and of the Council, 2012-07-04, http://eur-lex.europa.eu/legal-content/EN/TXT/?uri=CELEX:32012R0601。

[28] European Commission. A roadmap for moving to a competitive low-carbon economy in 2050[R]. EC March 2011a.

[29] Executive Office of the President, 2013. The President' s Climate Action Plan [EB/OL]. http:/www.whitehouse.gov/sites/default/files/image/president27sclimateactionplan.pdf [2016-10-30].

[30] Foundation for International Environmental Law and Development (FIELD),2012.Loss and Damage Caused by Climate Change: Legal Strategies for Vulnerable Countries [EB/OL]. http://environmentportal.in/category/publisher/foundation-international-environmental-law-and-development.[02-06].

[31] Frank W Geels. Regime Resistance against Low-Carbon Transitions: Introducing Politics and Power into the Multi-Level Perspective[R]. Theory Cuture & society, 2014.

[32] GLOBE Intermational,2016b.2016 Global Climate Legislation Database.http:/wwwlse.ac.uk//GranthamInstitute/legislation/the-global-climate-legislation-database/[2017-03-11].

[33] GLOBE International,2015. 2015 Global Climate Legislation Study. http://www.lse.ac.ak/GranthamInstitute/wp-content/uploads/2015/05/Global_climate legislation_study_20151.pdf [2015-06-01].

[34] GLOBE International,2016a. The Global Climate Legislation Study-Summary of key trends 2016. http://www.lse.ac.uk/Granthaminstitute/publication/2015-global-climate-legislation-study/ [2016-11-14].

[35] He JK,Deng J,Su M S, 2009. CO_2 Emission from China Energy Sector and Its Control Strategy [J]. Energy, Special Issue on Sustainable Energy Development in China, 1-5.

[36] http://www.gov.cn/jrzg/2013-09/12/content_2486918.htm.

[37] http://www.stats.gov.cn/tjsj/tjbz/hyflbz/201710/P020171220358908336080.pdf.

[38] ICLEI, 2015-10-30. Japanese government releases draft adaptation plan. http://japan.iclei.org/en/news-and-events/news-details/article/japanese-government-releases-draft-adaptation-plan.html [2016-12-18].

[39] IEA (2011a). Technology Roadmap. Biofuels for Transport. International Energy Agency, Paris, 56 pp. Available at: http: / / www.iea.org/ publications /freepublications/ publication/ bioenergy.pdf.

[40] IEA (2011b). World Energy Outlook 2011. International Energy Agency, OECD / IEA, Paris, 659 pp. ISBN: 978 92 64 12413 4.

[41] IEA (2011c). Technology Roadmap: Electric and Plug-in Hybrid Electric Vehicles (EV / PHEV). International Energy Agency, Paris, 52 pp. Available at: http: / / www.iea.org/ publications / freepublications / publication / EV_PHEV_Roadmap.pdf.

[42] IEA (2011d). Renewable Energy: Policy Considerations for Deploying Renewables. International Energy Agency, Paris, 76 pp. Available at: http: / / www.iea.org/ publications / freepublications / publication / Renew_Policies.pdf.

[43] IEA (2012a). CO_2 Emissions from Fuel Combustion. Beyond 2020 Online Database. 2012 Edition.

Available at: http: / / data.iea.org.IEA (2012b). World Energy Outlook 2012. International Energy Agency, OECD / IEA,Paris, France, 690 pp. ISBN: 978-92-64-18084-0.

[44] IEA (2012c). Mobility Model ("Momo") database— Input data for the Energy Technology Perspectives 2012 report. International Energy Agency.

[45] IEA (2012d). Technology Roadmap: Fuel Economy of Road Vehicles. International Energy Agency, Paris, 50 pp. Available at: http: / / www.iea.org/publications / freepublications / publication / name,31269,en.html.

[46] IEA (2012e). Energy Technology Perspectives 2012. International Energy Agency, Paris.

[47] IEA (2013). Policy Pathways: A Tale of Renewed Cities. International Energy Agency, Paris.

[48] IPCC (Intergovernmental Panel on Climate Change), 2013. Climate Change 2013: The Physical Science Basis [M].Cambridge University Press, Cambridge, United Kingdom and New York, NY, USA.

[49] IPCC(Intergovernmental Panel on Climate Change), 2007. Climate Change 2007: Impacts, Adaptation, and Vulnerability [M].Cambridge University Press, Cambridge, United Kingdom and New York, NY, USA.

[50] IPCC(Intergovernmental Panel on Climate Change), 2014. Climate Change 2014: Impacts, Adaptation, and Vulnerability [M].Cambridge University Press, Cambridge, United Kingdom and New York, NY, USA.

[51] JAMSTEC, 2012-04-02. Innovative Program of Climate Change Projection for the 21st Century. http://www.jamstec.go.jp/kakushin21/eng/brochure/general9620report-e.pdf [2016-12-18].

[52] JRC (Joint Research Centre of the European Commission), 2014. Climate Impacts in Europe. Results from the JRC PESETA Ⅱ Project [EB/OL]. http://ftp.jrc.es/EURdoc/JRC87011.pdf [2016-08-01].

[53] Kaya Y, Yokobori K,1999.Environment, Energy and Economy: Strategies for Sustainability [M]. Delhi: Bookwell Publications.

[54] Lin J.-T., and Y.K. Chuah (2011). A study on the potential of natural ventilation and cooling for large spaces in subtropical climatic regions. Building and Environment 46, 89 – 97. doi: 10.1016 / j.buildenv.2010.07.007, ISSN: 0360 –1323.

[55] London Government, 2010-02. The Draft Climate Change Adaptation Strategy for London (Public Consultation Draft).http://www.london.gov.uk/climatechange/sites/climatechange/staticdocs/Climiate_change_adaptation.pdf.

[56] LSE (London School of Economics and Political Science), 2004. Climate Plan 2004. http://www.lse.ac.uk/GranthamInstitute/law/climate-plan-2004/.

[57] Ministry of the Environment, 2013-07-24. Measures to produce National Adaptation Plan for climate change in Japan [2016-12-18].

[58] Ministry of the Environment, 2015-11-27. On National Plan for Adaptation to the Impacts of Climate Change. https://www.env.go.jp/en/headline/2258.html [2017-01-03].

[59] NATCOM, 2012. India' s Second National Communication to the United Nations Framework

Convention on Climate Change. New deui: Ministry of Environment & Forests, Government of India.

[60] National Disaster Management Plan, 2016. New Delhi: Goverment of India. National Disaster Management Authority.

[61] NIES, 2016-12-18. Comprehensive Research on Climate Change Impact Assessment and Adaptation Policies. https://www.nies.go.jp/s8_project/english/index.html [2016-12-18].

[62] Nils Johnson, Volker Krey, David L.Mc Collum, Shilpa Rao, Keywan Riahi, Joeri Rogelj. Stranded on a low-carbon planet: Implications of climate policy for the phase-out of coal-based power plants[R]. Technological Forecasting and Social Change, March 2014.

[63] NRC (National Research Council), 2010. Adapting to the Impacts of Climate Change[M]. The National Academies Press, Washington, DC, USA. The White House, 2016. Presidential Memorandum—Climate Change and National Security [EB/OL]. https://www.whitehouse.gov/the-press-office/2016/09/21/presidential-memorandum-climate-change-and-national-security [2016-10-30].

[64] Panigrahi S K, 2002. Climate Change and Development in Indian Context.1-7.http://unfccc.int/cop8/se/kiosk/cd4.pdf.

[65] Quartz Africa, 2013-11-16. 12 business books you will need to read in 2014. http://qz.com/780364/a-startup-in-kenya-is-launching-uber-for-ambulances/2016/12/16 [2016-12-12].

[66] Radford T, 2014-06-16. Brazil achieves 70% reduction in Amazon deforestation. http://www.climatechangenews.com/2014/06/16/brazil-achieves-70-reduction-in-amazon-deforestation/ [2016-12-15].

[67] ReviA, 2008. Climate change risk: an adaptation and mitigation agenda for Indian cities[J]. Environment and Urbanization, 20(1):207-229.

[68] Richard Hoggett. Technology scale and supply chains in a secure, affordable and low carbon energy transition[R]. Applied Energy, June 2014, 123:296-306.

[69] Rocha J, 2016-10-02. Climate change worsens NE Brazil' s drought. http://climatenewsnetwork.net/climate-change-worsens-ne-brazils-drought/[2016/12-16].

[70] Sartori I., and A. Hestnes (2007). Energy use in the life cycle of conventional and low-energy buildings: A review article. Energy and Buildings 39, 249 – 257. doi: 10.1016 / j.enbuild.2006.07.001, ISSN: 03787788.

[71] Singh A.K, 2009. Climate Change in India: Policies and Actions on Adaptation.

[72] Singh B., A.H. Stromman, and E.G. Hertwich (2012). Environmental Damage Assessment of Carbon Capture and Storage[J]. Journal of Industrial Ecology,16, 407-419.

[73] South African Government, 2016a-02-11. President Jacob Zuma: State of the Nation Address 2016. http://www.gov.za/speeches/president-jacob-zuma-state-nation-address-2016-11-feb-2016-0000[2016-06-16].

[74] South African Government, 2016b-02-11. SoA-in-Numbers-February 2016. http://www.gov.za/speeches/sona-numbers-%E29%80%93-february-2016-11-feb-2016-0000 [2016-06-16].

[75] South African Government, 2016c-02-17. Minister Derek Hanekom: Debate on State of the Nation

Address.http://www.gov.za/speches/minister-derek-hanekom-debate-state-nation-address-17-feb-2016-0000 [2016-06-12].

[76] Sovacool B. K. (2009). Rejecting Renewables: The Socio-technical Impediments to Renewable Electricity in the United States. Energy Policy 37, 4500 – 4513. doi:http: // dx.doi.org / 10.1016 / j.enpol.2009.05.073.

[77] The Government of the Republic of South Africa, 2010. National Climate Change Response Green Paper.

[78] UK.Parliament.Waste Recovery and Disposal Facilities (Public Consultation) Bill 2009-10[DB]. http: //services.parliament.uk/bills/2009-10/waste recovery and disposal facilities public consultation. html, December 2011.

[79] Umweltbundesamt, 2005. Climate Change in Germany-Vulnerability and Adaptation of Climate. http://www.umweltbundesamt.de/sites/default/files/medien/publikation/short/k2974 pdf.

[80] Umweltbundesamt, 2008. German Strategy for Adaptation to Climate Change. http://www.umweltbundesamt.de/en/topics/climate-energy/climate-change-adaptation/adaptation-at-the-federal-level/german-adaptation-strategy.

[81] Umweltbundesamt, 2011. Adaptation Action Plan of the German Strategy for Adaptation to Climate Change.http://www.umweltbundesamt.de/en/topics/climate-energy/climate-change-adaptation/adaptation-at-the-federal-level/adaptation-action-plan.

[82] Umweltbundesamt, 2015a. Evaluation of the German Strategy for Adaption to Climate Change (DAS)-Reporting and Closing Indicator Gaps. http://www.umweltbundesamt.de/sites/default/files/medien/378/publikationen/climate_change_16_2015_evaluation_of_the_german_strategy_for_adaption_to_climate_change_das.pdf.

[83] Umweltbundesamt, 2015b. Germany' s vulnerability to Climate Change. http://www.umweltbundesamt.de/sites/default/files/medien/378/publikationen/climate_change-24_2015_summary_vulnerabilitaet_deutschlands_gegenueber_dem_klimawandel_2.pdf.

[84] UN Environment, 2016. UN Environment: more and faster support needed for climate change adaptation. http://web.unep.org/newscentre/un-environment-more-and-faster-support-needed-climate-change-adaptation,[2016-11-15].

[85] UNFCCC ,2016a. Adoption of the Paris Agreement(Decision1/CP21)[R/OL]. http://unfccc.int/files/meetings/paris_nov_2015/application/pdf/cop_auv_template_4b_new_1.pdf. [2016-01-04].

[86] UNFCCC, 2010. The Cancun Agreements: Outcome of the work of the Ad Hoc Working Group on long-term cooperative action under the convention(Decisionl/CP.16)[R/OL]. [2015-07-15].http://unfccc.int/resource/docs/2010/copl6/eng/07a02.pdf#page-25.

[87] UNFCCC, 2016b. Landmark Climate Change Agreement to Enter into Force. http://newsroom.unfccc.int/unfecc-newsroom/landmark-climate-change-agreement-to-enter-into-force/[2016-10-05].

[88] UNFCCC, 2015a-09-25. Country Brief 2014: South Africa. http://newsroom.unfecc.int/media/403081/country-brief-south-africa.pdf [2016-06-15].

[89] UNFCCC, 2015b-09-07. Boosting Finance for Forest Protection Key Meetings in Durban this Week.

http://newsroom.unfccc.int/financial-flows/boosting-finance-for-forest-protection/[2016-06-12].

[90] UNFCCC, 2015c-09-25.South Africa Submits its Climate Action Plan Ahead of 2015 Paris Agreement. http://newsroom.unfccc.int/unfccc-newsroom/south-africa-submits-its-climate-action-plan-ahead-of-2015-paris-agreement/[2016-06-12].

[91] United Nations (UN),2001. Responsibility of States for Internationally Wrongful Acts,in Report of the International Law Commission on the Work of its Fifty-third Session, UN GAOR 56th Sess.,Supp.No.10,at 43,U.N.Doc.A/56/10[EB/OL].http://wwwl.umn.edu/humanrts/instree/WrongfulActs.html.[2001-12-12].

[92] USGCRP (United States Global Change Research Program), 2014. Climate Change Impacts in the United States: The Third National Climate Assessment. U.S. Global Change Research Program [EB/OL]. http://www.globalchange.gov/browse/reports/climate-change-impacts-united-states-third-national-climate-assessment-0 [2016-10-30].

[93] WRI, 2016. Staying on Track from Paris: Advancing the Key Elements of the Paris Agrement. http://www.wri.org/news/2016/05/release-new-wri-paper-shows-how-deliver-paris-agreement [2016-05-19].

[94] WRI, 2017. CAIT Climate Data Explore. http://cait wriorg/indc/#/ratification [2017-01-09].

[95] YURIKA AYUKAWA, 2009-04-30. Japanese Policy on Climate Change: Adaptation and its Complexity. http://nautilus.org/wp-content/uploads/2011/12/Japanese_Policy_on_Climate_Change.pdf [2016-12-18].

[96] 北京市发展和改革委员会．北京市企业（单位）二氧化碳排放核算和报告指南（2013 版）．（2013-11-20）. http://qhs.ndrc.gov.cn/zcfg/201312/t20131231_574013.html.

[97] 北京市发展和改革委员会．北京市碳排放权抵消管理办法（试行）．（2014-09-02）. http://www.bjpc.gov.cn/zwxx/tztg/201409/t9777841.htm.

[98] 北京市发展和改革委员会．北京市统计局关于公布 2016 年北京市重点排放单位及报告单位名单的通知．（2016-09-23）. http://www.bjpc.gov.cn/zwxx/tztg/201609/t10533579.htm.

[99] 北京市发展和改革委员会．关于责令 2015 年重点排放单位限期开展二氧化碳排放履约工作的通知．（2016-06-17）. http://www.bjpc.gov.cn/zwxx/tztg/201606/t10292387.htm.

[100] 北京市发展和改革委员会．关于重点排放单位 2016 年度二氧化碳排放配额核定事项的通知．（2016-09-28）. http://www.bjpc.gov.cn/zwxx/tztg/201609/t10544322.htm.

[101] 北京市人民政府．北京市碳排放权交易管理办法（试行）．（2014-07-01）. http://www.bjets.com.cn/article/zcfg/201407/20140700000255.shtml.

[102] 曹建廷．气候变化对水资源管理的影响与适应性对策 [J]. 中国水利，2010（1）：7-11.

[103] 曾静静，曲建升．欧盟气候变化适应政策行动及其启示 [J]. 世界地理研究，2013，22（4）：117-126.

[104] 曾雪兰，黎炜驰，张武英．中国试点碳市场 MRV 体系建设实践及启示 [J]. 环境经济研究，2016（1）.

[105] 陈敏鹏，等．《巴黎协定》适应和损失损害内容的解读和对策 [J]. 气候变化研究进展，2016，12（3）：251-257.

[106] 陈敏鹏，李玉娘．巴黎协议适应和损失损害议题的谈判进展及展望 [A] // 王伟光，郑国光．气

候变化绿皮书：应对气候变化报告（2015）[C]．北京：社会科学文献出版社，2015：55-68.
[107] 陈兆波，等．农业应对气候变化现状与科技对策研究 [J]. 中国人口·资源与环境，2012，222：446-450.
[108] 国家应对气候变化战略研究和国际合作中心．低碳发展及省级温室气体清单编制培训教材．北京，2013.
[109]《第二次气候变化国家评估报告》编写委员会．第二次气候变化国家评估报告 [M]. 北京：科学出版社，2011.
[110]《第三次气候变化国家评估报告》编写委员会．第三次气候变化国家评估报告 [M]. 北京：科学出版社，2015.
[111] 董思言，高学杰．长期气候变化——IPCC 第五次评估报告解读 [J]. 气候变化研究进展，2014，10（1）：56-59.
[112] 杜莉．美国气候变化政策调整的原因、影响及对策分析 [J]. 中国软科学，2014（4）：5-9.
[113] 杜祥琬．应对气候变化的两个基本问题——应对气候变化战略的科学性及对中国发展的意义 [J]. 地球科学进展，2014，29（4）：438-442.
[114] 范思立．日本温室气体减排政策与法律研究 [D]. 广州：广东外语外贸大学，2015.
[115] 冯迪凡．金砖五国呼吁全面落实《巴黎协定》[N]. 第一财经日报，2017-09-06.
[116] 冯相昭，张玉璇．减缓气候变化的协同效益研究 [J]. 环境经济，2012（7）:37-42.
[117] 傅京燕，原宗琳．中国电力行业协同减排的效应评价与扩张机制分析 [J]. 中国工业经济，2017（2）:43-59.
[118] 高翔，朱秦汉．印度应对气候变化政策特征及中印合作 [J]. 南亚研究季刊，2016（1）:32-38.
[119] 葛全胜，等．国际气候变化适应战略与态势分析 [J]. 气候变化研究进展，2009，06：369-375.
[120] 国家应对气候变化战略研究和国际合作中心（国家气候战略中心），国家发展改革委能源研究所 [J].“基础四国”磋商机制关键问题研究，2016（4）.
[121] 龚晶，刘佳．气候智能型农业的内涵、实践与启示 [J]. 世界农业，2014（6）：181-184.
[122] 巩潇泫．多层治理视角下欧盟气候政策决策研究 [D]. 济南：山东大学，2017.
[123] 广东省发展改革委委员会．广东省 2016 年度碳排放配额分配实施方案．(2016-07-08)．http://www.cnemission.com/article/zcfg/201607/20160700001148.shtml.
[124] 广东省发展改革委委员会．广东省发展改革委关于企业碳排放信息报告与核查的实施细则．(2015-02-16)．http://www.gd.gov.cn/govpub/bmguifan/201503/t20150324_210858.htm.
[125] 广东省发展改革委委员会．广东省控排企业使用国家核证自愿减排量（CCER）抵消 2016 年度实际碳排放工作指引．(2017-11-10)．http://www.tanpaifang.com/CCER/201701/1058207.html.
[126] 广东省发展改革委委员会．广东省企业二氧化碳排放信息报告指南（2017 版）．(2017-03-22)．https://max.book118.com/html/2017/0321/96324780.shtm.
[127] 广东省发展和改革委员会．关于广东省 2015 年度碳排放配额履约工作的公告．(2016-06-22)．http://www.gddrc.gov.cn/zwgk/gggs/ywgg/201710/t20171017_435410.shtml.
[128] 广东省人民政府．广东省碳排放管理试行办法．(2014-01-15)．http://zwgk.gd.gov.cn/006939748/201401/t20140117_462131.html.
[129] 郭晋辰．德国能源转向政策研究 [D]. 上海：上海师范大学，2017.

[130] 郭久亦，于冰．氢氟碳化物（HFCs）和氟化物——对全球变暖不利的温室效应制冷剂 [J]. 世界环境，2016（6）:58-59.

[131] 国家发改和改革委员会．中国应对气候变化的政策与行动 2017 年度报告，2017.

[132] 国家发展和改革委员会．关于进一步规范报送全国碳排放权交易市场拟纳入企业名单的通知．（2016-05-13）. http://www.ideacarbon.org/archives/32642.

[133] 国家发展和改革委员会．关于切实做好全国碳排放权交易市场启动重点工作的通知：发改办气候〔2016〕57 号．（2016-01-11）. http://qhs.ndrc.gov.cn/qjfzjz/ 201601/t20160122_791850.html.

[134] 国家发展和改革委员会．关于组织开展重点企（事）业单位温室气体排放报告工作的通知：发改气候〔2014〕63 号．（2014-01-13）. http://www.ndrc.gov.cn/zcfb/zcfbtz/201403/t20140314_602463.html.

[135] 国家气候中心．气候变化，2014.

[136] 国家气候中心．自然和人类环境正在遭受气候变化的影响——IPCC 第二工作组第四次评估报告初步解读 [J]. 环境保护，2007（6）.

[137] 韩佳霖．巴黎大会后的航运业温室气体减排 [J]. 上海船舶运输科学研究所学报，2017，40（1）:20-23.

[138] 何建坤，陈文颖，等．中国减缓气候变化评估 [J]. 科学通报，2016，61（10）：1055-1062.

[139] 何晶晶．从《京都议定书》到《巴黎协定》：开启新的气候变化治理时代 [J]. 国际法研究，2016（3）.

[140] 何露杨．巴西气候变化政策及其谈判立场的解读与评价 [J]. 拉丁美洲研究，2016，38（2）:79-95.

[141] 何霄嘉，许伟宁．德国应对气候变化管理机构框架初探 [J]. 全球科技经济瞭望，2017，32（4）:56-64.

[142] 贺晋瑜．温室气体与大气污染物协同控制机制研究 [D]. 大原：山西大学，2011.

[143] 贺双荣，2013. 巴西气候变化政策的演变及其影响因素 [J]. 拉丁美洲研究，35（6）：26-32.

[144] 胡涛，田春秀，李丽平．协同效应对中国气候变化的政策影响 [J]. 环境保护，2004（9）：56-58.

[145] 胡涛，田春秀，毛显强．协同控制：回顾与展望 [J]. 环境与可持续发展，2012（1）：25-29.

[146] 湖北省发展和改革委员会．工业企业温室气体排放监测、量化和报告指南（试行）．（2014-07-14）. http://www.hbfgw.gov.cn/ywcs2016/qhc/tztgqhc/gwqhc/201407/t20140724_79338.shtml.

[147] 湖北省发展和改革委员会．湖北省 2016 年碳排放权配额分配方案．（2017-01-03）. http://fgw.hubei.gov.cn/xw/tzgg_3465/gg/tpwj/201701/t20170103_109021.shtml.

[148] 湖北省发展和改革委员会．省发改委关于 2015 年湖北省碳排放权抵消机制有关事项的通知．（2015-04-16）. http://www.hbfgw.gov.cn/ywcs2016/qhc/tztgqhc/gwqhc/201504/t20150416_86147.shtml.

[149] 湖北省发展和改革委员会．省发改委关于 2016 年湖北省碳排放权抵消机制有关事项的通知．（2016-07-08）. http://fgw.hubei.gov.cn/xw/tzgg_3465/gg/tpwj/201607/t20160708_105942.shtml.

[150] 湖北省人民政府．湖北省碳排放权管理和交易暂行办法．（2014-04-04）. http://gkml.hubei.gov.cn/auto5472/auto5473/201404/t20140422_497476.html.

[151] 环境保护部环境保护对外合作中心．气候变化谈判资金议题的支撑技术研究，2016.

[152] 李玉娥．气候变化适应行动及谈判进展 // 应对气候变化报告（2009）[M]. 北京：社会科学文献出版社，2009：110-123.

[153] 巴西促巴黎气候大会寻求低碳经济解决方案 [M]. 环球时报，2015.http:/news.sina.com.cn/o/2015-11-05/doc-ifxknutf1526440.shtml.

[154] 姜彤，李修仓，巢清尘，等 .《气候变化 2014：影响、适应和脆弱性》的主要结论和新认知 [J]. 气候变化研究进展，2014，10（3）：157-166.

[155] 敬言化，林若池 . 巴西履行联合国气候变化公约的态度、行动和计划 [J]. 全球科技经济瞭望，1995：55-56.

[156] 居辉，韩雪 . 气候变化适应行动进展及对我国行动策略的若干思考 [J]. 气候变化研究进展，2008（5）：257-260.

[157] 蓝建中 . 日发布报告汇总气候变化重点问题 . 科技日报，2015（02）. http://digitalpaper.stdaily.com/http_www.kjrb.com/kjrb/html/2015-01/21/content_290568.htm?div=-1.

[158] 李丽平，周国梅，季浩宇 . 污染减排的协同效应评价研究——以攀枝花市为例 [J]. 中国人口 · 资源与环境，2010，20（117）：91-95.

[159] 李丽平，周国梅 . 切莫忽视污染减排的协同效应 [J]. 环境保护，2009，434（24）：36-38.

[160] 李莉娜，杨富强 . 气候变化治理和大气污染防治要紧密地衔接协同 [J]. 中国能源，2013，35（12）：29-33.

[161] 李璐 . 减缓气候变化政策与技术研究 [J]. 中国农业资源与区划，2013，34（1）:71-75.

[162] 李严波 . 欧盟可再生能源战略与政策研究 [M]. 北京：中国税务出版社，2013：107.

[163] 梁飞，赵瑞刚 . 实施超低排放面临的问题及政策建议 [J]. 商品与质量，2016（21）.

[164] 林炫辰，李彦，李长胜 . 美国加州应对气候变化的主要经验与借鉴 [J]. 宏观经济管理，2017（4）:87-92.

[165] 刘民 . 我国温室气体与污染物减排的协同效应研究 [D]. 北京：北京理工大学，2015.

[166] 刘胜强，毛显强，胡涛，等 . 中国钢铁行业大气污染与温室气体协同控制路径研究 [J]. 环境科学与技术，2012，35（7）：168-174.

[167] 刘勇，朱瑜 . 国际航空减排谈判、欧盟碳排放交易新政与中国对策研究 [C]// 2015 年全国环境资源法学研讨会 . 2015.

[168] 柳珉 . 应对气候变化行政法律机制研究 [D]. 北京：中国地质大学（北京），2012.

[169] 龙鸣 . 国际海运业温室气体减排法律制度研究 [D]. 天津：天津财经大学，2016.

[170] 栾晶 . 英国《气候变化法案》研究及其启示 [D]. 济南：山东师范大学，2011.

[171] 马芬芬 . 对当前气候变化政策的认识与反思 [J]. 才智，2017（29）:241.

[172] 马慧萍，日本应对气候变化的政策研究 [D]. 太原：山西大学 2012.

[173] 马欣，等 .《联合国气候变化框架公约》应对气候变化损失与危害问题谈判分析 [J]. 气候变化研究进展，2013，9（5）：357-361.

[174] 马欣，等 . 气候变化损失与危害的内涵与应对机制 [J]. 中国人口 · 资源与环境，2014（5）：10-13.

[175] 马欣，李玉娥，仲平 .《联合国气候变化框架公约》适应委员会职能谈判焦点解析 [J]. 气候变化研究进展，2012，8（2）：144-149.

[176] 欧英娟，等 . 气候变化对生态系统脆弱性的影响及其应对措施 [J]. 环境科学与管理，2012，37（12）：136-141.

[177] 钱凤魁，王文涛，刘燕华 . 农业领城应对气候变化的适应措施与对策 [J]. 中国人口 · 资源与环

境，2014，24（5）：19.24.

[178] 钱国强 . 气候变化国际谈判的进程、动向与展望 . 中国国际法年刊，2008.

[179] 邱吉，赵畅，苏泽 . 日本低碳价值观推广模式及启示 [J]. 城市管理与科技，2014（3）:28-30.

[180] 上海市发展和改革委员会 . 关于本市碳排放交易试点期间进一步规范使用抵消机制有关规定的通知 .（2015-04-21）. http://www.shdrc.gov.cn/main?main_colid=319&top_id=312&main_artid=25987.

[181] 上海市发展和改革委员会 . 关于本市碳排放交易试点期间有关抵消机制使用规定的通知 .（2015-01-08）. http://www.shdrc.gov.cn/gk/xxgkml/zcwj/zgjjl/16822.htm.

[182] 上海市发展和改革委员会 . 上海市 2013—2015 年碳排放配额分配和管理方案 .（2013-11-22）. http://www.shdrc.gov.cn/gk/xxgkml/zcwj/zgjjl/16762.htm.

[183] 上海市发展和改革委员会 . 上海市 2016 年碳排放配额分配方案 .（2016-11-16）. http://www.shdrc.gov.cn/fzgggz/nyglhjnjb/zcwj/24839.htm.

[184] 上海市发展和改革委员会 . 上海市温室气体排放核算与报告指南（试行）.（2012-12-11）. http://www.shdrc.gov.cn/xxgk/cxxxgk/14642.htm.

[185] 上海市发展和改革委员会 . 上海碳交易连续三年实现 100% 按期履约 .（2016-07-01）. http://www.shanghai.gov.cn/nw2/nw2314/nw2315/nw31406/u21aw1143174.html.

[186] 上海市人民政府 . 上海市碳排放管理试行办法 .（2013-11-18）. http://qhs.ndrc.gov.cn/qjfzjz/201312/t20131231_697049.html.

[187] 深圳市发展和改革委员会 . 关于公布未按时足额履行 2015 年度碳排放履约义务的碳交易管控单位名单的公告 .（2016-07-01）. http://www.szpb.gov.cn/xxgk/qt/tzgg/201607/t20160701_3737350.htm.

[188] 深圳市发展和改革委员会 . 关于开展 2016 年度碳排放权交易工作的通知 .（2016-09-18）. http://www.szpb.gov.cn/xxgk/qt/tzgg/201609/t20160918_4938028.htm.

[189] 深圳市发展和改革委员会 . 深圳市碳排放权交易市场抵消信用管理规定（暂行）.（2015-06-02）. http://www.cerx.cn/jystongzhi/1117.htm.

[190] 深圳市发展和改革委员会 . 组织的温室气体排放量化和报告规范及指南 .（2012-11-06）. https://max.book118.com/html/2015/0331/14096836.shtm.

[191] 深圳市人民政府 . 深圳市碳排放权交易管理暂行办法 .（2014-04-02）. http://www.sz.gov.cn/zfgb/2014/gb876/201404/t20140402_2335498.htm.

[192] 石峰 . 英国低碳经济政策的研究 [D]. 长春：吉林大学，2016.

[193] 宋蕾 . 气候政策创新的演变：气候减缓、适应和可持续发展的包容性发展路径 [J]. 社会科学，2018（3）.

[194] 宋锡祥，高大力 . 论英国《气候变化法》及其对我国的启示 [J]. 上海大学学报（社会科学版），2011，18（2）：87-98.

[195] 孙傅，何霄嘉 . 国际气候变化适应政策发展动态及其对中国的启示 [J]. 中国人口 · 资源与环境，2014，24（5）：1-9.

[196] 孙振清，刘滨，何建坤 . 印度应对气候变化国家方案简析 [J]. 气候变化研究进展，2009，5（5）：298-303.

[197] 覃小玲．温室气体与大气污染控制的协同减排效益研究 [D]. 广州：华南理工大学，2012.
[198] 谭琦璐，杨宏伟．京津冀交通控制温室气体和污染物的协同效应分析 [J]. 中国能源，2017，39（4）：25-31.
[199] 谭琦璐．中国主要行业温室气体减排的共生效益分析 [D]. 北京：清华大学，2015.
[200] 汤烨．火电厂大气污染物与温室气体协同减排效应核算及负荷优化控制研究 [D]. 北京：华北电力大学，2014.
[201] 天津市发展和改革委员会．关于发布天津市碳排放权交易试点纳入企业名单的通知．（2014-05-14）. http://www.tjdpc.gov.cn/zwgk/zcfg/wnwj/ny/201405/t20140514_51342.shtml.
[202] 天津市发展和改革委员会．关于天津市碳排放权交易试点利用抵消机制有关事项的通知．（2015-07-09）. http://www.tjdpc.gov.cn/zwgk/zcfg/wnwj/flfg/201507/t20150709_57234.shtml.
[203] 天津市发展和改革委员会．关于天津市碳排放权交易试点纳入企业 2015 年度碳排放履约情况的公告．（2016-07-01）. http://www.tjdpc.gov.cn/dtzx/tzgg/201607/t20160701_61933.shtml.
[204] 天津市发展和改革委员会．天津市碳排放权交易试点纳入企业碳排放配额分配方案．（2013-12-24）. http://gk.tj.gov.cn/gkml/000125209/201401/t20140102_12670.shtml.
[205] 天津市人民政府．天津市碳排放权交易管理暂行办法．（2013-12-23）. http://gk.tj.gov.cn/gkml/000125022/201312/t20131223_8606.shtml.
[206] 田成川，柴麒敏．日本建设低碳社会的经验及借鉴 [J]. 宏观经济管理，2016（1）：89-92.
[207] 田春秀，李丽平，胡涛，等．气候变化与环保政策的协同效应 [J]. 环境保护，2009（12）：67-68.
[208] 田春秀，李丽平，杨宏伟，等．西气东输工程的环境协同效应研究 [J]. 环境科学研究，2006，19（3）：122-127.
[209] 田春秀，於俊杰，胡涛．环境保护与低碳发展协同政策初探 [J]. 环境与可持续发展，2012（1）：20-24.
[210] 万媛．印度的低碳经济发展现状与趋势 [J]. 全球科技经济瞭望，2014，29（3）：16-21.
[211] 汪燕．从日本人"抠门"看低碳生活 [J]. 浙江经济，2015（12）：39.
[212] 王娟．气候变化背景下可再生能源法律制度研究 [D]. 兰州：甘肃政法学院，2016.
[213] 王宁，等．气候变化影响下海岸带脆弱性评估研究进展．生态学报，2012，7：2248-2258.
[214] 王勤花，曲建升，张志强．气候变化减缓技术：国际现状与发展趋势 [J]. 气候变化研究进展，2007，3（6）:322-327.
[215] 王田，李俊峰．《巴黎协定》后的全球低碳"马拉松"进程 [J]. 国际问题研究，2016（1）.
[216] 王文涛，曲建升，彭斯震，等．适应气候变化的国际实践与中国战略，2017.
[217] 王迎，周晓芳．"气候与清洁空气联盟"的背景及影响分析 [J]. 环境保护，2012（11）：64-67.
[218] 魏薇，秦洛峰．德国适应气候变化与保护气候的城市规划发展实践 [J]. 规划师，2012，28（11）：123-127.
[219] 吴绍洪，罗勇，王浩，等．中国气候变化影响与适应：态势和展望 [J]. 科学通报，2016，61（10）：1042-1054.
[220] 薛冰，任婉侠，马志孝，等．应对气候变化的协同效应研究综述 [J]. 阅江学刊，2013，5（2）：30-35.
[221] 薛婕，罗宏，吕连宏，等．中国主要大气污染物和温室气体的排放特征与关联性 [J]. 资源科学，

2012，34（8）：1452-1460.
[222] 杨万柳．国际航空排放全球治理的多维进路[D]. 长春：吉林大学，2014.
[223] 杨延．德国可再生能源发展的经验分析[J]. 金融经济·经济论坛，2014（10）.
[224] 应对气候变化省级决策者能力建设培训教材[D]. 北京：中国人民大学环境学院，2003.
[225] 於琍，等．气候变化对陆地生态系统和海岸带地区的影响解读[J]. 气候变化研究进展，2014（3）：179-184.
[226] 于胜民．中印等发展中国家应对气候变化政策措施的初步分析[J]. 能源与环境，2008，30（6）：17-22.
[227] 于潇，孙悦．《巴黎协定》下东北亚地区应对气候变化的挑战与合作[J]. 东北亚论坛，2016（5）.
[228] 张斌．德国能源转型战略及启示[J]. 中国电力企业管理，2014（15）：50-53.
[229] 张冯雪，林兴发.2007—2016年中国应对气候变化政策文本的定量分析[J]. 改革与开放，2018（3）.
[230] 张海滨，戴瀚程，赖华夏，等．美国退出《巴黎协定》的原因、影响及中国的对策[J]. 气候变化研究进展，2017（5）.
[231] 张焕波．全球应对气候变化政策趋势与分析．国际经济分析与展望，2016.
[232] 张琳．南非应对气候变化问题的政策研究[D]. 武汉：华中师范大学，2013.
[233] 张庆阳．日本应对气候变化的战略框架[J]. 气象科技合作动态，2004（6）：10-12.
[234] 张庆阳．日本如何应对气候变化[J]. 气象知识，2010（3）：36-38.
[235] 张爽，韩佳霖．国际海运船舶能效和温室气体减排国际立法进程综述[J]. 世界海运，2016，39（6）:1-5.
[236] 张爽，肖仲明，王莉，等．风险理念在国际海事组织框架下的地位和影响[J]. 造船技术，2015（1）：1-3.
[237] 张益萍．中国与印度救灾资金管理使用的比较分析[J]. 中国减灾，2011（10）：40-41.
[238] 张兆阳，方雪坤，别鹏举，等．中国控制HFCs排放对减缓气候变化的贡献分析[J]. 环境保护，2017，45（7）：65-67.
[239] 赵宁．国际气候谈判困境的解决途径探究[D]. 北京：中共中央党校，2016.
[240] 赵跃晨，郭东彦．印度太阳能开发利用的现状与挑战[J]. 中外能源，2018（2）.
[241] 郑佳佳，孙星，张牧吟，等．温室气体减排与大气污染控制的协同效应——国内外研究综述[J]. 生态经济（中文版），2015，31（11）：133-137.
[242] 郑艳，翟建青，武占云，等．基于适应性周期的韧性城市分类评价——以我国海绵城市与气候适应型城市试点为例[J]. 中国人口·资源与环境，2018（3）.
[243] 郑艳．推动城市适应规划，构建韧性城市——发达国家的案例与启示．世界环境，2013（6）：50-53.
[244] 政府间气候变化专门委员会（IPCC）第五次评估报告第三工作组报告.2013.
[245] 政府间气候变化专门委员会（IPCC）第五次评估报告第一工作组报告.2013.
[246] 政府间气候变化专门委员会．气候变化：2014影响、适应和脆弱性——IPCC第二工作组第五次评估报告初步解读.2013.
[247] 中国21世纪议程管理中心．国家适应气候变化科技发展战略研究[M]. 北京：科学出版社，2017：82-93.

[248] 中国应对气候变化的政策与行动 2012 年度报告 .2012.
[249] 中国应对气候变化的政策与行动 2013 年度报告 .2013.
[250] 中国应对气候变化的政策与行动 2014 年度报告 .2014.
[251] 中国应对气候变化的政策与行动 2015 年度报告 .2015.
[252] 中国应对气候变化的政策与行动 2016 年度报告 .2016.
[253] 中国应对气候变化的政策与行动 2017 年度报告 .2017.
[254] 中国驻德国经商处 . 德国应对气候变化的政策和措施 .（2012-12-16）.http://www.mofcom.gov.cn/aarticle/i/dxfw/jlyd/201012/20101207309190.html.
[255] 中华人民共和国环境保护部 . 工业企业污染治理设施污染物去除协同控制温室气体核算技术指南（试行）.（2017-09-05）.http：//www.mep.gov.cn/gkml/hbb/bgt/201709/t20170913_421402.htm.
[256] 中日污染减排与协同效应研究示范项目联合研究组 . 污染减排的协同效应评价及案例研究 [M]. 北京：中国环境科学出版，2012.
[257] 重庆市发展和改革委员会 . 关于印发重庆市工业企业碳排放核算报告和核查细则（试行）的通知 .（2014-09-23）. http://www.cq.gov.cn/publicinfo/web/views/Show!detail.action?sid=3926627.
[258] 重庆市发展和改革委员会 . 关于印发重庆市碳排放配额管理细则（试行）的通知 .（2014-09-23）.http://www.cq.gov.cn/publicinfo/web/views/Show!detail.action?sid=3926628.
[259] 重庆市人民政府 . 关于印发重庆市碳排放权交易管理暂行办法的通知 .（2014-04-30）.http://www.cq.gov.cn/publicinfo/web/views/Show!detail.action?sid=3874934.
[260] 周景博，冯相昭 . 适应气候变化的认知与政策评价 [J]. 中国人口·资源与环境，2011，21（7）：57-61.
[261] 周利光，杜凤莲 . 草原畜牧业应对气候变化的适应优先项 [J]. 草业科学，2014，31（5）：982-992.
[262] 周曙东，等 . 气候变化对农业的影响及应对措施 [J]. 南京农业大学学报：社会科学版，2010，10（1）:34-39.
[263] 周玉龙，邓绪伟，汪正祥，等 . 武汉市废弃物处理温室气体排放和控制对策 [J]. 环境保护科学，2017（4）：90-94.
[264] 周志伟 . 全球气候变化下的巴西国家安全分析 [J]. 拉丁美洲研究，2013，35（6）:33-37.
[265] 朱松丽，高世宪，崔成 . 美国气候变化政策演变及原因和影响分析 [J]. 中国能源，2017，39（10）:19-24.
[266] 朱瑜，刘勇 . 欧盟碳排放交易新政、国际航空减排谈判与中国对策研究 [J]. 国际论坛，2014（6）:7-12.
[267] 邹骥，滕飞，傅莎，等 . 减缓气候变化社会经济评价研究的最新进展 [J]. 气候变化研究进展，2014，10（5）：313-322.
[268] “十二五”控制温室气体排放工作方案：国发〔2011〕41 号 .（2012-01）.http://www.gov.cn/.
[269] 中华人民共和国国家发展和改革委员会 . 城市适应气候变化行动方案：发改气候〔2016〕245 号 .（2016-02）.http://www.ndrc.gov.cn/.
[270] 中华人民共和国中央人民政府 . 单位国内生产总值二氧化碳排放降低目标责任考核评估办法：发改气候〔2014〕1828 号 .（2014-08）.http://www.gov.cn/.

[271] 中华人民共和国国家发展和改革委员会 . 低碳产品认证管理暂行办法：发改气候〔2013〕279 号 .（2013-02）.http://www.ndrc.go.

[272] 中华人民共和国国家发展和改革委员会 . 低碳社区试点建设指南：发改气候〔2015〕362 号 .（2015-02）.http://www.ndrc.gov.cn/.

[273] 中华人民共和国工业和信息化部 . 工业领域应对气候变化行动方案（2012—2020 年）：工信部联节〔2012〕621 号 .（2012-01）. http://www.miit.gov.cn.

[274] 中华人民共和国工业和信息化部 . 关于国家低碳工业园区试点名单（第一批）的通知：工信部联节〔2014〕287 号 .（2014-07）.http://www.miit.gov.cn.

[275] 中华人民共和国国家发展和改革委员会 . 关于加快推进国家低碳城（镇）试点工作的通知：发改气候〔2015〕1770 号 .（2015-08）.http://www.ndrc.gov.cn/.

[276] 中华人民共和国国务院新闻办公室 . 关于加快推进生态文明建设的意见：中发〔2015〕12 号 .（2015-04）.www.scio.gov.cn.

[277] 中华人民共和国国家发展和改革委员会 . 关于开展低碳社区试点工作的通知：发改气候〔2014〕489 号 .（2014-03）.http://www.ndrc.gov.cn/.

[278] 中华人民共和国国家发展和改革委员会 . 关于开展第二批国家低碳省区和低碳城市试点工作的通知：发改气候〔2012〕3760 号 .（2012-12）.http://www.ndrc.gov.cn/.

[279] 中华人民共和国国家发展和改革委员会 . 关于开展第三批国家低碳城市试点工作的通知：发改气候〔2017〕66 号 .（2017-01）.http://www.ndrc.gov.cn/.

[280] 中华人民共和国国家发展和改革委员会 . 关于开展气候适应型城市建设试点工作的通知：发改气候〔2016〕1687 号 .（2016-08）.http://www.ndrc.gov.cn/.

[281] 中华人民共和国国家发展和改革委员会 . 关于气候适应型城市建设试点工作的通知：发改气候〔2017〕343 号 .（2017-02）.http://www.ndrc.gov.cn/.

[282] 中华人民共和国中央人民政府 . 关于印发“十三五”控制温室气体排放工作方案的通知：国发〔2016〕61 号 .（2016-10）. http://www.gov.cn/.

[283] 中华人民共和国工业和信息化部 . 关于组织开展国家低碳工业园区试点工作的通知：工信部联节〔2013〕408 号 .（2013-09）.http://www.miit.gov.cn.

[284] 中华人民共和国国家发展和改革委员会 . 国家发展改革委关于开展低碳省区和低碳城市试点工作的通知：发改气候〔2010〕1587 号 .（2010-07）.http://www.ndrc.gov.cn/.

[285] 中华人民共和国中央人民政府 . 国家适应气候变化战略：发改气候〔2013〕2252 号 .（2013-12）. http://www.gov.cn/.

[286] 中华人民共和国中央人民政府 . 国家应对气候变化规划（2014—2020 年）：发改气候〔2014〕2347 号 .（2014-09）.http://www.gov.cn/.

[287] 联合国气候变化框架公约 .（1992-06）.http://www.un.org/.

[288] 中华人民共和国中央人民政府 . 林业应对气候变化“十三五”行动要点：办造字〔2016〕102 号 .（2016-05）.http://www.gov.cn/.

[289] 国务院新闻办公室 . 强化应对气候变化行动—中国国家自主贡献 .（2015-11）.www.scio.gov.cn.

[290] 全国人大常委会关于积极应对气候变化的决议 .（2009-08）.www.npc.gov.cn.

[291] 中华人民共和国中央人民政府 . 生态文明体制改革总体方案 .（2015-09）. http://www.gov.cn/.

[292] 中华人民共和国中央人民政府 . 中法元首气候变化联合声明 .（2015-11）.http://www.gov.cn/.
[293] 中华人民共和国中央人民政府 . 中国国民经济和社会发展"十二五"规划纲要 .（2011-03）. http://www.gov.cn/.
[294] 中国应对气候变化国家方案：国发〔2007〕17 号 .（2007-06）.http://www.ccchina.gov.cn.
[295] 中华人民共和国国民经济和社会发展第十三个五年规划纲要 .（2016-03）.http://www.npc.gov.cn.
[296] 中华人民共和国气候变化初始国家信息通报 .（2004-11）.http://nc.ccchina.gov.cn.
[297] 中华人民共和国国家发展和改革委员会 . 中华人民共和国气候变化第二次国家信息通报 .（2012-02）.http://www.ndrc.gov.cn/.
[298] 中华人民共和国气候变化第一次两年更新报告 .（2016-12）.http://unfccc.int/2860.php.
[299] 中华人民共和国政府和印度共和国政府关于绿色技术合作的谅解备忘录 .（2010）.http://www.gov.cn/.
[300] 中华人民共和国政府和印度共和国政府关于应对气候变化合作的协定 .（2009）. http://www.gov.cn/.
[301] 中华人民共和国中央人民政府 . 中美气候变化联合声明 .（2014-11）. http://www.gov.cn/.
[302] 中华人民共和国中央人民政府 . 中欧合作 2020 战略规划 .（2013-11）.http://www.gov.cn/.
[303] 中华人民共和国中央人民政府 . 中欧气候变化对话与合作联合声明 .（2010-04）.http://www.gov.cn/.
[304] 中华人民共和国中央人民政府 . 中欧气候变化联合声明 .（2015-06）. http://www.gov.cn/.
[305] 中华人民共和国中央人民政府 . 中印气候变化联合声明 .（2015-05）. http://www.gov.cn/.
[305] 中华人民共和国中央人民政府 . 中英气候变化联合声明 .（2014-06）. http://www.gov.cn/.

缩略词和化学符号

AR4	IPCC 第四次评估报告	HFCs	氢氟烃化物
AR5	IPCC 第五次评估报告	HFOs	氢氟烯烃
BC	黑炭	ICAO	国际民航组织
C	碳	IMO	国际海事组织
CCER	中国核证减排量	IPCC	联合国政府间气候变化专门委员会
CDM	清洁发展机制	JI	联合履行
ce	标准煤	LULUCF	土地利用、土地利用变化和林业
CER	经核证的减排量	N	氮
CFCs	氟氯碳化物	N_2O	一氧化二氮
CH_4	甲烷	NDVI	植被覆盖指数
CMIP	国际耦合模式比较计划	NH_3	氨
CMIP5	耦合模式比较计划第五阶段	NO_x	氮氧化物
CO	一氧化碳	O_3	臭氧
CO_2	二氧化碳	PFCs	全氟化合物
CO_2 eq	二氧化碳当量	PM	颗粒物质
COP N	第 N 次缔约方会议	ppm	百万分之一
COP	缔约方大会	RCPs	典型浓度路径
eBAY	线上拍卖及购物网站	SF_6	六氟化硫
EIA	美国能源情报署	SLCPs	短期气候污染物
ERU	减排单位	SO_2	二氧化硫
ET	排放贸易	UNDP	联合国开发计划署
EU ETS	欧洲联盟排放交易体系	UNEP	联合国环境规划署
EU	欧洲联盟	UNFCCC	《联合国气候变化框架公约》
GHG	温室气体	VOCs	挥发性有机化合物
GWP	全球增温潜势	WCI	美国“西部气候倡议”
H_2	氢	μm	微米

术语表

序号	名词	解　　释
1	CO_2eq 浓度	CO_2 当量浓度，当 CO_2 和其他温室气体组成的混合气体所产生的辐射强迫，等同于某一浓度的 CO_2 所产生的辐射强迫作用时，可认为该 CO_2 的浓度就是此种混合气体的 CO_2eq 浓度。CO_2eq 浓度取决于所有温室气体在大气中的浓度水平
2	CO_2eq 排放	CO_2 当量排放，是一种用作比较不同温室气体排放量的量度单位。不同温室气体对地球温室效应增强的贡献度不同，为了统一度量整体的温室效应增强程度，采用了人类活动最常产生的温室气体 CO_2 的当量作为度量温室效应增强程度的基本单位。一种气体的 CO_2eq 排放是通过把排放的该气体的质量数乘以其特定时间尺度的全球增温潜势而得出的，这样可把不同温室气体排放的效应统一度量
3	边际减排成本	额外减排一个单位 CO_2 的成本
4	成本 – 效益分析	以货币形式衡量某一特定行动的所有正面和负面影响。按成本和效益差和 / 或成本效益比进行比较，作为一项指标，从社会观点看待某项特定投资或其他政策如何产生回报
5	次生效益	是指在控制温室气体的同时所产生的局地大气污染物减排效益
6	大气能见度	具有正常视力的人在当时的天气条件下还能够看清楚目标轮廓的最大地面水平距离或目标的最后一些特征已经消失的最小距离
7	大气污染	指大气中一些物质的含量达到有害的程度以致破坏生态系统和人类正常生存和发展的条件，对人或物造成危害的现象
8	缔约方大会	《联合国气候变化框架公约》的最高机构，由具有表决权、并已批准或加入该公约的国家组成
9	典型浓度路径（RCPs）	是世界气候研究计划中耦合模式比较计划第五阶段框架下的一套新情景，被用来进行新的气候模式模拟。是包括了所有温室气体、气溶胶和化学活性气体排放和浓度的时间序列，以及土地利用 / 土地覆盖状况的情景。RCP 通常指到 2100 年之前的浓度路径的比例，综合评估模式为其计算出了相应的排放情景
10	$RCP_{2.6}$	在该路径中辐射强迫在2100年之前达到约3 W/m^2的峰值，随后出现下降，是低强迫水平情景
11	$RCP_{4.5}$ 和 $RCP_{6.0}$	两种中等的稳定路径，是两种中等强迫水平情景，其辐射强迫在 2100 年之后分别大致稳定在 4.5 W/m^2 和 6 W/m^2 左右
12	$RCP_{8.5}$	高浓度路径，是高强迫水平情景，其辐射强迫在 2100 年之前超过 8.5 W/m^2 并在之后一定时间内持续上升
13	短期气候污染物	对气候有变暖影响，且在大气中的存在期相对较短（几天至几十年）的污染排放物
14	CO_2 捕获与储存（CCS）	这是将相对纯的 CO_2 流体从工业和与能源有关的源中分离（捕获）、控制、压缩并运至某个封存地点，使之与大气长期隔离的过程
15	辐射强迫	是指由于气候系统内部变化，如 CO_2 或太阳辐射的变化等外部强迫引起的对流层顶垂直方向上的净辐射变化

序号	名词	解　　释
16	附件B缔约方/国家	接受《京都议定书》第三条中规定的2008—2012年温室气体减排目标的附件一缔约方中的一组国家。未列入其中的其他国家则统一称为非附件一国家
17	附件二缔约方/国家	《联合国气候变化框架公约》（UNFCCC）附件二中所列的国家集团。根据UNFCCC第4条规定，这些国家有特定的义务：提供财政资源，满足为实施第12条第一段中所提到的措施而商定的全部增量成本。这些国家还有义务包括为技术转让提供财务资源，以满足为实施第12条第一段中所列的措施以及发展中国家缔约方与UNFCCC第11条中提到的国际实体之间商定的措施所需的商定增量成本。这些国家还应向特别容易受到气候变化负面影响的国家提供协助
18	附件一缔约方/国家	联合国气候变化框架公约（UNFCCC）附件一中所列的国家集团。根据UNFCCC第4.2（a）和4.2（b）条规定，附件一国家致力于采取非具法律约束力的国家政策和措施，旨在到2000年将其温室气体排放降低至1990年的水平。该国家集团在很大程度上类似于《京都议定书》的附件B缔约方，这些缔约方同样设立了2008—2012年的减排目标。未列入其中的其他国家则统一称为非附件一国家
19	国家适当减缓行动（NAMA）	国家适当减缓行动是在后2012年气候机制中承认和资助发展中国家减排的一种理念，这种理念可以通过在一定国家背景下被认为适当的行动实现。这个理念第一次被引入是在2007年的“巴厘行动计划”中，而且该理念也被包含在《坎昆协议》中
20	海绵城市	是新一代城市雨洪管理概念，是指城市在适应环境变化和应对雨水带来的自然灾害等方面具有良好的“弹性”，也可称之为“水弹性城市”
21	黑碳（BC）	业务上根据光线吸收计量、化学反应和/或热稳定性等条件定义的气溶胶类，有时也称之为煤烟。BC的形成主要是由于化石燃料、生物燃料和生物质的不完全燃烧，但也会自然发生。它只能在大气中存留几天或几周。它是颗粒物（PM）最有力的吸光部分，当它沉积在冰雪上时，使大气吸收热量，并减少反照率，产生变暖效应
22	汇/碳汇	指能使大气中CO_2浓度降低的过程或者活动，自然界中只要具有吸收和固定CO_2的作用的物质，如海洋、森林、土壤、岩石、生物体等，都可以产生碳汇
23	基线/基准情景	衡量变化所依据的条件，基线情景通常是与为实现温室气体排放、大气浓度或温度变化不同目标而构建的减缓情景相对比
24	极端气候事件	当某地天气的状态严重偏离其平均态时，就可以认为是不易发生的事件，或者异常事件。在统计意义上，不容易发生的事件就可以称为极端事件
25	间接排放	间接排放是在定义明确的范围内，如某个区域、经济部门、公司或流程的边界内各种活动的后果，但排放是在规定的边界之外产生的排放。例如如果排放与热量利用有关，但物理排放却发生在热量用户的边界之外，或者排放与发电有关，但物理排放却发生在供电行业的边界之外，那么这些排放可描述为间接排放
26	间接土地利用变化	是指异地农产品生产水平变化导致的土地利用变化，通常由市场调节或政策驱动。例如若粮食用地改种能源作物，人们可能会去别处乱砍滥伐森林以获得农地
27	减缓	是指通过减少排放或增加碳汇，降低大气中温室气体浓度，从而降低气候变化速度和频率

序号	名词	解　　释
28	减缓能力	一个国家减少人为温室气体排放或加强自然汇的能力，这里的能力指一个国家所具备的技能、胜任能力、适合性和熟练程度，并取决于技术、制度、财富、公平性、基础设施和信息
29	减缓气候变化	以减少温室气体的排放源或增加温室气体的汇为目的的人为干预活动
30	减缓情景	对未来做了似乎合理的描述，即设想落实减缓政策和措施后（被研究的）系统将如何应对
31	经认证的减排单位	通过清洁发展机制（《京都议定书》第 12 条规定的）项目，等于减少了 1t CO_2eq 排放或从大气中清除了 1t 的 CO_2，均利用全球增暖潜势计算
32	距平	是某一系列数值中的某一个数值与平均值的差
33	距平百分率	距平百分率是距平的扩展概念，是对距平进行了标准化处理。距平 = 实测值 - 同期历史均值，距平百分率 =（实测值 - 同期历史均值）/ 同期历史均值
34	降水量距平	某年的降水量与多年平均值之差称为降水量距平
35	降水量距平百分率	降水量距平百分率反映了某一时段降水与同期平均状态的偏离程度
36	颗粒物（PM）	化石燃料和生物质燃料在燃烧过程中释放出的非常细小的固体颗粒
37	$PM_{2.5}$	细颗粒物，指环境空气中空气动力学直径小于等于 2.5μm 的颗粒物
38	PM_{10}	可吸入颗粒物，通常是指粒径在 10 μm 以下的颗粒物
39	联合履约	指附件 B 国家可以在其他附件 B 国家里投资项目来减少当地的排放或增强吸收温室气体的能力，由此产生的排放减少单位可由双方共享
40	林业碳汇	通过实施造林、再造林、森林管理、减少毁林等活动，吸收大气中的 CO_2 并与碳汇交易结合的过程、活动或机制
41	氯氟烃 / 氟氯碳化物（CFCs）	CFCs 是一种含氯、碳、氢和氟原子的有机化合物，常用于制冷、空调、包装、塑料泡沫、绝热、溶剂或气溶胶喷射剂
42	逆温层	指大气对流层中气温随高度增加而增加的现象的层带
43	农业排放	与农业系统有关的排放，主要是 CH_4 或 N_2O。这些排放包括家畜肠内发酵、粪便管理、水稻种植、划定的热带稀树草原和其他草原的焚烧以及土壤产生的排放
44	欧盟排放交易体系	是世界上最大的碳排放交易市场，通过对各企业强制规定碳排放量，为全球减少碳排放量做出巨大贡献，是欧盟实现其减排目标的重要政策手段
45	排放贸易	是指附件 I 缔约方在保证完成减排目标的前提下，可以将剩余的一部分排放额度用于交易，即出售给那些减排成本较高的工业化国家
46	排放配额	在最大排放总量框架下，将允许排放总量中的某个份额分配给一个国家或国家集团
47	排放情景	是对潜在辐射活跃的人为温室气体和气溶胶未来可能发展趋势的各种假设
48	气候	狭义上的气候通常被定义为平均天气状态。在更严格意义上，则被定义为对某个时期（从几个月到几千年乃至几百万年不等）相关变量的均值和变率进行统计描述。根据世界气象组织的规定，求出这些变量均值的时间长度一般为 30 年。相关变量通常指地表变量，如温度、降水和风等。广义上的气候是指气候系统的状态，包括其统计学意义上的描述

序号	名词	解　　释
49	气候变化	是指气候平均状态统计学意义上的显著改变或者持续较长一段时间（典型的为 10 年或更长）的变动
50	气候变化的脆弱性	指系统易受或没有能力应对气候变化包括气候变率和极端气候事件不利影响的程度
51	气候模式	研究气候的理论体系，当前研究气候的模式可分为能量平衡模式、辐射对流模式、大气环流模式、统计动力模式四大类
52	气候生产潜力	指一个地区当土壤肥力和农业技术措施等指标都在最适宜条件下，由太阳辐射、温度和水分等因素共同决定的单位面积的可能作物产量
53	气候突变	在几十年或更短时间气候系统发生的大尺度变化，这一变化至少持续（或者预期持续）几十年，并使人类系统和自然系统受到很大干扰
54	气候系统	气候系统是一个由五大圈层（大气、水圈、冰冻圈、岩石圈和生物圈）及其之间的相互作用共同构成的高度复杂的系统。气候系统随时间演变的过程，除受到其自身内部动力学过程的影响外，还受外部强迫（如火山喷发、太阳活动变化，以及大气成分变化和土地利用变化等人为强迫）的作用
55	气溶胶	由固体或液体小质点分散并悬浮在气体介质中形成的胶体分散体系为气溶胶，又称气体分散体系。其分散相为固体或液体小质点大小一般在几纳米至 10 μm，可在大气中驻留至少几个小时。液体气溶胶通常称为雾，固体气溶胶通常称为烟
56	清洁发展机制	是指发达国家通过提供资金和技术的方式，与发展中国家开展项目级的合作，通过项目所实现的“经核证的减排量”，用于发达国家缔约方完成在议定书第三条下的承诺
57	全球变暖	是指观测到的或预估的全球地表温度呈现逐渐上升的趋势，属于人为排放造成的辐射强迫的后果之一
58	全球变暖潜力	这是一个基于充分混合的温室气体辐射特征的指数，用来衡量相对于 CO_2 的当前大气中某种温室气体单位质量的辐射强迫大小
59	全球碳循环	用于描述地球大气、海洋、陆地生物圈和岩石圈中碳流动（以各种形式，如 CO_2）或交换的术语
60	热岛效应	指一个地区的气温高于周围地区的现象。主要有城市热岛效应和青藏高原热岛效应两种，热岛效应是由于人为原因，改变了城市地表的局部温度、湿度、空气对流等因素，进而引起的城市小气候变化现象
61	人为排放	人类活动引起的各种温室气体、气溶胶，以及温室气体或气溶胶的前体物的排放。这些活动包括各类化石燃料的燃烧、毁林、土地利用变化、畜牧业生产、化肥施用、污水管理，以及工业流程等
62	日照时数	指一天内太阳直射光线照射地面的时间
63	生态系统	指在自然界的一定的空间内，生物与环境构成的统一整体，在这个统一整体中，生物与环境之间相互影响、相互制约，并在一定时期内处于相对稳定的动态平衡状态
64	适应	针对实际的或预计的气候及其影响进行调整的过程。在人类系统中，适应有利于缓解或避免危害，或利用各种有利机会。在某些自然系统中，人类的合理干预有助于适应预计的气候及其影响
65	适应能力	指某个系统、机构、人类及其他生物针对潜在的损害、机遇或后果进行调整、利用和应对的能力

序号	名词	解　　释
66	适应气候变化	指为应对实际或预期的气候影响而对自然和人类系统进行调整，这种调整可以减缓危害或促进和利用有利影响
67	太阳辐射	指太阳以电磁波的形式向外传递能量
68	太阳黑子	太阳的光球表面有时会出现一些暗的区域，这些区域也是磁场聚集的地方，称为太阳黑子
69	碳强度	按另一个变量［如国内生产总值（GDP）、产出能源的使用、或交通运输等］单位释放的 CO_2 排放量
70	土地利用	是指人类根据土地的自然特点，按一定的经济、社会目的，采取一系列生物、技术手段，对土地进行长期性或周期性的经营管理和治理改造
71	土地利用变化	指人类改变土地利用和管理方式，导致土地覆被的变化
72	温度距平	某年的气温与多年平均值之差称为气温距平
73	温室气体	是指大气中由自然或人为产生的，能够吸收和释放地球表面、大气本身和云所发射的陆地辐射谱段特定波长辐射的气体成分。该特性可导致温室效应。H_2O（水蒸气）、CO_2、N_2O、CH_4 和 O_3 是地球大气中主要的温室气体
74	温室效应	大气中所有红外线吸收成分的红外辐射效应。温室气体、云和（少量）气溶胶吸收地球表面和大气中其他地方放射的陆地辐射。这些物质向四处放射红外辐射，但在其他条件相同时，放射到太空的净辐射量一般小于没有吸收物情况下的辐射量，这是因为对流层的温度随着高度的升高而降低，辐射也随之减弱。温室气体浓度越高，温室效应越强，其中的差值有时称作强化温室效应。人为排放导致的温室气体浓度变化可加大瞬时辐射强迫。作为对该强迫的响应，地表温度和对流层温度会出现上升，就此逐步恢复大气顶层的辐射平衡
75	相对湿度	指空气中水蒸气压与相同温度下饱和水蒸气压的百分比
76	协同控制	是指为了获得协同效应，而采取的相应控制措施
77	协同效应	针对某一目标出台的一项政策或措施可对其他目标的实现产生的影响
78	源	任何向大气中释放温室气体、气溶胶或气溶胶前体物的过程、活动或机制
79	再造林	在以前长期为森林，但已转作它用的土地上种植森林。在《联合国气候变化框架公约》和《京都议定书》下，再造林指在以前曾为森林，但已转作它用的土地上，通过植树、播种和/或人类推广自然种源等方式，由人类将非林地直接转变为林地。在《京都议定书》第一承诺期内，再造林活动仅局限于在 1989 年 12 月 31 日没有森林的土地上进行的再造林
80	造林	在历史上没有森林的地区种植新的森林。符合一些计划，包括联合履约以及《京都议定书》下清洁发展机制的造林项目属合格项目，而《京都议定书》还有特定的适用标准（如必须证明这片土地上至少已有 50 年没有过森林或者在 1989 年 12 月 31 日前没有被转换为其他用途）
81	直接排放	直接排放是在定义明确的边界内各种活动产生的物理排放，或如在某一区域、经济部门、公司或流程内产生的排放
82	自愿行动	指非正式计划、自我承诺和声明，其中参与行动的各方（某个公司或某批公司）制定其各自的目标，而且通常进行自我监督并报告